甲酸盐完井液技术

滕学清　杨向同　徐同台　等编著

石油工业出版社

内 容 提 要

本书系统地介绍了甲酸盐的化学性质与溶解性能、甲酸盐盐水溶液的物理性能、油田气体对甲酸盐盐水性能的影响、油田液体对甲酸盐盐水性能的影响、完井液处理剂对甲酸盐盐水性能的影响、甲酸盐盐水对金属性能的影响、甲酸盐井壁稳定性、甲酸盐盐水对储层渗透率的影响、甲酸盐盐水对有关材料的性能影响及甲酸盐完井液的应用等。

本书为从事钻(完)井液技术人员进行甲酸盐钻(完)井液研究与现场应用提供理论与实践依据,既可用作技术手册,亦可作为钻(完)井技术人员了解相关甲酸盐钻(完)井液技术知识的培训教材使用。

图书在版编目(CIP)数据

甲酸盐完井液技术/滕学清等编著．
北京：石油工业出版社，2016.11
ISBN 978-7-5183-1601-4

Ⅰ．甲⋯

Ⅱ．滕⋯

Ⅲ．完井液–研究

Ⅳ．TE257

中国版本图书馆 CIP 数据核字(2016)第 274646 号

出版发行：石油工业出版社
(北京安定门外安华里2区1号楼 100011)
网　　址：www.petropub.com
编辑部：(010)64523535　图书营销中心：(010)64523633
经　销：全国新华书店
印　刷：北京中石油彩色印刷有限责任公司

2016 年 11 月第 1 版　2016 年 11 月第 1 次印刷
787×1092 毫米　开本：1/16　印张：22.75
字数：580 千字

定价：180.00 元
(如出现印装质量问题,我社图书营销中心负责调换)
版权所有,翻印必究

前 言

随着石油工业的不断发展,钻井和完井面临的问题也在不断变化。现在钻井、完井中遇到了更多的高温高压环境、水平井、长延伸钻井、小井眼井、页岩油气井、油气储层保护、管材腐蚀、环境保护和安全生产等一系列新问题。这些问题需要钻(完)井液技术有新的发展。20世纪80年代初期,壳牌公司开始研究甲酸盐钻(完)井液,采用甲酸钠、甲酸钾,成功地作为打开油层的钻井液、完井液、修井液和悬浮液使用,其最高密度达到1.60g/cm³。为了将该项技术应用于高温高压井,该公司进一步进行研究表明,可采用甲酸铯或甲酸钾钻(完)井液。甲酸铯钻(完)井液最高密度可加重到2.3g/cm³。此突破使配制高密度的无固相甲酸盐盐水钻井液成为可能。1996年底,卡博特公司在加拿大马尼托巴省TNACO矿建立了大规模铯提炼工厂,使甲酸盐在高温高压油气井勘探开发中的应用成为现实。

甲酸盐在钻(完)井作业中的应用表明:甲酸盐钻(完)井液具有减轻对油气层的伤害,有助于新油气田的发现、油井产量与油田采收率的提高,减少井下复杂情况,提高钻(完)井速度、缩短钻(完)井周期,防止管材腐蚀,具有最佳的环保和安全特性等优点。尽管该钻(完)井液成本较高,但总的经济效益是可行的,加上甲酸盐钻(完)井液回收再利用技术的研发成功,该类钻(完)井液已在国内外推广应用,证实该钻(完)井液十分适合上述具有挑战性问题的解决。

为了使广大技术人员更好地掌握甲酸盐物理化学性质和甲酸盐完井液技术,塔里木油田公司与北京石大胡杨石油科技发展有限公司对国内外甲酸盐钻(完)井液研究成果进行了综合研究分析,并结合国内情况,对甲酸盐钻(完)井液所使用的处理剂及配方进行了大量的实验研究工作,在此基础上编著了《甲酸盐完井液技术》。

本书共分十章。第一章由刘洪涛、耿娇娇、何剑锋、赵忠举、刘国宝编写;第二章由滕学清、赵忠举、耿海龙、刘雨晴、巴旦、蒋绍宾编写;第三章由杨向同、周长所、李家学、杨洁、杨忠武、赵忠举编写;第四章由滕学清、张瑞芳、张雪松、徐同台、杨玉增、方艳编写;第五章由刘会锋、肖伟伟、冯学谦、马昭华编写;第六章由谢俊峰、徐同台、单锋、肖伟伟、赵荣怀编写;第七章由张伟、周长所、滕学清、徐同台、周玉、万效国编写;第八章由杨向同、耿娇娇、周鹏遥、彭芳芳、齐凤林、张国臣编写;第九章由杨向同、赵忠举、吴长涛、刘雨晴、李雪超编写;第十章由谢俊峰、徐同台、李岩、张瑞芳、张宏博、赵忠举编写。全书由滕学清、徐同台、杨向同审定。

本书在编写过程中得到了卡博特特种液体公司的支持与帮助,得到该公司许可,书中部分内容引自该公司《甲酸盐技术手册》(2015年版本),在此深表感谢。

由于作者水平有限,书中可能会出现一些不妥之处,恳请广大读者批评指正。

目　　录

第一章　甲酸盐的化学性质与溶解性能 … (1)
第一节　甲酸盐的化学性质 … (1)
第二节　甲酸盐溶解性能 … (3)
参考文献 … (34)

第二章　甲酸盐盐水溶液的物理性能 … (35)
第一节　甲酸盐盐水活度 … (35)
第二节　甲酸盐盐水的沸点和汽化压力 … (39)
第三节　甲酸盐盐水黏度和结晶温度 … (43)
第四节　甲酸盐盐水的 pH 值和缓冲 pH 值 … (65)
第五节　甲酸盐水热传导系数、比热容和热稳定性 … (76)
第六节　甲酸盐盐水电阻率、含氢指数、声速和放射性 … (92)
第七节　甲酸盐盐水可压缩性和热膨胀系数 … (103)
第八节　甲酸盐盐水润滑性 … (115)
第九节　甲酸盐盐水生物毒性 … (119)
参考文献 … (123)

第三章　油田气体对甲酸盐盐水性能的影响 … (126)
第一节　二氧化碳对甲酸盐盐水性能的影响 … (126)
第二节　硫化氢对甲酸盐盐水性能的影响 … (129)
第三节　氧对甲酸盐盐水性能的影响 … (130)
第四节　甲烷对甲酸盐盐水性能的影响 … (131)
第五节　气体在甲酸盐盐水中的扩散 … (134)
参考文献 … (138)

第四章　油田液体对甲酸盐盐水性能的影响 … (139)
第一节　甲酸盐盐水之间性能的相互影响 … (139)
第二节　卤族盐水对甲酸盐盐水性能的影响 … (140)
第三节　海水对甲酸盐盐水性能的影响 … (142)
第四节　地层水对甲酸盐盐水性能的影响 … (143)
第五节　水基完井液对甲酸盐盐水性能的影响 … (144)
第六节　油基和合成基完井液对甲酸盐盐水性能的影响 … (147)
第七节　隔离液对甲酸盐盐水的性能影响 … (149)

第五章　甲酸盐完井液处理剂 (151)

第一节　增黏剂 (151)
第二节　降滤失剂 (170)
第三节　封堵剂 (189)
第四节　加重剂 (194)
第五节　其他类处理剂 (196)
参考文献 (201)

第六章　甲酸盐盐水对金属性能的影响 (202)

第一节　腐蚀的类型及耐腐蚀合金钢 (202)
第二节　甲酸盐盐水对金属的腐蚀 (204)
第三节　被二氧化碳污染的甲酸盐盐水的腐蚀性 (206)
第四节　被硫化氢污染的甲酸盐盐水的腐蚀性 (215)
第五节　被氧污染的甲酸盐盐水的腐蚀性 (221)
第六节　金属材料在甲酸盐盐水中的氢脆 (224)
第七节　甲酸盐盐水对国内油田高温高压井所用管材的腐蚀 (227)
第八节　甲酸盐盐水腐蚀室内试验与现场防腐蚀注意事项 (242)
第九节　甲酸盐盐水现场使用情况 (244)
参考文献 (248)

第七章　甲酸盐盐水对泥页岩井壁稳定性的影响 (250)

第一节　泥页岩井壁失稳机理 (250)
第二节　甲酸盐盐水稳定泥页岩的作用机理 (254)
第三节　甲酸盐盐水稳定泥页岩的实验研究 (259)
第四节　使用甲酸盐稳定泥页岩的现场实例 (266)
参考文献 (268)

第八章　甲酸盐对储层渗透率的影响 (270)

第一节　地层伤害机理及甲酸盐的应用 (270)
第二节　用甲酸盐进行注入实验的储层条件 (271)
第三节　地层水与甲酸盐盐水的相容性试验 (275)
第四节　甲酸盐盐水与其他高密度盐水的对比 (277)
第五节　甲酸盐盐水钻井液与固相加重钻井液的对比 (279)
第六节　甲酸盐盐水钻井液和完井液现场应用实例 (283)
第七节　用甲酸盐钻井和完井液的现场生产数据分析 (288)
参考文献 (289)

第九章 甲酸盐盐水对有关材料性能的影响 ·· （291）
  第一节 甲酸盐盐水对合成橡胶材料性能的影响 ································· （291）
  第二节 甲酸盐盐水对其他材料性能的影响 ······································· （301）
  参考文献 ··· （303）

第十章 甲酸盐完井液的应用 ··· （304）
  第一节 甲酸盐的生产工艺与质量要求 ··· （304）
  第二节 甲酸盐完井液 ··· （308）
  第三节 甲酸盐水配制、储存、运输及回收与再生 ···························· （328）
  参考文献 ··· （334）

附录 A 甲酸钠质量检测方法 ·· （335）

附录 B 甲酸钾质量检测方法 ·· （340）

附录 C 甲酸盐完井液腐蚀性能评价方法 ·· （345）

附录 D 单位换算表 ·· （356）

第一章 甲酸盐的化学性质与溶解性能

甲酸是脂肪族羧酸，分子式 HCOOH。它是 1671 年 J. Wray 从红蚂蚁中首先发现的，所以又称蚁酸。1855 年 M. Berthlot 发现碱金属氢氧化物羧基化反应可制备甲酸盐，并首次用氢氧化钠和一氧化碳制成甲酸钠。甲酸盐种类很多，油田常用的甲酸盐有甲酸钠、甲酸钾和甲酸铯，其化学组成与分子结构有所不同。

甲酸盐易溶于水，甲酸盐盐水是甲酸的碱金属盐类的水溶液，溶解后具有较高的密度和较低的结晶温度。

本章将论述油田常用的三种甲酸盐的化学性质与溶解性能。

第一节 甲酸盐的化学性质

一、化学组成

甲酸钠、甲酸钾和甲酸铯，其分子式如下：

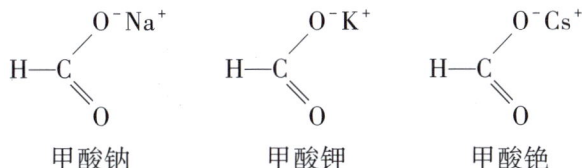

甲酸盐易溶于水，表 1-1-1 给出了上述 3 种甲酸盐的基本性质。

表 1-1-1 甲酸钠、甲酸钾、甲酸铯的基本性质

盐水	分子式	分子质量 g/mol	20℃(68℉)溶解度		溶液密度	
			mol/L	%（质量分数）	g/cm³	lb/gal
甲酸钠	HCOONa	68.01	9.1	46.8	1.33	11.1
甲酸钾	HCOOK	84.12	14.5	76.8	1.59	13.2
甲酸铯	HCOOCs	177.92	—	—	2.3	19.2
甲酸铯水化物	HCOOCs·H₂O	195.94	10.7	83	2.3	19.2
甲酸离子	HCOO⁻	45.02	—	—		

可以看出，甲酸的碱金属盐类溶解后形成的甲酸盐盐水具有较高的密度，满足在钻井和完井作业中所需的各种密度（图 1-1-1）。

碱金属阳离子（Na^+，K^+，Cs^+）都是单价离子，不仅与生物高聚物等常用钻井液处理剂

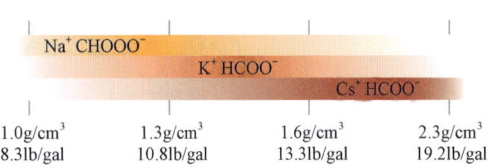

图 1-1-1 甲酸盐盐水密度分布范围

具有良好的相容性,同时与地层水接触不产生任何沉淀物,具有不伤害储层的特点。

甲酸阴离子是一种抗氧化剂,该离子含有还原性基团,可以快速清除自由的氢氧基团,抑制聚合物的氧化降解,有效保护各种处理剂,使其可在高温下稳定地发挥作用;同时,甲酸根离子具有强亲水性,是少数几种水结构形成剂之一,它的这种特性能够大幅度地提高聚合物的转变温度,可以使溶解的高分子聚合物在高温下更加有序、坚韧和稳定。抗氧化特性和水结构化特性的结合,使甲酸盐可以极大地提高普通钻井液用聚合物的热稳定极限。例如,常用的黄原胶增黏剂,溶于甲酸盐盐水后可在高达180℃的温度下稳定16h,明显高于在其他盐水中的稳定性;通过加入其他的抗氧化剂和除氧剂,可以使其热稳定性提高到204℃[1]。

二、分子结构

卡博特公司委托英国Warwick大学化学系进行了甲酸盐晶体结构的研究,得出以下认识。

1. 单一甲酸盐的分子结构

图1-1-2所示为甲酸钠、甲酸钾和甲酸铯晶体结构的三轴平面图。可以看出,3种甲酸盐的晶格结构随着分子中阳离子体积的增大而发生明显变化;从图中还可以看出阳离子大小的影响:钠比较小,可以填充在甲酸根离子之间;钾和铯比较大,强迫甲酸盐的层面分开。

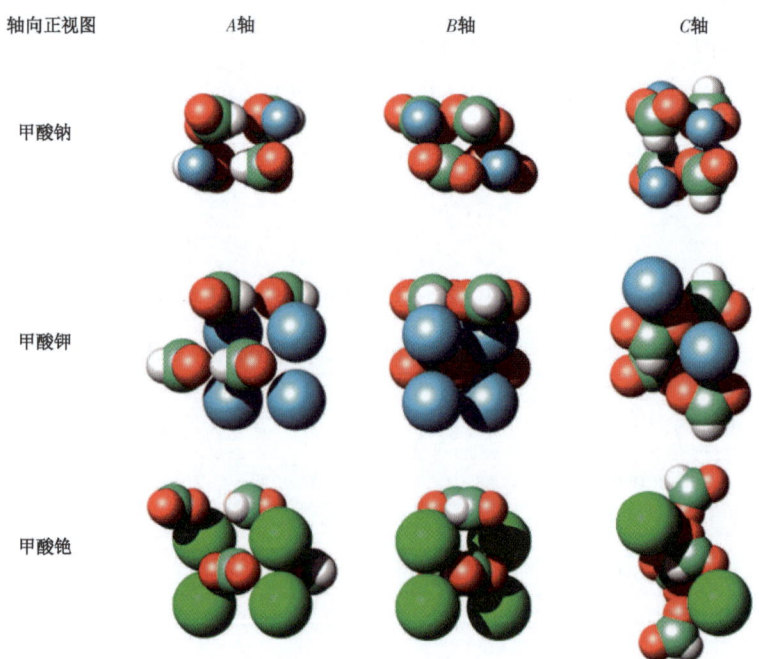

图1-1-2 甲酸钠、甲酸钾、甲酸铯晶体结构的三轴平面图
甲酸根离子中,淡绿色球表示C,红色球表示O,白色球表示H;
Na^+和K^+用蓝色球表示;Cs^+用大绿球表示

甲酸钠:钠离子小到可以填充在平面内甲酸盐离子间的间隙中。

甲酸钾:钾离子太大,不能进入甲酸盐离子间的间隙中,而是在平面内,平面内甲酸根离子形成类似氢键的键结。

甲酸铯：与甲酸钾的结构类似，较大尺寸的铯离子破坏了甲酸盐离子的堆积。没有发现类似氢键的键结。

3种甲酸盐晶格中，甲酸盐离子都堆叠在平行平面内；由于钾离子和铯离子体积大，甲酸钾和甲酸铯晶格中的甲酸盐离子晶面是分开的。

2. 混合盐的分子结构

（1）甲酸钠与甲酸铯的混合物。研究成果表明，甲酸钠和甲酸铯混合物可形成二元双重体，钠嵌在甲酸盐层面内，铯嵌在层面中间。在饱和溶液中，这种双重体最先析出。市场上出售的甲酸铯盐水中含有钠（用来制造甲酸铯的铯榴矿中约含1%～2%的钠），钠也是油田用甲酸盐中普遍存在的杂质。图1-1-3所示的是甲酸钠和甲酸铯双重体的晶体结构的三轴平面图，从图中可以看出，第一视角下晶体结构与单一甲酸钠和甲酸铯非常类似，钠嵌在甲酸盐层面中，铯则嵌在它们中间。

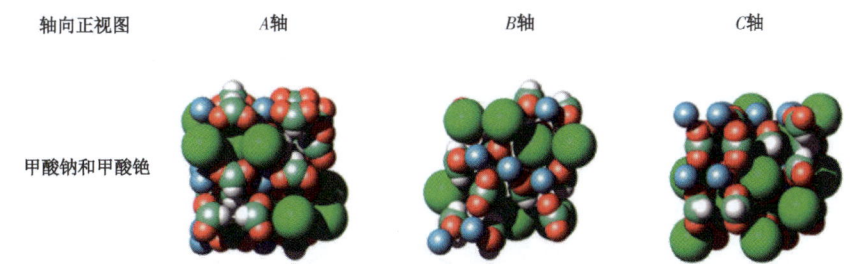

图1-1-3 甲酸钠和甲酸铯双重体晶体结构的三轴平面图
甲酸根离子中，淡绿色球表示C，红色球表示O，白色球表示H；
Na^+和K^+用蓝色球表示；Cs^+用大绿球表示

（2）甲酸钾与甲酸铯的混合物。在甲酸铯盐水中加入钾离子，会使结构变得更不紧凑。

第二节 甲酸盐溶解性能

一、甲酸盐盐水的密度

甲酸盐极易溶于水，能够产生高密度盐水。3种常见的甲酸盐（甲酸钠、甲酸钾和甲酸铯）中，甲酸铯的质量溶解度最大（83%），甲酸钾的摩尔溶解度最大（14mol/L）。甲酸钾和甲酸铯混合后能够产生高摩尔浓度的混合液，能够满足不同钻井液及完井液密度的需要。

1. 常见单一甲酸盐盐水密度

甲酸钠、甲酸钾和甲酸铯盐水在15.6℃条件下，其密度与浓度、密度与摩尔浓度的关系如图1-2-1和图1-2-2所示。由图可知，利用甲酸铯能够得到更高密度的甲酸盐盐水，利用甲酸钾能够得到更高摩尔浓度（离子）的甲酸盐盐水。

研究表明，不同甲酸盐溶解的质量分数与形成的盐水密度可以通过回归方程表示，具体见表1-2-1。

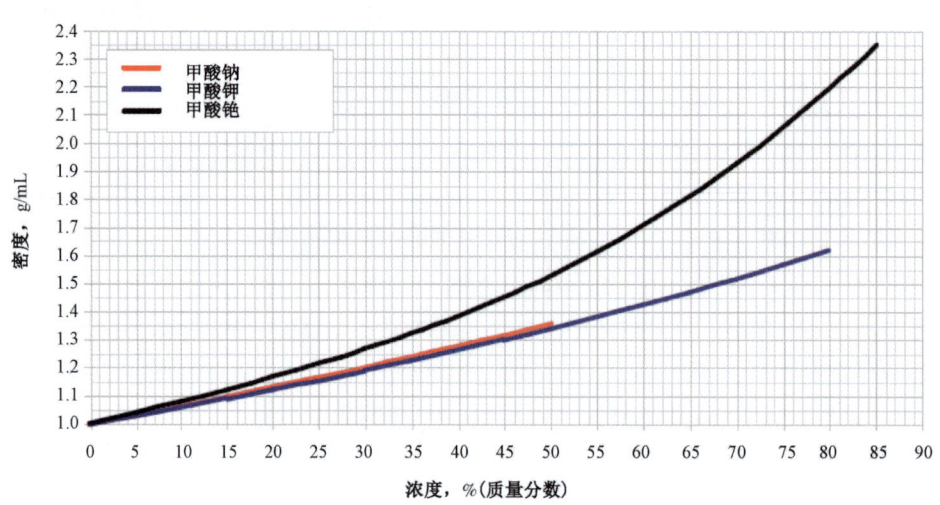

图 1-2-1　15.6℃温度条件下甲酸钠、甲酸钾和甲酸铯盐水密度与浓度关系曲线

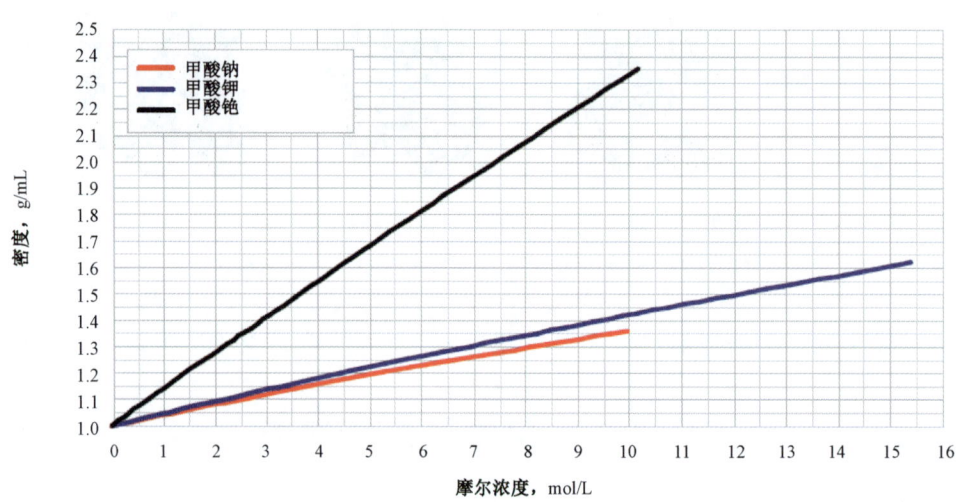

图 1-2-2　15.6℃温度条件下时甲酸钠、甲酸钾和甲酸铯盐水密度与摩尔浓度关系曲线

表 1-2-1　甲酸盐溶解质量分数与盐水密度关系式

回归方程	甲酸钠	甲酸钾	甲酸铯
	$m_1 = A\rho^2 + B\rho + C$　（1-2-1）	$m_2 = A\rho^3 + B\rho^2 + C\rho + D$　（1-2-2）	$m_3 = (A+B\rho)(1+C\rho+D\rho^2)$　（1-2-3）
A	-63.32226	30.94023	-2416.02
B	288.2608	-186.242	2418.206
C	-224.796	454.5065	16.73794
D		-299.048	-0.31469

注：ρ—密度，g/cm^3；m_1，m_2，m_3—分别为甲酸钠、甲酸钾和甲酸铯的质量分数。

根据表 1-2-1 中的关系式，利用下列方程即可编制出不同甲酸盐盐水的配置表。

用液态原料配制 $1m^3$ 的甲酸盐盐水：

$$V_{\text{stock}} = \frac{m_{\text{req}} \rho_{\text{req}} \times 1000}{m_{\text{stock}} \rho_{\text{stock}}} \quad (1-2-4)$$

$$V_{\text{water}} = \frac{1000\rho_{\text{req}} - V_{\text{stock}} \rho_{\text{stock}}}{0.999} \quad (1-2-5)$$

用甲酸盐粉末配制 1m^3 的甲酸盐盐水：

$$W_{\text{power}} = \frac{m_{\text{req}} \rho_{\text{req}} \times 1000}{m_{\text{power}}} \quad (1-2-6)$$

$$V_{\text{water}} = \frac{\rho_{\text{req}} \times 1000 - W_{\text{power}}}{0.999} \quad (1-2-7)$$

式中 V_{stock}——所需要原料盐水的体积，L；

V_{water}——所需水的体积，L；

m_{req}——新盐水中甲酸盐的质量分数[式(1-2-1)至式(1-2-3)]；

m_{stock}——原料盐水中甲酸盐的质量分数[式(1-2-1)至式(1-2-3)]；

m_{power}——粉末甲酸盐的质量分数；

ρ_{req}——新盐水所需密度，g/cm^3；

ρ_{stock}——原料盐水密度，g/cm^3；

W_{stock}——原料盐水质量，kg；

W_{power}——粉末的质量，kg。

1）甲酸钠盐水配制表

根据原料甲酸钠盐水密度、所需甲酸钠盐水密度以及原料甲酸钠盐水和所需盐水甲酸钠含量[由式(1-2-1)计算得出]，利用式(1-2-1)、式(1-2-4)以及式(1-2-7)，即可计算得到并编制出不同密度甲酸钠盐水的配置表。

表1-2-2为甲酸钠盐水配制表（使用含水量为0.3%的甲酸钠粉末配制）。

表1-2-2 甲酸钠盐水配制表

密度 g/cm^3	甲酸钠含量			用甲酸钠粉末（含水0.3%）配制 1m^3 盐水	
	质量分数 %	摩尔浓度 mol/L	摩尔分数 %	甲酸钠粉末用量 kg	水用量 L
0.999	0.0	0.00	0.0	0.0	1000.0
1.000	0.1	0.02	0.0	1.4	999.6
1.010	1.8	0.26	0.5	17.8	993.2
1.020	3.3	0.50	0.9	34.3	986.7
1.030	4.9	0.75	1.4	51.0	980.0
1.040	6.5	0.99	1.8	67.9	973.1
1.050	8.1	1.25	2.3	84.9	966.0
1.060	9.6	1.50	2.7	102.2	958.8

续表

密度 g/cm³	甲酸钠含量			用甲酸钠粉末(含水0.3%)配制1m³盐水	
	质量分数 %	摩尔浓度 mol/L	摩尔分数 %	甲酸钠粉末用量 kg	水用量 L
1.070	11.1	1.75	3.2	119.6	951.3
1.080	12.7	2.01	3.7	137.2	943.7
1.090	14.2	2.27	4.2	155.0	936.0
1.100	15.7	2.53	4.7	172.9	928.0
1.110	17.2	2.80	5.2	191.0	919.9
1.120	18.6	3.07	5.7	209.2	911.7
1.130	20.1	3.34	6.2	227.6	903.3
1.140	21.5	3.61	6.8	246.2	894.7
1.150	23.0	3.88	7.3	264.8	886.0
1.160	24.4	4.16	7.9	283.7	877.2
1.170	25.8	4.44	8.4	302.6	868.2
1.180	27.2	4.72	9.0	321.7	859.1
1.190	28.6	5.00	9.6	340.9	849.9
1.200	29.9	5.28	10.2	360.3	840.6
1.210	31.3	5.57	10.8	379.7	831.1
1.220	32.6	5.85	11.4	399.3	821.5
1.230	34.0	6.14	12.0	419.0	811.8
1.240	35.3	6.43	12.6	438.8	802.0
1.250	36.6	6.73	13.3	458.7	792.1
1.260	37.9	7.02	13.9	478.8	782.0
1.270	39.2	7.31	14.6	498.9	771.9
1.280	40.4	7.61	15.2	519.1	761.7
1.290	41.7	7.91	15.9	539.4	751.4
1.300	42.9	8.21	16.6	559.7	741.0
1.310	44.2	8.51	17.3	580.2	730.5
1.320	45.4	8.81	18.0	600.8	720.0
1.330	46.6	9.11	18.8	621.4	709.3
1.340	47.8	9.41	19.5	642.1	698.6
1.350	49.0	9.72	20.3	662.8	687.9
1.360	50.1	10.02	21.0	683.7	677.0

2) 甲酸钾盐水配制表

根据原料甲酸钾盐水密度、所需甲酸钾盐水密度以及原料盐水和所需盐水甲酸钾含量［由式(1-2-2)计算得出］,利用式(1-2-2)、式(1-2-4)以及式(1-2-7),即可计算得到并编制出不同密度甲酸钾盐水的配制表。

表1-2-3列出使用密度为1.57g/cm³的标准甲酸钾盐水、密度为1.54g/cm³的较稀释甲酸钾盐水以及含水量为0.3%的甲酸盐粉末编制而成的甲酸钾盐水的配制表。

表1-2-3 甲酸钾盐水配制表

密度 g/cm³	甲酸钾含量			用1.57g/cm³甲酸钾盐水配制1m³盐水		用1.54g/cm³甲酸钾盐水配制1m³盐水		用甲酸钾粉末(含水0.3%)配制1m³盐水	
	质量分数 %	摩尔浓度 mol/L	摩尔分数 %	盐水用量 L	水用量 L	盐水用量 L	水用量 L	甲酸钾粉末用量 kg	水用量 L
0.999	0	0	0	0	1000.0	0	1000.0	0	1000.0
1	0.16	0.02	0.03	1.3	998.9	1.4	998.8	1.6	999.4
1.01	1.9	0.23	0.41	16.2	985.5	17.2	984.5	19.2	991.8
1.02	3.62	0.44	0.8	31.3	971.9	33.2	969.9	37	984
1.03	5.32	0.65	1.19	46.4	958.1	49.3	955.1	55	976
1.04	7	0.87	1.59	61.7	944.1	65.5	940.1	73.1	967.9
1.05	8.67	1.08	1.99	77.1	929.9	81.9	924.8	91.3	959.7
1.06	10.32	1.3	2.4	92.6	915.5	98.4	909.4	109.4	951.2
1.07	11.95	1.52	2.82	108.3	900.9	115	893.8	128.2	942.7
1.08	13.56	1.74	3.25	124.1	886.1	131.7	878	146.9	934
1.09	15.16	1.96	3.69	140	871.1	148.6	862	165.7	925.2
1.1	16.74	2.19	4.13	156	856	165.6	845.8	184.7	916.2
1.11	18.3	2.42	4.58	172.1	840.7	182.7	829.5	203.8	907.2
1.12	19.85	2.64	5.04	188.3	825.2	199.9	813	223	897.9
1.13	21.38	2.87	5.5	204.6	809.6	217.2	796.3	242.3	888.6
1.14	22.89	3.1	5.98	221	793.8	234.7	779.4	261.7	879.2
1.15	25.1	3.45	6.7	245.5	770.1	260.7	754.1	290.7	864.9
1.16	25.87	3.57	6.95	254.2	761.7	269.9	745.2	301	859.9
1.17	27.33	3.8	7.46	270.9	745.5	287.6	727.8	320.8	850.1
1.18	28.78	4.04	7.97	287.7	729.1	305.4	710.2	340.7	840.2
1.19	30.22	4.27	8.49	304.6	712.5	323.4	692.7	360.7	830.2
1.2	31.64	4.51	9.02	321.6	695.8	341.4	674.9	380.8	820
1.21	33.04	4.75	9.56	338.6	679	359.6	656.9	401	809.8
1.22	34.43	4.99	10.11	355.8	662	377.6	638.9	421.3	799.5
1.23	35.81	5.24	10.67	373.1	645	396.1	620.7	441.7	789.1
1.24	37.17	5.48	11.24	390.4	627.7	414.5	602.3	462.3	778.5
1.25	38.51	5.72	11.83	407.8	610.4	433	583.8	482.9	767.9
1.26	39.85	5.97	12.42	425.3	592.9	451.5	565.2	503.6	757.2
1.27	41.16	6.21	13.03	442.8	575.3	470.2	546.5	524.4	746.4

续表

密度 g/cm³	甲酸钾含量			用1.57g/cm³甲酸钾盐水配制1m³盐水		用1.54g/cm³甲酸钾盐水配制1m³盐水		用甲酸钾粉末(含水0.3%)配制1m³盐水	
	质量分数 %	摩尔浓度 mol/L	摩尔分数 %	盐水用量 L	水用量 L	盐水用量 L	水用量 L	甲酸钾粉末用量 kg	水用量 L
1.28	42.47	6.46	13.65	460.5	557.6	488.9	527.7	545.2	735.5
1.29	43.76	6.71	14.28	478.2	539.8	507.7	508.7	566.2	724.5
1.3	45.04	6.96	14.93	495.9	521.9	526.6	489.6	587.3	713.5
1.31	46.3	7.21	15.59	513.8	503.9	545.5	470.4	608.4	702.3
1.32	47.55	7.46	16.26	531.7	485.7	564.5	451.1	629.6	691.1
1.33	48.79	7.72	16.95	549.7	467.4	583.6	431.6	650.9	679.8
1.34	50.02	7.97	17.65	567.8	449.1	602.8	412.1	672.3	668.4
1.35	51.24	8.22	18.37	585.9	430.6	622	392.4	693.8	656.9
1.36	52.44	8.48	19.1	604.1	412	641.4	372.7	715.3	645.4
1.37	53.63	8.73	19.85	622.3	393.3	660.7	352.8	736.9	633.7
1.38	54.81	8.99	20.62	640.6	374.6	680.2	332.8	758.6	622
1.39	55.97	9.25	21.4	659	355.7	699.7	312.8	780.4	610.3
1.4	57.13	9.51	22.2	677.5	336.7	719.3	292.6	802.2	598.4
1.41	58.27	9.77	23.02	696	317.7	738.9	272.3	824.1	586.5
1.42	59.4	10.03	23.86	714.5	298.5	758.6	252	846.1	574.5
1.43	60.53	10.29	24.72	733.1	279.2	778.4	231.5	868.1	562.4
1.44	61.64	10.55	25.6	751.8	259.9	798.2	210.9	890.3	550.3
1.45	62.74	10.81	26.5	770.6	240.4	818.1	190.3	912.4	538.1
1.46	63.83	11.08	27.43	789.4	220.9	838.1	169.5	934.7	525.8
1.47	64.91	11.34	28.38	808.2	201.3	858.1	148.6	957	513.5
1.48	65.98	11.61	29.35	827.1	181.6	878.2	127.7	979.4	501.1
1.49	67.04	11.88	30.34	846.1	161.8	898.3	106.6	1001.90	488.6
1.5	68.09	12.14	31.37	865.2	141.9	918.6	85.5	1024.40	476
1.51	69.13	12.41	32.42	884.2	121.9	938.8	64.3	1047.10	463.4
1.52	70.17	12.68	33.5	903.4	101.8	959.2	42.9	1069.70	450.7
1.53	71.19	12.95	34.61	922.6	81.6	979.5	21.5	1092.50	438
1.54	72.2	13.22	35.75	941.9	61.3	1000.0	0	1115.30	425.1
1.55	73.21	13.49	36.92	961.2	41			1138.20	412.3
1.56	74.21	13.76	38.13	980.6	20.5			1161.10	399.3
1.57	75.2	14.04	39.37	1000.0	0			1184.10	386.3
1.58	76.18	14.31	40.65					1207.20	373.2
1.59	77.15	14.58	41.97					1230.40	360

续表

密度 g/cm³	甲酸钾含量 质量分数 %	甲酸钾含量 摩尔浓度 mol/L	甲酸钾含量 摩尔分数 %	用1.57g/cm³甲酸钾盐水配制1m³盐水 盐水用量 L	用1.57g/cm³甲酸钾盐水配制1m³盐水 水用量 L	用1.54g/cm³甲酸钾盐水配制1m³盐水 盐水用量 L	用1.54g/cm³甲酸钾盐水配制1m³盐水 水用量 L	用甲酸钾粉末(含水0.3%)配制1m³盐水 甲酸钾粉末用量 kg	用甲酸钾粉末(含水0.3%)配制1m³盐水 水用量 L
1.6	78.12	14.86	43.33					1253.60	346.7
1.61	79.07	15.13	44.73					1276.90	333.4
1.62	80.02	15.41	46.18					1300.30	320
1.63	80.97	15.69	47.67					1323.70	306.6
1.64	81.9	15.97	49.22					1347.20	293
1.65	82.83	16.25	50.82					1370.80	279.4

3）甲酸铯盐水配制表

单一的甲酸铯盐水并不常用，其仅在需要高密度钻(完)井液的情况下才使用。表1-2-4所示为根据不同密度甲酸铯盐水以及甲酸铯粉末(密度为3.19g/cm³，含水量约为0.3%)而编制的甲酸铯盐水配制表。

表1-2-4 甲酸铯盐水配制表

密度 g/cm³	甲酸铯含量 质量分数 %	甲酸铯含量 摩尔浓度 mol/L	甲酸铯含量 摩尔分数 %	配制1m³(使用2.20g/cm³储存甲酸铯盐水) 甲酸铯盐水用量 L	配制1m³(使用2.20g/cm³储存甲酸铯盐水) 水用量 L	配制1m³(使用2.30g/cm³储存甲酸铯盐水) 甲酸铯盐水用量 L	配制1m³(使用2.30g/cm³储存甲酸铯盐水) 水用量 L	配制1m³(使用含水量0.3%的甲酸铯粉末) 甲酸铯粉末用量 kg	配制1m³(使用含水量0.3%的甲酸铯粉末) 水用量 L
1.75	61.92	6.09	14.13	615.64	395.99	566.55	447.39	1086.80	663.9
1.76	62.41	6.17	14.39	624.07	387.42	574.31	439.52	1101.70	659
1.77	62.89	6.26	14.65	632.52	378.84	582.08	431.64	1116.60	654.1
1.78	63.38	6.34	14.91	640.96	370.25	589.85	423.76	1131.50	649.2
1.79	63.85	6.42	15.17	649.41	361.65	597.63	415.86	1146.40	644.2
1.8	64.33	6.51	15.44	657.87	353.04	605.42	407.95	1161.30	639.3
1.81	64.79	6.59	15.71	666.33	344.41	613.2	400.03	1176.30	634.4
1.82	65.26	6.68	15.98	674.8	335.78	620.99	392.11	1191.30	629.4
1.83	65.71	6.76	16.25	683.27	327.13	628.79	384.17	1206.20	624.4
1.84	66.17	6.84	16.53	691.75	318.47	636.59	376.22	1221.10	619.5
1.85	66.62	6.93	16.81	700.23	309.81	644.4	368.27	1236.10	614.5
1.86	67.06	7.01	17.09	708.72	301.13	652.21	360.3	1251.10	609.5
1.87	67.5	7.09	17.38	717.21	292.44	660.02	352.31	1266.10	604.5
1.88	67.94	7.18	17.67	725.7	283.74	667.84	344.32	1281.10	599.5
1.89	68.37	7.26	17.96	734.2	275.03	675.66	336.32	1296.10	594.5
1.9	68.8	7.35	18.25	742.71	266.31	683.49	328.31	1311.10	589.5

续表

密度 g/cm³	甲酸铯含量			配制1m³（使用2.20g/cm³储存甲酸铯盐水）		配制1m³（使用2.30g/cm³储存甲酸铯盐水）		配制1m³（使用含水量0.3%的甲酸铯粉末）	
	质量分数 %	摩尔浓度 mol/L	摩尔分数 %	甲酸铯盐水用量 L	水用量 L	甲酸铯盐水用量 L	水用量 L	甲酸铯粉末用量 kg	水用量 L
1.91	69.22	7.43	18.55	751.22	257.58	691.32	320.29	1326.10	584.5
1.92	69.64	7.52	18.85	759.73	248.84	699.15	312.26	1341.20	579.4
1.93	70.06	7.6	19.15	768.25	240.08	707	304.22	1356.20	574.4
1.94	70.47	7.68	19.46	776.78	231.32	714.84	296.17	1371.20	569.3
1.95	70.88	7.77	19.77	785.31	222.55	722.69	288.1	1386.30	564.3
1.96	71.28	7.85	20.09	793.84	213.77	730.54	280.03	1401.40	559.2
1.97	71.68	7.94	20.4	802.38	204.98	738.4	271.95	1416.40	554.1
1.98	72.08	8.02	20.72	810.92	196.17	746.26	263.86	1431.50	549
1.99	72.48	8.11	21.05	819.47	187.36	754.13	255.77	1446.60	543.9
2	72.87	8.19	21.38	828.02	178.54	762	247.66	1461.70	538.8
2.01	73.25	8.28	21.71	836.58	169.7	769.87	239.54	1476.80	533.7
2.02	73.64	8.36	22.05	845.14	160.86	777.75	231.41	1491.90	528.6
2.03	74.02	8.44	22.39	853.7	152.01	785.63	223.27	1507.00	523.5
2.04	74.39	8.53	22.73	862.27	143.14	793.52	215.12	1522.20	518.4
2.05	74.77	8.61	23.08	870.85	134.27	801.41	206.97	1537.30	513.2
2.06	75.14	8.7	23.43	879.43	125.39	809.3	198.8	1552.40	508.1
2.07	75.5	8.78	23.78	888.01	116.49	817.2	190.62	1567.60	502.9
2.08	75.87	8.87	24.14	896.6	107.59	825.11	182.44	1582.80	497.7
2.09	76.23	8.95	24.51	905.19	98.68	833.01	174.24	1597.90	492.6
2.1	76.58	9.04	24.88	913.79	89.76	840.93	166.04	1613.10	487.4
2.11	76.94	9.12	25.25	922.39	80.82	848.84	157.82	1628.30	482.2
2.12	77.29	9.21	25.63	931	71.88	856.76	149.6	1643.50	477
2.13	77.64	9.29	26.01	939.61	62.93	864.69	141.37	1658.70	471.8
2.14	77.98	9.38	26.4	948.22	53.97	872.61	133.12	1673.90	466.6
2.15	78.33	9.46	26.79	956.84	45	880.54	124.87	1689.10	461.4
2.16	78.67	9.55	27.19	965.46	36.02	888.48	116.61	1704.30	456.1
2.17	79	9.64	27.59	974.09	27.03	896.42	108.34	1719.60	450.9
2.18	79.34	9.72	28	982.72	18.03	904.36	100.06	1734.80	445.7
2.19	79.67	9.81	28.41	991.36	9.02	912.31	91.77	1750.00	440.4
2.2	80	9.89	28.83	1000.0	0	920.26	83.48	1765.30	435.1
2.21	80.33	9.98	29.25			928.22	75.17	1780.60	429.9
2.22	80.65	10.06	29.68			936.18	66.85	1795.80	424.6

第一章 甲酸盐的化学性质与溶解性能

续表

密度 g/cm³	甲酸铯含量			配制1m³（使用2.20g/cm³储存甲酸铯盐水）		配制1m³（使用2.30g/cm³储存甲酸铯盐水）		配制1m³（使用含水量0.3%的甲酸铯粉末）	
	质量分数 %	摩尔浓度 mol/L	摩尔分数 %	甲酸铯盐水用量 L	水用量 L	甲酸铯盐水用量 L	水用量 L	甲酸铯粉末用量 kg	水用量 L
2.23	80.97	10.15	30.11			944.14	58.53	1811.10	419.3
2.24	81.29	10.23	30.55			952.11	50.19	1826.40	414
2.25	81.61	10.32	31			960.08	41.85	1841.70	408.7
2.26	81.92	10.41	31.45			968.06	33.5	1857.00	403.4
2.27	82.23	10.49	31.91			976.04	25.14	1872.30	398.1
2.28	82.54	10.58	32.37			984.02	16.77	1887.60	392.8
2.29	82.85	10.66	32.84			992.01	8.39	1902.90	387.5
2.3	83.15	10.75	33.32			1000.00	0	1918.20	382.1
2.31	83.45	10.83	33.81					1933.60	376.8
2.32	83.75	10.92	34.3					1948.90	371.4
2.33	84.05	11.01	34.79					1964.30	366.1
2.34	84.35	11.09	35.3					1979.60	360.7
2.35	84.64	11.18	35.81					1995.00	355.3
2.36	84.93	11.27	36.33					2010.40	350
2.37	85.22	11.35	36.86					2025.80	344.6
2.38	85.51	11.44	37.39					2041.10	339.2
2.39	85.79	11.52	37.94					2056.50	333.8
2.4	86.07	11.61	38.49					2071.90	328.4
2.41	86.35	11.7	39.05					2087.40	323
2.42	86.63	11.78	39.62					2102.80	317.5
2.43	86.91	11.87	40.2					2118.20	312.1
2.44	87.18	11.96	40.78					2133.60	306.7
2.45	87.45	12.04	41.38					2149.10	301.2
2.46	87.72	12.13	41.98					2164.50	295.8
2.47	87.99	12.22	42.6					2180.00	290.3
2.48	88.26	12.3	43.22					2195.40	284.8
2.49	88.53	12.39	43.86					2210.90	279.4
2.5	88.79	12.48	44.5					2226.40	273.9

2. 甲酸钾与甲酸铯混合液的密度

一般情况下，利用密度为 $1.57g/cm^3$ 的甲酸钾盐水和密度为 $2.20g/cm^3$ 的甲酸铯盐水就能够配制出钻（完）井作业中所需的各种密度的混合盐水。需要注意的是，如果混合盐水密度低于 $1.90g/cm^3$，为了使混合盐水具有较低的结晶温度，甲酸钾盐水需在与甲酸铯混合前单独稀释;如果混合盐水密度高于 1.90g/cm^3,为了使混合盐水具有较低的结晶温度,需要单独用水稀释甲酸铯盐水。

如果已知所需甲酸钾与甲酸铯混合液密度,可通过下列公式计算得到配制混合液所需的甲酸钾和甲酸铯盐水的量。

配制 1m^3 所需密度的甲酸钾与甲酸铯混合盐水:

$$V_{甲酸钾} = \frac{\rho_{甲酸铯} - \rho_{\text{req}}}{\rho_{甲酸铯} - \rho_{甲酸钾}} \times 1000 \qquad (1-2-8)$$

$$W_{甲酸钾} = V_{甲酸钾} \rho_{甲酸钾} \qquad (1-2-9)$$

$$V_{甲酸铯} = \frac{\rho_{\text{req}} - \rho_{甲酸钾}}{\rho_{甲酸铯} - \rho_{甲酸钾}} \times 1000 \qquad (1-2-10)$$

$$W_{甲酸铯} = V_{甲酸铯} \rho_{甲酸铯} \qquad (1-2-11)$$

式中 $W_{甲酸钾}$, $W_{甲酸铯}$——分别为甲酸钾、甲酸铯的质量,kg;
$V_{甲酸钾}$, $V_{甲酸铯}$——分别为甲酸钾、甲酸铯的体积,L;
$\rho_{甲酸钾}$, $\rho_{甲酸铯}$——分别为甲酸钾、甲酸铯的密度,g/cm^3。

表 1-2-5 所示是使用密度为 1.57g/cm^3 的甲酸钾盐水与密度为 2.20g/cm^3 的甲酸铯盐水配制常用密度的甲酸铯和甲酸钾混合盐水配置表。

表 1-2-5 甲酸钾和甲酸铯混合盐水(甲酸钾盐水密度 1.57g/cm^3,甲酸铯盐水密度 2.20g/cm^3)配制表

混合盐水密度 g/cm^3	混合盐水中各种盐水的质量分数,%		混合盐水中各组分含量%(质量分数)			混合盐水中离子摩尔浓度,mol/L			配制 1m^3 混合盐水	
	甲酸钾盐水	甲酸铯盐水	甲酸钾	甲酸铯	H_2O	K^+	Cs^+	HCOO^-	甲酸钾盐水加量 L	甲酸铯盐水加量 L
1.57	100.00	0.00	75.0	0.0	25.0	14.0	0.0	14.0	1000	0.0
1.58	97.79	2.21	73.4	1.8	24.9	13.8	0.2	13.9	984.1	15.9
1.59	95.61	4.39	71.7	3.5	24.8	13.6	0.3	13.9	968.3	31.7
1.60	93.45	6.55	70.1	5.2	24.7	13.3	0.5	13.8	952.4	47.6
1.61	91.32	8.68	68.5	6.9	24.6	13.1	0.6	13.7	936.5	63.5
1.62	89.22	10.78	66.9	8.6	24.5	12.9	0.8	13.7	920.6	79.4
1.63	87.15	12.85	65.4	10.3	24.3	12.7	0.9	13.6	904.8	95.2
1.64	85.09	14.91	63.8	11.9	24.2	12.4	1.1	13.5	888.9	111.1
1.65	83.07	16.93	62.3	13.5	24.1	12.2	1.3	13.5	873.0	127.0
1.66	81.07	18.93	60.8	15.1	24.0	12.0	1.4	13.4	857.1	142.9
1.67	79.09	20.91	59.3	16.7	24.0	11.8	1.6	13.3	841.3	158.7
1.68	77.14	22.86	57.9	18.3	23.9	11.6	1.7	13.3	825.4	174.6
1.69	75.20	24.80	56.4	19.8	23.8	11.3	1.9	13.2	809.5	190.5
1.70	73.30	26.70	55.0	21.3	23.7	11.1	2.0	13.2	793.7	206.3

续表

混合盐水密度 g/cm³	混合盐水中各种盐水的质量分数,%		混合盐水中各组分含量 %(质量分数)			混合盐水中离子摩尔浓度,mol/L			配制1m³混合盐水	
	甲酸钾盐水	甲酸铯盐水	甲酸钾	甲酸铯	H_2O	K^+	Cs^+	$HCOO^-$	甲酸钾盐水加量 L	甲酸铯盐水加量 L
1.71	71.41	28.59	53.6	22.9	23.6	10.9	2.2	13.1	777.8	222.2
1.72	69.55	30.45	52.2	24.3	23.5	10.7	2.4	13.0	761.9	238.1
1.73	67.70	32.30	50.8	25.8	23.4	10.4	2.5	13.0	746.0	254.0
1.74	65.88	34.12	49.4	27.3	23.3	10.2	2.7	12.9	730.2	269.8
1.75	64.08	35.92	48.1	28.7	23.2	10.0	2.8	12.8	714.3	285.7
1.76	62.30	37.70	46.7	30.1	23.1	9.8	3.0	12.8	698.4	301.6
1.77	60.54	39.46	45.4	31.5	23.0	9.6	3.1	12.7	682.5	317.5
1.78	58.80	41.20	44.1	32.9	23.0	9.3	3.3	12.6	666.7	333.3
1.79	57.08	42.92	42.8	34.3	22.9	9.1	3.5	12.6	650.8	349.2
1.80	55.38	44.62	41.5	35.7	22.8	8.9	3.6	12.5	634.9	365.1
1.81	53.70	46.30	40.3	37.0	22.7	8.7	3.8	12.4	619.0	381.0
1.82	52.03	47.97	39.0	38.4	22.6	8.4	3.9	12.4	603.2	396.8
1.83	50.39	49.61	37.8	39.7	22.5	8.2	4.1	12.3	587.3	412.7
1.84	48.76	51.24	36.6	41.0	22.5	8.0	4.2	12.2	571.4	428.6
1.85	47.15	52.85	35.4	42.3	22.4	7.8	4.4	12.2	555.6	444.4
1.86	45.55	54.45	34.2	43.5	22.3	7.6	4.6	12.1	539.7	460.3
1.87	43.98	56.02	33.0	44.8	22.2	7.3	4.7	12.0	523.8	476.2
1.88	42.42	57.58	31.8	46.0	22.1	7.1	4.9	12.0	507.9	492.1
1.89	40.88	59.12	30.7	47.3	22.1	6.9	5.0	11.9	492.1	507.9
1.90	39.35	60.65	29.5	48.5	22.0	6.7	5.2	11.8	476.2	523.8
1.91	37.84	62.16	28.4	49.7	21.9	6.4	5.3	11.8	460.3	539.7
1.92	36.34	63.66	27.3	50.9	21.8	6.2	5.5	11.7	444.4	555.6
1.93	34.86	65.14	26.2	52.1	21.8	6.0	5.6	11.6	428.6	571.4
1.94	33.40	66.60	25.1	53.2	21.7	5.8	5.8	11.6	412.7	587.3
1.95	31.95	68.05	24.0	54.4	21.6	5.6	6.0	11.5	396.8	603.2
1.96	30.52	69.48	22.9	55.6	21.6	5.3	6.1	11.5	381.0	619.0
1.97	29.10	70.90	21.8	56.7	21.5	5.1	6.3	11.4	365.1	634.9
1.98	27.69	72.31	20.8	57.8	21.4	4.9	6.4	11.3	349.2	650.8
1.99	26.30	73.70	19.7	58.9	21.3	4.7	6.6	11.3	333.3	666.7
2.00	24.92	75.08	18.7	60.0	21.3	4.4	6.7	11.2	317.5	682.5
2.01	23.56	76.44	17.7	61.1	21.2	4.2	6.9	11.1	301.6	698.4
2.02	22.21	77.79	16.7	62.2	21.1	4.0	7.1	11.1	285.7	714.3

续表

混合盐水密度 g/cm³	混合盐水中各种盐水的质量分数,%		混合盐水中各组分含量%（质量分数）			混合盐水中离子摩尔浓度,mol/L			配制1m³混合盐水	
	甲酸钾盐水	甲酸铯盐水	甲酸钾	甲酸铯	H₂O	K⁺	Cs⁺	HCOO⁻	甲酸钾盐水加量 L	甲酸铯盐水加量 L
2.03	20.87	79.13	15.7	63.3	21.1	3.8	7.2	11.0	269.8	730.2
2.04	19.55	80.45	14.7	64.3	21.0	3.6	7.4	10.9	254.0	746.0
2.05	18.23	81.77	13.7	65.4	20.9	3.3	7.5	10.9	238.1	761.9
2.06	16.94	83.06	12.7	66.4	20.9	3.1	7.7	10.8	222.2	777.8
2.07	15.65	84.35	11.7	67.4	20.8	2.9	7.8	10.7	206.3	793.7
2.08	14.38	85.62	10.8	68.5	20.8	2.7	8.0	10.7	190.5	809.5
2.09	13.12	86.88	9.8	69.5	20.7	2.4	8.2	10.6	174.6	825.4
2.10	11.87	88.13	8.9	70.5	20.6	2.2	8.3	10.6	158.7	841.3
2.11	10.63	89.37	8.0	71.5	20.6	2.0	8.5	10.5	142.9	857.1
2.12	9.40	90.60	7.1	72.4	20.5	1.8	8.6	10.4	127.0	873.0
2.13	8.19	91.81	6.1	73.4	20.5	1.6	8.8	10.3	111.1	888.9
2.14	6.99	93.01	5.2	74.4	20.4	1.3	8.9	10.3	95.2	904.8
2.15	5.80	94.20	4.3	75.3	20.3	1.1	9.1	10.2	79.4	920.6
2.16	4.61	95.39	3.5	76.3	20.3	0.9	9.3	10.1	63.5	936.5
2.17	3.45	96.55	2.6	77.2	20.2	0.7	9.4	10.1	47.6	952.4
2.18	2.29	97.71	1.7	78.1	20.2	0.4	9.6	10.0	31.7	968.3
2.19	1.14	98.86	0.9	79.0	20.1	0.2	9.7	10.0	15.9	984.1
2.20	0.00	100.00	0.0	80.0	20.0	0.0	9.9	9.9	0.0	1000

3. 甲酸钠与甲酸钾混合液的密度

目前工业界已有在不同真实结晶温度条件下编制的甲酸钠与甲酸钾混合配制表，但因不同实验室真实结晶温度的测量方式不同，目前已有的混合配置表可信度不高，因此，在此不提供甲酸钠盐水与甲酸钾盐水的混合配制表。

二、压力、温度对甲酸盐盐水密度的影响

1. 压力、温度对甲酸盐盐水密度的影响实验

压力、温度对甲酸盐盐水密度的影响较大。Webstport 国际公司在温度 4.4～204℃ 和压力 6.9～138MPa 条件下测定了 9 组典型的甲酸钾盐水、甲酸铯盐水密度。试验用的压力—容积—温度测量设备由两个腔室和与其相连的一个泵及一个压力表组成。测量通过压汞和排汞来完成，分辨率为 ±20psi 和 ±1℉，标准误差包括了密度计的误差。

测量试样包括去离子水，密度为 1.10～1.58g/cm³ 的 5 组甲酸钾盐水，2 组密度为 1.57g/cm³ 的甲酸钾盐水与密度为 2.284g/cm³ 的甲酸铯盐水混合液，以及纯的甲酸铯盐水试样。测量数据见表 1－2－6 至表 1－2－13。

表1-2-6 甲酸钾盐水溶液(密度为1.101g/cm³)测量密度随压力、温度变化关系表

压力 MPa	测量密度,g/cm³										
	0℃	25℃	50℃	75℃	100℃	125℃	150℃	175℃	200℃	225℃	250℃
10	1.11	1.1	1.087	1.073	1.058	1.042	1.024	1.004	0.983	0.961	0.938
20	1.114	1.103	1.091	1.078	1.063	1.046	1.028	1.009	0.988	0.966	0.943
30	1.118	1.107	1.095	1.082	1.067	1.051	1.033	1.014	0.993	0.971	0.948
40	1.121	1.111	1.099	1.086	1.071	1.055	1.037	1.018	0.998	0.976	0.953
50	1.125	1.114	1.103	1.089	1.075	1.059	1.042	1.023	1.003	0.981	0.958
60	1.128	1.118	1.106	1.093	1.079	1.063	1.046	1.027	1.007	0.986	0.963
70	1.131	1.121	1.11	1.097	1.083	1.067	1.05	1.032	1.012	0.99	0.967
80	1.134	1.125	1.113	1.101	1.087	1.071	1.054	1.036	1.016	0.995	0.972
90	1.138	1.128	1.117	1.104	1.09	1.075	1.058	1.04	1.02	0.999	0.977
100	1.141	1.131	1.12	1.108	1.094	1.079	1.062	1.044	1.025	1.004	0.981
110	1.144	1.134	1.123	1.111	1.098	1.082	1.066	1.048	1.029	1.008	0.986
120	1.146	1.137	1.127	1.115	1.101	1.086	1.07	1.052	1.033	1.012	0.99
130	1.149	1.14	1.13	1.118	1.104	1.09	1.074	1.056	1.037	1.016	0.995
140	1.152	1.143	1.133	1.121	1.108	1.093	1.077	1.06	1.041	1.021	0.999
150	1.155	1.146	1.136	1.124	1.111	1.097	1.081	1.063	1.045	1.025	1.003
160	1.157	1.149	1.139	1.127	1.114	1.1	1.084	1.067	1.049	1.029	1.007
170	1.16	1.151	1.141	1.13	1.117	1.103	1.088	1.071	1.052	1.032	1.011
180	1.162	1.154	1.144	1.133	1.12	1.106	1.091	1.074	1.056	1.036	1.015
190	1.164	1.156	1.147	1.136	1.123	1.109	1.094	1.078	1.059	1.04	1.019
200	1.167	1.159	1.149	1.138	1.126	1.112	1.097	1.081	1.063	1.043	1.023
210	1.169	1.161	1.152	1.141	1.129	1.115	1.1	1.084	1.066	1.047	1.026

表1-2-7 甲酸钾盐水溶液(密度为1.201g/cm³)测量密度随压力、温度变化关系表

压力 MPa	测量密度,g/cm³										
	0℃	25℃	50℃	75℃	100℃	125℃	150℃	175℃	200℃	225℃	250℃
10	1.215	1.202	1.188	1.173	1.157	1.14	1.122	1.104	1.084	1.064	1.043
20	1.219	1.205	1.191	1.176	1.161	1.144	1.126	1.108	1.089	1.068	1.047
30	1.222	1.209	1.195	1.18	1.164	1.148	1.13	1.112	1.093	1.073	1.052
40	1.225	1.212	1.198	1.183	1.168	1.152	1.134	1.116	1.097	1.077	1.057
50	1.228	1.215	1.201	1.187	1.172	1.155	1.138	1.12	1.101	1.082	1.061
60	1.231	1.218	1.205	1.19	1.175	1.159	1.142	1.124	1.106	1.086	1.066
70	1.233	1.221	1.208	1.194	1.179	1.163	1.146	1.128	1.11	1.09	1.07
80	1.236	1.224	1.211	1.197	1.182	1.166	1.15	1.132	1.114	1.094	1.074
90	1.239	1.227	1.214	1.2	1.185	1.17	1.153	1.136	1.118	1.099	1.079

续表

压力 MPa	测量密度,g/cm³										
	0℃	25℃	50℃	75℃	100℃	125℃	150℃	175℃	200℃	225℃	250℃
100	1.242	1.23	1.217	1.203	1.189	1.173	1.157	1.14	1.122	1.103	1.083
110	1.244	1.232	1.22	1.206	1.192	1.177	1.16	1.143	1.125	1.107	1.087
120	1.247	1.235	1.223	1.209	1.195	1.18	1.164	1.147	1.129	1.111	1.091
130	1.249	1.238	1.225	1.212	1.198	1.183	1.167	1.151	1.133	1.115	1.095
140	1.252	1.24	1.228	1.215	1.201	1.186	1.171	1.154	1.137	1.118	1.099
150	1.254	1.243	1.231	1.218	1.204	1.19	1.174	1.158	1.14	1.122	1.103
160	1.256	1.245	1.234	1.221	1.207	1.193	1.177	1.161	1.144	1.126	1.107
170	1.259	1.248	1.236	1.223	1.21	1.196	1.18	1.164	1.147	1.129	1.111
180	1.261	1.25	1.239	1.226	1.213	1.199	1.184	1.168	1.151	1.133	1.114
190	1.263	1.252	1.241	1.229	1.216	1.202	1.187	1.171	1.154	1.137	1.118
200	1.265	1.255	1.243	1.231	1.218	1.204	1.19	1.174	1.157	1.14	1.122
210	1.267	1.257	1.246	1.234	1.221	1.207	1.193	1.177	1.161	1.143	1.125

表1-2-8 甲酸钾盐水溶液(密度为1.301g/cm³)测量密度随压力、温度变化关系表

压力 MPa	测量密度,g/cm³										
	0℃	25℃	50℃	75℃	100℃	125℃	150℃	175℃	200℃	225℃	250℃
10	1.301	1.287	1.271	1.256	1.24	1.224	1.207	1.19	1.173	1.155	1.137
20	1.304	1.29	1.275	1.259	1.243	1.227	1.211	1.194	1.177	1.159	1.142
30	1.307	1.293	1.278	1.263	1.247	1.231	1.215	1.198	1.181	1.164	1.146
40	1.31	1.296	1.281	1.266	1.25	1.234	1.218	1.202	1.185	1.168	1.15
50	1.313	1.299	1.284	1.269	1.254	1.238	1.222	1.205	1.189	1.172	1.154
60	1.316	1.302	1.287	1.272	1.257	1.241	1.225	1.209	1.193	1.176	1.158
70	1.318	1.304	1.29	1.275	1.26	1.245	1.229	1.213	1.196	1.18	1.162
80	1.321	1.307	1.293	1.278	1.263	1.248	1.232	1.216	1.2	1.183	1.166
90	1.324	1.31	1.296	1.281	1.267	1.251	1.236	1.22	1.204	1.187	1.17
100	1.326	1.313	1.299	1.284	1.27	1.255	1.239	1.223	1.207	1.191	1.174
110	1.329	1.315	1.302	1.287	1.273	1.258	1.243	1.227	1.211	1.195	1.178
120	1.331	1.318	1.304	1.29	1.276	1.261	1.246	1.23	1.215	1.198	1.182
130	1.334	1.321	1.307	1.293	1.279	1.264	1.249	1.234	1.218	1.202	1.186
140	1.336	1.323	1.31	1.296	1.282	1.267	1.252	1.237	1.221	1.206	1.189
150	1.339	1.326	1.312	1.298	1.284	1.27	1.255	1.24	1.225	1.209	1.193
160	1.341	1.328	1.315	1.301	1.287	1.273	1.258	1.243	1.228	1.212	1.196
170	1.343	1.33	1.317	1.304	1.29	1.276	1.261	1.247	1.231	1.216	1.2
180	1.345	1.333	1.32	1.306	1.293	1.279	1.264	1.25	1.235	1.219	1.204
190	1.347	1.335	1.322	1.309	1.295	1.282	1.267	1.253	1.238	1.223	1.207
200	1.349	1.337	1.324	1.311	1.298	1.284	1.27	1.256	1.241	1.226	1.21
210	1.351	1.339	1.327	1.314	1.301	1.287	1.273	1.259	1.244	1.229	1.214

表 1-2-9 甲酸钾盐水溶液(密度为 1.400g/cm³)测量密度随压力、温度变化关系表

压力 MPa	测量密度, g/cm³										
	0℃	25℃	50℃	75℃	100℃	125℃	150℃	175℃	200℃	225℃	250℃
10	1.403	1.387	1.372	1.356	1.340	1.324	1.308	1.291	1.274	1.257	1.240
20	1.406	1.390	1.375	1.359	1.344	1.328	1.311	1.295	1.278	1.261	1.244
30	1.408	1.393	1.378	1.363	1.347	1.331	1.315	1.298	1.282	1.265	1.248
40	1.411	1.396	1.381	1.366	1.350	1.334	1.318	1.302	1.285	1.269	1.252
50	1.414	1.399	1.384	1.369	1.353	1.338	1.322	1.305	1.289	1.272	1.256
60	1.417	1.402	1.387	1.372	1.356	1.341	1.325	1.309	1.293	1.276	1.259
70	1.419	1.405	1.390	1.375	1.359	1.344	1.328	1.312	1.296	1.280	1.263
80	1.422	1.407	1.393	1.378	1.363	1.347	1.332	1.316	1.300	1.283	1.267
90	1.424	1.410	1.395	1.381	1.366	1.350	1.335	1.319	1.303	1.287	1.271
100	1.427	1.413	1.398	1.384	1.369	1.353	1.338	1.322	1.307	1.291	1.274
110	1.429	1.415	1.401	1.386	1.372	1.357	1.341	1.326	1.310	1.294	1.278
120	1.432	1.418	1.404	1.389	1.375	1.360	1.344	1.329	1.313	1.298	1.282
130	1.434	1.420	1.406	1.392	1.377	1.363	1.348	1.332	1.317	1.301	1.285
140	1.437	1.423	1.409	1.395	1.380	1.366	1.351	1.336	1.320	1.305	1.289
150	1.439	1.425	1.412	1.397	1.383	1.369	1.354	1.339	1.323	1.308	1.292
160	1.442	1.428	1.414	1.400	1.386	1.371	1.357	1.342	1.327	1.311	1.296
170	1.444	1.430	1.417	1.403	1.389	1.374	1.360	1.345	1.330	1.315	1.299
180	1.446	1.433	1.419	1.405	1.391	1.377	1.363	1.348	1.333	1.318	1.303
190	1.448	1.435	1.422	1.408	1.394	1.380	1.366	1.351	1.336	1.321	1.306
200	1.451	1.437	1.424	1.411	1.397	1.383	1.368	1.354	1.339	1.324	1.309
210	1.453	1.440	1.426	1.413	1.399	1.385	1.371	1.357	1.342	1.328	1.313

表 1-2-10 甲酸钾盐水溶液(密度为 1.572g/cm³)测量密度随压力、温度变化关系表

压力 MPa	测量密度, g/cm³										
	0℃	25℃	50℃	75℃	100℃	125℃	150℃	175℃	200℃	225℃	250℃
10	1.584	1.568	1.552	1.536	1.52	1.504	1.488	1.472	1.456	1.439	1.423
20	1.587	1.571	1.555	1.539	1.523	1.507	1.491	1.475	1.459	1.443	1.427
30	1.59	1.574	1.558	1.542	1.526	1.51	1.494	1.479	1.463	1.447	1.431
40	1.592	1.577	1.561	1.545	1.529	1.514	1.498	1.482	1.466	1.45	1.434
50	1.595	1.579	1.564	1.548	1.532	1.517	1.501	1.485	1.469	1.454	1.438
60	1.598	1.582	1.567	1.551	1.535	1.52	1.504	1.489	1.473	1.457	1.441
70	1.6	1.585	1.569	1.554	1.539	1.523	1.507	1.492	1.476	1.461	1.445
80	1.603	1.588	1.572	1.557	1.541	1.526	1.511	1.495	1.48	1.464	1.449
90	1.606	1.59	1.575	1.56	1.544	1.529	1.514	1.498	1.483	1.468	1.452

续表

压力 MPa	测量密度, g/cm³										
	0℃	25℃	50℃	75℃	100℃	125℃	150℃	175℃	200℃	225℃	250℃
100	1.608	1.593	1.578	1.563	1.547	1.532	1.517	1.502	1.486	1.471	1.456
110	1.611	1.596	1.581	1.565	1.55	1.535	1.52	1.505	1.49	1.474	1.459
120	1.613	1.598	1.583	1.568	1.553	1.538	1.523	1.508	1.493	1.478	1.463
130	1.616	1.601	1.586	1.571	1.556	1.541	1.526	1.511	1.496	1.481	1.466
140	1.618	1.603	1.589	1.574	1.559	1.544	1.529	1.514	1.499	1.484	1.469
150	1.62	1.606	1.591	1.576	1.562	1.547	1.532	1.517	1.503	1.488	1.473
160	1.623	1.608	1.594	1.579	1.565	1.55	1.535	1.52	1.506	1.491	1.476
170	1.625	1.611	1.596	1.582	1.567	1.553	1.538	1.524	1.509	1.494	1.48
180	1.628	1.613	1.599	1.584	1.57	1.556	1.541	1.527	1.512	1.497	1.483
190	1.63	1.616	1.601	1.587	1.573	1.558	1.544	1.53	1.515	1.501	1.486
200	1.632	1.618	1.604	1.59	1.575	1.561	1.547	1.533	1.518	1.504	1.489
210	1.635	1.62	1.606	1.592	1.578	1.564	1.55	1.535	1.521	1.507	1.493

表1-2-11 甲酸铯与甲酸钾混合盐水溶液(密度为1.880g/cm³)测量密度随压力、温度变化关系表

压力 MPa	测量密度, g/cm³										
	0℃	25℃	50℃	75℃	100℃	125℃	150℃	175℃	200℃	225℃	250℃
10	1.906	1.883	1.860	1.838	1.816	1.795	1.773	1.752	1.731	1.711	1.690
20	1.909	1.887	1.864	1.842	1.820	1.799	1.778	1.757	1.736	1.716	1.695
30	1.913	1.890	1.868	1.846	1.825	1.803	1.782	1.761	1.741	1.721	1.701
40	1.916	1.894	1.872	1.850	1.829	1.808	1.787	1.766	1.746	1.726	1.706
50	1.919	1.897	1.875	1.854	1.833	1.812	1.791	1.770	1.750	1.730	1.711
60	1.923	1.901	1.879	1.858	1.837	1.816	1.795	1.775	1.755	1.735	1.716
70	1.926	1.904	1.883	1.861	1.840	1.820	1.799	1.779	1.759	1.740	1.720
80	1.929	1.907	1.886	1.865	1.844	1.824	1.803	1.783	1.764	1.744	1.725
90	1.932	1.910	1.889	1.868	1.848	1.827	1.807	1.788	1.768	1.749	1.730
100	1.935	1.914	1.893	1.872	1.851	1.831	1.811	1.792	1.772	1.753	1.734
110	1.938	1.917	1.896	1.875	1.855	1.835	1.815	1.796	1.777	1.758	1.739
120	1.940	1.920	1.899	1.878	1.858	1.839	1.819	1.800	1.781	1.762	1.743
130	1.943	1.922	1.902	1.882	1.862	1.842	1.823	1.804	1.785	1.766	1.748
140	1.946	1.925	1.905	1.885	1.865	1.846	1.826	1.807	1.789	1.770	1.752
150	1.948	1.928	1.908	1.888	1.868	1.849	1.830	1.811	1.793	1.774	1.756
160	1.951	1.930	1.911	1.891	1.871	1.852	1.833	1.815	1.796	1.778	1.760
170	1.953	1.933	1.913	1.894	1.874	1.855	1.837	1.818	1.800	1.782	1.764
180	1.955	1.936	1.916	1.897	1.877	1.859	1.840	1.822	1.804	1.786	1.768
190	1.958	1.938	1.918	1.899	1.880	1.862	1.843	1.825	1.807	1.790	1.772
200	1.960	1.940	1.921	1.902	1.883	1.865	1.846	1.828	1.811	1.793	1.776
210	1.962	1.942	1.923	1.904	1.886	1.868	1.849	1.832	1.814	1.797	1.780

第一章 甲酸盐的化学性质与溶解性能

表 1-2-12 甲酸铯与甲酸钾混合盐水溶液（密度为 2.100g/cm³）测量密度随压力、温度变化关系表

压力 MPa	测量密度，g/cm³										
	0℃	25℃	50℃	75℃	100℃	125℃	150℃	175℃	200℃	225℃	250℃
10	2.134	2.11	2.085	2.061	2.038	2.014	1.991	1.968	1.945	1.922	1.9
20	2.137	2.113	2.089	2.065	2.042	2.019	1.995	1.973	1.95	1.928	1.905
30	2.141	2.117	2.093	2.069	2.046	2.023	2	1.977	1.955	1.933	1.911
40	2.144	2.12	2.097	2.073	2.05	2.027	2.005	1.982	1.96	1.938	1.916
50	2.147	2.124	2.1	2.077	2.054	2.032	2.009	1.987	1.965	1.943	1.922
60	2.151	2.127	2.104	2.081	2.059	2.036	2.014	1.992	1.97	1.949	1.927
70	2.154	2.131	2.108	2.085	2.063	2.041	2.019	1.997	1.975	1.954	1.933
80	2.157	2.134	2.112	2.089	2.067	2.045	2.023	2.002	1.98	1.959	1.938
90	2.161	2.138	2.115	2.093	2.071	2.049	2.028	2.006	1.985	1.964	1.944
100	2.164	2.142	2.119	2.097	2.075	2.054	2.032	2.011	1.99	1.97	1.949
110	2.167	2.145	2.123	2.101	2.08	2.058	2.037	2.016	1.995	1.975	1.954
120	2.171	2.149	2.127	2.105	2.084	2.063	2.042	2.021	2	1.98	1.96
130	2.174	2.152	2.131	2.109	2.088	2.067	2.046	2.026	2.005	1.985	1.965
140	2.177	2.156	2.134	2.113	2.092	2.071	2.051	2.031	2.01	1.991	1.971
150	2.181	2.159	2.138	2.117	2.096	2.076	2.056	2.035	2.016	1.996	1.976
160	2.184	2.163	2.142	2.121	2.101	2.08	2.06	2.04	2.021	2.001	1.982
170	2.187	2.166	2.146	2.125	2.105	2.085	2.065	2.045	2.026	2.006	1.987
180	2.191	2.17	2.149	2.129	2.109	2.089	2.069	2.05	2.031	2.012	1.993
190	2.194	2.174	2.153	2.133	2.113	2.094	2.074	2.055	2.036	2.017	1.998
200	2.197	2.177	2.157	2.137	2.117	2.098	2.079	2.06	2.041	2.022	2.004
210	2.201	2.181	2.161	2.141	2.122	2.102	2.083	2.064	2.046	2.027	2.009

表 1-2-13 甲酸铯盐水溶液（密度为 2.286g/cm³）测量密度随压力、温度变化关系表

压力 MPa	测量密度，g/cm³										
	0℃	25℃	50℃	75℃	100℃	125℃	150℃	175℃	200℃	225℃	250℃
10	2.303	2.276	2.249	2.222	2.196	2.169	2.142	2.116	2.089	2.063	2.037
20	2.307	2.28	2.253	2.227	2.2	2.174	2.148	2.122	2.096	2.069	2.044
30	2.31	2.284	2.258	2.231	2.205	2.179	2.153	2.127	2.101	2.076	2.05
40	2.314	2.288	2.262	2.236	2.21	2.184	2.158	2.133	2.107	2.082	2.056
50	2.318	2.292	2.266	2.24	2.215	2.189	2.164	2.138	2.113	2.088	2.063
60	2.321	2.295	2.27	2.245	2.219	2.194	2.169	2.144	2.119	2.094	2.069
70	2.324	2.299	2.274	2.249	2.224	2.199	2.174	2.149	2.125	2.1	2.075
80	2.328	2.303	2.278	2.253	2.228	2.204	2.179	2.155	2.13	2.106	2.081
90	2.331	2.306	2.282	2.257	2.233	2.208	2.184	2.16	2.136	2.112	2.088

续表

压力 MPa	测量密度,g/cm³										
	0℃	25℃	50℃	75℃	100℃	125℃	150℃	175℃	200℃	225℃	250℃
100	2.334	2.31	2.286	2.261	2.237	2.213	2.189	2.165	2.141	2.117	2.094
110	2.337	2.313	2.289	2.265	2.241	2.217	2.194	2.17	2.146	2.123	2.1
120	2.341	2.317	2.293	2.269	2.245	2.222	2.198	2.175	2.152	2.129	2.105
130	2.344	2.32	2.296	2.273	2.25	2.226	2.203	2.18	2.157	2.134	2.111
140	2.346	2.323	2.3	2.277	2.254	2.231	2.208	2.185	2.162	2.139	2.117
150	2.349	2.326	2.303	2.28	2.258	2.235	2.212	2.19	2.167	2.145	2.123
160	2.352	2.329	2.307	2.284	2.262	2.239	2.217	2.194	2.172	2.15	2.128
170	2.355	2.332	2.31	2.288	2.265	2.243	2.221	2.199	2.177	2.155	2.134
180	2.357	2.335	2.313	2.291	2.269	2.247	2.225	2.204	2.182	2.161	2.139
190	2.36	2.338	2.316	2.295	2.273	2.251	2.23	2.208	2.187	2.166	2.144
200	2.363	2.341	2.319	2.298	2.276	2.255	2.234	2.213	2.192	2.171	2.15
210	2.365	2.344	2.322	2.301	2.28	2.259	2.238	2.217	2.196	2.176	2.155

2. 软件计算包

1) 甲酸盐盐水密度计算软件

甲酸钾盐水、甲酸铯盐水及两者混合液的PVT数据已被编制进软件计算包(DensiCalc)内。该软件能够将任意温度下盐水的地面密度换算为标准条件下(15.6℃)的当量密度。当然,标准条件下(15.6℃)盐水的当量密度也可由下式计算:

$$\rho_{st} = 0.99243 \times 1.000474^T \times \rho^{1.0000621} \quad (1-2-12)$$

式中 ρ_{st}——在标准条件下(15.6℃)的盐水密度,g/cm³;

T——温度,℃;

ρ——盐水在温度T下测得的密度,g/cm³。

该软件还可以计算井眼内流体的平均密度和静水压力,其计算精度已在油田的生产测试中得到验证。

如图1-2-3所示为Densicalc井口及井下压力的密度计算软件界面。

2) PVTCalc软件

PVTCalc软件可以根据真实的井底压力和温度算出相应的密度、压缩系数和热膨胀系数,所需输入数据为参考条件下的密度。该软件可通过登录 www.cabotcorp.com/pvtcals 获得免费版。

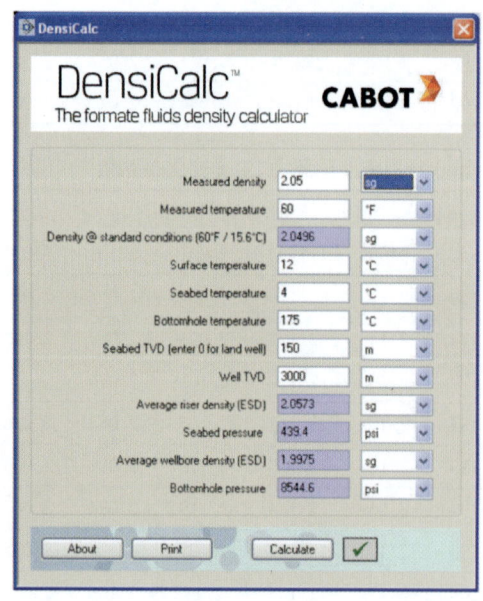

图1-2-3 Densicalc井口及井下压力的密度计算软件界面

三、矿物和盐在甲酸盐盐水中的溶解度

油气井需要钻穿数千米含多种矿物的地层到油气储层。当钻井和完井时,在井眼环空的工作液在高温高压环境下会与地层的各种矿物接触。因此,了解钻井液和完井液在井下环境中与地层如何作用非常重要。在必须钻穿厚盐层和石膏的地层井段,了解工作液怎样溶解这些矿物非常关键。

甲酸盐钻(完)井液在井眼中也会接触到重晶石。为了井控,每年高达 $500 \times 10^4 t$ 重晶石加入到常规传统钻井液中以提高钻井液密度。使用甲酸盐流体时不可避免地接触到井眼以及管线里的重晶石,例如在驱替过程中两种工作液过渡段。含高浓度的电解质液体,例如油田盐水,可以提高碱土金属硫酸盐矿物质的溶解性,比如 $CaSO_4$(石膏和无水硬石膏)和 $BaSO_4$。从 20 世纪 30 年代早期就有"盐侵(salting-in)"效应报道(Neuman,1933)。30 年后,壳牌公司发表了 NaCl 盐水对重晶石溶解性影响的报道(Templeton,1960),接下来的工作(Monnin,1999)表明,在常压下 50~100℃时,饱和 NaCl 盐水可以从重晶石中溶解 50~100mg/L 的 Ba^{2+},在高温高压下 Ba^{2+} 的溶解性可以提高到 200~400mg/L。文章还提出了重晶石在 $CaCl_2$ 盐水中溶解性更好。在 20 世纪 90 年代,壳牌公司在甲酸盐研究发展早期阶段研究了重晶石在盐水中的溶解性(Howard,1995)。壳牌公司测试了碱土金属硫酸盐和重晶石在不同浓度盐水中的溶解度,报道认为,其在甲酸钾盐水中有非常高的溶解性。

1. $BaSO_4$ 和重晶石在甲酸盐盐水中的溶解度

壳牌公司 1995 年测试了碱土金属硫酸盐(和重晶石)的溶解性(Howard,1995),其目的是找出甲酸盐盐水是否具有硫酸盐垢—溶解性行为和研究甲酸盐是与重晶石和其他常见矿物的配伍性。$BaSO_4$ 和重晶石的溶解性是在 85℃热滚 16h 后在单相氯盐/溴盐/甲酸盐盐水中进行测定的。壳牌公司测定 $BaSO_4$ 和 API 级重晶石在质量分数为 75% 的甲酸钾盐水中的 Ba^{2+} 溶解度分别为 3400mg/L 和 1500mg/L。

壳牌公司的研究得到了有趣的结果,但是它忽略了当甲酸盐盐水冷却到室温条件下后(例如在盐水罐和钻井液池)溶解 Ba^{2+} 会发生什么,还忽视了现场实际使用的缓冲甲酸盐盐水类型。从现场回收的甲酸盐盐水中的溶解 Ba^{2+} 浓度非常低,即便这些流体可能被暴露在大量重晶石污染的钻井液池、管道和井眼中。

由于壳牌公司报道的重晶石溶解度实验数据和现场经验的不一致,卡博特公司进行了新的研究:(1)测定 $BaSO_4$ 在井底温度条件下与甲酸盐盐水接触后再冷却至地表条件下的 Ba^{2+} 和 SO_4^{2-} 溶解度水平;(2)绘制出甲酸盐浓度和钾/铯比例对从 $BaSO_4$ 溶解出 Ba^{2+} 和 SO_4^{2-} 溶解度的影响;(3)测定碳酸盐/碳酸氢盐 pH 缓冲剂加入对 Ba^{2+} 和 SO_4^{2-} 溶解度的影响($BaSO_4$ 在井底温度条件下与甲酸盐盐水接触后再冷却至地表条件下)。

1)$BaSO_4$(重晶石)在甲酸盐盐水中的溶解机理研讨

高浓度甲酸盐盐水溶解盐和矿物质的能力通常与水的溶解能力不同。根据之前对甲酸盐盐水的研究,观察到:

(1)$BaSO_4$ 在甲酸盐盐水中微溶,然而在水中几乎不溶;
(2)$BaCO_3$ 在甲酸盐盐水和水中均不溶;
(3)K_2SO_4 在甲酸盐盐水中微溶,然而在水中全溶;

（4）Cs_2SO_4 在甲酸盐盐水和水中均可溶。

根据上面的观察结果，可以推测各种缓冲、未缓冲的甲酸盐盐水在暴露于 $BaSO_4$ 和重晶石的各种反应。正如许多研究者报道的那样（Neuman，1933；Templeton，1960；Monnin，1999），当 $BaSO_4$ 暴露在盐水中，会发生非常微弱的溶解反应：

$$BaSO_4(s) \xrightleftharpoons{K_{sp}} Ba^{2+}(aq) + SO_4^{2-}(aq) \qquad (1-2-13)❶$$

这是一个可逆平衡反应。在它达到平衡之前它的反应方向取决于溶度积常数 K_{sp}，K_{sp} 又取决于盐水的离子强度以及盐水类型和浓度。盐水溶解出来的 Ba^{2+} 和 SO_4^{2-} 的具体怎么反应决定于盐的类别和是否有其他离子存在。在甲酸盐盐水这种情况下，它也决定于是否有碳酸盐缓冲剂的加入。

（1）$BaSO_4$ 在未加缓冲剂的单相甲酸钾盐水中的溶解机理。

未加缓冲剂的甲酸钾盐水与 $BaSO_4$ 接触时，通过式（1-2-13）可知 $BaSO_4$ 会有小量的溶解性 Ba^{2+} 和 SO_4^{2-} 释放到溶液中，接着有下面的沉淀反应发生：

$$2K^+(aq) + SO_4^{2-}(aq) \longrightarrow K_2SO_4(s)\downarrow \qquad (1-2-14)$$

盐水中溶解的 SO_4^{2-} 以 K_2SO_4 沉淀的形式而被移除，这也进一步驱动 $BaSO_4$ 不断溶解，通过 LeChâtelier's 原则可知，甲酸盐盐水中的溶解 Ba^{2+} 不断累积。溶解 Ba^{2+} 浓度增加直至 $BaSO_4$ 溶解反应[式（1-2-13）]达到平衡。

（2）$BaSO_4$ 在加入碳酸盐和碳酸氢盐缓冲剂的单相甲酸钾盐水中的溶解机理。

加缓冲剂的单相甲酸钾盐水与 $BaSO_4$ 接触时，通过式（1-2-13）可知 $BaSO_4$ 会有小量的溶解 Ba^{2+} 和 SO_4^{2-} 释放到溶液中，接着有下面的沉淀反应发生：

$$2K^+(aq) + SO_4^{2-}(aq) \longrightarrow K_2SO_4(s)\downarrow \qquad (1-2-15)$$

$$Ba^{2+}(aq) + CO_3^{2-}(aq) \longrightarrow BaCO_3(s)\downarrow \qquad (1-2-16)$$

只要盐水中有 K^+ 和 CO_3^{2-} 可用（存在），反应就会继续，溶液中的 Ba^{2+} 和 SO_4^{2-} 浓度将会变低。如果全部碳酸盐缓冲剂被消耗尽，溶解 Ba^{2+} 浓度增加直至 $BaSO_4$ 溶解反应[式（1-2-13）]达到平衡。

（3）$BaSO_4$ 在未加缓冲剂的单相甲酸铯盐水中的溶解机理。

未加缓冲剂的甲酸铯盐水与 $BaSO_4$ 接触时，通过式（1-2-13）可知 $BaSO_4$ 会有小量的溶解 Ba^{2+} 和 SO_4^{2-} 释放到溶液中。因为没有比 $BaSO_4$ 更难溶的盐形成，即无沉淀反应。没有沉淀反应驱动溶解过程向前，通过式（1-2-13）可知溶液中只有少量的溶解的 Ba^{2+} 和 SO_4^{2-}。

（4）$BaSO_4$ 在加碳酸盐和碳酸氢盐缓冲剂的单相甲酸铯盐水中的溶解机理。

加缓冲剂的单相甲酸铯盐水与 $BaSO_4$ 接触时，通过式（1-2-13）可知 $BaSO_4$ 会有小量的溶解的 Ba^{2+} 和 SO_4^{2-} 释放到溶液中，接着有下面的沉淀反应发生：

$$Ba^{2+}(aq) + CO_3^{2-}(aq) \longrightarrow BaCO_3(s)\downarrow \qquad (1-2-17)$$

这意味着溶解 Ba^{2+} 的浓度仍然非常低，相反，溶解 SO_4^{2-} 会增加。当 $BaSO_4$ 的溶解反应达

---

❶ 反应式中"s"表示固体；"aq"表示水溶液。

到平衡时,$BaCO_3$沉淀反应将减缓。

(5)$BaSO_4$在加或不加碳酸盐和碳酸氢盐缓冲剂的混合甲酸钾与甲酸铯盐水中的溶解机理。

$BaSO_4$在甲酸钾和甲酸铯盐水的溶解性表现与在甲酸钾盐水中一样,K^+与溶解的SO_4^{2-}以K_2SO_4沉淀的形式移除。假如盐水已缓冲,CO_3^{2-}通过$BaCO_3$沉淀出来。加入碳酸盐缓冲剂消耗完全,溶解Ba^{2+}浓度增加直至K_2SO_4溶解反应达到平衡。

2)$BaSO_4$(重晶石)在甲酸盐盐水中的溶解实验

由于API标准的重晶石含有许多杂质,比如硅酸盐,包括石英、燧石、菱铁矿、白云石等碳酸盐化合物和金属氧化物以及硫化物,为了研究清楚盐水组分、盐浓度、暴露温度和时间以及缓冲剂的加入等对$BaSO_4$在甲酸盐盐水中的溶解性的影响,因此选用分析纯$BaSO_4$进行实验。将测试样品液体先在高温高压(模拟现场井底环境)的条件下热滚,然后冷却(模拟在地表储集池环境)后,测定$BaSO_4$在甲酸盐盐水中Ba^{2+}和SO_4^{2-}的浓度。

实验使用316级不锈钢老化罐实验。在浆杯中加入甲酸盐盐水样品,加入的分析纯$BaSO_4$至浓度为1.75g/175mL甲酸盐盐水,在室温下搅拌10min。将浆液倒入老化罐,通N_2并加压1.4MPa。放入滚子炉在设定温度老化至设定时间。到了设定时间后取出老化罐,冷却至室温,然后倒出搅拌,静置2h。由于甲酸钾盐水的高黏度及K_2SO_4结晶析出,因而先用5m硝化纤维滤纸过滤,再将暴露实验样品通过1m硝化纤维滤纸真空泵分离。

液体样品中Ba^{2+}浓度采用Agilent 4100 mp-aes光学发射光谱仪进行测定,SO_4^{2-}浓度采用Metrohm离子色谱仪进行测定。分离出的固相采用傅里叶变换红外光谱(FTIR)进行测定的。

所有实验样品中的Ba^{2+}和SO_4^{2-}浓度测量结果列于表1-2-14至表1-2-16。

表2-1-14 $BaSO_4$在不同温度、暴露时间条件下(缓冲/未缓冲)甲酸钾盐水中溶解的Ba^{2+}和SO_4^{2-}浓度

盐水类型	缓冲	温度,℃	暴露时间	Ba^{2+}浓度,mg/L	SO_4^{2-}浓度,mg/L
KFo,质量分数30%,密度1.19g/cm³	未缓冲	100	16h	154	151
KFo,质量分数40%,密度1.26g/cm³	未缓冲	100	16h	204	195
KFo,质量分数50%,密度1.34g/cm³	未缓冲	100	16h	432	287
KFo,质量分数55%,密度1.38g/cm³	未缓冲	100	16h	567	266
KFo,质量分数60%,密度1.43g/cm³	未缓冲	100	16h	782	173
KFo,质量分数65%,密度1.47g/cm³	未缓冲	100	16h	988	100
KFo,质量分数75%,密度1.57g/cm³	未缓冲	100	16h	3471	221
	缓冲	100	16h	64	67
	缓冲	150	16h	133	76
	缓冲	200	16h	231	61
	缓冲	100	6.7天	81	80
	缓冲	150	6.7天	328	111
	缓冲	室温	1周	65	81
	缓冲	室温	2周	93	52
	缓冲	室温	3周	107	36

表1-2-15 BaSO₄在不同温度、暴露时间条件下(缓冲或未缓冲)甲酸铯盐水中溶解的Ba^{2+}和SO_4^{2-}浓度

盐水类型	缓冲	温度,℃	暴露时间	Ba^{2+}浓度,mg/L	SO_4^{2-}浓度,mg/L
CsFo,质量分数40%,密度2.20g/cm³	未缓冲	100	16h	64	185
CsFo,质量分数60%,密度1.71g/cm³	未缓冲	100	16h	144	238
CsFo,质量分数80%,密度2.20g/cm³	未缓冲	100	16h	340	325
	缓冲	100	16h	6	24
	缓冲	150	16h	5	1330
	缓冲	200	16h	无数据	无数据
	缓冲	100	6.7天	1	1041
	缓冲	150	6.7天	12	1205
	缓冲	室温	1周	0	651
	缓冲	室温	2周	0	1048
	缓冲	室温	3周	1	1042

表1-2-16 BaSO₄在不同温度、暴露时间条件下(缓冲或未缓冲)甲酸钾/甲酸铯混合盐水中溶解的Ba^{2+}和SO_4^{2-}浓度

盐水类型	缓冲	温度,℃	暴露时间	Ba^{2+}浓度,mg/L	SO_4^{2-}浓度,mg/L
CsFo(25%)(体积分数) KFo(75%)(体积分数)	未缓冲	100	16h	1181	137
	缓冲	100	16h	31	72
	缓冲	150	16h	64	90
	缓冲	200	16h	150	79
	缓冲	100	6.7天	38	98
	缓冲	150	6.7天	86	101
	缓冲	室温	1周	50	80
	缓冲	室温	2周	47	57
	缓冲	室温	3周	38	29
CsFo(50%)(体积分数) KFo(50%)(体积分数)	未缓冲	100	16h	451	171
	缓冲	100	16h	17	111
	缓冲	150	16h	35	130
	缓冲	200	16h	89	96
	缓冲	100	6.7天	19	121
	缓冲	150	6.7天	70	140
	缓冲	室温	1周	28	103
	缓冲	室温	2周	31	57
	缓冲	室温	3周	24	36

续表

盐水类型	缓冲	温度,℃	暴露时间	Ba^{2+}浓度,mg/L	SO_4^{2-}浓度,mg/L
CsFo(75%)(体积分数) KFo(25%)(体积分数)	未缓冲	100	16h	102	—
	缓冲	100	16h	9	141
	缓冲	150	16h	29	190
	缓冲	200	16h	53	201
	缓冲	100	6.7天	7	274
	缓冲	150	6.7天	45	203
	缓冲	室温	1周	13	247
	缓冲	室温	2周	15	140
	缓冲	室温	3周	6	106

(1)在未加缓冲剂甲酸盐盐水中$BaSO_4$的溶解性。

未加缓冲剂的甲酸钾和甲酸铯盐水与过量的$BaSO_4$在100℃条件下热滚16h。样品冷却分离制样后,再测定溶解性Ba^{2+}和SO_4^{2-}浓度。未缓冲甲酸盐中溶解性Ba^{2+}和SO_4^{2-}浓度与甲酸盐浓度关系如图1-2-4所示。正如预测的一样,在未加缓冲剂高浓度甲酸钾盐水测定到了高浓度Ba^{2+}为3271mg/L,这是由K_2SO_4沉淀反应引发的,分离固相的分析也证实了含有K_2SO_4。在未缓冲的甲酸铯盐水中,只测试到含量非常低的Ba^{2+}和SO_4^{2-},分离固相中只含有$BaSO_4$。这与之前的机理推测一致,在未加缓冲剂的甲酸铯盐水中$BaSO_4$微溶,无碱金属硫酸盐沉淀反应发生,在未缓冲甲酸盐盐水中溶解性SO_4^{2-}绝不会超过300mg/L。

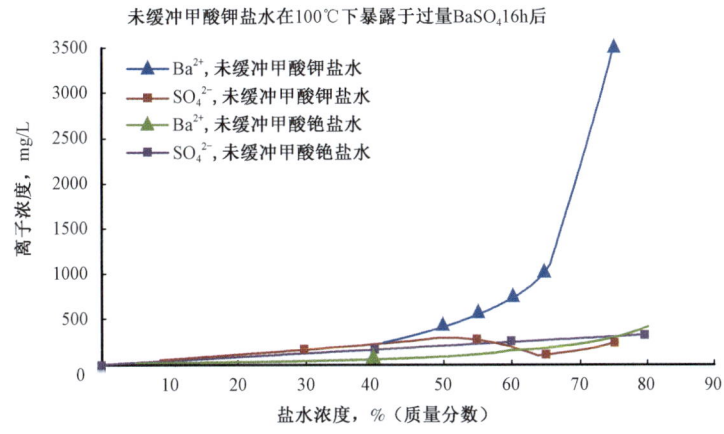

图1-2-4 未缓冲单相甲酸盐盐水中Ba^{2+}和SO_4^{2-}与浓度关系(100℃,16h)

(2)盐组分/缓冲剂和温度对$BaSO_4$的溶解性的影响。

在现场推荐使用加有碳酸盐和碳酸氢盐pH缓冲剂的甲酸盐盐水。通常甲酸铯盐水和浓甲酸钾盐水混合使用,只有在密度非常高(2.1g/cm³)的情况下单独使用甲酸铯,因此研究混合盐水中$BaSO_4$溶解性非常重要。$BaSO_4$在5种不同比例混合的甲酸钾和甲酸铯盐水(包括两种单相盐水)在100℃条件下热滚16h,加或不加14.3g/L量pH缓冲剂(K_2CO_3/$KHCO_3$)将调整 pH 值至 10。还进行了在 150℃ 和 200℃ 不同温度下相同时间热滚实验,实验结果如图 1-2-5 所示。可以看出,在加入缓冲剂的混合盐水中,Ba^{2+} 的浓度仍然非常低。只有在不加缓冲剂纯甲酸钾盐水和富含甲酸钾的混合盐水中测定到了高浓度的 Ba^{2+}(高达 3500mg/L),在加缓冲剂的单相甲酸铯溶液中测定到了较高浓度的 SO_4^{2-}(1330mg/L)。

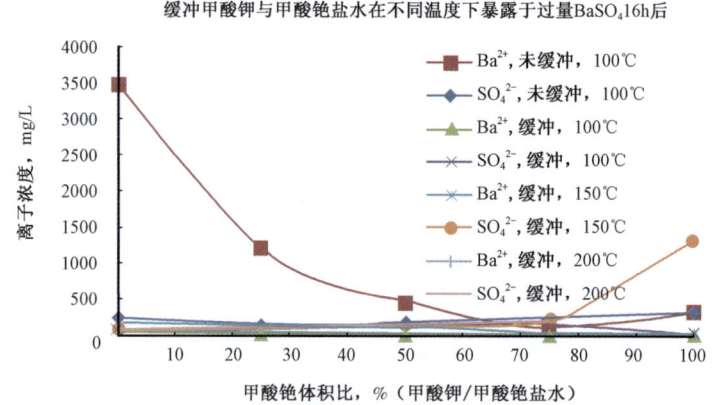

图 1-2-5 混合甲酸盐盐水对 $BaSO_4$ 溶解性的影响(100℃、150℃、200℃,16h)

(3)暴露时间和温度对 $BaSO_4$ 的溶解性的影响。

$BaSO_4$ 在 100℃/150℃ 暴露于 5 种不同比例甲酸钾/甲酸铯混合盐水(包括两种单相盐水),延长暴露时间至 6.7 天(160h)。所有流体用 14.3g/L 缓冲剂($K_2CO_3/KHCO_3$)调节 pH 值至 10,溶解性 Ba^{2+} 和 SO_4^{2-} 浓度测定结果如图 1-2-6 所示。从图中可以看出,在 6.7 天后,暴露时间对溶解性 Ba^{2+} 和 SO_4^{2-} 浓度没有很大的影响。这意味着即使在 150℃ 时,$BaSO_4$ 的溶解速率就不高到足以消耗全部缓冲剂。虽然仍保持在低的浓度水平(327mg/L),150℃ 时在纯甲酸钾盐水中溶解性 Ba^{2+} 的浓度比混合盐水中的稍高,这也就意味着,如果在 200℃/极端条件下这些盐水中置于足够多的 $BaSO_4$,应考虑到提高的缓冲剂浓度。

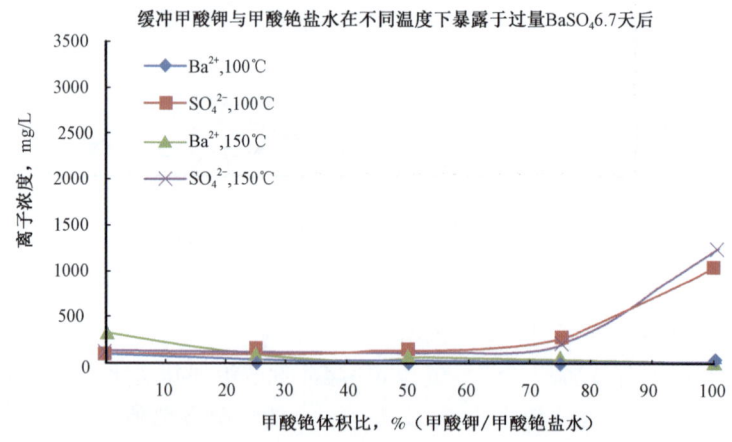

图 1-2-6 温度对混合甲酸盐盐水中 $BaSO_4$ 溶解性的影响(100℃、150℃,16h)

在室温条件下进行了长时间的暴露测试以研究储存的含有大量 $BaSO_4$ 的甲酸盐盐水是否有高浓度溶解性的 Ba^{2+}。在室温下将 $BaSO_4$ 暴露在 5 种不同比例甲酸钾/甲酸铯混合盐水（包括两种单相盐水）1 周、2 周和 3 周。所有流体用 5lb/bbl 缓冲剂（$K_2CO_3/KHCO_3$）调节 pH 值至 10，溶解 Ba^{2+} 和 SO_4^{2-} 浓度测定结果如图 1-2-7 所示。发现在加缓冲剂的纯甲酸铯盐水中溶解性 SO_4^{2-} 浓度稍有提高。

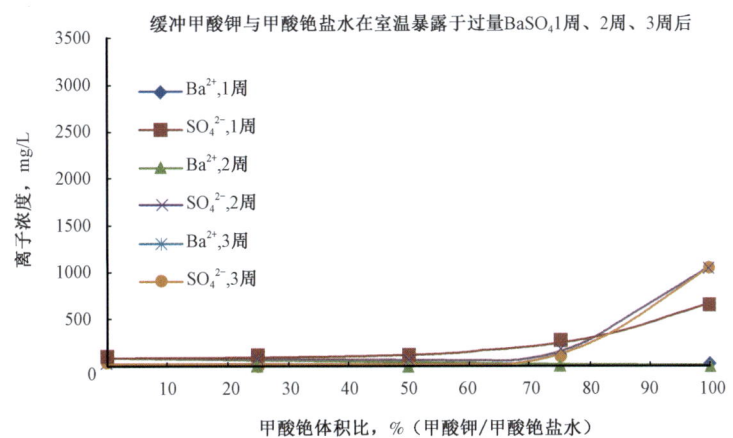

图 1-2-7　暴露时间对混合甲酸盐盐水中 $BaSO_4$ 溶解性的影响（室温）

3）$BaSO_4$（重晶石）在甲酸盐盐水中的溶解实验结论

通过测试单相甲酸钾盐水、单相甲酸铯盐水和它们的混合盐水中加入分析纯 $BaSO_4$ 粉末后，在井眼温度环境下的溶解 Ba^{2+} 和 SO_4^{2-} 浓度，得到了以下结论：

（1）$BaSO_4$ 在单相甲酸钾盐水中 100℃ 热滚 16h 后，$BaSO_4$ 溶解性随着甲酸钾浓度的增加而升高。在甲酸钾浓度达到约 50%（质量分数）时，$BaSO_4$ 溶解性处于较低水平，溶解 Ba^{2+} 和 SO_4^{2-} 量只有非常轻微的提高。在整个甲酸铯浓度范围，两种离子浓度仍保持在约 300mg/L 以下。

（2）$BaSO_4$ 在未加缓冲溶液的高浓度甲酸钾盐水（质量分数为 75%）中，100℃ 热滚 16h 后，$BaSO_4$ 释放出约 3500mg/L 的可溶性 Ba^{2+}。此结果证实了之前壳牌公司的发现：在 85℃ 热滚 16h 后，Ba^{2+} 浓度为 3400mg/L。这是一个偏学术性的发现，因为在现场几乎不使用不加碳酸盐 pH 缓冲液的甲酸钾盐水。

（3）对加缓冲剂的甲酸盐盐水的实验验结果表明，当流体中有过量的缓冲剂存在时，溶解 Ba^{2+} 的浓度非常低（10mg/L），这是因为所有溶解的 SO_4^{2-} 都以不溶性的 $BaCO_3$ 形式沉淀出来。此实验结果表明，可溶碳酸盐 pH 调节剂的加入，通过沉淀出高浓度甲酸盐盐水里不溶的 $BaCO_3$，来阻止可溶 Ba^{2+} 的累积。因此，高浓度 Ba^{2+} 在有保持合适缓冲剂浓度的甲酸盐盐水中不存在。

（4）在加缓冲剂的单相甲酸铯盐水加入 $BaSO_4$ 后，溶解 SO_4^{2-} 浓度将高达 1300mg/L。

（5）提高暴露温度（150℃）和增加暴露时间（6.7 天），过量的 $BaSO_4$ 在加缓蚀剂的甲酸钾盐水中，溶解性 Ba^{2+} 浓度只有轻微的增加。暴露温度和时间的增加对甲酸钾/甲酸铯混合盐水的几乎没有作用。

(6)在室温条件下将暴露时间从1周增加至三周,溶解性Ba^{2+}和SO_4^{2-}测定结果无变化。

4)现场取回的甲酸盐盐水实验结果

现场取回的使用缓冲剂的甲酸盐盐水,溶解Ba^{2+}浓度总是非常低,即使这些取回的盐水在沉降池、管道和井眼这些地方接触过非常大量的重晶石污染。

实验室在缓冲甲酸铯盐水中测定到了溶解SO_4^{2-}可高达1330mg/L,但从现场回收的甲酸铯盐水中,从未测到如此高浓度的SO_4^{2-},尽管在甲酸铯盐水使用期间确定直接触到重晶石。这也佐证了当盐水用于钻穿石膏层时可用$BaSO_4$作为加重剂。

$BaCO_3$不如$BaSO_4$那样有害,$BaCO_3$不算作现场污染。如果含$BaCO_3$的钻井废弃物排放到海里,Ba^{2+}迅速地与SO_4^{2-}重新结合生成不溶于水的$BaSO_4$。与此相比,排放到北海的典型含高浓度Ba^{2+}的高温高压储气层产出水的Ba^{2+}浓度为1000~3000mg/L,在其他的一些地方,报道过存在含有Ba^{2+}浓度高达13000mg/L。含有$BaCO_3$和K_2SO_4沉淀的废液用淡水稀释后,它们将重新结合生成不溶的$BaSO_4$。

虽然碳酸盐缓冲剂可以沉淀出大量的$BaCO_3$沉淀,从而阻止毒性Ba^{2+}在高浓度甲酸钾盐水里积集,但也不推荐含甲酸钾的盐水使用重晶石作为加重剂。这是因为只要缓冲剂存在,$BaCO_3$和K_2SO_4沉淀反应就会不断地进行。缓冲剂消耗完后,溶解Ba^{2+}的浓度将会升高。理论上,重晶石加重材料可以加到缓冲后的甲酸铯盐水中,因为在$BaCO_3$沉淀一些后,不会再有反应发生。虽然这些流体含有浓度可忽略的Ba^{2+},但是对于含有相对高浓度水平的SO_4^{2-}时,这是不理想的。

这个研究所有的测试都使用的是分析纯$BaSO_4$。因此,在油田实际情况下,当甲酸盐盐水暴露于过量的重晶石时,溶解Ba^{2+}的浓度将会比报道的更低。

甲酸盐盐水可以将不溶的$BaSO_4$垢转换成酸溶性的$BaCO_3$和(或)水溶性的K_2SO_4,取决于盐水类型和碳酸盐pH缓冲剂是否加入。这意味着甲酸盐盐水可以作为硫酸盐垢清除或重晶石滤饼清除剂。为提高效率,加入0.5mol的DTPA-K(二乙烯三胺五乙酸,diethylenetriamine penta-acetic acid)螯合试剂,可将$BaSO_4$在未缓冲75%(质量分数)甲酸钾盐水溶解性从7500mg/L提高到122000mg/L。这个对$BaSO_4$在甲酸盐盐水中的溶解和沉淀机理的新理解对将来设计除垢剂和滤饼清除剂有帮助。

2. 盐和矿物在甲酸盐盐水中的溶解度

1)盐在甲酸盐盐水中的溶解度

(1)硫酸钾在甲酸盐盐水中的溶解度。

在温度为25℃的条件下,硫酸钾在71%(质量分数)甲酸钾盐水中(密度1.53g/cm³)的溶解度约为176mg/L,且随着甲酸盐浓度的降低,硫酸钾的溶解度上升。同比相同温度条件下,硫酸钾在淡水中的溶解度为120000mg/L。硫酸钾在甲酸盐盐水中没有发现沉淀。实验测定了硫酸钾在3种密度甲酸盐盐水中的溶解度随温度的变化关系,如图1-2-8所示[7]。

(2)氯化钠(NaCl)在甲酸盐盐水中的溶解度。

在温度为25℃的条件下,氯化钠在71%(质量分数)甲酸盐盐水中的溶解度约为14000mg/L。而在相同条件下,其在淡水中的溶解度约为218000mg/L。且随着甲酸盐盐水中甲酸钾含量的降低,氯化钠的溶解度上升。此外,过量的氯化钠会导致固相氯化钾的析出,产生沉淀。在低温条件下,在71%(质量分数)的甲酸钾盐水中,也会析出微量的甲酸钠,产生沉淀。图1-2-9所示为氯化钠在不同甲酸钾盐水中的溶解度随温度的变化关系,图中所示为不同甲酸盐浓度和温度条件下液相中Cl^-含量。由图可知,温度的上升对氯化钠在甲酸钾盐水中的溶解度的影响有限。

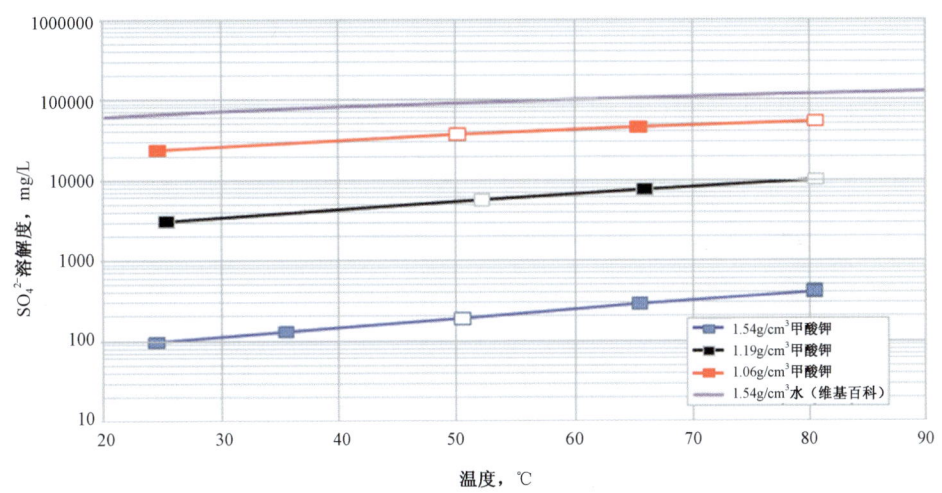

图1-2-8 硫酸钾在不同密度甲酸钾盐水中的溶解度
图中所示为液体中测得的硫酸盐浓度
开口图标表示溶解实验,闭口图标表示沉淀实验

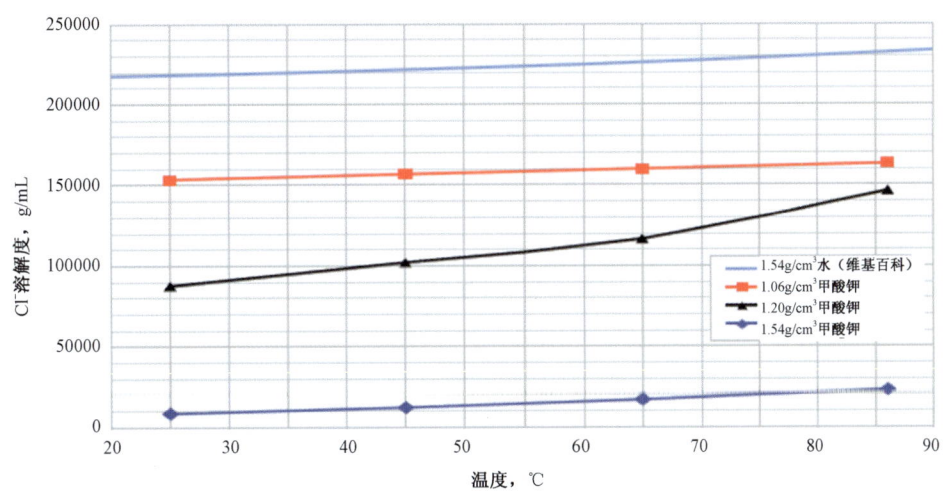

图1-2-9 氯化钠在3种浓度甲酸钾盐水中的溶解度

(3)氯化镁($MgCl_2$)在甲酸盐盐水中的溶解度。

氯化镁在高密度甲酸钾盐水或饱和氯化钠盐水中的溶解度很低。针对氯化镁($MgCl_2 \cdot 6H_2O$)在饱和甲酸钾、甲酸钠和氯化钾盐水中的溶解度与温度的关系进行了测量,测量结果如图1-2-10所示。由图可知,氯化镁在甲酸钾盐水中的溶解度最低。

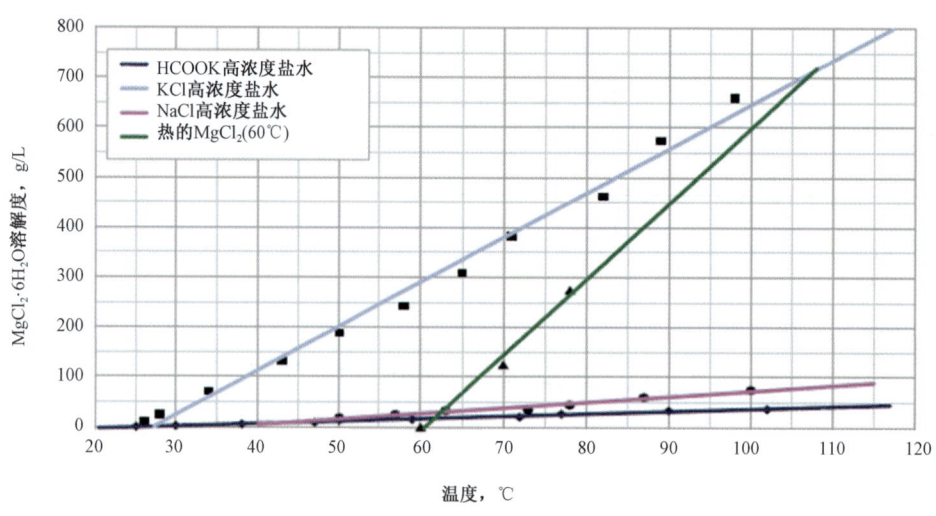

图 1-2-10 $MgCl_2 \cdot 6H_2O$ 在不同饱和盐水体系中的溶解性

针对氯化镁在甲酸盐中溶解度的最新研究结果显示,在 3 种不同浓度(70%,31.6% 和 10.7%)的甲酸钾盐水中添加过量的 $MgCl_2 \cdot 6H_2O$,均会产生沉淀。在最高浓度(70%)的甲酸钾盐水中,氯化钾是主要沉淀物质,同时也存在部分甲酸镁[$Mg(COOH)_2$],且随着甲酸钾浓度的下降,沉淀物增加。

2)黏土在甲酸盐盐水中的溶解度

在 85℃温度条件下,将钠蒙脱石[$(NaCa)_{0.33}(AlMg)_2Si_4O_{10}(OH)_2 \cdot n(H_2O)$],高岭土[$Al_2O_5(OH)_4$]和 Manco 页岩等 3 种黏土矿物分别在高浓度甲酸钠(质量分数 46%,密度 $1.33g/cm^3$)、甲酸钾(质量分数 75%,密度 $1.57g/cm^3$)和甲酸铯(质量分数 82%,密度 $2.26g/cm^3$)盐水中浸泡 16h,实验温度 85℃。然后通过测量盐水中 Al 和 Si 离子含量而计算出 3 种黏土矿物在不同甲酸盐盐水中的溶解度数据,见表 1-2-17。由数据可知,页岩在 3 种甲酸盐中的溶解量极小,几乎不能够被甲酸盐溶解。

表 1-2-17 黏土在高浓度甲酸盐盐水中的溶解性

溶解性 mg/L	46%(质量分数)HCOONa		75%(质量分数)HCOOK		82%(质量分数)HCOOCs	
	Al^{3+}	Si^{4+}	Al^{3+}	Si^{4+}	Al^{3+}	Si^{4+}
钠蒙脱石	45	45	4	77	4	8.5
高岭土	7.5	8	1	7	8.5	8.5
Manco 页岩	4	7	4	5	—	4

3)硅酸盐在甲酸盐盐水中的溶解度

针对石英、非结晶硅酸盐(玻璃)在高浓度甲酸钠(质量分数 46%,密度 $1.33g/cm^3$)、甲酸钾(质量分数 75%,密度 $1.57g/cm^3$)和甲酸铯(质量分数 82%,密度 $2.26g/cm^3$)盐水以及纯水中的溶解度进行了实验,实验温度 85℃,溶解时间 16h,实验结果见表 1-2-18。根据表中数据可知,石英在高浓度甲酸盐盐水中的溶解度与在纯水中的溶解度基本相当,非结晶硅酸盐在甲酸钠与甲酸钾盐水中的溶解度与在纯水中的溶解度也基本相当，但其在甲酸铯盐水中的溶解度略高于在纯水中的溶解度。

表1-2-18 硅酸盐在高浓度甲酸盐盐水中的溶解性

项目	pH值	SiO$_2$的溶解性，mg/L			
		水	HCOONa	HCOOK	HCOOCs
石英	8	45	20	30	40
	10	55	60	55	35
	12	175	360	125	35
非结晶硅酸盐（玻璃）	8	350	255	940	1600
	10	430	255	940	1600
	12	500	245	930	1650

4) 方铅矿、赤铁矿和钛铁矿在甲酸盐盐水中的溶解度

方铅矿(PbS)、赤铁矿(Fe_2O_3)和钛铁矿(TiO_2 FeO)在甲酸盐盐水中均是可溶性的，对其溶解性的测量数据表明，3种矿物在甲酸盐盐水中的溶解度均低于10mg/L(测试仪器精度极限)。

5) 碳酸钙在甲酸盐盐水中的溶解度

碳酸钙在甲酸盐盐水中的溶解度取决于甲酸盐盐水的pH值，pH值越高，碳酸钙溶解度越低。而甲酸盐溶液通常为碱性，碳酸钙在其中的溶解度基本可以忽略不计，因此，碳酸钙是甲酸盐钻井液中最常用的桥塞材料，也通常作为甲酸盐盐水的缓冲剂而使用。

四、甲酸盐在非水溶剂中的溶解度及甲酸盐非水溶液特性

甲酸盐除了能够溶解于水中形成高浓度甲酸盐盐水以外，还能够溶解于非水溶剂形成密度高达2.22g/cm³的甲酸盐溶液。甲酸钾、甲酸钠便能够溶解于非水溶剂而形成中等密度的甲酸盐非水溶液。

1. 非水溶剂及其特性

非水溶剂，顾名思义，是一种不含水，但能够像水一样作为甲酸盐溶剂的液体。实验证实，乙二醇、丙二醇、乙二醇醚以及丙三醇等非水溶剂均可以作为甲酸盐的溶剂。

表1-2-19所示为目前业界常用的甲酸盐非水溶剂(符合环保要求)。

表1-2-19 常用非水溶剂及其特性

溶剂	20℃密度 g/cm³	沸点 ℃	冷凝点 ℃	闪点① ℃	在20℃的黏度 mPa·s	热传导系数 W/(m·K)
乙二醇(MEG)	1.11	197	-13	126	16.9	0.26
二甘醇(DEG)	1.12	245	-9	154	35.7	0.19
三甘醇(TEG)	1.13	288	-4	177	49	0.19
一丙醇	1.03	187	<-60	104	48.6	0.21
丁基乙二醇(EGMBE)	0.9	171	-77	65	2.9	0.17
甘油	1.26	290	18	177	1499	0.28
矿物油	0.81	225	-29②	102	2.4	0.16

① 闭口测试。
② 倾点。

非水溶剂具有一定的特性,与矿物油相比,非水溶剂不能与水混合,丁基乙二醇(又称乙二醇单丁醚或丁基乙二醇)与矿物油具有相近的物理特性,尤其是黏度和导热性方面,但其不能与油混合。丁基乙二醇在满足环境保护要求方面表现良好,其与丙三醇均通过了波罗的海环境保护条约的评价,是欧洲保护北大西洋海洋环境奥斯陆—巴黎公约所列出的可在海上使用和排放的物质,对环境不会造成污染。

乙二醇因其水活度 a_w 低(在温度为25℃时,$a_w = 0.034$),主要用于天然气脱水以及抑制天然气水合物生成。乙二醇单丁醚的水活度也很低(在温度为25℃时,$a_w = 0.045$),主要作为互溶剂而用于油井增产作业中。丙三醇(在温度为25℃时,$a_w = 0.122$)主要作为天然气水合物抑制剂使用。丙二醇则作为分散剂的主要组分,主要用于处理海上溢油处理。

2. 甲酸盐在非水溶剂中的溶解度

在室温条件下(约20℃),按照增量的方式在一定时间内将甲酸盐逐步加入到不同的溶剂中,直至甲酸盐在不同溶剂中达到饱和,由此得到了甲酸盐在不同溶剂中溶解的质量分数,具体结果见表1-2-20至表1-2-22。因在实验过程中需要溶剂达到饱和,实际添加的甲酸盐要比溶剂溶解的甲酸盐量略高,因此表中溶解度数据略高于实际溶解度。

表1-2-20 甲酸钠在非水溶剂和水中的溶解性

溶剂	在15.6℃的溶剂密度 g/cm³	在20℃的盐溶解量 %(质量分数)	在15.6℃的溶液密度 g/cm³	在25.6℃溶液活度	
				纯溶剂	饱和溶液
水	1	47	1.33	1	0.61
乙二醇	1.11	23	1.2	0.03	0.2
DEG	1.12	16	1.17	0.03	0.29
TEG	1.13	15	1.17	0.04	0.3
EGMBG	0.9	9	0.92	0.05	ND
甘油	1.26	24	1.33	0.12	0.26

表1-2-21 甲酸钾在非水溶剂和水中的溶解性

溶剂	在15.6℃的溶剂密度 g/cm³	在20℃的盐溶解量 %(质量分数)	在15.6℃的溶液密度 g/cm³	在25.6℃溶液活度	
				纯溶剂	饱和溶液
水	1	77	1.59	1	0.24
乙二醇	1.11	53	1.39	0.03	0.09
DEG	1.12	38	1.3	0.03	0.14
TEG	1.13	28	1.26	0.04	0.16
MPG	1.04	53	1.32	ND	0.17
EGMBE	0.9		PHaseseparated		
甘油	1.26	52	1.48	0.12	0.1

表 1-2-22　甲酸铯在非水溶剂和水中的溶解性

溶剂	在15.6℃的溶剂密度 g/cm³	在20℃盐溶解量 %（质量分数）	在15.6℃的溶液密度 g/cm³	在25.6℃溶液活度	
				纯溶剂	饱和溶液
水	1	83	2.3	1	0.25
乙二醇	1.11	83	2.22	0.03	0.05
DEG	1.12	57	1.66	0.03	0.2
TEG	1.13	33	1.38	0.04	0.11
MPG	1.036	66	1.76	ND	0.12
EGMBE	0.9	16	1.01	0.05	0.03
甘油	1.26	64	1.96	ND	0.08

根据实验数据表可知，甲酸铯在乙二醇中的溶解度可达83%（质量分数），在该溶解度条件下能够产生密度为2.22g/cm³的清洁甲酸铯溶液，乙二醇是甲酸铯最好的溶剂。而对于甲酸钠和甲酸钾，丙三醇则是最高的非水溶剂，丙三醇是甲酸钠和甲酸钾最好的溶剂。

随着高浓度乙二醇（二甘醇和三甘醇）中乙二醇相对分子质量的增加，上述3种甲酸盐的溶解性能及溶液密度均呈下降趋势。

3. 甲酸盐非水溶液特性

为了解甲酸盐在非水溶剂中溶解度随温度的变化规律，利用甲酸铯乙二醇溶液进行了实验，实验结果见表1-2-23。根据实验结果，甲酸铯在非水溶剂中的溶解度随温度的增加而降低（实验温度未超过40℃，对于高于该温度时的规律，需进一步开展实验研究）。

表 1-2-23　甲酸铯在乙二醇中溶解度与温度的关系

样品温度 ℃	饱和溶液密度 g/cm³	在20℃的盐溶解量 %（质量分数）
10	2.265	82.1
20	2.225	82.9
40	2.161	80.2

甲酸盐盐水的一个重要特性就是其在高温条件下对生物聚合物的稳定性能。然而，高密度甲酸盐/乙二醇溶液也可以用黄原胶来增加黏度。黄原胶聚合物不仅动切力性能优于甲酸盐盐水，还具有与水溶液相近的温度稳定性。

4. 高密度非水溶剂甲酸盐溶液的应用

非水溶剂甲酸盐溶液因其不含有水，因此可以在那些需要尽量避免接触水的地层或作业过程中（钻井、完井、修井、下封隔器和压井）中使用。此外，可以用作加重剂替入井内，溶解水合塞和防止形成水合物。非水溶剂甲酸盐溶液具有较低的热传导性（需开展实验验证），也可以作为隔离液而使用。

除了上述在油田的应用，非水溶剂甲酸盐溶液已在其他领域应用。铯离子饱和非水溶剂已作为催化剂开始使用,甲酸钠乙二醇溶液可以作为电容器使用。此外,溶解在 1 – 甲基 – 2 – 吡咯烷酮中的甲酸铯和乙酸铯也能形成密度非常高的液体($2.5g/cm^3$)。1 – 甲基 – 2 – 吡咯烷酮典型的用途是作为萃取精馏溶剂和脱漆剂。

参 考 文 献

[1] Messler D,Kippie D,Broach M. A Potassium Formate Milling Fluid Breaks the 400° Fahrenheit Barrier in Deep Tuscaloosa Coiled Tubing Clean – out[R]. SPE 86503,2004.

[2] Siv Howard,Zhao Anderson,Stuart Parker. Solubility of Barium Sulfate in Formate Brines – New Insight into Solubility Levels and Reaction Mechanisms[R]. SPE 179021 – MS,2016.

第二章 甲酸盐盐水溶液的物理性能

甲酸钠、甲酸钾和甲酸铯盐水是含有大量可溶性盐的水溶液,尽管它们都是水基的,但与纯水相比,它们的物理性质已经发生了很大的变化。溶液物理性质的变化程度严重影响完井液性能。本章测试研究甲酸盐盐水溶液的活度、沸点、蒸汽压力、黏度、结晶温度、pH值、热传导系数、比热容、热稳定性、电阻率、含氢指数、声速、放射性、可压缩性、热膨胀系数、润滑性、生物毒性等物理性能。

第一节 甲酸盐盐水活度

一、水活度

1. 活度的概念

溶液中特定组分在给定状态下的速度与同温度下的标准状态的速度之比值,用以计算非理想溶液中该组分的化学势。有时亦称"有效浓度",它除以实际浓度称"活度系数",可以用来衡量非理想溶液与理想溶液的偏差程度。

2. 水活度的概念

"水活度"(a_w)一词阐述的是材料水解所需要的(平衡)水量。该数据组指出,当数据为1时,溶液为纯水;数据为0时,表示溶液中不存在水分子,添加溶质会降低水活度。

水活度被定义为水的有效摩尔分数:

$$a_w = \lambda_w X_w \quad (2-1-1)$$

式中 λ_w——水的活度系数;

X_w——溶液中水的摩尔分数。

水活度还与液体周围的相对湿度有关:

$$a_w = \lambda_w X_w = p/p_0 \quad (2-1-2)$$

式中 p——液体上部的分压;

p_0——在相同温度下纯水的分压。

3. 水活度的测定

当空气与溶液达到平衡时,可以通过测定溶液上方空气的相对湿度来确定水活度[式(2-1-2)]。在达到平衡的条件下,溶液的水活度和空气的相对湿度是相等的。这种测量方法被称为平衡相对湿度法或ERH法。水活度可以表示为:

$$a_w = p/p_0 \quad (2-1-3)$$

应该注意的是,任何水溶液与冰达到平衡时的水活度(a_w^i)等于冰的汽化压力与纯水的水压之比。所以,此时的水活度与溶质的性质及浓度无关,具有相同冰熔点的溶液具有相同的水活度。

二、甲酸盐盐水的水活度

1. 单一甲酸盐盐水的水活度

卡博特公司和设在英国阿伯丁的技术支持实验室用平衡相对湿度 ERH 法测定了水活度与单一甲酸钠盐水、甲酸钾盐水和甲酸铯盐水浓度之间的函数关系。表 2-1-1 给出了水活度的测定结果,而图 2-1-1 示出了水活度与密度间的函数关系图。可以看出,在已知密度下,甲酸钠和甲酸钾盐水具有非常相近的水活度,而甲酸铯的水活度要高一些。

表 2-1-1 单一甲酸盐盐水的密度与水活度(25℃)的函数

密度,g/cm³	水活度			
	甲酸钠	甲酸钾	甲酸铯	现场用甲酸铯
1.00	1.000	1.000	1.000	1.00
1.02	0.981	0.985	0.997	0.99
1.04	0.962	0.969	0.994	0.99
1.06	0.942	0.951	0.991	0.98
1.08	0.921	0.931	0.987	0.98
1.10	0.900	0.909	0.983	0.97
1.12	0.878	0.887	0.978	0.96
1.14	0.855	0.863	0.972	0.95
1.16	0.832	0.837	0.967	0.95
1.18	0.809	0.811	0.961	0.94
1.20	0.784	0.784	0.955	0.93
1.22	0.759	0.756	0.948	0.92
1.24	0.734	0.727	0.941	0.91
1.26	0.707	0.698	0.933	0.90
1.28	0.681	0.669	0.926	0.89
1.30	0.653	0.639	0.917	0.88
1.32	0.625	0.608	0.909	0.88
1.34	0.596	0.578	0.900	0.87
1.36	0.567	0.548	0.891	0.86
1.38	0.537	0.517	0.882	0.85
1.40		0.487	0.873	0.83
1.42		0.458	0.863	0.82
1.44		0.429	0.853	0.81
1.46		0.4	0.842	0.80
1.48		0.372	0.832	0.79

续表

密度,g/cm³	水活度			
	甲酸钠	甲酸钾	甲酸铯	现场用甲酸铯
1.50		0.345	0.821	0.78
1.52		0.319	0.810	0.77
1.54		0.294	0.799	0.76
1.56		0.27	0.787	0.74
1.58		0.248	0.775	0.73
1.60		0.227	0.764	0.72
1.62			0.751	0.71
1.64			0.739	0.70
1.66			0.727	0.68
1.68			0.714	0.67
1.70			0.701	0.66
1.72			0.688	0.65
1.74			0.675	0.63
1.76			0.661	0.62
1.78			0.648	0.61
1.80			0.634	0.59
1.82			0.620	0.58
1.84			0.606	0.56
1.86			0.592	0.55
1.88			0.578	0.54
1.90			0.563	0.52
1.92			0.549	0.51
1.94			0.534	0.49
1.96			0.519	0.48
1.98			0.505	0.47
2.00			0.490	0.45
2.02			0.474	0.44
2.04			0.459	0.42
2.06			0.444	0.41
2.08			0.428	0.39
2.10			0.413	0.38
2.12			0.397	0.36
2.14			0.381	0.35
2.16			0.366	0.33

续表

密度, g/cm³	水活度			
	甲酸钠	甲酸钾	甲酸铯	现场用甲酸铯
2.18			0.350	0.32
2.20			0.334	0.30
2.22			0.317	0.29
2.24			0.301	0.27
2.26			0.285	0.26
2.28			0.269	0.24
2.30			0.252	0.23
2.32			0.236	0.21
2.34			0.219	0.19
2.36			0.203	0.18
2.38			0.186	0.16
2.40			0.169	0.15

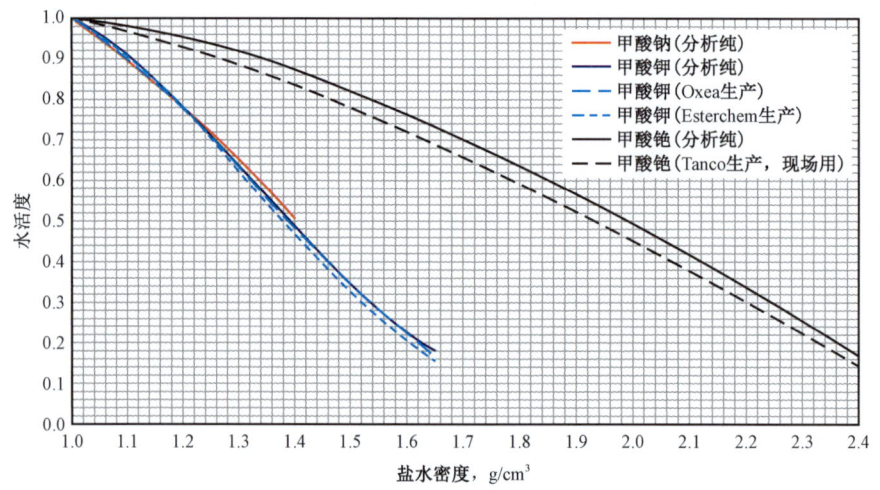

图 2-1-1　单一甲酸盐盐水的密度与水活度的函数关系

图 2-1-1 还示出了市场上出售的两种甲酸钾盐水的水活度。其水活度与实验室所测得的水活度有微小的差异。实验室同样评价了我国生产的纯度为 96% 的甲酸钾粉末。因此，可以认为测量水活度用的分析纯材料代表了当今现场使用的大多数甲酸钾盐水。对甲酸铯盐水来说，测量数据是用的分析纯材料和卡博特公司提供的甲酸铯盐水，该盐水产自加拿大 Tanco 工厂。来自 Tanco 工厂的材料具有较低的水活度，其原因是这种材料含少量密度较低的甲酸锂、甲酸钠和甲酸铷。锂和钠对铯的密度所起作用不大，盐水中存在这些元素意味着需要较少的水就能达到同样的盐水密度，但对降低盐水的水活度却起到了作用。

2. 甲酸钠与甲酸钾混合液的水活度

从图 2-1-1 可以看出,甲酸钠与甲酸钾水活度没有较大差别,因此两者混合液的水活度与密度的关系上将遵循两种单一盐水的关系。

3. 甲酸钾与甲酸铯混合液的水活度

根据两种单一甲酸盐盐溶液的水活度测量值(表 2-1-1)不能推断任何混合液的水活度。卡博特公司和设在英国阿伯丁的技术支持实验室用平衡相对湿度 ERH 法测定了一种是标准的密度为 1.57g/cm³ 的甲酸钾和密度为 2.20g/cm³ 的甲酸铯盐水的混合液。另一种是冬季常用的密度为 1.54g/cm³ 的甲酸钾和密度为 2.20g/cm³ 的甲酸铯盐水混合液水活度与密度的函数关系。混合液的水活度与甲酸铯和甲酸钾之比为线性关系,如图 2-1-2 所示。

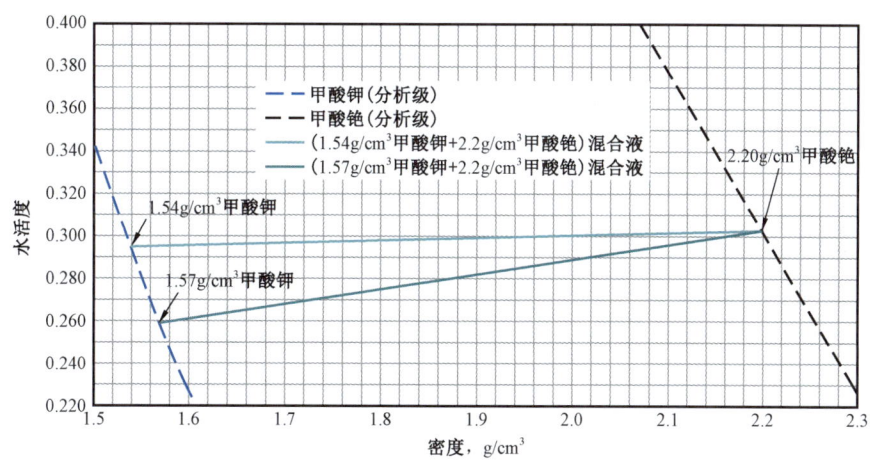

图 2-1-2 高浓度的甲酸钾和甲酸铯盐水的密度与水活度的函数关系(25℃)

4. 水活度与温度和压力的关系

水活度通常随压力的增高而上升。然而,在含盐量高的溶液中,水活度却出现随压力增高而下降的情况。因此可以做出一种预测,即甲酸盐盐水的水活度随压力增高而下降。在通常情况下,水活度会随温度的升高而升高,但是存在许多例外。

第二节 甲酸盐盐水的沸点和汽化压力

一、沸点

1. 沸点的概念

沸点是液体沸腾时的温度。液体沸腾时,其内部可形成的气泡中的饱和蒸气压必须至少等于外界压强,气泡才能长大并上升,所以沸点也就是液体的饱和蒸气压力等于外界压强时的温度。不同液体在相同压强下的沸点不同,例如在 101.325kPa 下,水的沸点为 100℃,而氧为 -183℃。同一液体在不同外界压强下的沸点也不同,压强增加,沸点升高,如水在 202.650kPa 下的沸点为 120℃。

2. 单一甲酸盐盐水的沸点

卡博特公司设在英国阿伯丁的技术支持实验室对与密度呈函数关系的单一甲酸钠、甲酸钾和甲酸铯盐水的沸点进行了测量,结果见表 2-2-1。图 2-2-1 是密度与沸点的曲线图,也包含了标准混合溶液和稀释混合溶液的曲线图。

表 2-2-1 甲酸钠、甲酸钾和甲酸铯单一盐水的沸点与密度的函数关系

密度,g/cm³	沸点,℃		
	甲酸钠	甲酸钾	甲酸铯
1.00	100	100	100
1.05	102	101	101
1.10	104	103	101
1.15	106	105	102
1.20	108	107	103
1.25	110	110	103
1.30	113	113	104
1.35	116	116	105
1.40		120	106
1.45		125	106
1.50		130	107
1.55		136	108
1.60		142	109
1.65			111
1.70			112
1.75			113
1.80			115
1.85			116
1.90			118
1.95			120
2.00			122
2.05			124
2.10			126
2.15			129
2.20			131
2.25			134
2.30			137

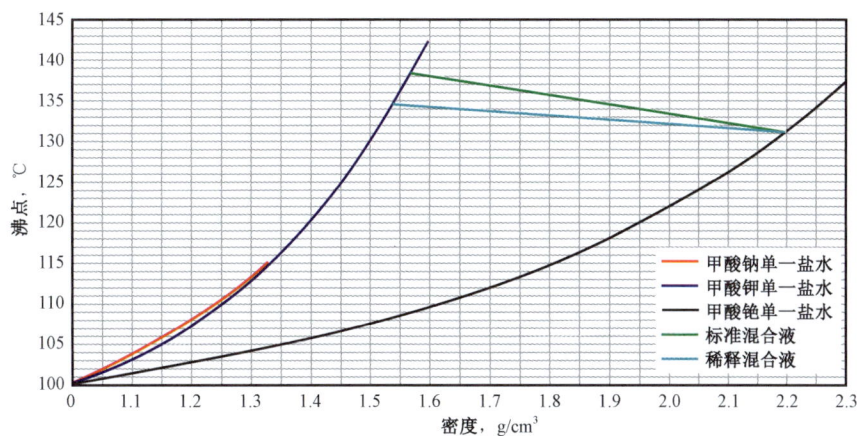

图2-2-1 甲酸钠、甲酸钾和甲酸铯单一盐水、一种典型的甲酸铯/甲酸钾盐水混合物
（1.57g/cm³甲酸钾+2.2g/cm³甲酸铯）和一种稀释的混合液
（1.54g/cm³甲酸钾+2.2g/cm³）的沸点与密度的函数关系

3. 甲酸钾与甲酸铯混合液的沸点

卡博特公司设在英国阿伯丁的技术支持实验室对甲酸钾和甲酸铯混合液的沸点进行了测量，而沸点与甲酸铯和甲酸钾的比呈线性变化关系（图2-2-1）。

二、汽化压力

1. 汽化的定义

汽化是物质从液态转化为气态的过程，有蒸发和沸腾两种形式。物质汽化时需要吸收热量。蒸发是发生在液体表面的汽化现象，可在任何温度下进行，温度越高，蒸发越快。沸腾则是在液体表面和内部同时发生的剧烈的汽化过程，只有温度升高到某一值（称沸点）时才能发生。这两者在相变上并无根本区别。沸腾时相变仍在气液分界面上以蒸发方式进行，但液体内部形成的大量小气泡，从而大大增加了气液两相的分界面。

2. 甲酸钾和甲酸铯的汽化压力

高浓度的甲酸盐水，特别是甲酸钾和甲酸铯以及它们的混合液在高浓度时，其汽化压力很低。高浓度甲酸铯盐水在15~50℃范围内的汽化压力见表2-2-2。水、甲酸钾盐水、甲酸铯盐水的汽化压力与温度关系曲线如图2-2-2和图2-2-3所示。

表2-2-2 3种不同浓度甲酸铯盐水汽化压力与温度的关系

温度,℃	汽化压力,Pa		
	2.00g/cm³	2.20g/cm³	2.28g/cm³
15	671	443	
16	737	486	
17	802	528	376
18	867	570	409
19	931	612	444

续表

温度,℃	汽化压力,Pa		
	2.00g/cm³	2.20g/cm³	2.28g/cm³
20	996	654	483
21	1061	697	525
22	1128	741	570
23	1196	786	618
24	1267	833	669
25	1340	881	723
26	1416	932	781
27	1496	984	841
28	1580	1040	905
29	1669	1098	972
30	1762	1160	1042
31	1861	1225	1115
32	1965	1294	1191
33	2077	1367	1270
34	2194	1444	1352
35	2320	1527	1438
36	2453	1614	1526
37	2594	1706	1618
38	2744	1804	1712
39	2903	1908	1810
40	3071	2018	1911
41	3250	2134	
42	3439	2257	
43	3639	2387	
44	3851	2525	
45	4075	2670	
46	4311	2823	
47	4560	2984	
48	4822	3153	
49	5099	3332	
50	5389	3519	

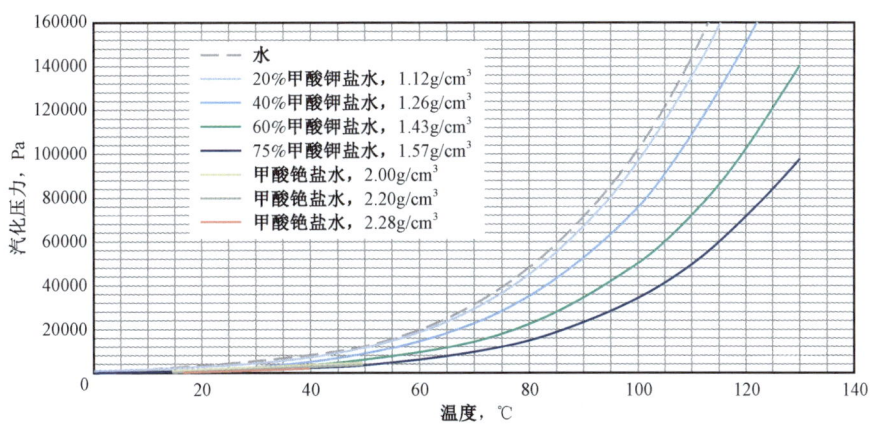

图 2-2-2　水、不同浓度的甲酸钾盐水、甲酸铯盐水的汽化压力与温度关系曲线

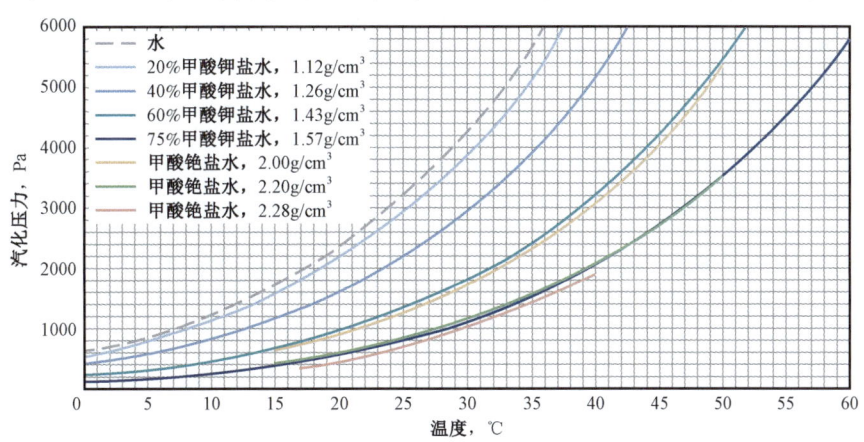

图 2-2-3　水、不同浓度的甲酸钾盐水、甲酸铯盐水的汽化压力与温度关系曲线

第三节　甲酸盐盐水黏度和结晶温度

一、黏度

1. 黏度的定义

黏度是流体流动的阻力,是"内摩擦"。是液体、气体和等离子体内部阻碍其相对流动的一种特性。如果在流动的流体中平行于流动方向将流体分成流速不同的各层,则在任何相邻两层的接触面上就有与面平行并且相对流动方向相反的阻力或曳力存在。这种阻力或曳力称"黏力"或称"内摩擦力"。实验表明,对于有些流体,相邻流层单位接触面上的黏 τ(称切应力)与速度梯速度(相邻流层的速度差 dv 与流层间距 dx 之比 $\dfrac{dv}{dx}$,称"切变率")成正比,即 $\tau = \eta \dfrac{dv}{dx}$,比例系数 η 称"动力黏度"简称"黏度",或称"黏度系数"、"内摩擦系数"。这一关系称"牛顿黏滞定律"。黏度反映流体黏性的大小,黏度的单位为帕・秒。流体的黏度随温度而

变,当温度升高时,液体的黏度减小,而气体的黏度增加。

2. 盐水黏度的特性

盐水通常是牛顿流体,这就意味着,无论其暴露在高剪切或低剪切条件下,黏度会保持不变。在科学术语中,这就意味着剪切应力与剪切速率成比例,或者说剪切应力与剪切(应变)速率呈线性关系。在低浓度情况下,盐水的黏度通常较低。但是,当其达到饱和状态时,黏度会以指数方式上升。

甲酸盐在广泛的密度范围内,其黏度是较低的,而在钻完井作业中,黏度可传递有效的水力效率。通过添加水溶性流变性改变剂(增黏剂)可以改变甲酸盐钻(完)井液的黏度。

3. 单一甲酸盐盐水黏度与盐水密度和温度的关系

卡博特公司设在阿伯丁的技术支持实验室使用带有 DG41DIN53544 双隔离缸传感器系统的 HAAKE MARS ⅲ 型流变仪,测量了单一甲酸钠盐水、甲酸钾盐水和甲酸铯盐水在温度25℃下黏度与密度的关系,测量结果如图2-3-1所示。从图中可以看出,3种甲酸盐盐水的黏度是较低的。在标准条件下,3种甲酸盐盐水中甲酸钾盐水的黏度最高,而甲酸铯盐水的黏度最低,甚至当达到结晶点时,甲酸铯盐水仍能保持最低黏度。

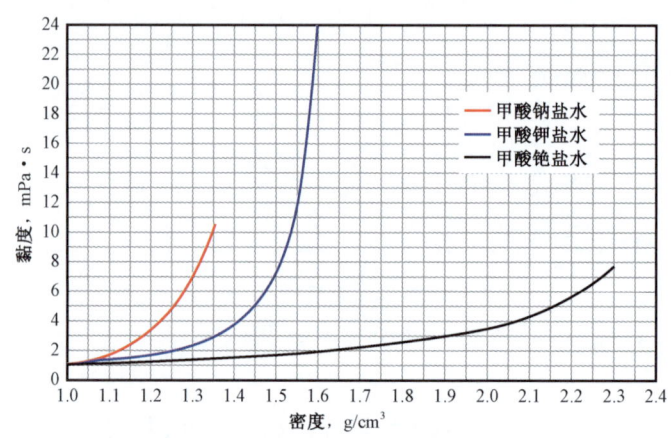

图2-3-1 在25℃时甲酸钠、甲酸钾、甲酸铯盐水黏度与密度关系曲线

1)单一甲酸钠盐水

表2-3-1给出了甲酸钠盐水黏度与密度和温度的函数关系。图2-3-2给出甲酸钠盐水在不同温度下黏度与密度的函数关系。图2-3-3给出甲酸钠盐水在一定的密度范围内黏度与温度的函数关系。

表2-3-1 甲酸钠盐水黏度与密度和温度的函数关系

密度 g/cm³	黏度,mPa·s																		
	0℃	5℃	10℃	15℃	20℃	25℃	30℃	35℃	40℃	45℃	50℃	55℃	60℃	65℃	70℃	75℃	80℃	90℃	100℃
1.05	2.4	2.1	1.8	1.6	1.4	1.2	1.1	1	0.9	0.8	0.7	0.7	0.6	0.6	0.6	0.5	0.5	0.5	0.4
1.10	3.3	2.9	2.5	2.2	1.9	1.7	1.5	1.3	1.2	1	1	0.9	0.8	0.8	0.8	0.7	0.7	0.6	0.5
1.15	4.7	4.1	3.5	3	2.6	2.3	2	1.8	1.6	1.4	1.3	1.2	1.1	1.1	1	1	0.9	0.8	0.7

续表

密度 g/cm³	黏度,mPa·s																	
	0℃	5℃	10℃	15℃	20℃	25℃	30℃	35℃	40℃	45℃	50℃	55℃	60℃	65℃	70℃	75℃	80℃	90℃	100℃
1.20	7.1	6.1	5.2	4.4	3.8	3.3	2.9	2.5	2.2	2	1.8	1.7	1.6	1.5	1.4	1.3	1.2	1.1	0.9
1.25	11	9.4	7.9	6.7	5.7	4.8	4.2	3.6	3.2	2.8	2.6	2.3	2.1	2	1.9	1.8	1.7	1.5	1.2
1.30	19	16	13	10	8.6	7.2	6.1	5.2	4.5	4	3.5	3.2	2.9	2.7	2.5	2.3	2.2	1.9	1.6
1.35	36	27	21	16	13	10	8.6	7.2	6.2	5.3	4.7	4.2	3.8	3.4	3.2	2.9	2.7	2.3	1.9

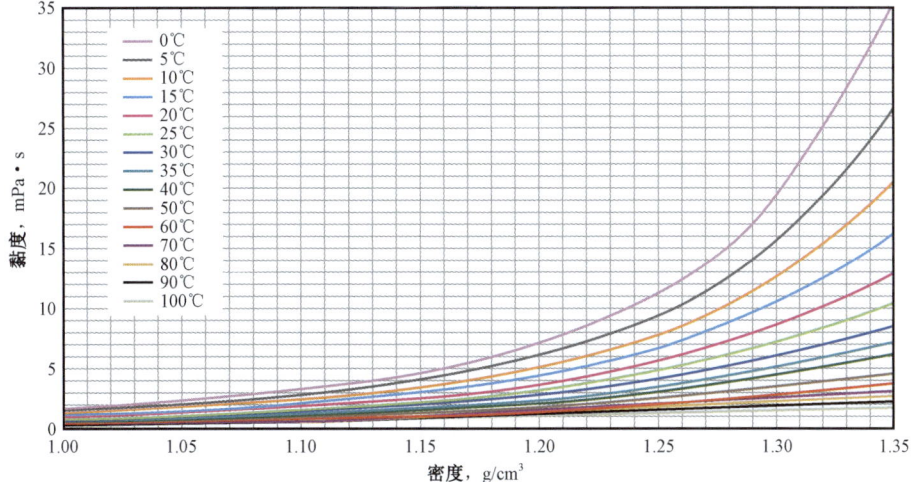

图 2-3-2 甲酸钠盐水在不同温度下黏度与密度的函数关系曲线

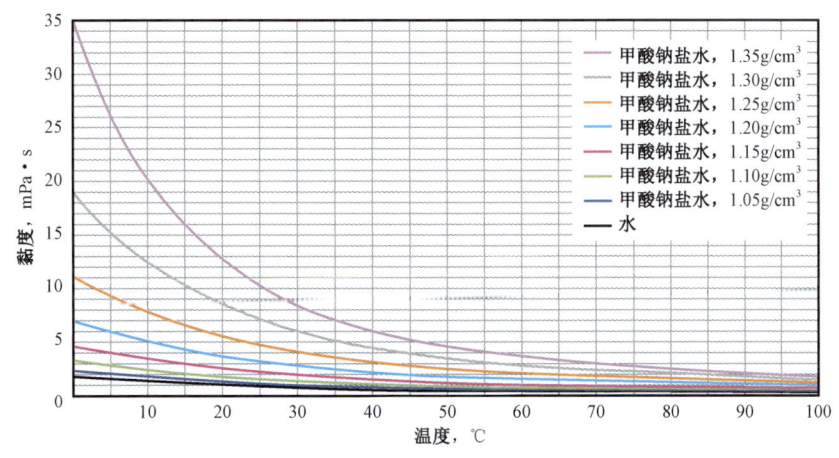

图 2-3-3 甲酸钠盐水在不同密度下黏度与温度的函数关系曲线

2）单一甲酸钾盐水

表 2-3-2 给出了甲酸钾盐水黏度与密度和温度的函数关系。图 2-3-4 给出了甲酸钾盐水在一定温度范围内黏度与密度的函数关系。图 2-3-5 给出了油田级别甲酸钾盐水在不同密度下黏度与温度的函数关系。

表 2-3-2 甲酸钾盐水黏度与密度和温度的函数关系

密度 g/cm³	黏度,mPa·s																				
	0℃	5℃	10℃	15℃	20℃	25℃	30℃	35℃	40℃	45℃	50℃	55℃	60℃	65℃	70℃	75℃	80℃	90℃	100℃
1.05	2.1	1.8	1.6	1.4	1.3	1.2	1.1	1.0	1.0	0.9	0.85	0.8	0.76	0.72	0.69	0.66	0.63	0.59	0.56
1.10	2.2	2	1.8	1.6	1.4	1.3	1.2	1.1	1.1	1.0	1.0	0.91	0.86	0.82	0.79	0.75	0.73	0.68	0.65
1.15	2.4	2.1	1.9	1.7	1.6	1.4	1.3	1.2	1.1	1.1	1.0	0.95	0.9	0.86	0.82	0.78	0.75	0.7	0.66
1.2	2.7	2.4	2.1	1.9	1.7	1.5	1.4	1.3	1.2	1.1	1.1	1.0	0.94	0.89	0.85	0.81	0.77	0.71	0.67
1.25	3.2	2.8	2.5	2.2	2.0	1.8	1.6	1.5	1.4	1.3	1.2	1.1	1.0	1.0	0.93	0.88	0.83	0.76	0.71
1.30	4.0	3.5	3.1	2.7	2.4	2.2	2.0	1.8	1.7	1.5	1.4	1.3	1.2	1.2	1.1	1.0	1.0	0.89	0.83
1.35	5.3	4.6	4.0	3.5	3.1	2.8	2.5	2.3	2.1	2.0	1.8	1.7	1.6	1.5	1.4	1.3	1.2	1.1	1.0
1.40	7.3	6.3	5.5	4.8	4.2	3.8	3.4	3.1	2.8	2.6	2.4	2.2	2.1	2.0	1.8	1.7	1.6	1.5	1.3
1.42	8.5	7.3	6.3	5.5	4.9	4.3	3.9	3.5	3.2	3.0	2.7	2.5	2.4	2.2	2.1	1.9	1.8	1.6	1.5
1.44	9.9	8.4	7.3	6.3	5.6	5.0	4.4	4.0	3.7	3.3	3.1	2.8	2.6	2.5	2.3	2.2	2.0	1.8	1.7
1.46	12	9.9	8.5	7.4	6.4	5.7	5.1	4.6	4.2	3.8	3.5	3.2	3.0	2.8	2.6	2.4	2.3	2.0	1.8
1.48	14	12	10	8.6	7.5	6.6	5.9	5.2	4.7	4.3	3.9	3.6	3.3	3.1	2.9	2.7	2.5	2.2	2.0
1.50	17	14	12	10	8.8	7.7	6.8	6	5.4	4.9	4.5	4.1	3.8	3.5	3.2	3	2.8	2.5	2.2
1.52	21	17	15	12	11	9.1	8.0	7.0	6.3	5.7	5.1	4.7	4.3	3.9	3.6	3.4	3.1	2.8	2.5
1.54	27	22	18	15	13	11	9.5	8.3	7.4	6.6	6.0	5.4	4.9	4.5	4.2	3.8	3.6	3.1	2.7
1.56	36	29	23	19	16	14	12	10	8.8	7.9	7.0	6.4	5.8	5.3	4.8	4.4	4.1	3.5	3.1
1.57	43	34	27	22	18	15	13	11	9.8	8.7	7.7	7.0	6.3	5.7	5.2	4.8	4.4	3.8	3.3
1.58	54	42	33	26	21	18	15	13	11	9.7	8.6	7.7	6.9	6.3	5.8	5.3	4.9	4.2	3.6
1.60	102	72	52	39	30	24	20	17	14	12	11	9.7	8.7	7.9	7.2	6.5	6	5.1	4.4

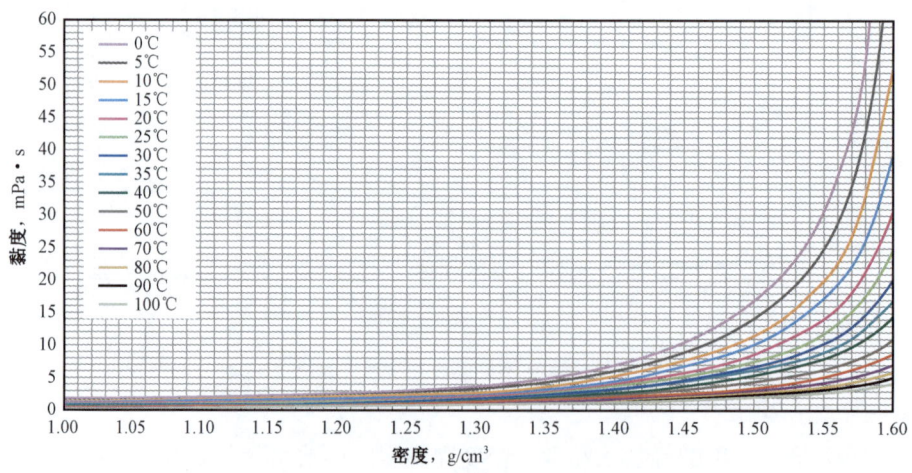

图 2-3-4 甲酸钾盐水在不同温度下黏度与密度的函数关系

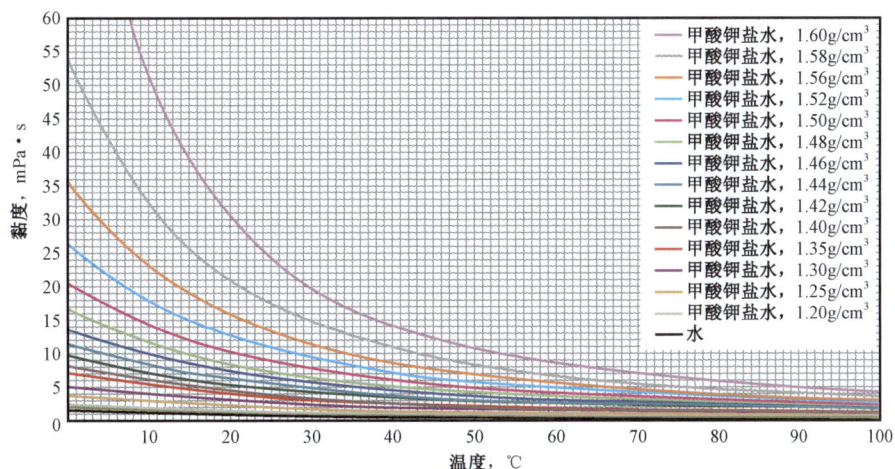

图 2-3-5 油田级别甲酸钾盐水在不同密度下黏度与温度的函数关系

3) 单一甲酸铯盐水

表 2-3-3 给出了油田级别甲酸铯盐水黏度与密度和温度的函数关系。图 2-3-6 给出了甲酸铯盐水在一定温度范围内，黏度与密度的函数关系。图 2-3-7 给出了油田级别甲酸铯盐水在不同密度下黏度与温度的函数关系。

表 2-3-3 油田级别甲酸铯盐水黏度与密度和温度的函数关系

密度 g/cm³	黏度, mPa·s																		
	0℃	5℃	10℃	15℃	20℃	25℃	30℃	35℃	40℃	45℃	50℃	55℃	60℃	65℃	70℃	75℃	80℃	90℃	100℃
1.10	1.7	1.5	1.4	1.2	1.1	1.0	0.93	0.85	0.78	0.71	0.65	0.6	0.55	0.51	0.48	0.45	0.42	0.39	0.37
1.20	1.8	1.6	1.5	1.4	1.2	1.1	1.0	0.95	0.87	0.8	0.73	0.67	0.62	0.58	0.54	0.51	0.48	0.44	0.42
1.30	2.0	1.8	1.7	1.5	1.4	1.3	1.2	1.1	1.0	0.89	0.82	0.76	0.7	0.65	0.61	0.58	0.55	0.5	0.48
1.40	2.3	2.0	1.9	1.7	1.5	1.4	1.3	1.2	1.1	1.0	0.92	0.86	0.8	0.74	0.7	0.66	0.62	0.58	0.55
1.50	2.5	2.3	2.1	1.9	1.7	1.6	1.5	1.3	1.2	1.1	1.0	0.9	0.85	0.79	0.75	0.71	0.66	0.63	
1.55	2.7	2.4	2.2	2.0	1.8	1.7	1.5	1.4	1.3	1.2	1.1	1.0	0.9	0.85	0.8	0.76	0.71	0.67	
1.60	2.9	2.6	2.4	2.1	2.0	1.8	1.6	1.5	1.4	1.3	1.2	1.1	1.0	1.0	0.91	0.86	0.82	0.76	0.72
1.65	3.1	2.8	2.5	2.3	2.1	1.9	1.8	1.6	1.5	1.4	1.3	1.2	1.1	1.0	1.0	0.93	0.88	0.81	0.77
1.70	3.4	3.0	2.7	2.5	2.2	2.0	1.9	1.7	1.6	1.5	1.4	1.3	1.2	1.1	1.1	1.0	0.95	0.87	0.82
1.75	3.6	3.2	2.9	2.6	2.4	2.2	2.0	1.9	1.7	1.6	1.5	1.4	1.3	1.2	1.1	1.1	1.0	0.94	0.89
1.80	3.9	3.5	3.2	2.9	2.6	2.4	2.2	2.0	1.9	1.8	1.7	1.6	1.5	1.4	1.3	1.2	1.1	1.1	1.0
1.85	4.3	3.8	3.4	3.1	2.8	2.6	2.4	2.2	2.0	1.9	1.7	1.6	1.5	1.4	1.3	1.2	1.2	1.1	1.0
1.90	4.8	4.2	3.8	3.4	3.1	2.8	2.6	2.4	2.2	2.0	1.9	1.8	1.6	1.5	1.4	1.4	1.3	1.2	1.1
1.95	5.3	4.6	4.1	3.7	3.4	3.1	2.8	2.6	2.4	2.2	2.0	1.9	1.8	1.6	1.5	1.5	1.4	1.3	1.2
2.00	5.9	5.2	4.6	4.1	3.7	3.4	3.1	2.8	2.6	2.4	2.2	2.1	2.0	1.8	1.7	1.6	1.5	1.4	1.3
2.05	6.7	5.8	5.1	4.6	4.1	3.7	3.4	3.1	2.9	2.7	2.5	2.3	2.2	2.0	1.9	1.8	1.7	1.5	1.4
2.10	7.8	6.7	5.8	5.1	4.5	4.1	3.7	3.4	3.2	2.9	2.7	2.5	2.4	2.2	2.1	2.0	1.9	1.7	1.6
2.15	9.2	7.7	6.7	5.9	5.2	4.7	4.3	3.9	3.6	3.3	3.1	2.9	2.7	2.5	2.4	2.2	2.1	1.9	1.7

续表

密度 g/cm³	黏度，mPa·s																	
	0℃	5℃	10℃	15℃	20℃	25℃	30℃	35℃	40℃	45℃	50℃	55℃	60℃	65℃	70℃	75℃	80℃	90℃	100℃
2.20	11	9.2	7.8	6.8	6.0	5.4	4.9	4.5	4.1	3.8	3.5	3.2	3.0	2.8	2.6	2.5	2.3	2.1	1.9
2.25	14	11	9.5	8.1	7.1	6.3	5.7	5.2	4.7	4.3	4.0	3.7	3.5	3.2	3.0	2.8	2.7	2.4	2.1
2.30	19	15	12	9.9	8.6	7.6	6.7	6.1	5.5	5.1	4.7	4.3	4.0	3.7	3.5	3.2	3.0	2.7	2.4
2.35	29	20	16	13	11	9.3	8.2	7.4	6.7	6.1	5.6	5.1	4.7	4.4	4.1	3.8	3.5	3.1	2.7

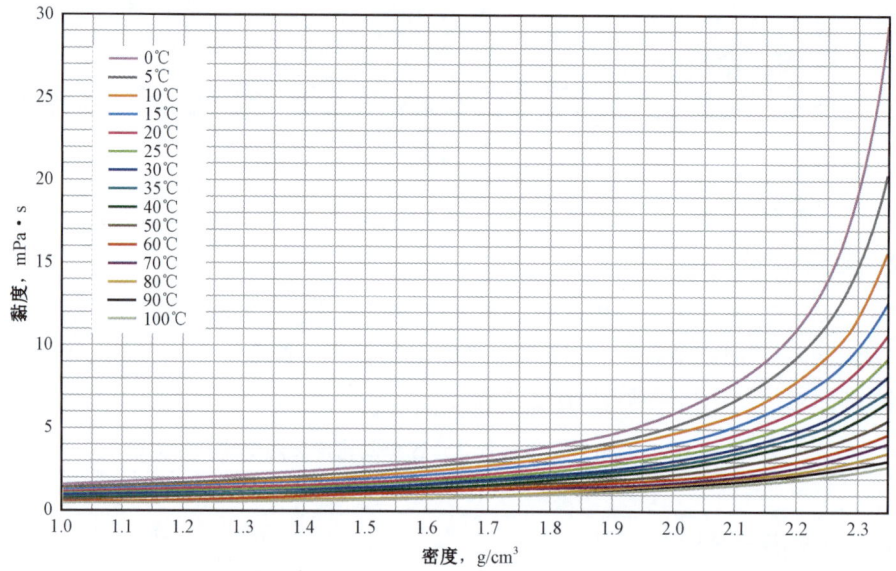

图 2-3-6　甲酸铯盐水在不同温度下黏度与密度的函数关系曲线

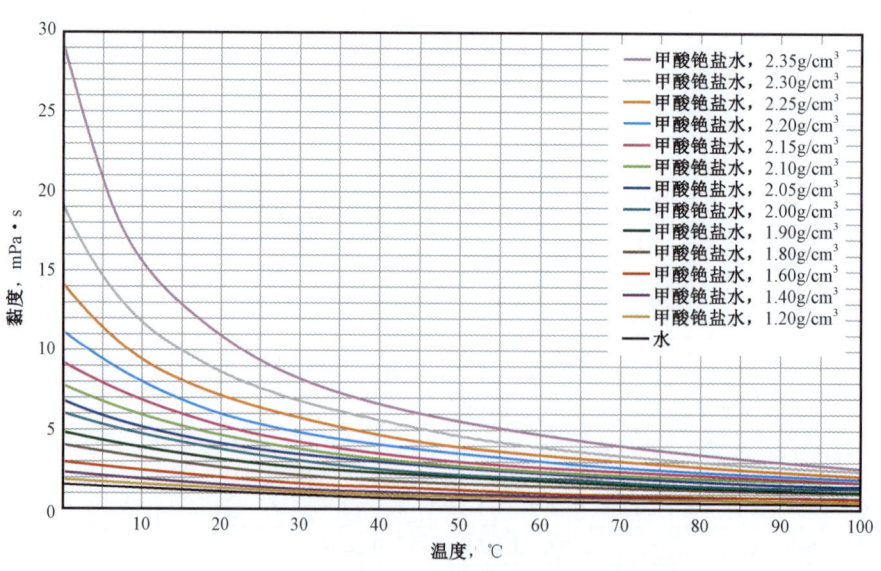

图 2-3-7　油田级别甲酸铯盐水在不同密度下黏度与温度的函数关系曲线

综上所述,从研究实验单一甲酸盐盐水黏度与盐水密度和温度的函数关系可看出,甲酸钠、甲酸钾、甲酸铯的盐水黏度都是随着温度的增加而降低。在典型的温度条件下,3种甲酸盐盐水黏度均在1~5mPa·s范围内。实验中只测量了温度在100℃时的黏度,从函数关系图看出,3类甲酸盐盐水在较高的温度下,黏度对温度的依赖性都不是很大,通过外推曲线可以预测出完美的黏度。

4. 混合甲酸盐盐水的黏度与密度和温度的函数关系

使用HAAKE MARSIII型黏度计测量了甲酸铯与甲酸钾混合盐水的黏度。表2-3-4与图2-3-8给出了密度为2.20g/cm³甲酸铯盐水以及密度为1.57g/cm³甲酸钾盐水的混合液黏度与密度和温度的函数关系。从表和图中可看出,在温度0~100℃下,甲酸铯盐水和甲酸钾盐水在一定密度范围内以几种比率混合,测定了混合盐水的密度,其黏度与盐水比率接近线性关系。

表2-3-4 甲酸铯盐水(2.20g/cm³)和甲酸钾(1.57g/cm³)混合盐水黏度与密度和温度的函数关系

密度 g/cm³	黏度,mPa·s																		
	0℃	5℃	10℃	15℃	20℃	25℃	30℃	35℃	40℃	45℃	50℃	55℃	60℃	65℃	70℃	75℃	80℃	90℃	100℃
1.57	43	34	27	22	18	15	13	11	9.8	8.7	7.7	7.0	6.3	5.7	5.2	4.8	4.4	3.8	3.3
1.60	42	33	26	21	18	15	13	11	9.5	8.4	7.5	6.8	6.1	5.6	5.1	4.7	4.3	3.7	3.3
1.65	39	31	25	20	17	14	12	10	9.1	8.0	7.2	6.5	5.9	5.4	4.9	4.5	4.2	3.6	3.2
1.70	37	29	23	19	16	13	11	9.8	8.6	7.7	6.9	6.2	5.6	5.1	4.7	4.3	4.0	3.5	3.0
1.75	34	27	22	18	15	12	11	9.3	8.2	7.3	6.5	5.9	5.3	4.9	4.5	4.2	3.8	3.3	2.9
1.80	31	25	20	17	14	12	10	8.7	7.7	6.9	6.2	5.6	5.1	4.7	4.3	4.0	3.7	3.2	2.8
1.85	29	23	19	15	13	11	9.4	8.2	7.3	6.5	5.8	5.3	4.8	4.4	4.1	3.8	3.5	3.1	2.7
1.90	26	21	17	14	12	10	8.7	7.7	6.8	6.1	5.5	5.0	4.6	4.2	3.9	3.6	3.3	2.9	2.6
1.95	24	19	16	13	11	9.3	8.1	7.1	6.4	5.7	5.2	4.7	4.3	4.0	3.7	3.4	3.2	2.8	2.5
2.00	21	17	14	12	9.9	8.5	7.5	6.6	5.9	5.3	4.8	4.4	4.1	3.7	3.5	3.2	3.0	2.6	2.4
2.05	19	15	12	10	8.9	7.7	6.8	6.1	5.4	4.9	4.5	4.1	3.8	3.5	3.3	3.0	2.8	2.5	2.2
2.10	16	13	11	9.3	8.0	7.0	6.2	5.5	5.0	4.5	4.1	3.8	3.5	3.3	3.0	2.8	2.7	2.3	2.1
2.15	14	11	9.4	8.0	7.0	6.2	5.5	5.0	4.5	4.2	3.8	3.5	3.3	3.0	2.9	2.7	2.5	2.2	2.0
2.20	11	9.2	7.8	6.8	6.0	5.4	4.9	4.5	4.1	3.8	3.5	3.3	3.0	2.8	2.6	2.5	2.3	2.1	1.9

5. 压力对甲酸盐盐水黏度的影响

甲酸盐盐水的可压缩性很低。Westpost国际技术中心在3种不同温度下,使用毛细管黏度计测定了密度为2.20g/cm³甲酸铯盐水的黏度,其结果为:

在38℃下,每增加10000psi的压力,黏度增加0.36mPa·s;

在66℃下,每增加10000psi的压力,黏度增加0.21mPa·s;

在93℃下,每增加10000psi的压力,黏度增加0.16mPa·s。

以上数据说明甲酸铯盐水在不同温度下,黏度与压力呈线性关系,但可压缩性很低。由这些结果看出,与盐水组分和温度的影响相比,压力对甲酸盐盐水的黏度没有明显的影响。

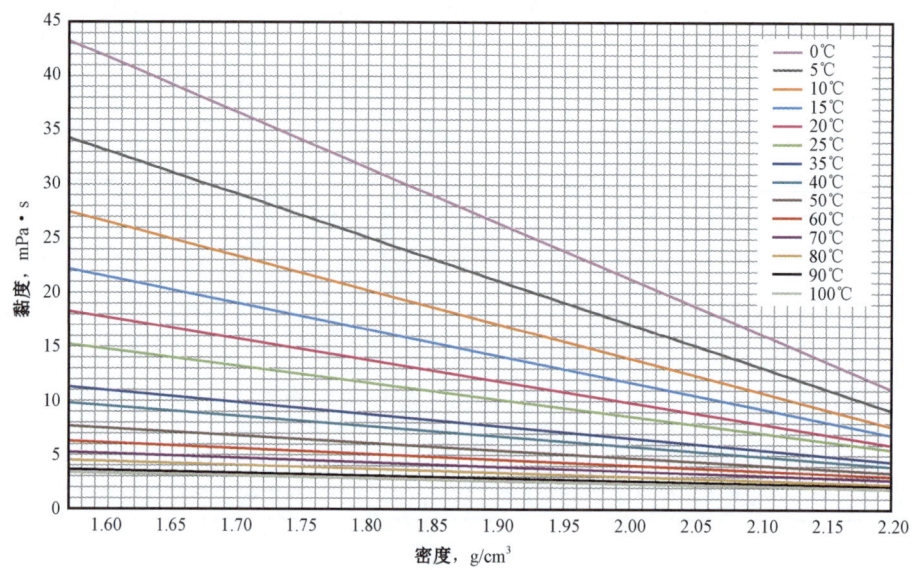

图 2-3-8 甲酸铯盐水（2.20g/cm³）和甲酸钾盐水（1.57g/cm³）的
混合液黏度与温度和密度的函数关系曲线

6. Fanns 35 黏度计测量的甲酸盐盐水黏度

甲酸盐盐水属于牛顿流体，其剪切应力与剪切速率成比例，在各种剪切速率下甲酸盐盐水的黏度是一样的。

Fanns 35 黏度计是为测量牛顿流动的黏度而设计的，即测量在剪切速率变化的条件下的剪切应力。在诸如甲酸盐盐水等牛顿流体中，施加剪切速率与测得的剪切应力间的关系是固定的。因此，完全有能力能在一种剪切速率下测量剪切应力。

使用下式采用牛顿黏度可以计算出 Fanns 35 黏度计测得的流变性，即：

$$\eta_N = SDfC$$

式中　η_N——牛顿流体的黏度，mPa·s；

S——速度系数；

D——Fanns 35 黏度计的刻度读值；

f——弹簧弹性指数；

C——转子鲍勃因子。

二、结晶温度

1. 定义

结晶是物质从液态（溶液或熔融体）或气态形成晶体的过程，也是原子系统从不规则无序状态转化为有规则的空间点阵的过程。一般说，控制结晶过程的速率或投入晶种，可能得到大小均匀、晶形较为完整的晶体。

形成较为完整晶体时的温度为结晶温度。在寒冷环境或高压条件下，钻井液和修井液的结晶温度是一个非常重要的性质。对于传统的盐水和钻井液来说，两者间的室内实测真实结晶温度和现场性能差距很小,但对甲酸盐盐水的作用具有很大的差别。

测量现场使用的钻井和完井盐水的真实结晶温度最常用的方法是 API 13J 推荐做法,此方法在测量某些甲酸盐盐水时会失效。由于强烈的动力学效应,甲酸盐盐水(特别是甲酸钾盐水、甲酸铯盐水以及它们的混合液)与卤化物盐水性能差异很大,甲酸盐盐水的真实结晶温度的测量更为复杂。甲酸盐盐水真实结晶温度的测量复杂性表现在以下几个方面:

(1) 真实结晶温度值很低,甚至低于测量设备的冷却能力;
(2) 严重的过冷效应;
(3) 钾富集的甲酸盐盐水存在亚稳态甲酸钾晶体。

例如,对于浓甲酸钾盐水而言,文献中真实结晶温度数据在 -18 ~ +7℃ 范围内变动。即使已经有相关案例报道说甲酸盐真实结晶温度在设备的测量范围内,关于甲酸盐真实结晶温度"太低而无法测量"的报道还是屡见不鲜。

同样,由于动力学效应,甲酸盐盐水成为低温条件下使用和保存的理想流体,因为甲酸盐盐水可以被冷却到比官方真实结晶温度更低的温度而不结晶。

2. 典型盐水结晶行为

图 2-3-9 示出了典型盐水真实结晶的温度曲线。这是一种由 3 条相平衡曲线、共晶点和临界点组成的相图。相平衡线表示盐水在平衡转变时 3 种不同固相结晶与盐水达到平衡。共晶点表示具有最低 TCT 的盐水组成(浓度),临界点表示两种不同盐结构存在时相平衡线上的那一点。曲线的左端点表示密度为 0.999g/cm³ 的纯水的结晶点(冰点)为 0℃。左侧的相平衡线代表盐水的冰点,随着这条线上条件的变化,在与盐水平衡的过程中出现冰晶。共晶点代表了可能出现最低真实结晶温度的盐水的组分(浓度)。中心平衡曲线(NaCl·H₂O,亮红色)代表盐晶体水化阶段盐水的浓度范围。在这条曲线上,在与盐水平衡的过程中出现水合盐结晶,右侧的平衡曲线(暗红色)代表了干盐粉配置的盐水发生结晶沉淀的浓度范围。根据这条平衡曲线,在与盐水平衡阶段存在着干盐粉。

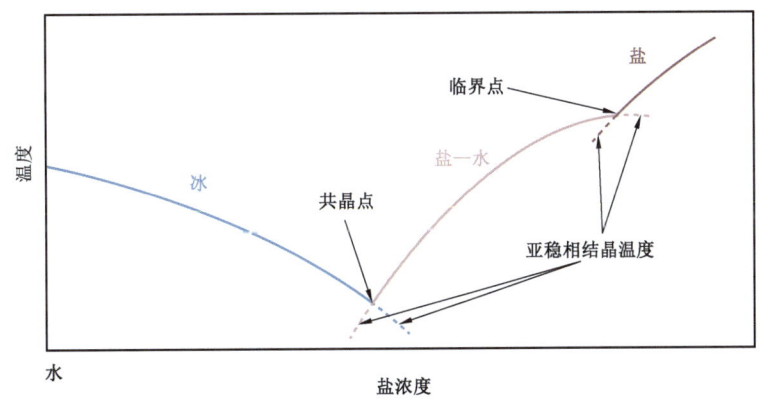

图 2-3-9 典型盐水真实结晶温度曲线相图

并不是所有的盐水都存在右半部分曲线,还有些盐水存在但是由于温度过高而无法测量,甲酸铯就是这样。

由于动力学效应,相平衡曲线下方(图 2-3-9)也可能存在非结晶盐水,这种现象由过冷效应产生。当盐水被冷却到真实结晶温度以下时,由于缺少成核位置,晶体并不能自发生成。

3. 甲酸盐结晶行为

图 2-3-9 展示的简单的真实结晶温度曲线符合大部分油田现场应用的盐水。但是甲酸钾盐水是个例外,甲酸钾盐水溶液会产生一种不同类型的晶体,叫做亚稳态晶体,这种亚稳态晶体并非处于能量最低的状态。当处于如图 2-3-10 所示的相平衡曲线的下方时,这种亚稳态晶体就会形成,较高的溶解度曲线代表稳态结构和盐水达到平衡,较低的溶解度曲线代表亚稳态结构和盐水曲线达到平衡。对于甲酸钾而言,这些亚稳态晶体的结晶温度明显低于甲酸钾盐水溶液的真实结晶温度(大约 20℃)。在这种盐水中,稳态晶体不能自发形成,然而在合适的条件下,亚稳态晶体可以转变为稳态晶体。

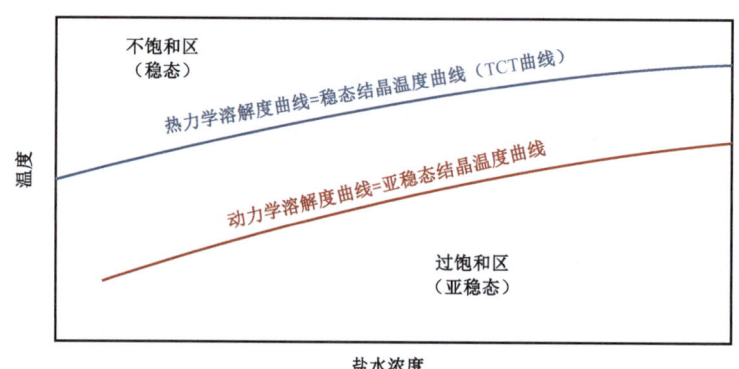

图 2-3-10 稳态和亚稳态盐水相图

当温度很低时,在亚稳态晶体形成以前,结晶温度较高的稳态晶体不能形成,这提高了油田使用和储存甲酸钾盐水的安全性。然而,由于需要考虑两条结晶曲线,实验室测量真实结晶温度值变得更为复杂,以至于标准 API 推荐的方法失效。

甲酸盐盐水(特别是甲酸铯盐水)也表现出了强烈的过冷效应,在传统卤化物盐水体系中,通过添加像氧化钡、氢氧化钡、碳酸钙、膨润土等成核材料可以最大限度地降低过冷效应。然而,这些成核材料对甲酸盐盐水结晶过程并不起作用,甲酸铯的过冷温度高达 50℃。

4. 测定甲酸盐真实结晶温度的推荐方法

测量油田盐水的真实结晶温度最常用的方法是 API RP 13J 推荐做法,API 推荐方法包括交替加热和冷却几个周期。按特定速率冷却盐水试样,直到出现沉淀。一旦开始出现沉淀,通常会出现小幅度的温度上升,其原因是盐水在结晶过程中具有放热特性。当发现沉淀后,加热试样直到晶体再次溶解。整个过程所需记录的数据包括(图 2-3-11):

(1)首次结晶温度(FCTA)。对应于冷却过程中温度曲线最小拐点,或者有明显晶体开始形成时的温度。首次结晶温度通常包括过冷效应。

(2)真实结晶温度(TCT)。对应于最小过冷温度之后的最大温度。属于温度图的冷却期,真实结晶温度最小过冷温度之后的最大温,或者过冷温度结束的拐点。

(3)最终晶体溶解温度(LCTD)。对于与温度曲线上晶体消失时的点,最终晶体溶解温度是最接近于晶体再溶解时的结晶温度。

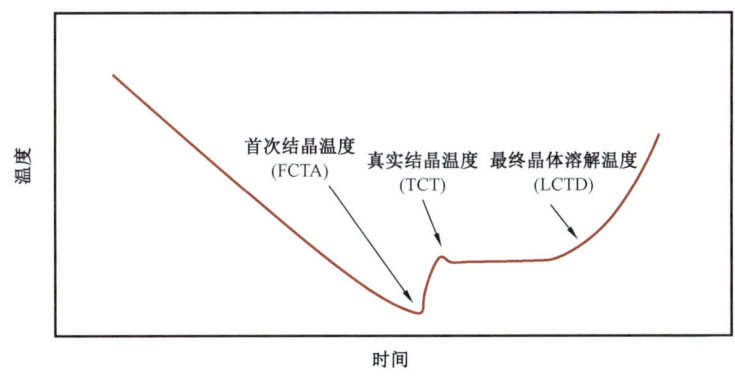

图 2-3-11 API 推荐的典型盐水结晶温度曲线

从热力学的观点来看,首次结晶温度、真实结晶温度和最终晶体溶解温度应该是一样的。在实践过程中,由于几种方法本身存在的动力学问题而造成它们之间有差异。API 推荐如果过度冷却(真实结晶温度超过首次结晶温度 3℃ 或者更多),测量应该在更低的冷却速度下重复进行。同时,API 推荐最终晶体溶解温度后的最大温度不应超过最终晶体溶解温度 1.0℃。

API 认为,过度冷却是真实结晶温度测量方法中最大的挑战。API 方法致力于通过较小的冷却速率和引进精心挑选的晶种和固体颗粒促进晶体成核。API 已经鉴定出几种有机类型的引晶颗粒作为晶体的成核点。典型的晶种有氧化钡、氢氧化钡、碳酸钙和膨润土,碳酸钙被推荐用于有机盐水。当使用甲酸盐盐水时,API 方法存在以下问题:

尽管可以通过降低冷却速度克服过度冷却,仍然要求甲酸盐试样的过冷温度不能低于测量设备的最低温度设置。对于甲酸盐溶液来说,这种过冷效应普遍存在。通常的结果就是真实结晶温度测量失败或者像报道说的那样"太冷而无法测量"。

有机晶种在甲酸盐盐水中会失效。API 定义真实结晶温度如下:在充足的时间和适当的成核条件下,溶液中开始形成固体的温度。但是 API 推荐标准并没有给出所有盐水的成核条件。

API 建议在冷却开始前往试样中加入晶种,只有非溶解性的结晶盐作为晶种时才适用。

API 没有提供任何处理盐水中出现亚稳态晶体的方法。降低冷却速率只是意味着测量到的结晶温度离开亚稳态向稳态靠近,并且不能保证一定发生。操作人员并不能确定他们测量到的是稳态还是亚稳态的结晶温度。

卡博特公司评价了各种测定甲酸盐盐水真实结晶温度的方法。测试表明,合适的晶种和正确的引晶时间是测量甲酸盐盐水真实结晶温度测量的关键,这些在 API 指导方针中并没有说明。卡博特方法与 API 方法截然相反的几点推荐如下:

(1)为盐水样品准备的晶种必须是有效的;

(2)不应该在冷却开始的时候加入晶种,而应该在温度稍微低于预期的真实结晶温度时加入;

(3)在冷热循环周期中搅拌的时间是非常重要的;

(4)冷却和加热速率并不像 API 陈述的那样重要。

首先,在没有合适的晶种的情况下,甲酸盐溶液(特别是甲酸铯溶液)由于巨大的过冷度,甚至把试样冷却到结晶所需要的温度都很困难;其次,对于甲酸钾盐水,人们不知道得到的是稳态还是亚稳态的结晶温度。因此,为了得到有意义的甲酸盐真实结晶温度,充分了解测试盐水的结晶行为以及沉降机理非常关键。

卡博特公司推荐的测试方法由4步组成。最后一步和API推荐的方法一样,但是在晶种和搅拌时间上更为严格,而在加热和冷却速度上较为宽松。

经过几年的调查和研究,卡博特公司提出了甲酸盐盐水真实结晶温度的4步测量法。

(1)步骤1:准备晶种材料。

推荐使用要测试的甲酸盐盐水的结晶体作为晶种材料,把盐水放在低温冷却装置、冷却试样、把试样放在冷却板或者真实结晶温度测量设备都可以获得晶种材料。对于甲酸盐盐水而言,可能会产生亚稳态和稳态两种晶体。

把甲酸钾盐水放到最低温(-40℃)的冷却装置里,让其自由结晶,可以获得甲酸盐盐水的亚稳态晶体。只要不取出冷却装置,这些晶体就会保持亚稳态结构。然而,还是有轻微的风险,它们会转化为稳态结构。

从冷却装置里取出已经结晶的甲酸盐盐水(含有亚稳态结构)在亚稳态真实结晶温度左右搅拌,这在步骤2晶种的选择中所描述的真实结晶温度测量设备中很容易实现。做这件事需要耐心,因为转变发生并不容易。

应用冷却装置里的下述晶种材料,所有的单一甲酸盐盐水或者甲酸盐混合盐水的真实结晶温度都可以测量。

应用甲酸铯晶种、甲酸钾稳态晶种、甲酸钾亚稳态晶种和甲酸钠晶种作为单一甲酸盐盐水或者甲酸盐混合盐水结晶晶种,就可以测量所有这些盐水结晶时的真实结晶温度。

因为在储存期间亚稳态结构有很小的机会转化为稳态结构,所有用已知盐水的真实结晶温度对比亚稳态甲酸钾晶体的真实结晶温度是很有意义的。图2-3-12所示单一甲酸钾盐水真实结晶温度曲线可以核查甲酸钾晶体是稳态的还是亚稳态的。

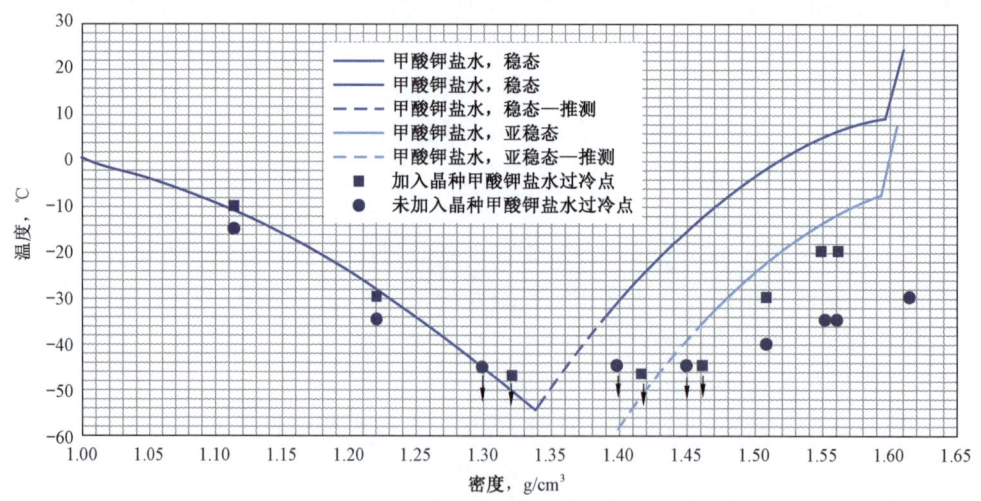

图2-3-12 单一甲酸钾盐水的真实结晶温度(TCT)曲线

注:稳定阶段表示盐水在平衡较长时间(数小时)后,加入甲酸钾晶体进行测定;亚稳态表示不另外加入晶种而使用盐水结晶时自身的晶种进行测量,过冷点表示盐水在有晶种存在的条件下能够至少持续两周保持低温

(2)步骤2:晶种的选择。

根据盐水组成来选择井中材料。图2-3-13至图2-3-16可用于参考。

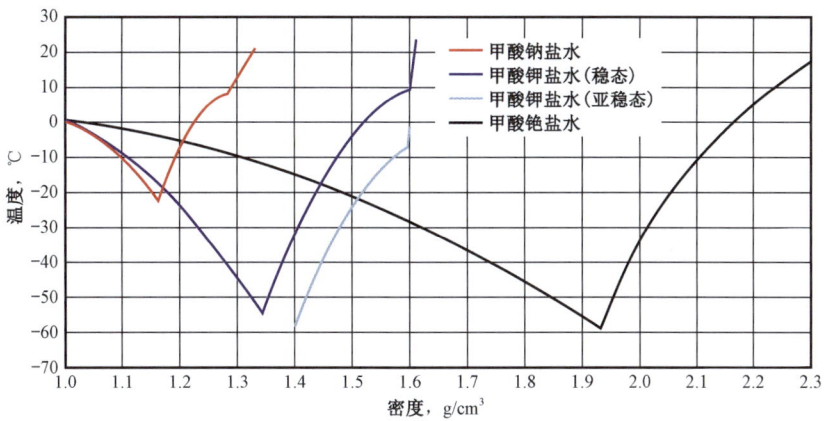

图2-3-13 甲酸钠、甲酸钾和甲酸铯盐水的真实结晶温度(TCT)曲线

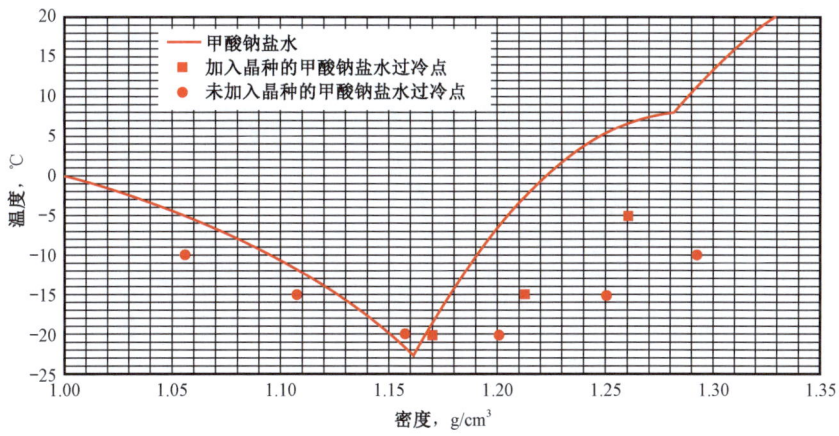

图2-3-14 单一甲酸钠盐水的真实结晶温度(TCT)曲线

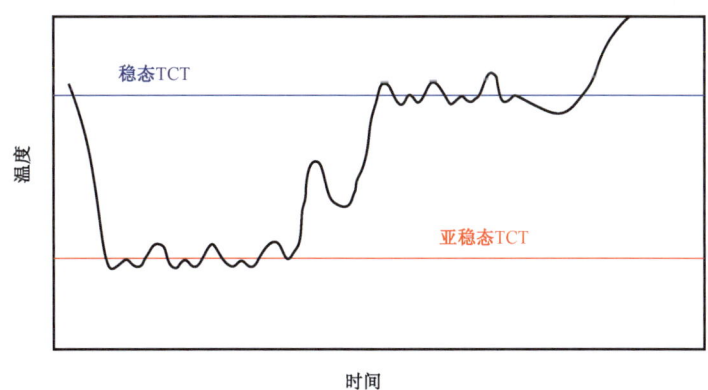

图2-3-15 在甲酸钾从亚稳态转变为稳态晶体的TCT测试过中温度与时间的函数关系曲线

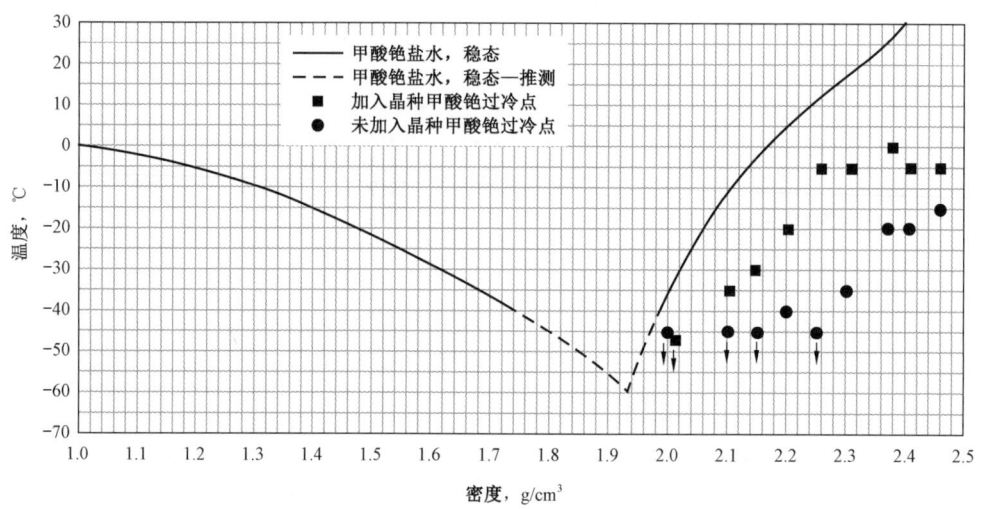

图 2-3-16　甲酸铯单一盐水的真实结晶温度(TCT)曲线

在很稀的盐水中,水结晶成为冰(图 2-3-9 平衡曲线左端),不需要晶种。

在单一盐水中,用盐水自己的结晶体作为晶种,甲酸钾晶种晶体取决于要测的是稳态的还是非稳态的结晶温度。

在很浓的盐水中(图 2-3-9 平衡曲线右端),干盐粉从溶液中结晶出来,不需要晶种。这部分真实结晶温度很高,很容易就能形成晶体。

在混合盐水中,主要盐晶体必须用。如果不能确定哪种盐先结晶,两种晶体都要加入。

(3)步骤3:测定近似的真实结晶温度。

近似真实结晶温度一方面用来确定步骤 4 中的温度控制器的温度,另一方面用来确定加入晶种的时间。根据对盐水试样的研究可以确定近似真实结晶温度。在单一盐水中,密度可以很好地指示真实结晶温度。图 2-3-12 和图 2-3-14 至图 2-3-16 的测量曲线可以用来预测近似真实结晶温度。

混合盐水的近似真实结晶温度很难确定。在没有加入或者移除的条件下,直接混合甲酸铯和储存的甲酸钾盐水,标准真实结晶温度测量曲线(图 2-3-17)可以用来预测真实结晶温度。否则,如果认为盐水中有额外的水分,真实结晶温度应该减去若干摄氏度;同样地,如果认为混合盐水的水分可以移除,比如蒸发和加入干盐,近似真实结晶温度应该加上若干摄氏度。

(4)步骤4:测定准确的真实结晶温度。

这步所使用的测量方法来源于 API RP 13J 推荐做法。卡博特公司使用的冷却装置为 Grant GR-150 冷却槽,控制装置为 LabwiseTM 软件。冷却槽随身附带一个液体冷却试样杯和一个搅拌器。盐水试样直接加入试样杯,旋转搅拌器,用塑料薄膜封住试样杯,目的是为了防止试样从空气中吸水。

程序自动控制温度冷却器设置第一阶段的目标温度为近似真实结晶温度(步骤 1 测量)以下8℃。盐水用盐水播种以后,冷却速度不是关键性的因素。在近似真实结晶温度(步骤 3 测得)以下1℃左右加入晶种。晶种的加入方法为:用指针或者小铲伸入晶种,然后插入盐水试样,这种方法所取的晶种很少甚至不可见,没有必要加入大量的晶种。仔细观察结晶过程,

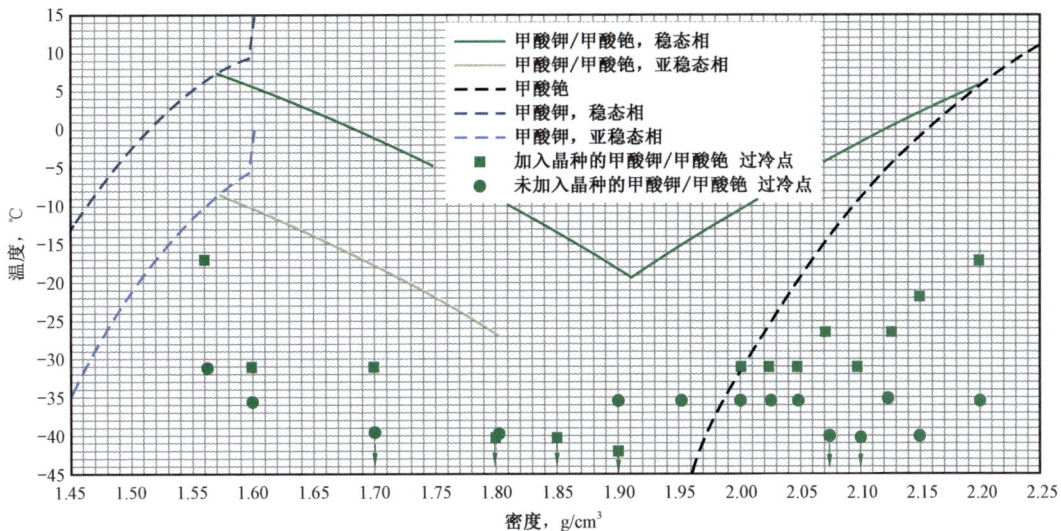

图 2-3-17 密度为 1.57g/cm³ 甲酸钾盐水和密度为 2.20g/cm³ 的甲酸铯盐水的混合盐水真实结晶温度曲线

如果没有发生结晶,在近似真实结晶温度以下 5℃ 再试一次,到达真实结晶温度以后关闭冷却开关。第二阶段的设置目标温度比最终晶体溶解度的高几摄氏度即可(使用晶种以后具体的数值不重要),加热速率同样不是特别重要。最终晶体溶解温度到达以后,关闭搅拌器。整个冷却加热过程重复 3 次或者直到测量的真实结晶温度不再变化。

注意:整个过程加入晶种一次,第二次循环和第三次无需再加晶种。温度到达真实结晶温度以后第一次开启搅拌器。在每一次循环中,调整目标温度为上一次测得的真实结晶温度以下 8℃。图 2-3-18 展示了 3 次循环后的结果,表明了测量所需的各步骤。图中展示了真实结晶温度的测量步骤。真实结晶温度缩写为 TCT,首次结晶温度缩写为 FCTA,最终晶体溶解温度缩写为 LCTD。

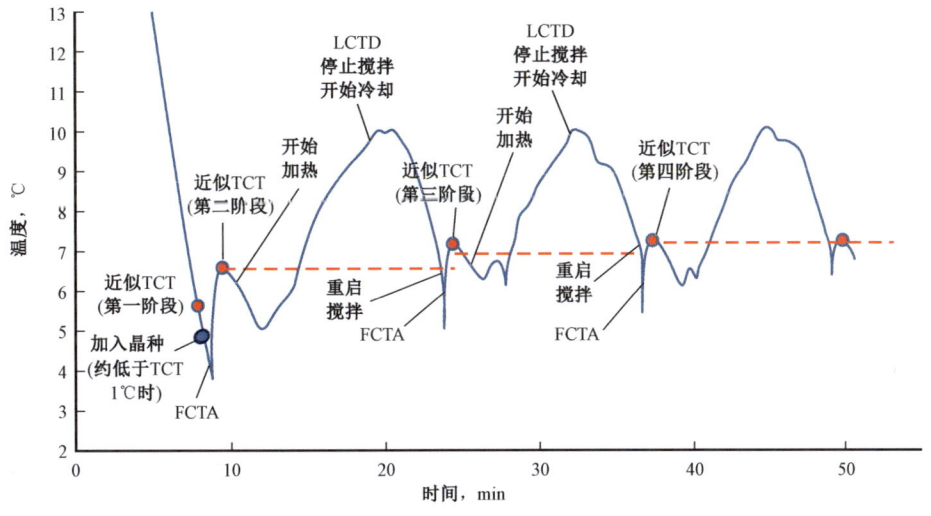

图 2-3-18 典型甲酸盐盐水真实结晶温度测量加热冷却循环周期图

如果使用合适的晶种材料,3个真实温度值(首次结晶温度、真实结晶温度、最终晶体溶解温度)应该非常接近。如果不使用晶种材料,由于过冷效应,首次结晶温度值会很小。对于甲酸钾盐水,无论是产生亚稳态结构还是没有使用晶种材料,随着时间的推移,亚稳态结构转变为稳态结构,产生晶体沉淀,记录到的真实结晶温度值会往上偏移,图2-3-18展示了这种变化过程。

需要注意的是,测量真实结晶温度、共晶点、转折点时,最好测量这些点两边的数据,然后回归,得到真实结晶温度。

5. 甲酸盐盐水真实结晶温度曲线

油田修井常用的3种甲酸盐(甲酸钠、甲酸钾和甲酸铯)盐水表现出不同的真实结晶温度(图2-3-13)。图2-3-12和图2-3-14至图3-4-16、表2-3-5至表2-3-7分别展示了单一甲酸盐盐水的真实结晶温度曲线,这些曲线由精密的测量技术获得。图中也有一些测量点表示过冷效应,在这些点上,加入(或未加)传统晶种和颗粒(重晶石、膨润土、锈、灰尘等)的盐水成功存放在冷却装置中至少两星期之内没有结晶。

表2-3-5 甲酸钠单一盐水的真实结晶温度(TCT)

密度 g/cm³	真实结晶温度 ℃	密度 g/cm³	真实结晶温度 ℃	密度 g/cm³	真实结晶温度 ℃
1.00	0.0	1.12	-13.9	1.24	3.9
1.01	-0.7	1.13	-15.7	1.25	5.5
1.02	-1.6	1.14	-17.8	1.26	6.7
1.03	-2.5	1.15	-20.0	1.27	7.6
1.04	-3.4	1.16	-22.5	1.28	8.0
1.05	-4.4	1.17	-18.2	1.29	10.7
1.06	-5.4	1.18	-13.9	1.30	13.6
1.07	-6.5	1.19	-10.0	1.31	16.2
1.08	-7.8	1.20	-6.4	1.32	18.6
1.09	-9.1	1.21	-3.3	1.33	20.7
1.10	-10.6	1.22	-0.5		
1.11	-12.1	1.23	1.9		

表2-3-6 甲酸钾单一盐水的真实结晶温度(TCT)

密度 g/cm³	真实结晶温度,℃		密度 g/cm³	真实结晶温度,℃	
	稳态	亚稳态		稳态	亚稳态
1.00	0.0		1.05	-3.9	
1.01	-1.2		1.06	-4.8	
1.02	-1.7		1.07	-5.8	
1.03	-2.4		1.08	-6.8	
1.04	-3.1		1.09	-7.9	

续表

密度 g/cm³	真实结晶温度,℃ 稳态	亚稳态	密度 g/cm³	真实结晶温度,℃ 稳态	亚稳态
1.10	-9.1		1.36	-47.8	
1.11	-10.4		1.37	-43.6	
1.12	-11.7		1.38	-39.6	
1.13	-13.1		1.39	-35.7	
1.14	-14.6		1.40	-32.0	-58.6
1.15	-16.1		1.41	-28.5	-54.4
1.16	-17.7		1.42	-25.1	-50.3
1.17	-19.3		1.43	-21.8	-46.5
1.18	-21.0		1.44	-18.8	-42.8
1.19	-22.7		1.45	-15.9	-39.3
1.20	-24.6		1.46	-13.1	-36.0
1.21	-26.4		1.47	-10.5	-32.8
1.22	-28.3		1.48	-8.1	-29.8
1.23	-30.3		1.49	-5.8	-27.0
1.24	-32.3		1.50	-3.7	-24.3
1.25	-34.4		1.51	-1.7	-21.8
1.26	-36.5		1.52	0.1	-19.5
1.27	-38.6		1.53	1.8	-17.3
1.28	-40.8		1.54	3.3	-15.4
1.29	-43.0		1.55	4.6	-13.5
1.30	-45.3		1.56	5.8	-11.9
1.31	-47.5		1.57	6.8	-10.4
1.32	-49.9		1.58	7.7	-9.1
1.33	-52.2		1.59	8.4	-8.0
1.34	-54.6		1.60	12.4	0.4
1.35	-52.1		1.61	23.4	14.2

表2-3-7 甲酸铯单一盐水的真实结晶温度(TCT)

密度 g/cm³	真实结晶温度 ℃	密度 g/cm³	真实结晶温度 ℃	密度 g/cm³	真实结晶温度 ℃
1.00	0.0	1.20	-5.5	1.40	-15.0
1.05	-1.0	1.25	-7.5	1.45	-18.0
1.10	-2.3	1.30	-9.8	1.50	-21.2
1.15	-3.8	1.35	-12.3	1.55	-24.7

续表

密度 g/cm³	真实结晶温度 ℃	密度 g/cm³	真实结晶温度 ℃	密度 g/cm³	真实结晶温度 ℃
1.60	-28.4	2.02	-30.0	2.24	9.9
1.70	-36.6	2.04	-24.5	2.26	12.2
1.75	-41.0	2.06	-19.6	2.28	14.5
1.80	-45.7	2.08	-15.1	2.30	16.9
1.85	-50.6	2.10	-11.0	2.32	19.2
1.90	-55.8	2.12	-7.2	2.34	21.7
1.92	-58.0	2.14	-3.8	2.36	24.3
1.94	-57.4	2.16	-0.7	2.38	27.1
1.96	-49.6	2.18	2.2	2.40	30.1
1.98	-42.5	2.20	4.9		
2.00	-35.9	2.22	7.4		

1）单一甲酸钠盐水真实结晶温度曲线

甲酸钠的真实结晶温度曲线和图 2-3-9 类似。它的真实结晶温度曲线存在一个临界点，在临界点上，水合盐和干盐达到平衡，高纯度单一甲酸钠真实结晶温度曲线见图 2-3-14 和表 2-3-5。过冷点表示盐水在有标准晶种存在的条件下至少持续保持两周的低温。

图中同时展示了典型甲酸钠盐水中发生过冷效应的部分，图 2-3-14 中的一组测量的过冷点表示在未加常用成核材料（重晶石、膨润土、锈、灰尘等）的情况下成功保持盐水不结晶所需的温度；第二组测量的过冷点数据表示在加入晶种的情况下成功保持盐水不结晶所需的温度。这些数据是各大公司在亚稳态下测得的真实结晶温度，老数据是壳牌研究公司测得的，而新数据是卡博特公司测得的。

2）单一甲酸钾盐水真实结晶温度曲线

图 2-3-12 和表 2-3-6 展示了甲酸钾盐水的真实结晶温度。甲酸钾也表现如图 2-3-9 所示的典型盐的特征，存在一个共晶点和一个临界点。然而实验测试表明，纯甲酸钾盐水会形成亚稳态晶体（图 2-3-15）。甲酸钾晶体的两个不同点是：

（1）典型的储存甲酸盐盐水（1.57g/cm³）中的亚稳态晶体结晶温度较低，大约为 -10℃，亚稳态静态在达到一定过饱和度时才能形成。

（2）典型的储存甲酸盐盐水（1.57g/cm³）中的热力学稳定相结晶温度较高，大约为 7℃，亚稳态相与盐水平衡一段时间后会转变为热力学稳态相。

较高的结晶温度（来自稳态相部分）是盐水真实结晶温度的准确定义。但是从另一方面来看，由于亚稳态相的结晶温度更适合油田条件和存放状况，所以亚稳态相的结晶温度对油田工程师来说有时更为重要。有趣的是，在相平衡曲线上和曲线以下形成的亚稳态晶体在加热条件下，可能会完全溶解而不会转变为稳态相。

值得注意的是，这种复杂的相行为只出现在甲酸钾盐水中，甲酸钠、甲酸铷和甲酸铯盐水并没有类似效应，由于甲酸钾经常与甲酸钠和甲酸铯混合使用，大范围密度的甲酸盐盐水会产生与亚稳态相形成有关的问题。

图2-3-12展示了两组过冷点的测量数据,一组测量的过冷点表示在未加常用成核材料(重晶石、膨润土、锈、灰尘等)的情况下成功保持盐水不结晶所需的温度;第二组测量的过冷点数据表示在加入晶种的情况下成功保持盐水不结晶所需的温度。

3)单一甲酸铯盐水真实结晶温度曲线

图2-3-16和表2-3-8展示了甲酸铯盐水的真实结晶温度曲线。该图展示了两组过冷点的测量数据(过冷点表示盐水能够至少持续两周保持低温不结晶的温度)。一组测量的过冷点表示在未加常用成核材料(重晶石、膨润土、锈、灰尘等)的情况下成功保持盐水不结晶所需的温度;第二组测量的过冷点数据表示在加入晶种的情况下成功保持盐水不结晶所需的温度。甲酸铯盐水的临界点温度过高无法测量,所以图右边只显示了甲酸铯水合物和甲酸铯盐水相平衡的曲线部分。

表2-3-8 甲酸铯单一盐水的真实结晶温度(TCT)
($1.57g/cm^3$ HCOOK + $2.2g/cm^3$ HCOOCs)

密度 g/cm^3	真实结晶温度 ℃	密度 g/cm^3	真实结晶温度 ℃	密度 g/cm^3	真实结晶温度 ℃
1.65	0.3	1.85	-15.6	2.05	-7.3
1.70	-3.7	1.90	-19.6	2.10	-3.2
1.75	-7.6	1.95	-17.4	2.15	0.3
1.80	-11.6	2.00	-12.0	2.20	3.2

4)甲酸钾和甲酸铯混合盐水真实结晶温度曲线

图2-3-17展示了甲酸钾/甲酸铯混合盐水(甲酸钾盐水的密度为$1.57g/cm^3$,甲酸铯盐水的密度为$2.20g/cm^3$)的真实结晶温度曲线。低密度范围(高浓度)的测量数据会出现不一致的情况,这可能与甲酸钾盐水浓度过高形成的亚稳态相晶体有关。该图还展示了两组过冷点的测量数据,一组测量的过冷点表示在未加常用成核材料(重晶石、膨润土、锈、灰尘等)的情况下成功保持盐水不结晶所需的温度;第二组测量的过冷点数据表示在加入晶种的情况下成功保持盐水不结晶所需的温度。稳态相的真实结晶温度由稳态相甲酸钾晶体作为引晶材料获得,亚稳态相的真实结晶温度由亚稳态甲酸钾晶体作为引晶材料获得。

6. 压力对结晶温度的影响

在深水环境中,结晶可能成为棘手的问题。高压和低温可能引起高密度盐水中的盐发生结晶已经成为较为敏感的问题。在设备的压力测试期间,在钻井液管线中,通常可以遇到极高的压力和极低的温度。高达110.3~124.1MPa的压力并不罕见,因此,了解盐水在现实压力下的结晶温度是十分重要的。加压结晶温度测量存在两个普遍性的难题。首要的问题是缺少可靠的方法;其次是难以买到用来鉴别甲酸盐盐水在动态压力和动态温度条件下真实结晶温度的测试设备。对甲酸盐来说,还存在极小的过冷点和亚稳态等附加困难,这些使测量变得极为困难。

1)确定甲酸盐盐水加压结晶温度(PCT)的方法

两个试验室测量了甲酸盐盐水的加压结晶温度,它们是韦斯特伯特国际技术中心和白劳

德公司。确定甲酸盐盐水结晶温度的试验方法有:

(1)韦斯特伯特国际技术中心的声波法。

韦斯特伯特国际技术中心选用声波法来确定甲酸盐盐水的加压结晶温度。之所以选择这种方法是因为标准测量方法存在诸如目测、温度—时间曲线和体积变化等一系列限制条件。该设备可以在温度低达 -30℃ 的条件下进行测量。测量的压力范围为 0.07~1400MPa,而测试的试样体积为 5~359mL。声波到达的时间和波振幅的衰减程度与盐水溶液中固相颗粒的数量呈函数关系。

为了保证温度和组分均匀,腔室设计成来回运动的,这种设计也有助于降低过冷的影响。声波发生器安装在用循环体系来控制温度的、可以提供均匀温度分布和制冷速度的温控腔内。

(2)白劳德公司的光导纤维技术。

白劳德公司采用下列方法确定结晶:

① 目测(光导纤维);

② 体积变化;

③ 温度拐点。

腔室的体积为70mL,内部装有搅拌盘。试验的起始压力为69.0MPa,并以17.2MPa的递减量降到基线以下。每个压力级下的试验包括4个周期以检查过冷效应。每次试验时间为 16~21h,试验时用 0.5g 粒径为 5μm 的大理石作为晶种。

2)甲酸盐盐水的加压结晶温度的数据

使用上述两种方法测定了部分加压结晶温度数据。

(1)密度为 $2.195g/cm^3$ 甲酸铯盐水在添加或不添加 0.5% KCl 条件下加压结晶温度。

韦斯特伯特国际技术中心采用声波法,测定了密度为 $2.195g/cm^3$ 的甲酸铯盐水在添加或不添加 0.5% KCl 的加压结晶温度数据。其中,添加 KCl 用来降低真实结晶温度。试验结果出示在表 2-3-9 和图 2-3-19 中。

表 2-3-9　密度为 $2.195g/cm^3$ 的缓冲甲酸铯盐水真实结晶温度与压力的函数关系

压力 MPa	密度为 $2.195g/cm^3$ 的甲酸铯盐水的 加压结晶温度,℃	密度为 $2.195g/cm^3$ 的甲酸铯盐水添加 5% KCl 情况的加压结晶温度,℃
0.14	7.2	-4.7
20.7		-2.3
34.5	7.5	
48.3		-1.9
68.9	10.2	-0.33

(2)各种甲酸盐盐水和混合盐水的加压结晶温度。

白劳德公司使用上述光导纤维技术对甲酸盐溶液进行了大量加压结晶温度测量。

测量了缓冲甲酸铯饱和盐水(密度为 $2.18g/cm^3$)真实结晶温度与压力的函数关系(压力大于20000psi)。还对缓冲甲酸盐盐水:密度为 $1.32g/cm^3$ 的甲酸钠盐水、密度为 $1.58g/cm^3$ 甲酸钾盐水、密度为 $2.18g/cm^3$ 甲酸铯盐水、密度为 $2.20g/cm^3$ 缓冲甲酸铯盐水和密度为 $1.52g/cm^3$ 甲酸钾/甲酸铯的混合盐水进行了测量。试验结果出示在表 2-3-10 和图 2-3-19 中。

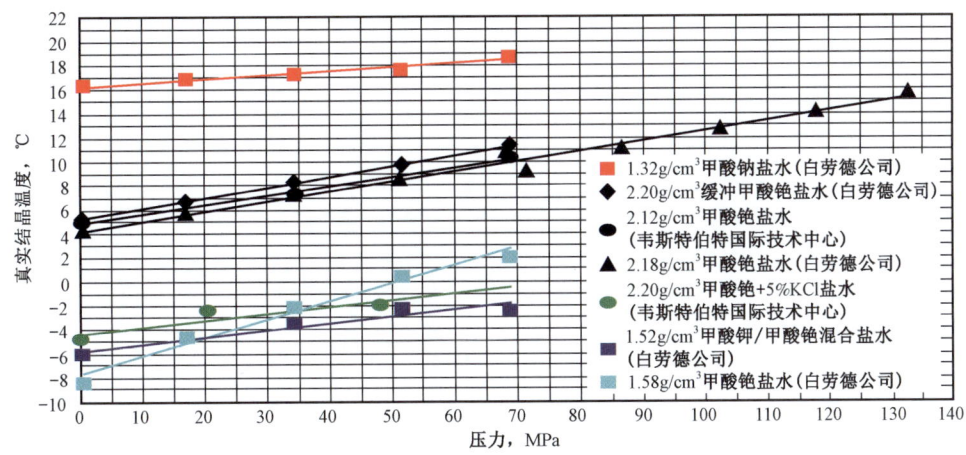

图 2-3-19　各种甲酸盐盐水及其混合溶液的真实结晶温度与压力的函数关系曲线

表 2-3-10　各种甲酸盐及其混合溶液的真实结晶温度与压力的函数关系

甲酸盐	压力 MPa	加压结晶温度（PCT） ℃
1.32g/cm³ HCOONa	0.69	10.39
	17.24	12.78
	34.47	12.33
	51.71	16.28
	68.95	17.06
1.58g/cm³ HCOOK	0.69	-8.3
	17.24	-4.3
	34.47	-2.0
	51.71	0.56
	68.95	1.96
1.52g/cm³ HCOOK/HCOOCs	0.69	-6.03
	17.24	-4.67
	34.47	3.42
	51.71	-2.18
	68.95	-2.40
2.20g/cm³ 缓冲 HCOOCs 盐水	0.69	5.3
	17.24	6.7
	34.47	8.2
	51.71	9.6
	68.95	11.2

续表

甲酸盐	压力 MPa	加压结晶温度(PCT) ℃
2.18g/cm³ HCOOCs	132.5	15.5
	117.8	13.9
	102.2	12.6
	86.7	11.0
	71.4	9.2
	68.2	10.8
	51.2	8.4
	34.3	7.2
	17.1	5.7
	0.56	4.2

对甲酸钾盐水和甲酸铯盐水的混合物来说,可以应用下列应用法则:对于甲酸铯与甲酸铯和甲酸钾的混合物,压力每增加 1000psi,真实结晶温度增加 1°F。

7. 在现场怎样应用真实结晶温度和加压结晶温度数据

虽然用科学方法确定的流体真实结晶温度是同一流体可以测得的最高级的数据,但是,当配制钻井液和完井液时,这些正确数据可能不是最适用的数据。由于存在下列两种实际情况:甲酸盐的过冷现象(尤其是甲酸铯,其过冷现象更为严重)和甲酸钾盐水以及甲酸钾混合盐水的亚稳态结构,所以测量到的真实结晶温度值和结晶发生的温度有很大差异。

罐中储存的甲酸钾盐水就是一个很好的实例。由于缺乏稳定阶段的甲酸钾晶种,在亚稳态结晶出现之前,不可能达到热动态稳定阶段。因此,在温度下降到亚稳态的真实结晶温度或因过冷而使温度下降得更低的情况下,不可能安全地储存。当罐外的温度低于亚稳态的真实结晶温度时,虽然罐内流体的平均温度远远高于这一温度,但是在罐仍然可能形成亚稳态晶种。这种结晶的范围是受限制的,但在几小时内就能出现向热动态结晶转变的情况。假设罐内的平均温度低于稳定阶段的真实结晶温度,出现这种结晶的原因是在整个罐内形成了热动态结晶的晶种。就这种结晶类型来说,由于认为这种流体严重地超饱和,所以必然发生结晶。为了再次溶解这种结晶物,其温度要明显高于稳定阶段的最后一颗结晶溶解的温度,该温度要比亚稳态的最后一颗结晶溶解的温度高得多。

因此,在温度比亚稳态的真实结晶温度低,或因过冷而使温度更低时,可以安全地储存甲酸钾盐水。然而,要牢记的一点是,容器的壁上局部过冷和结晶会使结晶程度急剧扩大而且晶体能在短期内溶解。

8. 应用中如何降低甲酸盐的结晶温度

在某些应用场合,理想的方法可能是降低甲酸盐盐水和混合液的真实结晶温度。

1) 如何降低单一甲酸盐盐水的真实结晶温度

两种盐水混合时,混合液的真实结晶温度往往低于单一盐水的真实结晶温度。可以通过添加氯离子来降低单一甲酸盐的真实结晶温度。壳牌公司已经研究并证实了在甲酸钠盐水中加入15% NaCl和20% NaCl降低真实结晶温度的效果。类似地,在纯甲酸铯盐水中加入氯化钾也可以降低真实结晶温度。

要注意的是,当往甲酸盐盐水中添加氯离子时,氯化物会引起局部腐蚀,而且难以清除。

2)如何降低甲酸盐混合液的真实结晶温度

在特定的深水环境中,需要使用具有特定密度的单一甲酸钾盐水,可以获得比单一甲酸盐盐水真实结晶温度更低的盐水。在这种情况下,就需要添加一定量的水配制甲酸钾和甲酸铯的混合液。

第四节 甲酸盐盐水的 pH 值和缓冲 pH 值

一、pH 值

1. pH 值的定义

在稀溶液中,可把 pH 值定义为溶液中氢离子浓度 c_{H^+} 常用对数的负数。即:

$$pH = -\lg c_{H^+} \quad (2-4-1)$$

在较高浓度的溶液中,离子的状态并不取决于它们的浓度,而是取决于它们的活度。可以更精确定义为溶液中氢离子活度(a_{H^+})常用对数的负数。

$$pH = -\lg a_{H^+} \quad (2-4-2)$$

2. pH 值的意义

pH 值是判断溶液酸碱性的量度,中性溶液的 pH 值为7,碱性增强则 pH 值升高,酸性增强则 pH 值下降。

常用的高密度盐水($CaCl_2$,$CaBr_2$,$ZnBr_2$)pH 值呈酸性。为把这些卤水的 pH 值提高到碱性程度,会导致产生不溶性钙盐或锌盐的沉淀[如 $Ca(OH)_2$,$Zn(OH)_2$ 等]。

3. 甲酸盐盐水的 pH 值

甲酸盐溶于水后,pH 值呈碱性(pH 值为 8~10)。几乎可以使用常见的酸和碱把甲酸盐盐水的 pH 值调节到任何区间,而不会产生难溶性盐的沉淀。因此,可以安全地把甲酸盐盐水的 pH 值调节到具有最佳性能的区间。

甲酸根离子本身具有缓冲作用,因此,甲酸盐盐水在低 pH 值的情况下就具有天然的缓冲能力:

$$HCOO^- + H_3O^+ \xrightleftharpoons{Ka} HCOOH + H_2O \quad (2-4-3)$$

其中,Ka 指的是酸的电离常数。

酸度系数 pKa = 3.75。

加入强酸可使甲酸盐盐水的 pH 值降到 3.75,但是直到所有的甲酸盐离子转变为甲酸根离子之后,pH 值才会进一步变化。

在 pH 值为 3.75 时,甲酸与甲酸根离子的物质的量之比为 1:1。当 pH 值升高或下降一个单位,甲酸和甲酸根离子的物质的量之比的因子将产生约为 10 倍的变化,见表 2-4-1。图 2-4-1 显示的是在未缓冲剂的甲酸盐盐水加强酸时 pH 值的变化情况。

表 2-4-1　甲酸盐和甲酸的理论物质的量之比与 pH 值的函数关系

pH 值	甲酸盐/甲酸物质的量之比	pH 值	甲酸盐/甲酸物质的量之比
0.75	0.001	6.75	1000
1.75	0.01	7.75	10000
2.75	0.1	8.75	100000
3.75	1	9.75	1000000
4.75	10	10.75	10000000
5.75	100		

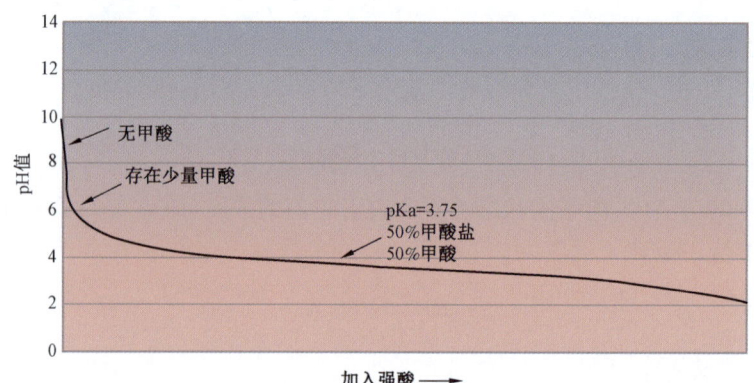

图 2-4-1　未缓冲剂时甲酸盐盐水的 pH 值随强酸添加量的变化

甲酸盐的酸度系数 pKa 值呈随温度的增高而上升的趋势。对浓度特别高的盐水来说,pH 值(和 pKa)是很难确定的。

1)调整甲酸盐盐水 pH 值的方法

(1)加入 NaOH 或 KOH 方式添加氢氧化物。

该方法可以用来提高未缓冲盐水的 pH 值,或者提高预缓冲盐水的缓冲能力。然而,OH^- 不是缓冲剂,如果加到未缓冲的甲酸盐盐水中,当遇到大量酸性气体时,pH 值会立即大幅度下降。所以,在可能发生储层酸性气侵入的情况下,不提倡用氢氧化物来调节 pH 值。

(2)使用碳酸盐或碳酸氢盐来缓冲甲酸盐盐水。

与含二价钙离子或锌离子的溴酸盐盐水不同,甲酸盐盐水与碳酸盐或碳酸氢盐缓冲剂完全相容。缓冲剂的作用是阻碍 pH 值的变化,并可以克服大量酸性气体侵入的问题。

2)甲酸盐盐水 pH 值的测定

pH 值是溶液中 H^+ 活度的量度,H^+ 活度系数不能通过试验来测得。在稀释的溶液中,H^+ 活度与实际的 H^+ 浓度的差别不是很大,因此可以非常准确地测定 pH 值。在高浓度溶液中,H^+ 活度与 H^+ 浓度相差很大,因此无法确定高浓度溶液的真实 pH 值。高密度甲酸盐盐水就是现有某种最高浓度的水溶液,这些盐水中 H^+ 活度与 H^+ 浓度的差别非常大。因此,无论使用何种方法来测定这些盐水的 pH 值将都得出错的结论。

虽然不能精确地测定现场高密度盐水的 pH 值,但对用户来说,了解这些液体酸度的一些情况还是相当重要的。据发现,对卤族盐水来说,直接测量纯溶液的 pH 值是最好的方法。甲酸盐 pH 值读值主要用途是获得缓冲状态的技术诀窍。对于预缓冲的甲酸盐盐水来说,为了得到更加精确的 pH 值读值来确定缓冲条件,卡博特公司推荐使用 9 倍体积(vol/vol)的去离子水来稀释溶液。推荐的原因如图 2-4-2 和图 2-4-3 所示。显示了用玻璃电极和 pH 值试纸(BDF pH 值指示棒)测得的预缓冲和未缓冲甲酸盐盐水的 pH 值与稀释因子间函数关系的实例。

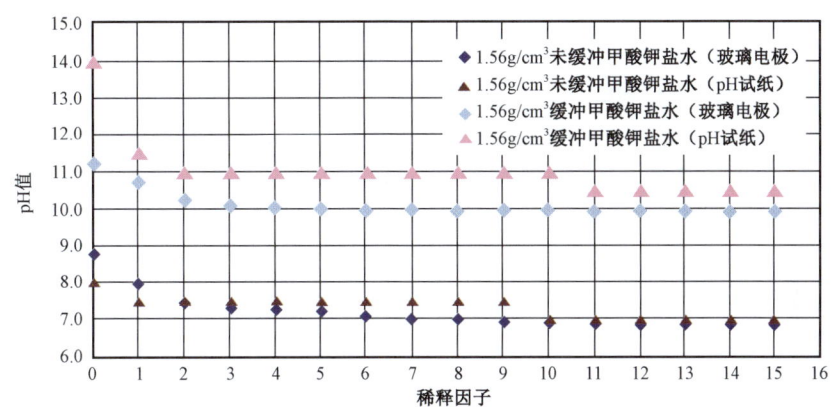

图 2-4-2 当测量密度为 1.56g/cm³ 的缓冲和未缓冲的
甲酸钾盐水的 pH 值时稀释对 pH 值的影响

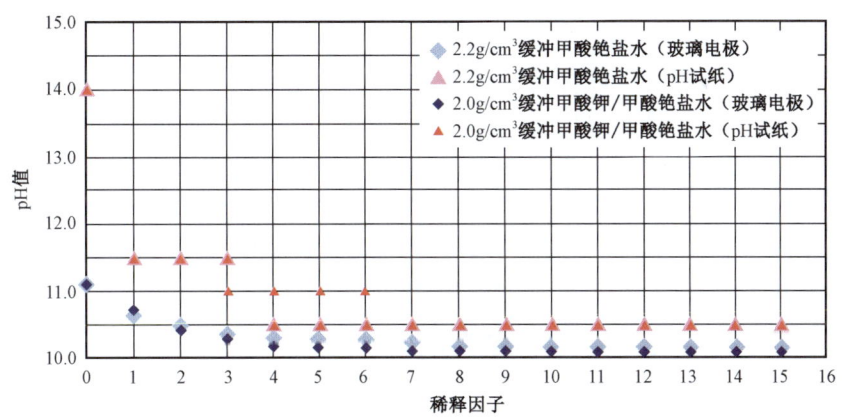

图 2-4-3 当测量密度为 2.0g/cm³ 的缓冲甲酸铯盐水和
密度为 2.2g/cm³ 缓冲甲酸铯盐水的 pH 值时稀释对 pH 值的影响

3)甲酸盐盐水 pH 值测定要注意的事项

(1)用 9 倍的去离子水稀释。

对于预缓冲的甲酸盐或钻井液,在测量 pH 值前,应该用 9 倍的去离子水稀释。稀释后测量的好处是:

① 有一致性。溶液所测得的 pH 值应该与测量方法无关。图 2-4-2 和图 2-4-3 出示的是两种不同 pH 值测量方法（即玻璃电极和 pH 试纸）测得的 pH 值，尽管在高浓度的缓冲甲酸盐中的测量值的差高达 3 个 pH 值单位，但在稀释的预缓冲甲酸盐溶液中都得到了相似的测量结果。这意味着，在高浓度缓冲甲酸盐盐水中，至少有一种方法测得的 pH 值是错误的。但对于未缓冲的高浓度甲酸盐溶液来说，两种方法测量值之间差别并没有这么大。

② 可靠性好。当直接测量纯盐水的 pH 值时，甲酸盐的浓度对表观 pH 值有较大的影响（图 2-4-2 和图 2-4-3）。因此，在现场使用这种测试方法时，如果不知道盐水的浓度，测得的 pH 值将毫无意义。当采用稀释的方法时，就无需这项参数，测得的 pH 值是缓冲情况的直接指标。

(2) 缓冲液成分分析的精确性。

测量甲酸盐盐水中碳酸根离子和碳酸氢根离子浓度的传统方法是非常复杂的或者需要专门的仪器。卡博特公司开发出了新的分析法，即确定 pH 值和酚酞滴定终点。然而，这种方法仅在采用稀释方法时才适用。

(3) 有意义和有用的 pH 值。

测量稀释后的甲酸盐溶液的 pH 值时，缓冲区的真实 pH 值和酸碱指示剂都能测量。例如在稀释的甲酸盐溶液中，碳酸盐或碳酸氢盐缓冲区的 pH = pKa = 10.2，酸碱指示剂也相应地表示出正确的颜色。在未稀释的甲酸盐溶液中，缓冲区的 pH 值指示过高而且真实 pH 值和酸碱指示剂的颜色不一致。

重要的是要记住，用 9 倍的水来稀释盐溶液并不能测出真实的 pH 值，其原因是仍不能得到原始溶液真实氢离子活度的测量值。然而，它能提供与测量方法无关的完全一致的测量值，得到与甲酸盐类型和浓度无关的流体中缓冲剂组分的一些情况，而其可靠到足以让钻井液工程师在现场使用这些数据。

当使用稀释方法时，使用 pH 电极（电位测量）和 pH 试纸两种方法都可测得甲酸盐的 pH 值，但使用 pH 电极测得的数据更精确。由于纯甲酸盐盐水与稀释的甲酸盐盐水的测量 pH 值差别很大，记录测量是在纯甲酸盐盐水中做的，还是在稀释的甲酸盐盐水中测的，始终是非常重要的。

如果 pH 值测量是在纯甲酸盐盐水中测的，那么必须指出所采用的测试方法（pH 试纸或玻璃电极）、盐水的类型以及浓度，否则测量的 pH 值毫无意义。

二、用碳酸盐和碳酸氢盐缓冲甲酸盐的 pH 值

1. 甲酸盐盐水的 pH 值缓冲的意义

现场应用的甲酸盐盐水需要使用碳酸钠或碳酸钾和碳酸氢钠或碳酸氢钾进行缓冲。加缓冲剂的主要目的就是提供一个碱性 pH 值环境，并防止当酸或碱大量侵入盐水时使 pH 值产生波动。

维持甲酸盐盐水的碱性 pH 值环境的重要原因是：碱性 pH 值有助于控制腐蚀；碳酸盐、碳酸氢盐的存在可以防止发生二氧化碳腐蚀；保持碱性 pH 值有助于降低甲酸盐的分解速度；碳酸盐、碳酸氢盐有助于降低甲酸盐的分解量；碱性 pH 值有助于稳定聚合物和其他添加剂；碳酸盐能够降低硫化氢气体释放的风险；碳酸盐可通过吸收侵入的二氧化碳来提高井控能力。

现场钻(完)井液 pH 值大幅度降低的主要原因是二氧化碳和硫化氢等酸性气体的大量侵入。这两种弱酸的 pKa 值都大于甲酸的 pKa 值。

2. 碳酸盐和碳酸氢盐的缓冲 pH 值的机理

1)预缓冲溶液的定义

预缓冲溶液的作用是当向溶液中添加氢离子(H^+)或氢氧根离子(OH^-)时,阻止溶液的 pH 值发生变化。阻止 pH 值发生变化的原因是,缓冲剂具有消耗氢离子(H^+)或氢氧根离子(OH^-)的能力。

2)碳酸盐和碳酸氢盐缓冲体系的缓冲作用

碳酸盐和碳酸氢盐缓冲体系可对两种不同的 pH 值界限具有很强的缓冲作用。

(1)上限为 pH 值等于 10.2:

$$CO_3^{2-} + H^+ \underset{}{\overset{pKa_1}{\rightleftharpoons}} HCO_3^- \qquad (2-4-4)$$

式中:$pKa_1 = 10.2$。

当 pH 值为 10.2 时,预缓冲溶液中存在同等数量的 CO_3^{2-} 与 HCO_3^-。

(2)下限为 pH 值为等于 6.35:

$$HCO_3^- + H^+ \underset{}{\overset{pKa_2}{\rightleftharpoons}} H_2CO_3 \qquad (2-4-5)$$

式中:$pKa_2 = 6.35$。

当 pH 值为 6.35 时,溶液中存在同等数量的 HCO_3^- 和 H_2CO_3。

pKa_1 和 pKa_2 会随溶液的浓度、温度和压力等有一些变化。

3)碳酸盐/碳酸氢盐缓冲剂是如何起作用的

由图 2-4-4 可以看出,当添加强酸时,碳酸盐缓冲剂是如何起作用的。x 轴表示被酸消耗的缓冲剂的数量。从图中看出,碳酸盐缓冲剂能缓冲 2 次,初始的 pH = pKa_2 = 10.2(上缓冲线),而后 pH = pKa_1 = 6.35(下缓冲线)。在这种情况下,添加的酸是碳酸(来自 CO_2 的侵入),这时 pH 值绝不会比 pKa_1 = 6.35 低很多。

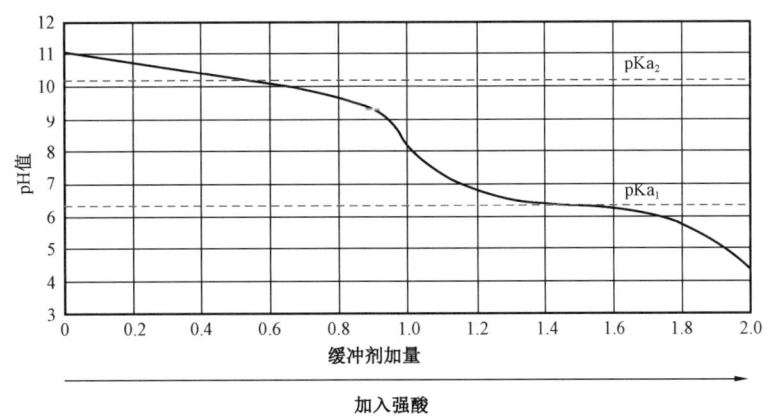

图 2-4-4 含有碳酸盐缓冲剂的水的 pH 值与酸添加量的函数关系

当添加强酸时,碳酸盐缓冲剂与添加的酸反应,直到所有的碳酸盐全部耗尽。只要溶液中存在碳酸盐,pH 值就会保持在"上缓冲限"附近(10.2±1)。一旦碳酸盐耗尽,pH 值会跌向"下缓冲限",只要碳酸氢盐未完全转化为碳酸,pH 值就会保持不变。如果要达到更低的 pH 值时,就需要加比碳酸更强的酸。所以即使大量的 CO_2 侵入,也不会使 pH 值低于"下缓冲限"。因此,当二氧化碳侵入缓冲的溶液中会溶解并转变为碳酸时,不能把 pH 值推到第二缓冲线以下。

3. 对二氧化碳侵入时的缓冲保护

1)常规完井液盐水酸化的主要原因

常规完井液盐水酸化的主要原因是井眼周围的地层产出的 CO_2 侵入井眼中。

$$CO_2(g) \rightleftharpoons CO_2(aq) \quad (2-4-6)$$

$$CO_2(aq) + H_2O \rightleftharpoons H_2CO_3(aq) \quad (2-4-7)$$

$$H_2CO_3 \rightleftharpoons HCO_3^-(aq) + H^+(aq) \quad (2-4-8)$$

$$pKa_1 = 6.35$$

根据式(2-4-8),溶解的二氧化碳仍然保留在盐水中,无论是与溶解二氧化碳气还是碳酸氢盐平衡的碳酸,取决于盐水体系的原始 pH 值。图 2-4-5 出示了这一结论。由于大量的二氧化碳侵入盐水,碳酸的浓度上升而 pH 值下降,这就使得未缓冲盐水酸化。

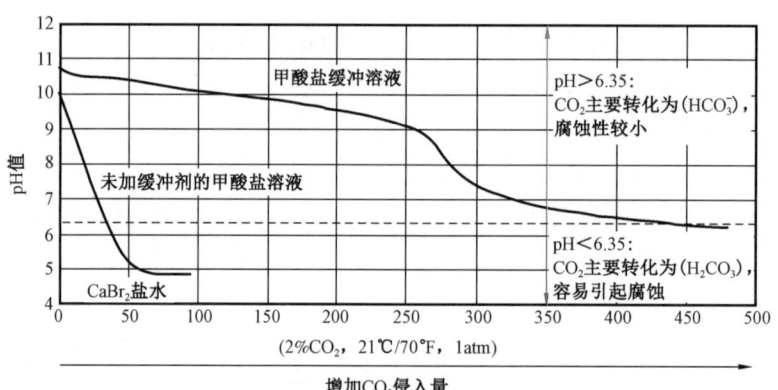

图 2-4-5 当 CO_2 侵入典型卤族盐水、未缓冲甲酸盐盐水和缓冲甲酸盐盐水时,CO_2 侵入量与 pH 值函数关系

图 2-4-5 出示 3 种不同的盐水体系将以下列方式与侵入的 CO_2 反应:

常规的二价卤族盐水不能被碳酸盐/碳酸氢盐体系缓冲,其原因是在清洁的封隔液/完井液中会产生难溶性碳酸盐沉淀($CaCO_3$,$ZnCO_3$)。这些二价盐水的 pH 值很低(2~6),当 CO_2 大量侵入时,pH 值会进一步下降,其下降程度取决于侵入 CO_2 的压力。CO_2 将部分转化为腐蚀性比较强的碳酸。

预缓冲的甲酸盐盐水能缓冲大量的 CO_2。除在侵入量异常大的情况下,盐水的 pH 值一般会保持在上限附近(pH 值为 10.2),足以防止在盐水中产生碳酸。当 CO_2 大量侵入时,pH

值降到下限附近(pH 值为 6.35)。CO_2 侵入量不同的甲酸盐盐水的 pH 值是稳定的,甲酸盐盐水的 pH 值从未低于 6~6.5。这个 pH 值仍然接近中性,意味着无论多大量的 CO_2 都无法把此盐水体系酸化到更低的程度。然而,盐水中会存在少量的碳酸和甲酸。

未缓冲的甲酸盐盐水:当 CO_2 侵入时,甲酸盐盐水 pH 值的变化与卤水的效果差不多。然而,因它们的初始 pH 值比较高,而且甲酸盐盐水本身就具有一定的缓冲作用(pKa 为 3.75),pH 值下降将会受到一定的限制。在如此低的 pH 值下,溶液中会出现大量的腐蚀性甲酸。如果存在酸性气体侵入的可能性,不推荐使用未缓冲的甲酸盐盐水。

2)对硫化氢侵入时的缓冲保护

当 CO_2 侵入井眼时,经常伴有 H_2S 的侵入。H_2S 是一种弱酸,pKa_1 约为 7。这意味着,当 pH 值为 7 时,盐水中产生等量的 H_2S 和 HS^-。高 pH 值时,溶液中存在更多的 HS^-,低 pH 值时,溶液中存在更多的 H_2S。除非碳酸盐缓冲剂被大量侵入的 CO_2 耗尽,否则碳酸盐缓冲剂仍然会吸附和转变这种有毒气体,使其以危害性较小的 HS^- 的形式存在。

实际上,缓冲甲酸盐盐水中的 H_2S 转化为 HS^- 并不意味着 H_2S 被清除和达到了永久性安全。如果缓冲剂被过量侵入的 CO_2/H_2S 耗尽,使 pH 值降低到 7.0 左右时,那么 HS^- 会还原成 H_2S。在低 pH 值(6.35)的情况下,CO_2 会首先与溶液中的碳酸氢根离子发生反应而形成化学平衡。因此,清除现场钻井液中的任何 HS^- 污染是至关重要的,对于 H_2S 气体侵入却未在第一时间检测出是否被 HS^- 污染的甲酸盐钻井液或甲酸盐盐水来说,千万不能使其 pH 值降低或耗尽碳酸盐缓冲剂。如果发现与 H_2S 有关的腐蚀出现,就需要添加硫化氢清除剂。

4. 缓冲剂的添加和维护

在现场每当使用甲酸盐盐水时,维持缓冲剂抗酸性气体侵入的能力是至关重要的。为了达到这一目的,需要检测缓冲剂的缓冲能力和维持缓冲剂在甲酸盐盐水中的含量。

1)缓冲能力

对于预缓冲甲酸盐盐水,缓冲剂中的碳酸盐组分提供了把 pH 值维持在 10.2 的碱性条件下的缓冲剂。当 pH 值与碳酸盐和碳酸氢盐的比呈函数关系时,加入碳酸氢盐的重要作用是维持这种平衡。碳酸盐的单独浓度是盐水缓冲能力的真实量度。

从科学的角度来说,缓冲能力的正确定义是:要改变一升溶液的 1 个 pH 值单位时所需的酸或碱的物质的量。从图 2-4-5 中可以看出,pH 值降低一个单位并不是盐水中需要多少碳酸盐缓冲剂的最好量度,因此也不是这种缓冲剂真实缓冲能力的量度。使用碳酸盐的实际浓度作为缓冲剂缓冲能力的量度,而不是科学角度中定义的"缓冲能力"。

用碳酸盐/碳酸氢盐缓冲的碱性盐水具有下列化学平衡式:

$$CO_3^{2-} + H^+ \xrightleftharpoons{Ka_2} HCO_3^- \qquad (2-4-9)$$

$$pKa_2 = 10.2$$

在现场,盐水经常会由于酸性气体的侵入而失去缓冲能力。当酸性气体开始进入盐水时,CO_3^{2-} 逐渐转变为 HCO_3^-,同时 pH 值保持在上限附近(pH 值 = pKa_2 = 10.2)。当全部碳酸盐转化完全时,缓冲剂失去维持 pH 值的能力。那时认为缓冲剂被"破坏"或"覆没",不再能将 pH 值维持在缓冲上限。当酸性气体进一步侵入时,pH 值很容易向下限逼近(pKa_1 = 6.35)

(图 2-4-5)。

重要的是要关注预缓冲甲酸盐盐水的 pH 值与碳酸盐和碳酸氢盐比的函数关系,维持 pH 值在 10~10.5 附近的缓冲能力取决于实际的碳酸盐浓度。

2)缓冲剂总含量

在用碳酸盐和碳酸氢盐预缓冲的盐水中,缓冲剂总含量的定义是 CO_3^{2-},HCO_3^- 和 H_2CO_3 以及溶于盐水中的 CO_2 气体的总含量。当盐水中缓冲剂被耗尽后,需要往钻井液里添加新的缓冲剂。

在现场使用期间,可通过 3 种方法改变缓冲剂的含量:

(1)随着酸性气体(CO_2)的侵入而增加缓冲剂含量。

$$CO_3^{2-} + CO_2 + H_2O \longrightarrow 2HCO_3^- \qquad (2-4-10)$$

侵入的 CO_2 会把碳酸盐转化为碳酸氢盐。从而使碳酸盐的含量(缓冲能力)下降,同时因大量 CO_2 进入盐水,使缓冲剂含量(碳酸盐 + 碳酸氢盐 + 碳酸 + 溶解的 CO_2)下降。

(2)高价阳离子的侵入降低了缓冲剂含量。

$$CO_3^{2-} + Ca^{2+} \longrightarrow CaCO_3 \downarrow \qquad (2-4-11)$$

高价阳离子侵入后,由于生成的难溶性碳酸盐沉淀从盐水中析出,消耗了一定数量的缓冲剂。由于大量的碳酸钙沉淀析出,从而造成碳酸钙/碳酸氢钙缓冲剂含量降低。

(3)甲酸盐的分解提高缓冲剂含量。

如果甲酸盐暴露在高温环境中,超过一定时间后,因甲酸盐的分解会生成少量的可溶性碳酸盐和碳酸氢盐。对典型的甲酸盐盐水配方来说,以脱羧为主的反应是可逆的,在密闭的高温高压油井系统中化学反应达到平衡后,通常会把甲酸盐的分解限制在一个很小的百分比内。

3)缓冲剂含量和缓冲能力的测定

对于标准水基钻(完)井液的滤液,API 推荐做法 13B-1 推荐使用 pH 值滴定法来测定碳酸盐和碳酸氢盐含量。由 OH^-,CO_3^{2-} 和 HCO_3^- 含量形成的碱度,可以把滴定终值为 pH 值 8.2 的酚酞滴定法和滴定终值为 pH 值 3.1 的甲基橙滴定法结合起来进行测定。

在甲酸盐盐水中,由于在 pH 值为 3.75(甲酸的 pKa)时,存在甲酸盐与甲酸的化学平衡,使甲基橙滴定终值的确定很复杂。图 2-4-6 表示两种溶液含等量的碳酸盐和碳酸氢盐缓冲剂(17.8kg/m³ K_2CO_3 和 10.7kg/m³ $KHCO_3$)时,参照 API 标准推荐做法 13B-1 所介绍的碱度滴定法,用酚酞和甲基橙指示终点。但由于甲酸盐/甲酸的化学平衡点是建立在高 pH 值的条件下,在 pH 值高于甲基橙的滴定终值时就已经开始形成,因此,在缓冲的甲酸钾溶液中没有确定甲基橙的滴定终点。实际上,只能测定甲酸盐盐水两个滴定终值的一个,这意味着标准 API 的碱度测试法不适用于测定甲酸盐体系的缓冲剂含量和缓冲能力。

由图 2-4-6 可以看出:

(1)酚酞的滴定终值可以用来测定氢氧根离子和碳酸根离子的浓度($c_{OH^-} + c_{CO_3^{2-}}$);

(2)不能用甲基橙滴定终值来确定缓冲剂的总含量(包括 $c_{HCO_3^-}$)。即便可以在非常稀的甲酸盐中可以确定的滴定终值,使用这种滴定终值的计算结果将是错误的。

因此,需要使用其他方法来测定碳酸氢根离子的含量。一种方法是可以采用 Garrett 气体

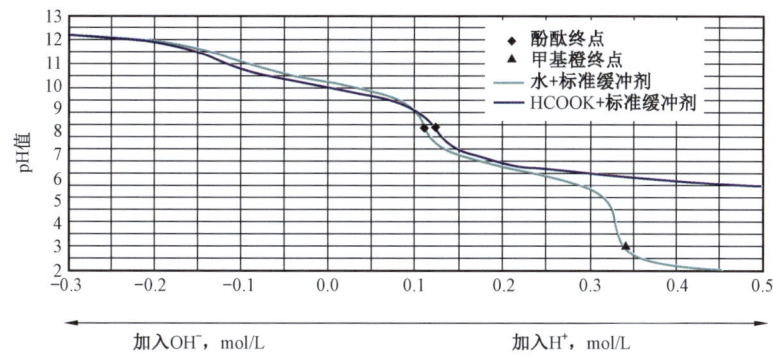

图 2-4-6 缓冲的水与缓冲甲酸钾盐水的滴定曲线

测定法测定碳酸盐的总含量(CO_3^{2-} + HCO_3^-),但是这种方法比较耗时,因此在钻井现场不常用,这种方法也不能区别缓冲剂组分的差别。

(1)一种在现场和室内确定缓冲剂含量简单方法。

对于添加了碳酸盐和碳酸氢盐的甲酸盐盐水的室内试验表明,预缓冲甲酸盐盐水的 pH 值取决于碳酸根离子与碳酸氢根离子之比[6,7]。找到了碳酸根离子与碳酸氢根离子的物质的量之比与 pH 值之间的关系 R:

$$R = \frac{c_{CO_3^{2-}}}{c_{HCO_3^-}} = A\exp(B \times \mathrm{pH}) \qquad (2-4-12)$$

其中:$A = 3.894 \times 10^{-10}$,$B = 2.193$。

$c_{CO_3^{2-}}$ 和 $c_{HCO_3^-}$ 为碳酸根离子和碳酸氢根离子的摩尔浓度。图 2-4-7 出示了两者的关系,用玻璃电极所测量的用 9 倍去离子水稀释的甲酸盐的 pH 值是有效的。该关系来自甲酸盐盐水和已知缓冲剂(碳酸盐/碳酸氢盐)加量的去离子水,碳酸盐含量是使用 9 倍去离子水稀释后,在滴定终点为 pH 值为 8.2 的条件下用酚酞指示剂测得的,再用校正过的玻璃电极测定一次。

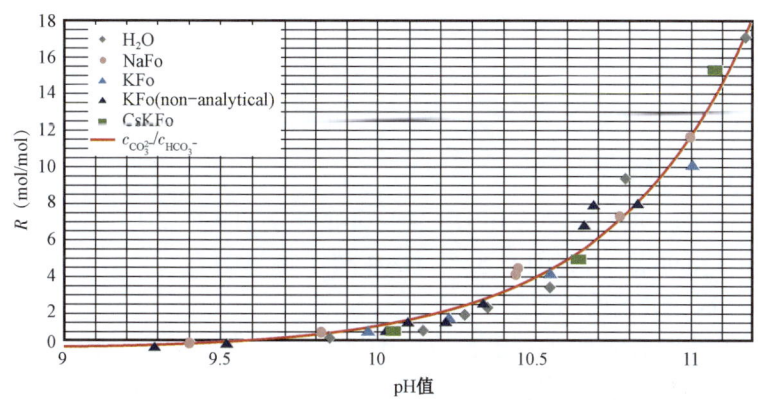

图 2-4-7 甲酸盐盐水的 pH 值与缓冲剂碳酸盐/碳酸氢盐物质的量之比(R)之间的关系

在现场可以用该关系式来确定预缓冲甲酸盐的缓冲剂的含量和缓冲能力。这意味着只测量 pH 值和进行标准酚酞滴定就能确定碳酸盐和碳酸氢盐的含量。方法如下：

① 用 5mL 流体(盐水或者钻井液滤液)和 45mL 的去离子水制备试样；

② 用标准的玻璃电极测量试样的 pH 值；

③ 用 0.02N 的 HCl 或者 H_2SO_4 把试样的 pH 值滴定到 8.2，以每毫升液体样品所需的滴定剂的体积 V(mL)的方式来确定酚酞碱度 P_f；

$$P_f = V/5 \quad (2-4-13)$$

视 pH 值的大小，存在 4 种情况：

pH 值大于 11.1 时

$$c_{CO_3^{2-}} + c_{OH^-} = 0.02 \times P_f \quad (mol/L) \quad (2-4-14)$$

$$c_{HCO_3^-} = 0 \quad (2-4-15)$$

除非流体中添加了大量的[OH^-]，可以假设其碱度是碳酸盐造成的。

pH 值为 11.1 时

$$c_{OH^-} = 0 \quad (2-4-16)$$

$$c_{CO_3^{2-}} = 0.02 P_f \quad (mol/L) \quad (2-4-17)$$

$$c_{HCO_3^-} = 0 \quad (2-4-18)$$

9.0 < pH 值 < 11.1 时

$$c_{OH^-} = 0 \quad (2-4-19)$$

$$c_{CO_3^{2-}} = 0.02 P_f \quad (mol/L) \quad (2-4-20)$$

从与碳酸根离子/碳酸氢根离子与 pH 值的关系式[式(2-4-12)]和图 2-4-6 可以得出 CO_3^{2-}/HCO_3^- 的比值，用以下式来计算 HCO_3^- 的浓度：

$$c_{HCO_3^-} = c_{CO_3^{2-}} \quad (mol/L)/R \quad (2-4-21)$$

pH 值不大于 9.0 时

$$c_{OH^-} = 0 \quad (2-4-22)$$

$c_{CO_3^{2-}}$ 可忽略；$c_{HCO_3^-}$ 难以确定。

在碳酸氢根离子确定之前，需要用 OH^- 把 pH 值调整到 9.0 以上。

通过该摩尔浓度可很容易地计算出当量的碳酸钠或碳酸钾。

(2)现场应用时缓冲剂的需要量。

推荐的缓冲剂浓度取决于应用场合，取决于盐水与储层流体的接触时间以及预期的酸性气体侵入量。当甲酸盐盐水被用作压井液和封隔液时，由于暴露在井下环境的时间较长，应该使用大量的缓冲剂。暴露时间较短和无酸性气体侵入时，可以使用少量的缓冲剂。对于能够在进口监测和调整的钻井液，只需要较少的缓冲剂。

虽然只添加可溶性碳酸盐能达到比较高的缓冲能力,但其 pH 值比预期的要高。可通过添加一些碳酸氢盐来解决这一问题。虽然在高 pH 值条件下(pKa = 10.2)加入碳酸氢盐并不起缓冲作用,但在 pH 值与碳酸根离子和碳酸氢根离子之比呈函数关系的情况下能平衡碳酸盐的碱度[式(2-4-21)和图 2-4-7]。

当确定现场需要的缓冲剂数量时,需要考虑的问题是向现场供应的甲酸盐盐水已预先加入了缓冲剂。卡博特公司提供的甲酸铯盐水的 pH 值为 10.2~10.4,其中含有 0.007mol/L 的 CO_3^{2-} 和 0.03mol/L 的 HCO_3^-。分别相当于 10kg/m³ 的碳酸钾和 3kg/m³ 碳酸氢钾。根据用途,在起运前,供应商供应的甲酸钾盐水通常含少量的缓冲剂,一般为 2.5kg/m³ 的碳酸钾或者碳酸氢钾,pH 值差别也很大。粉末状的甲酸钾和甲酸钠一般含有大量的作为抗黏结剂的碳酸盐。当这些材料溶于水时,pH 值通常很高,通常不需要另外添加缓冲剂。根据设计用途,这些材料在使用前可能需要将 pH 值降低。

在多数应用场合,推荐加入 17~34kg/m³ 碳酸钾/碳酸钠或碳酸钾/碳酸氢钠或碳酸氢钾,将甲酸盐的 pH 值缓冲到 10.0~10.5(用 1∶10 的去离子水稀释后测量)。所需的碳酸盐和碳酸氢盐的量取决于盐水中固有的碳酸盐和碳酸氢盐的含量。在某些高密度的单一甲酸铯盐水中,通过添加碳酸铯/碳酸氢铯来提高盐水的密度可能会取得更好的效果。图 2-4-8 出示了添加不同的碳酸钠、碳酸钾、碳酸氢钠、碳酸氢钾的预期 pH 值。然而,必须首先要考虑盐水中固有缓冲剂的数量。

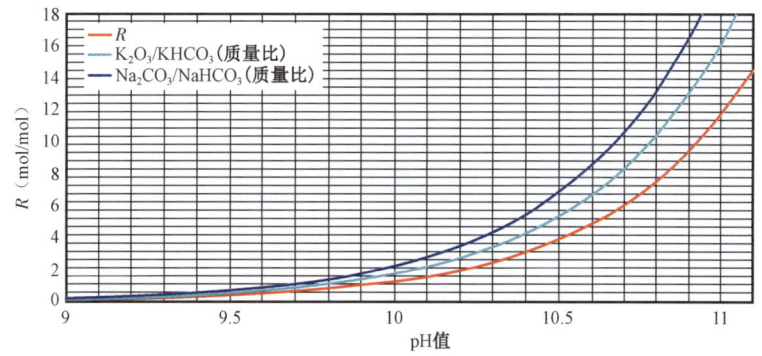

图 2-4-8 用碳酸盐/碳酸氢盐缓冲的甲酸盐盐水的 pH 值与
缓冲剂碳酸盐/碳酸氢盐(R)之间的关系

(3)维持缓冲剂含量和缓冲能力。

在现场使用期间,为了使碳酸盐/碳酸氢盐在甲酸盐盐水中完全发挥全部效果,需要维持碳酸盐的含量和缓冲剂的总含量。

在大多数现场应用场合,发现调节 pH 值和保持缓冲剂的缓冲能力最有效的途径是添加碳酸盐。该方法的优势是过度添加所造成的后果要比 KOH 小。然而,其潜在的缺点是碳酸氢盐的含量会逐渐增加。众所周知,水基钻(完)井液的碳酸氢盐含量过高会引起流变性和滤失量问题。在甲酸盐钻(完)井液中也会出现这些问题。当用 KOH 进行反向调节 pH 值后,pH 值会迅速降低,而缓冲剂的含量会逐渐下降,这是需要添加碳酸盐的良好征兆。

第五节　甲酸盐水热传导系数、比热容和热稳定性

一、热传导与热传导系数

1. 热传导

物质(气体、液体、固体)由于内部温度不同可引起热量由较高处向温度较低处转移。热可以通过传导、对流和辐射3种方式传递。在压井液和修井液中,对流是热传递的重要方式。

传导是通过物质分子间的相互碰撞而进行传递的热运动。从分子运动理论来看,温度高处的分子的平均热运动能量大,温度低的分子的平均热运动能量小,通过分子间的相互碰撞,一部分热运动能量将从温度高处转移到温度低处。这样,热会从温度较高的物体向温度较低的物体流动,直到两种物体的温度相同为止。

2. 热传导系数

1)定义

热传导系数是温度不同的两流体在固体壁面的传热过程中,表征传热强度的物理量。当两侧液体温度相差1℃时,单位时间内从温度较高的流体通过$1m^2$的壁面传给另一边流体的热量,单位为$W/(m^2 \cdot K)$。

根据热传导的定义,在恒定条件下以及热传导仅仅与温度梯度相关时,由于存在温度差ΔT,热量Q以垂直方向通过厚度L到达表面(面积为A)。

$$k = (QL)/(A\Delta T) \qquad (2-5-1)$$

式中　k——热传导系数,$W/(m \cdot K)$;

Q——热量,W;

L——厚度,m;

A——面积,m^2;

ΔT——温度差,K。

2)在计算钻井、压井、修井的热传递时使用的几个无量纲数

(1)努塞尔特数(Nu)。努塞尔特数与管径、对流系数和液体的热传导率呈函数关系。努塞尔特数与特定体系中特定流体的热传递特性有关。

(2)普朗特数(Pr)。普朗特数是用来描述液体的热传递特性的,它与液体的热容量、黏度、热传导率呈函数关系。

(3)雷诺数(Re)。雷诺数与液体密度、黏度、流速和管径呈函数关系。雷诺数是确定特定体系中特定流体的流型辅助参数。

采用的关系式如下:

$$Nu = CRe^m Pr^n \qquad (2-5-2)$$

其中

$$Nu = \frac{hD}{k} \qquad (2-5-3)$$

$$Re = \frac{\rho D v}{\mu} \qquad (2-5-4)$$

$$Pr = \frac{c_p \mu}{k} \qquad (2-5-5)$$

式中　h——对流热传递系数；

　　　D——管材的内径；

　　　k——热传导系数；

　　　c_p——比定压热容；

　　　ρ——流体密度；

　　　μ——流体黏度；

　　　v——流体速度；

　　　C,m,n——相关系数。

当对两种流体的特性进行对比时，具有较高的热传导系数的流体具有较好的传热能力。

3）几种温度下的热传导系数

（1）中间温度范围。

热物理研究实验室测定了12种甲酸盐溶液和甲酸盐混合液的热传导系数。包括低密度的单一甲酸钠溶液，中间密度的甲酸钠与甲酸钾混合液，高密度的甲酸钾/甲酸铯混合液。表2-5-1出示的是盐溶液的精确组分。图2-5-1显示的是在3种试验温度下，热传导系数与甲酸盐盐水密度的函数关系，该数据是在低密度下单一甲酸钠盐水、中等密度下的高浓度甲酸钠/甲酸钾混合盐水以及高密度的高浓度甲酸钾/甲酸铯混合盐水条件下测量的。

表2-5-1　在热物理学性质研究中实验室（TPRL）用来测定热物理特性的12种甲酸盐盐水的组分

盐水		淡水		甲酸钠 (1.33g/cm³)		甲酸钾 (1.57g/cm³)		甲酸铯 (2.2g/cm³)	
类别	密度,g/cm³	体积,mL	质量,g	体积,mL	质量,g	体积,mL	质量,g	体积,mL	质量,g
淡水	1.0								
甲酸钠	1.1	71.43	71.43	28.57	38.57	—	—	—	—
甲酸钠	1.2	42.86	42.86	57.14	77.14	—	—	—	—
甲酸钠	1.3	14.29	14.29	85.71	115.71	—	—	—	—
甲酸钠/甲酸钾	1.4	—	—	77.27	104.32	22.73	35.68	—	—
甲酸钠/甲酸钾	1.5	—	—	31.82	42.95	68.18	107.05	—	—
甲酸钾/甲酸铯	1.6	—	—	—	—	95.24	149.52	4.76	10.48
甲酸钾/甲酸铯	1.7	—	—	—	—	79.37	124.60	20.64	45.40
甲酸钾/甲酸铯	1.8	—	—	—	—	63.49	99.68	36.51	80.32
甲酸钾/甲酸铯	1.9	—	—	—	—	47.62	74.76	52.38	115.24
甲酸钾/甲酸铯	2.0	—	—	—	—	31.75	49.84	68.25	150.16
甲酸钾/甲酸铯	2.1	—	—	—	—	15.87	24.92	84.13	185.08
甲酸钾/甲酸铯	2.2	—	—	—	—	—	—	100.00	220.00

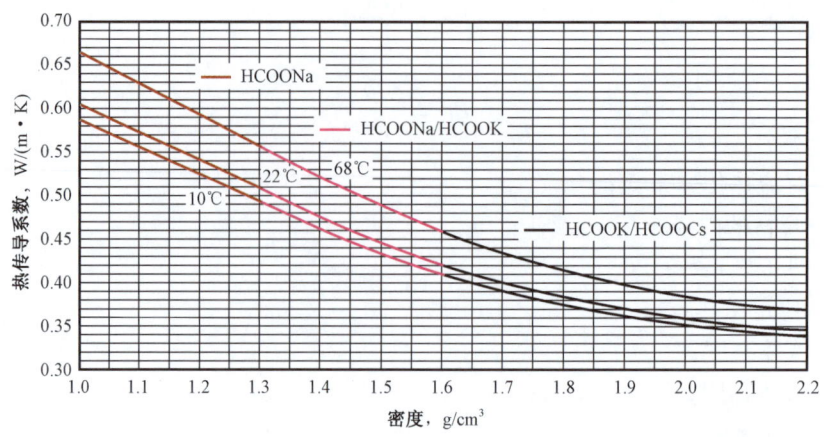

图 2-5-1 热传导系数与甲酸盐盐水密度间的函数关系曲线

表 2-5-2 显示的是使用线性温度校正法校正后在 10℃时,热传导系数与溶液密度的函数关系,温度校正在 10~68℃范围内有效。该数据是在低密度下单一甲酸钠盐水、中等密度下的高浓度甲酸钠/甲酸钾混合盐水以及高密度的高浓度甲酸钾/甲酸铯混合盐水条件下测量的,保证这些数据的经验误差为 ±7%。

表 2-5-2 热传导系数与甲酸盐密度间的函数关系

密度 g/cm³	10℃时的热传导系数 W/(m·K)	温度校正热传导系数(在 10~68℃范围内每 10℃的温度增量是有效的) W/(m·K)
1.0	0.584	0.014
1.1	0.555	0.013
1.2	0.524	0.013
1.3	0.492	0.011
1.4	0.462	0.010
1.5	0.434	0.009
1.6	0.401	0.008
1.7	0.389	0.007
1.8	0.373	0.007
1.9	0.361	0.006
2.0	0.351	0.006
2.1	0.344	0.006
2.2	0.338	0.005

(2)较低温度范围(<10℃)。

部分数据是现有文献中水和冷冻剂工业上使用的稀释的单一甲酸盐盐水的数据。图 2-5-2 是根据热物理研究实验室测得的同等密度甲酸盐盐水的数据绘制成的。从曲线的伸展情况来看,很难确定在低温范围内是否存在有价值的线性关系。

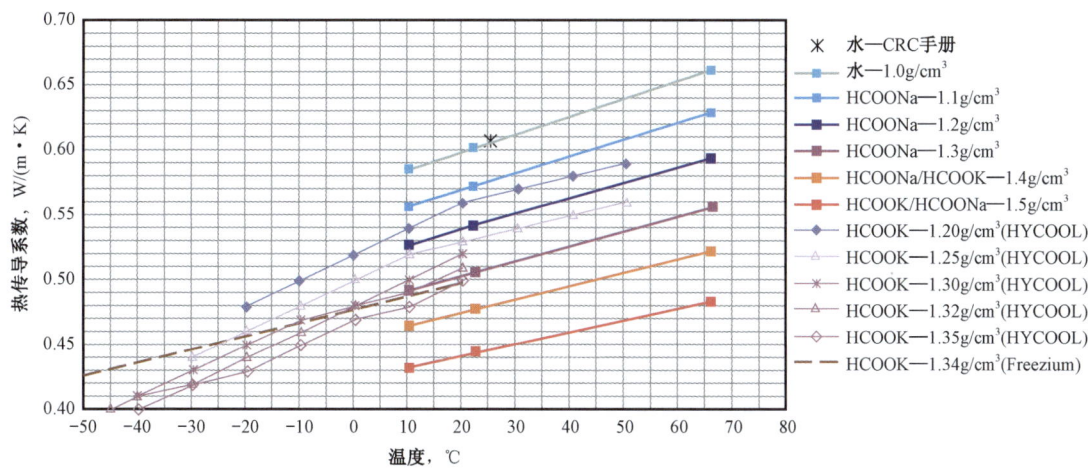

图 2-5-2　低密度甲酸盐盐水 [1.0~1.35g/cm³ (8.34~11.3lb/gal)]
在中到低温度范围内的热传导数据对比

（3）较高温度范围（>68℃）。

没有找到甲酸盐盐水在较高温度范围内测热传导的可靠数据。仅找到水和 $ZnCl_2$ 溶液[6]的数据。这些体系的数据出示在图 2-5-3 中（水和氯化锌的热传导数据取自其他文献）。这两种体系大约在140℃下的热传导能力最大。其他盐水溶液的热传导数据表明，固定盐水浓度的热传导—温度的关系曲线与纯水—温度的关系曲线是平行的。甲酸盐盐水也很可能是这样的。

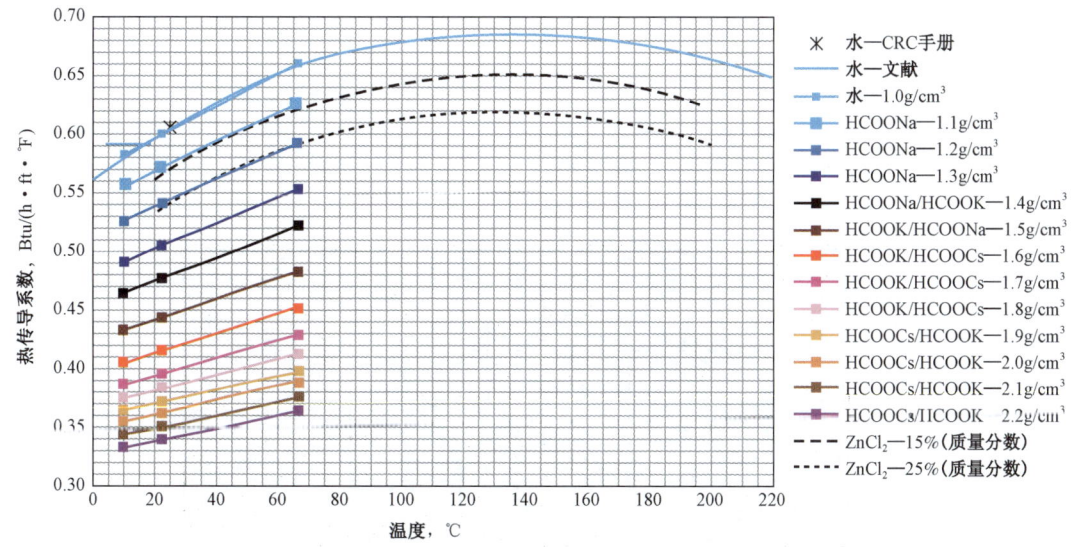

图 2-5-3　水和各种盐水在高温范围内的热传导系数与温度的函数关系曲线

二、比热容

1. 比热容的定义

比热容是描述物体储存热量能力的一种物理量。比热容的定义是在不发生相变化和化学变化的条件下，物体的温度升高 1℃ 所需要的热量。比热容定义是单位质量物质的比热容，也就是每千克物质升高1℃温度所需要的能量。

由于温度升高时物体可吸收的热量与过程的性质有关,所以比热容的值也与过程的性质有关。最重要的过程是气体的等容过程和等压过程,与此相应,比热容可分为"比定容热容"和"比定压热容"。对固体和液体,两者差别很小,不再加以区别。此外,同一物质的比热容在不同物态下有不同的值。例如,水的比热容为4.184J/(kg·K),而冰的比热容则为2.092J/(kg·K),水是普通物质中比热容最高的物质。

2. 几种温度下甲酸盐溶液的比定压热容

1) 中间温度范围

表2-5-3和图2-5-4出示的是甲酸盐溶液的比热容与密度之间的函数关系。这些数据是热物理实验室测得的各种密度的甲酸盐溶液的比热容数据。这些数据是在低密度下单一甲酸钠盐水、中等密度下的高浓度甲酸钠/甲酸钾混合盐水以及高密度的高浓度甲酸钾/甲酸铯混合盐水条件下测量的。在10~70℃温度范围内,温度对测量结果的影响不大。表2-5-1出示了这些溶液的精确组分。测量时使用的是Perkin-Elmer DSC-2测量仪,经证实在10~70℃范围内,这些数据的经验误差为±7%;在此温度范围内,与盐水组分的作用相比,温度对其函数关系的影响并不是很大。

表2-5-3 比定压热容与甲酸盐密度间的关系

密度,g/cm³	比定压热容,J/(g·K)	密度,g/cm³	比定压热容,J/(g·K)
1.0	4.18	1.7	1.82
1.1	3.84	1.8	1.68
1.2	3.42	1.9	1.57
1.3	2.99	2.0	1.49
1.4	2.60	2.1	1.43
1.5	2.27	2.2	1.38
1.6	2.02		

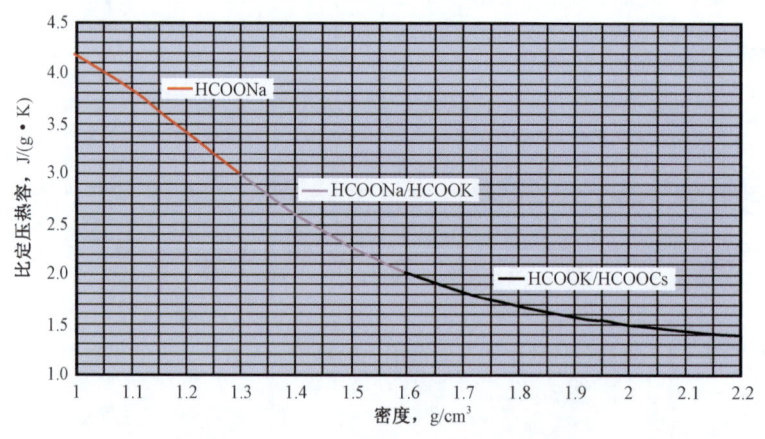

图2-5-4 典型甲酸盐盐水的比热容与密度的函数关系曲线

注:盐水为低密度下单一甲酸钠盐水(红线)、中等密度下的高浓度甲酸钠/甲酸钾混合盐水(紫线)及高密度的高浓度甲酸钾/铯混合盐水(黑线),该曲线只对相应的纯盐水及混合盐水有效

2）较低温度范围（<10℃）

图2-5-5显示的数据包括了热物理实验室测得的数据。这些数据来自于美国防腐协会化学和物理手册（水为参照物）、热物理学性质研究实验室（TPRL）和其他途径的。这两组数据指出，当温度降低时，比热容略微下降，中间温度范围亦是如此。这与热物理实验室测得的数据或水的参考数据是不一致的。因此，这些数据的可靠性难以确定。然而，这些数据指出，在同等密度下，稀释的甲酸钾盐水的比定压热容比稀释的甲酸钠盐水的比定压热容要低。

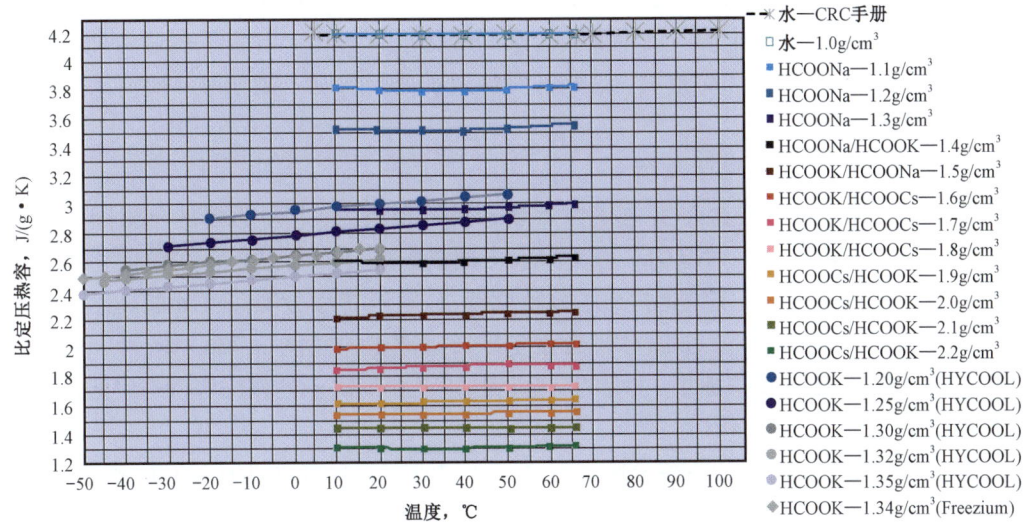

图2-5-5 甲酸盐盐水的比定压热容与温度的函数关系曲线

3）较高温度范围（>70℃）

没有甲酸盐盐水在高温下的比热容数据。图2-5-5出示的是水在温度高达100℃下的比热容和热物理实验室测得的比热容数据。从中可以预测，低密度甲酸盐盐水的比热容与温度有关系，但与溶液组分和密度的作用相比，在较高的温度范围内，温度对比热容的作用是可以忽略的。

三、热传导系数和比热容对压井液和修井液的重要性

对钻井液、压井液和修井液来说，较高的热传导速率和较高的比热容对降低井底循环温度是有利的。较低的井底循环温度还可以防止测井工具暴露在高温中；也能防止聚合物产生热降解；当井内处于静止状态时，能迅速达到热平衡，导致井内较快达到稳定，截流可以在短期内完成。

甲酸盐盐水的压井液和修井液具有较高的热传导能力和比热容。因此，在维持较低的井底循环温度方面要比油基钻井液好。现场实践表明，甲酸盐钻井液能维持较低的井底循环温度，还能较快达到温度平衡。

四、热稳定性

甲酸盐的热稳定性是研究在高温高压条件下甲酸盐抗降解或抗热变质的能力。

甲酸盐从1996年开始在高温高压井中使用。甲酸盐盐水在长期（从30天至超过一年）

暴露在井温高达225℃环境中,其组分或特性基本没有发生变化(即没有大量生成诸如氢等分解产物,或密度和pH值发生变化等情况)。但技术文献中所介绍的几个室内试验实例表明,在高温下水溶液中甲酸盐明显发生分解。显然现场结果与高温高压反应釜的试验结果间并不存在明显的相关性。换句话说,至今还没有研究者能够模拟或再现甲酸盐盐水在高温高压井中实验的条件。这也并不奇怪,因为高温高压井是一个布满不同催化表面的长管形高效水热反应器。

本书在这一部分将对实验室观察到的甲酸盐钻(完)井液分解的化学原理和分解程度进行评价,并与从高温高压井中回收的甲酸盐盐水的变化进行对比。解释了在这两种不同环境下,观察到的化学原理和条件的差别。这些解释得到了美国伍兹·霍尔海洋研究所的科学家最新试验结果的支持。

1. 甲酸盐盐水分解的化学原理

文献中有大量关于甲酸盐在室内条件下热分解的报道,其中大部分是介绍固相甲酸盐(即晶体或粉末)或甲酸分解情况的。论文中大多数试验都是在高温和存在铂催化剂的条件下做的。甲酸盐和甲酸的研究结果指出了分解机理、分解产物和分解速度都取决于大气成分(空气、O_2、N_2、H_2、CO_2和真空)、试样中的含水量以及阳离子的性质。晶体甲酸盐和甲酸的研究结果表明,诸如特定的反应速度、主要的分解产物以及相反离子的作用等都与甲酸盐的水溶液不存在相关性。

没有对甲酸盐盐水水相和甲酸分解进行过广泛的研究。大多数研究对象是低pH值的甲酸和甲酸盐盐水体系的分解,而且通常用钯作为催化剂。研究结论是分解反应的速度和机理主要取决于pH值和甲酸的浓度。上述文献中所论述的试验基本上都是在pH值低于6.5的情况下进行的。但现场使用的预缓冲甲酸盐盐水即使侵入大量的CO_2,pH值也不会如此低。因此两者得出的结论有较大的差别。

对高pH值甲酸盐溶液的研究较少,然而所有关于甲酸盐和甲酸盐水的研究都认为甲酸盐与水反应生成碳酸盐和氢气是主要分解的方式,脱水为次要方式。

甲酸盐的分解反应:

脱羧

$$COOH^-(aq) + H_2O \rightleftharpoons HCO_3^-(aq) + H_2(g) \quad (2-5-6)$$

此反应会降低体系的pH值。

甲酸盐中还存在其他副反应,其中式(2-5-7)是一个脱水反应的中间状态,主要是反应产物在甲酸盐中稳定性差,它们会进一步发生式(2-5-8)和式(2-5-9)两步反应,其中式(2-5-9)是水煤气变换平衡反应,升高温度会促进CO_2的生成(Twigg,1989)。但是CO_2又会按照反应5跟甲酸盐中pH缓冲液中CO_3^{2-}和水形成碳酸氢根盐[式(2-5-10)]。

$$HCOO^-(aq) \rightleftharpoons OH^-(aq) + CO(g) \quad (2-5-7)$$

$$OH^-(aq) + HCO_3^-(aq) \rightleftharpoons CO_3^{2-}(aq) + H_2O(g) \quad (2-5-8)$$

$$CO(g) + H_2O \rightleftharpoons CO_2(g) + H_2(g) \quad (2-5-9)$$

$$CO_2(g) + H_2O + CO_3^{2-}(aq) \rightleftharpoons 2HCO_3^-(aq) \qquad (2-5-10)$$

通过平衡反应(2-5-6)以及其他反应[式(2-5-8)、式(2-5-9)和式(2-5-10)]可以得到相应的产物,这些平衡反应只是甲酸盐分解反应的微小副反应,它的净效应只是让甲酸盐转变成一定数量的碳酸盐、碳酸氢盐以及氢气,同时随着反应的进行,甲酸盐的pH值也会有所升高。

此外,甲酸盐在高温下会发生一些还原反应,这些还原产物可能包含甲醛、甲醇、甲烷以及固态碳。其中在卡伯特特种流体实验室试验(试验温度高于270℃)中已检测到微量的甲醇,甲酸盐还原反应如式(2-5-11):

$$HCOO^-(aq) + 2H_2(aq) \rightleftharpoons CH_3OH + OH^-(aq) \qquad (2-5-11)$$

文献中还阐述了另一个次要分解方式,即根据下式甲酸盐与水反应生成氢气和草酸盐:

$$2HCOO^-(aq) \rightleftharpoons C_2O_4^{2-} + H_2(g) \qquad (2-5-12)$$

在没有气帽的反应釜或井眼条件下,预期不会发生大规模的气相反应。卡博特公司从现场采回的甲酸盐盐水试样中从未发现草酸盐明显增加的情况。然而据报道,在采用氮气气帽下进行的室内试验有草酸含量增加情况。

上述分解反应可以用特定的金属表面催化。在Cr-钢油田管材中,镍是常见的合金成分,而镍被认为是甲酸盐分解的良好催化剂。据McCollom和Seewald报道,在高温和催化剂的作用下碳酸氢盐可以转化为甲酸盐。这说明,在高温高压井中,当条件适宜时,甲酸盐分解反应是可以达到平衡的。据Fu和Seyfried报道,四氧化三铁(在多种油田管材上的普通氧化皮)可以作为在水热条件下CO_2与氢气反应生成甲酸盐的催化剂。

在所有的分解反应中,初始反应的速度取决于温度和催化剂的表面积与盐水体积比,以及催化剂的类型和条件。反应的开始和终止取决于在反应过程中是否发生催化剂中毒和反应是否已经达到平衡。

文献中只有少量在水热条件下甲酸盐分解反应和平衡的资料,而这些资料普遍是介绍高温高压井深部情况的。据McCollom和Seewald报道,在高温和催化剂的作用下,碳酸氢盐可以转化为甲酸盐。这说明,在高温高压井中,当条件适宜时,甲酸盐分解反应是可以达到平衡的。据Fu和Seyfried报道,四氧化三铁(在多种油田管材上的普通氧化皮)可以作为在水热条件下CO_2与氢气反应生成甲酸盐的催化剂。

2. 甲酸盐水热稳定性室内实验

1)甲酸盐水热稳定性常规室内实验

对于分解反应来说,很明显室内反应釜的实验结果不能代替高温高压井的实际条件或者再现高温高压井中甲酸盐钻井液较小的组分的变化。我们可以假定,室内实验条件无论如何都不能精确地模拟和再现实际井下环境。

甲酸盐水热稳定性常规室内实验是在有较大气帽(一般为N_2和CO_2)的高镍合金反应釜和较低的压力下进行的,反应釜里有大量诸如马氏体不锈钢、二联不锈钢和奥氏体不锈钢等催化材料,这些材料对甲酸盐的分解都有催化作用。

实验结果表明,甲酸盐的初始分解速度非常快。分解反应最终在甲酸盐消耗量不超过

30%之前停止了(普遍在30~60天内)。文献中所介绍的几个室内实验实例表明,在高温下水溶液中甲酸盐明显发生分解。显然上述实验室结果与现场结果间存在很大的差异。

2)室内实验条件与现场条件的差别

甲酸盐水分解反应的环境室内与现场之间存在较大的差异:

(1)压力。

室内实验是在低压下进行的,压力高约5MPa。而在高温高压井中,压力高达或超过150MPa。

(2)预留空间。

高温高压反应釜通常用气充一个气帽(通常是N_2、空气或者CO_2)。而油井中的气帽则要小得多,而且离钻(完)井液经历的最高温度区最少也有数千米。在高温高压井的井底,甲酸盐盐水中气体不是被溶解,就是以高度压缩的小气泡或者液体的形式存在。因室内反应釜中有气帽,将会使分解反应偏离平衡点,从而提高了分解的程度并延长了分解时间。

(3)催化表面。

由于高温高压反应釜普遍是由合金制成,而这种合金是一种具有催化特性的高含镍合金。室内设备的镍合金含量普遍高得离谱。而现场,镍合金只用于诸如封隔器和尾管悬挂器等某些特定的井下设备中。

(4)催化剂中毒。

在现场,各种管材和套管材料通常都有防腐涂层。而由高含镍合金制成的高温高压反应釜没有涂层。

正是室内实验条件无论如何都不能精确地模拟和再现现场实际井下条件,因而对于甲酸盐水分解反应所得出结论有较大差别。

3)甲酸盐盐水热稳定性模拟现场条件的室内实验

(1)"标准"实验。

在过去的几年中,为了编制甲酸盐盐水的作业极限在现场和实验室进行了大量的研究。实验是在填充惰性气体(一般为N_2和CO_2)的高镍合金反应釜和较低的压力下进行的。分解实验与腐蚀实验是结合在一起做的。这就意味着反应釜里有大量诸如马氏体不锈钢、二联不锈钢和奥氏体不锈钢等催化材料。水力研究中心的筛选研究结果表明,这些材料对甲酸盐的分解都有催化作用,但部分落选的材料除外,这些材料因在表面形成薄膜而抑制了催化作用。

在"标准"实验的试验报告中,甲酸盐的初始分解速度非常快。其分解速度快的原因,一方面反应环境中存在包括高镍合金反应釜的内壁的大量催化材料;另一个方面,是在液柱上面存在加压的惰性气体。这种加压气体不仅通过反应生成的产物进入气相来妨碍反应达到平衡,还会因改变分解反应动力学阻止气相反应。在此学科内报道最多的是,分解反应不仅与是否存在气体加压有关,还与气体的类型有关。

尽管在室内实验中简化了实际操作装置,但有所以实验数据证明了:通过测试压力不再上升,确定甲酸盐分解反应终止并且计算出甲酸盐消耗量最终不超过30%(反应时间大约在30~60天内)。

为了一步解释为什么分解反应在达到平衡后的短期内就停止了,Hydro研究中心在2004年用室内实验证明了这一理论。在高压氢气保护下,模拟液相中反应达到平衡的情况。虽然这种加压气体与井下实际情况不同,但实验提供了甲酸盐盐水分解反应达到平衡时模拟氢气的分压[反应(1)]。实验时使用了高 pH 值的预缓冲甲酸盐水和预缓冲能力被 CO_2 破坏了的甲酸盐盐水。在这两种情况下,反应釜中加压氢气越大,同时也提高了甲酸盐初始反应的临界温度。相对而言,若用加压氮气做甲酸盐分解保护气体,会得到相反的结果。Leth Olsen 实验证明了标准实验用釜不适合做甲酸盐分解实验。

(2)"特殊"实验。

美国伍兹·霍尔海洋研究所的杰夫斯瓦尔德已开始进行甲酸盐水热稳定性模拟现场条件的实验。杰夫斯瓦尔德在有机酸水热反应能力领域里是世界领先的专家之一。在这个实验室,钻井液装在一个镀黄实验容器内,然后在将该容器又固定在高温高压反应釜内。如图 2-5-6 所示,镀金容器优势是黄金不属于强催化剂(因黄金是惰性体)而因不需要惰性气体保护,便于实验操作和取样。

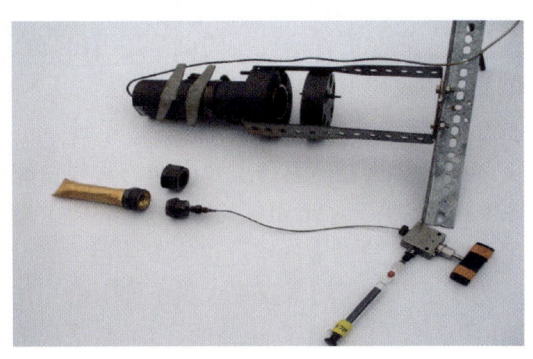

图 2-5-6 美国伍兹·霍尔海洋研究所进行水热测试使用的黄金实验腔

用甲酸盐盐水在黄金实验腔进行的第一组实验分别是在添加和不添加催化材料的条件下进行的。把实验程序设计成能鉴别甲酸盐盐水在两种不同温度下(220℃和270℃)达到分解平衡。由于在最低温度下反应速度慢,在实验腔内添加一些可增加催化表面的催化剂,此催化剂只能加快反应速度,而不改变最终的平衡。最后,这些实验给我们勾画出甲酸盐钻井液长期浸泡在真实油井温度和压力下达到平衡的真实情景,而不考虑催化材料的存在。

甲酸盐和碳酸氢盐的平衡取决于温度[式(2-5-8)],在较高的温度下会生成更多的碳酸氢盐和氢气,在较低的温度下反应会向形成更多的甲酸盐方向发展。平衡与溶解气有关系,而溶解气又与气体的溶解度有关系,因而平衡也取决于压力。氢气的溶解度随压力的增加而增大,由于溶液中氢较多,在较高的压力下,促使甲酸盐和碳酸氢盐的平衡反过来向生成更高浓度的甲酸盐的方向发展[式(2-5-8)]。

伍兹·霍尔海洋研究所在 34MPa 和 41MPa 两种中等压力下获得了化学反应的平衡。实验用的甲酸盐盐水用碳酸盐和碳酸氢盐进行了预缓冲,缓冲剂的加量采用 17.1kg/m³ 碳酸钾和 11.4kg/m³ 碳酸氢钾。测量了甲酸铯缓冲盐水在两种不同压力和温度下的分解量(表 2-5-4),甲酸盐的分解量是根据甲酸盐浓度的降低程度来计算的。由此发现,即便是在如此恶劣的条件下(高温和中等压力相结合),只有少量的甲酸盐分解成碳酸氢盐。在低温和(或)高压下,在化学反应达到平衡后会保留更多的甲酸盐,因此所形成的碳酸氢盐和氢气就更少。

表 2-5-4 甲酸铯缓冲盐水在达到化学平衡前的甲酸盐分解量

温度 ℃	压力 MPa	甲酸盐分解量 %
220	35.2	8.2
270	34.5	15
	41.4	13

伍兹·霍尔海洋研究所的初步试验证实了在现场条件下测试甲酸盐盐水的重要性。即便是在270℃极高的温度下和34MPa中等压力下,只有少量的甲酸盐分解成碳酸氢盐。当适量的甲酸盐转变成碳酸氢盐和氢气后分解反应就停止了。在标准的室内试验环境中,气帽的存在防止了初始分解反应中以生成氢气为主的平衡方式而且甲酸盐的分解将继续不受限制。甲酸盐盐水的分解没有固相析出。在低温和(或)高压下,在化学反应达到平衡后会保留更多的甲酸盐,因此所形成的碳酸氢盐和氢气就更少。

伍兹·霍尔海洋研究所的试验还得出,可以通过在配方中增加碳酸盐和碳酸氢盐的加量来配制热稳定甲酸盐盐水。

3. 现场使用的甲酸盐盐水热稳定性

甲酸盐盐水在高温高压井中作为常规钻完井液使用已经有多年的历史。在井下温度高达到236℃,压力高达96MPa条件下,甲酸盐大量分解的迹象很小,而继续暴露在水热井下条件时甲酸盐钻(完)井液的组分也未发生巨大变化。

为了更好地了解暴露在水热条件下的甲酸盐钻(完)井液可能发生的任何微小的化学变化,在两口不同的高温高压井中,当甲酸铯盐水下井后在不同的时间周期回收,并对回收的甲酸铯钻(完)井液取了大量的试样。

1) 北海 A 井

北海 A 井是北海中世界最大的高温高压油田开发项目中的一口井。该油田总共施工了约8年。在该油田总共有7口井使用了密度为2.18g/cm³的甲酸铯盐水作为压井液和修井液。初始储层压力约为115MPa,最高井底静温为190~205℃。在储层中钻ϕ215.9mm井眼时使用的是合成油基钻井液,在下油管前用ϕ177.8mm尾管完井,尾管和油管都是用25Cr钢制造的。

由于部分井下设备的制造存在问题,所有的7口井都停产并进行修井。其中有2口井已经射孔。

在各个施工期间所有的7口井都采用密度为2.18g/cm³(18.2lb/gal)甲酸铯盐水压井。A井是最后一口井,在2年的停工期间甲酸铯盐水作为压井液停留在已下套管的井眼中。

泵入井内的甲酸铯盐水都采用标准含量的碳酸盐和碳酸氢盐预缓冲过,没有为了提高热稳定性而大量增加缓冲剂。

甲酸铯盐水作为压井液停留在已下套管的井眼中24个月,当盐水从A井中泵出时(首先用连续管从25Cr钢制造的油管中泵出,之后从环空中泵出)时,从各个深度采集了试样并对试样进行了分析,分析结果出示在表2-5-5和表2-5-6中。环空中钻井液的试样分析表明钻井液发生了与油管内钻井液类似化学变化。

表 2-5-5 甲酸铯盐水试样的 CO_3^{2-}/HCO_3^- 浓度和特性

试样编号	井深 m	温度 ℃	在15.6℃下的密度 g/cm³	pH值	滴定				
					CO_3^{2-}含量 mol/L	HCO_3^-含量 mol/L	总含量 mol/L	变化量 mol/L	预测分解量 %
原始试样			2.17	10.47	0.16	0.07	0.22	0.00	0.0
1	0	5	2.17	10.43	0.16	0.06	0.22	-0.01	-0.1
2	1554	65	2.17	10.47	0.16	0.06	0.22	-0.01	-0.1
3	1937	80	2.17	10.49	0.16	0.06	0.22	-0.01	-0.1

续表

试样编号	井深 m	温度 ℃	在15.6℃下的密度 g/cm³	pH值	滴定				
					CO_3^{2-}含量 mol/L	HCO_3^-含量 mol/L	总含量 mol/L	变化量 mol/L	预测分解量 %
4	2320	96	2.18	10.46	0.17	0.07	0.24	0.02	0.2
5	2704	112	2.18	9.97	0.17	0.18	0.35	0.13	1.3
6	3087	128	2.18	9.84	0.18	0.25	0.43	0.21	2.1
7	3470	143	2.19	9.73	0.23	0.32	0.55	0.33	3.3
8	3854	153	2.19	9.94	0.42	0.47	0.89	0.67	6.7
9	4237	162	2.19	9.88	0.45	0.51	0.96	0.74	7.4
10	4620	171	2.19	9.74	0.36	0.61	0.97	0.75	7.5
11	5000	180	2.19	9.68	0.36	0.69	1.05	0.83	8.3

注:(1)试样是从A井的25Cr钢油管中在水热条件下暴露2年后收集的,甲酸铯的分解量是由CO_3^{2-}/HCO_3^-的增量预测的。
(2)使用Dräger Pac Ⅲ仪器在井口测量的可燃性气体混合物,背景值为2mg/L。

表2-5-6 甲酸铯盐水试样的组分

试样编号	井深 m	温度 ℃	气体 mg/L	离子分析		核磁共振分析,%(质量分数)					
				乙酸 mg/L	草酸盐 %(质量浓度)	甲酸铯	水	未知	甲醇	柠檬酸盐	乙酸	预测分解量
原始试样				1346	0.08	79.42	20.57	0	0	0	0.002	0
1	0	5	125	837	0.19	78.55	20.97	0	0.005	0	0.002	1.1
2	1554	65	165	1288		78.39	20.95	0	0.003	0.005	0.002	1.3
3	1937	80	205	1239	0.25	78.12	21.3	0	0.003	0	0.003	1.6
4	2320	96	580	1666	0.19	78.49	20.83	0	0	0.006	0	1.2
5	2704	112	225	598	0.16	78.42	20.67	0	0.005	0	0	1.3
6	3087	128	325	1007	0.07	78.39	20.6	0	0.04	0	0.003	1.3
7	3470	143	490	1298	0.07	77.73	20.55	0.029	0.144	0	0.004	2.1
8	3854	153	1240	703	0.06	76.01	21.32	0.101	0.569	0	0.005	4.3
9	4237	162	1590	1000	0.04	75.81	21.37	0.144	0.594	0	0.005	4.5
10	4620	171	1320	183		76.11	21.27	0.102	0.38	0	0	4.2
11	5000	180	>2000	138	0.28	76.16	21.5	0.146	0.471	0	0.005	4.1

注:(1)试样是从A井的25Cr钢油管中在水热条件下暴露2年后收集的。甲酸铯的分解量是由CO_3^{2-}/HCO_3^-的增量预测的。
(2)盐水中的柠檬酸盐在高温条件下可能发生降解。

由于在压井期间没有任何CO_2侵入的记录,所以盐水中碳酸盐和碳酸氢盐的增加可以作为甲酸盐的分解指标。碳酸氢盐是甲酸盐通过脱羧机理分解后的产物,而碳酸盐是通过脱水分解的产物。

从A井5000m深的25Cr钢油管中采集的甲酸盐盐水试样中,含碳酸盐和碳酸氢盐的含量比下井前的原始溶液高0.83mol/L(表2-5-5)。也就是从井底采集的试样中有8%的甲酸盐盐水发生了分解。采用核磁共振分析发现,甲酸铯的浓度在越接近井底处就越低。因甲酸盐分解而造成的甲酸盐浓度降低,相应的是有4%的甲酸盐发生了分解。伍兹·霍尔海洋研究所的试验结果认为,A井中的甲酸铯盐水已经达到了分解平衡,因而到压井期结束时其化学组分不会发生进一步的变化。

用Drägger Pac Ⅲ仪器来测量当盐水循环到井口时全部盐水中可燃性气体的含量(表2-5-5)。

测量当盐水循环到井口时甲酸铯盐水试样的组分,见表2-5-6。

从表中数据可以看出:

(1)回收的甲酸盐水试样中含少量的甲醇和醋酸盐。它们可能是分解产物间相互反应的产物[式(2-5-11)]。

(2)在油井的上部液体中存在微量的柠檬酸盐,还不能确定柠檬酸盐是怎样进入井内的,但在油井底部则没有柠檬酸盐。这很可能是甲酸盐暴露在高温环境期间发生分解反应的结果。柠檬酸盐的分解产物与甲酸盐分解产物类似(碳酸氢盐和一氧化碳)。

(3)测得的草酸盐含量并没有随温度(深度)增高而增加。因此,油井中的甲酸盐并没有分解生成草酸盐的迹象。甲酸盐盐水中微量的草酸盐,可能是甲酸铯盐水在储存期间暴露在阳光下生成的少量的草酸盐。

在油井的顶部没有遇到甲酸盐分解的情况。由于检测到的部分碳酸盐和碳酸氢盐沿油管上升并将从井底向上扩散,所以很难精确地预测在何种深度和温度下开始发生分解反应。

尽管发生了分解,但回收的盐水情况良好适合继续使用。盐水的pH值略有下降(相应碳酸盐与碳酸氢盐之比有所下降)而密度略有增加。回收的盐水比原盐水有较高的缓冲能力(因碳酸盐含量增加),由于碳酸盐和碳酸氢盐含量的增加使其热稳定性更好。即便是在室温下盐水试样依然干净而且没有任何沉淀。

2)匈牙利B井

在匈牙利,一家油公司在评价盆地中的气聚集带时使用了密度为2.145g/cm³的甲酸铯盐水作为压井液。评价活动包括在一口极端高温高压井中压裂不同的储层(B井),该井的总深超过了5000m,井底温度为236℃,压力为96MPa。甲酸铯盐水在高压和高温的极端条件下在P110碳钢套管中暴露了34~39天。

(1)1号压井液。

2007年4月,采用把压裂液(氯化钙盐水)和隔离液(甲酸钾盐水)压入裂缝和储层的重压头压井方法,用60m³密度为2.145g/cm³甲酸铯盐水把B井压死。甲酸铯盐水采用标准含量的碳酸盐和碳酸氢盐缓冲剂进行了缓冲。没有为了提高其热稳定性而增加缓冲剂的用量。甲酸铯盐水液柱底部的井深为5300m,井底温度为225℃。39天后,用KCl封隔液替出甲酸铯盐水。在恢复循环后采集了甲酸盐试样。为了评价甲酸盐盐水暴露在极端高温高压环境后的物理和化学情况,对试样进行了分析。

该井在开始进行重压头压井作业时,使用了氯化钙盐水并用甲酸钾作为隔离液以便把氯化钙盐水和甲酸铯盐水隔离开。在整个作业期间,由于油井在连续作业,在射孔段下面积聚了一些压井液,可能造成压井液交换即氯化钙盐水和甲酸钾盐水与密度较大的甲酸铯盐水混合。

另外,在试验期间,要定期从油管替出压井液以保持油管内的压井液处于充满状态。对井口要进行压力控制致使只有一半的顶出和灌入量到达井口,其余的压入地层或裂缝。因而,在作业期间,残留在井中的甲酸铯盐水因新压井液的加入而发生了某种程度的污染。用测井资料把取样深度校正得绝对准确是不可能的,但是可以观察到压井液性能的大体情况和趋势。39 天后,用 KCl 封隔液替出甲酸铯盐水。在恢复循环后采集了甲酸盐盐水试样。回收试样的特性和组分列在表 2-5-7 和表 2-5-8 中。

表 2-5-7 甲酸铯盐水试样暴露在温度高达 225℃/437℉ 条件下 39 天后
从 B 井碳钢套管中取出试样的性能

试样编号	井深 m	温度 ℃	在15.6℃下的密度 g/cm³	pH 值	滴定				
					CO_3^{2-} 含量 mol/L	HCO_3^- 含量 mol/L	总含量 mol/L	变化量 mol/L	预测分解量 %
原始试样			2.15	10.88	0.24	0.04	0.29	0	0
1	1586	<130	2.139	10.53	0.2	0.07	0.27	-0.01	-0.1
2	1900	<130	2.141	10.55	0.2	0.06	0.26	-0.03	-0.3
3	2250	<130	2.143	10.6	0.22	0.06	0.28	0	-0.1
4	2564	<130	2.143	10.53	0.22	0.06	0.27	-0.01	-0.1
5	2885	<130	2.144	10.62	0.23	0.05	0.28	0	-0.1
6	3195	134	2.142	10.63	0.22	0.06	0.28	-0.01	-0.1
7	3529	148	2.144	10.63	0.23	0.06	0.29	0	0
8	3839	160	2.138	10.59	0.22	0.06	0.28	0	0
10	4496	185	2.144	10.4	0.23	0.09	0.32	0.04	0.4
11	5198	222	2.148	9.98	0.23	0.22	0.45	0.16	1.7

表 2-5-8 甲酸铯盐水试样暴露在温度高达 225℃/437℉ 条件下的
B 井碳钢油管中 39 天后回收盐水的组分

试样编号	井深 m	温度 ℃	离子分析		核磁分析,%(质量分数)					
			乙酸 mg/L	草酸盐 %(质量浓度)	甲酸铯	水	甲醇	柠檬酸盐	乙酸	预测分解量
原始试样				0.15	81.81	17.32	0.00	0.00	0.006	0.0
1	1586	<130			81.37	17.76	0.00	0.00	0.004	0.5
2	1900	<130	980	0.14	81.63	17.97	0.00	0.00	0.008	0.2
3	2250	<130			81.26	17.87	0.00	0.00	0.005	0.7
4	2564	<130	1910	0.13	81.62	17.50	0.00	0.00	0.005	0.2
5	2885	<130			81.64	17.50	0.00	0.00	0.006	0.2
6	3195	134	1470		81.36	17.78	0.00	0.00	0.006	0.6
7	3529	148			81.50	17.63	0.00	0.00	0.006	0.4
8	3839	160	1600		79.98	18.56	0.00	0.00	0.005	2.2
10	4496	185			80.64	17.67	0.00	0.00	0.006	1.4
11	4496	222	1180	0.32	80.73	17.56	0.00	0.00	0.008	1.3

从表 2-5-7 出示的试样的特性可以看出,只有两个从最深处采集的试样(暴露在高温高压环境中一个多月)有碳酸氢盐增加的迹象,仅仅有 1.3% ~1.7% 发生了分解,甲酸铯的分解量是由高浓度甲酸铯盐水的浓度减少量来预测的。所有回收试样的情况良好,其基本特性和密度没有明显的变化。即便是经冷却后也没发现任何试样有沉淀析出。

返出的盐水中检测出一些 CO,这些 CO 可能源于甲酸盐的分解[式(2-5-9)]。然而,没有检测出醋酸盐和甲醇,这说明在压井期间没有发生包括产生 CO 在内的化学反应。另外,也没有测出碳酸盐和碳酸氢盐含量增加,其中一种原因估计是水解反应生成了 CO。

最深处采集的样品中草酸盐含量略有增加,可能是甲酸盐分解的产物,见表 2-5-8。但其量很少,不影响基本特性,也不影响回收使用。

(2)2 号压井液。

2007 年 7 月,在 B 井完成了试井后再次用甲酸铯盐水压井。34 天后,在井口发现了少量的 H_2S,接着用新的甲酸铯盐水替出压井盐水。此次使用的甲酸铯盐水与 1 号压井液相比,只是在盐水中添加了少量的碳酸氢盐。

这一批次共采集了 9 个试样,认为第一个试样代表了泵入井内的原始甲酸盐盐水(0 号试样),其他的试样是在每次顶替作业时随井深增加而采集的。最后 4 个试样取自最深的环空,而 1 号~4 号试样取自工作管柱内最深的水平段。回收试样的特性和组分见表 2-5-9 和表 2-5-10,取自环空和管内的试样都暴露在含 CO_2 和 H_2S 的环境中。实际上,暴露在含 CO_2 环境中的盐水很难利用碳酸氢盐的含量来计算分解程度。

表 2-5-9 甲酸铯盐水在 B 井温度 225℃暴露了 34 天后的碳钢套管和低合金钢管柱中取出的试样的性能

试样编号	井深 m	温度 ℃	在 15.6℃下的密度 g/cm³	pH 值	滴定				
					CO_3^{2-} 含量 mol/L	HCO_3^- 含量 mol/L	总含量 mol/L	变化量 mol/L	预测分解量 %
0			2.219	10.49	0.24	0.08	0.32	0.00	0.0
1	工作管柱内		2.209	10.13	0.17	0.13	0.30	-0.10	-1.1
2			2.215	8.85	0.02	0.20	0.22	-0.33	-3.5
3			2.028	8.64	0.05	0.87	0.92	0.40	4.3
4		~225	2.221	9.01	0.09	0.69	0.78	0.31	3.3
5		~225	2.209	8.91	0.08	0.80	0.88	0.40	4.3
6	环空底部		2.223	9.98	0.16	0.17	0.33	-0.07	-0.8
7			2.225	9.75	0.16	0.26	0.42	0.02	0.2
8			2.220	10.15	0.18	0.13	0.31	-0.07	-0.8

表 2-5-10 甲酸铯盐水在 B 井温度 225℃暴露了 34 天后的碳钢套管和低合金钢管柱中取出的试样的性能

试样编号	井深 m	温度 ℃	离子分析		核磁共振分析,%(质量分数)				
			乙酸 mg/L	草酸盐 %(质量浓度)	甲酸铯	水	甲醇	柠檬酸盐	乙酸
0			<0.10	0.33	82.92	15.83	0.00	0.00	0.03
1	工作管柱内				82.77	16.57	0.00	0.00	0.04
2					82.52	16.54	0.00	0.00	0.02
3			0.32	0.15	74.74	24.64	0.00	0.00	0.02
4		~225	0.34	0.38	80.75	17.11	0.00	0.00	0.02

续表

试样编号	井深 m	温度 ℃	离子分析		核磁共振分析,%（质量分数）				
			乙酸 mg/L	草酸盐 %（质量浓度）	甲酸铯	水	甲醇	柠檬酸盐	乙酸
5	环空底部	~225	0.39	0.38	79.79	17.87	0.00	0.00	0.02
6			0.87	0.51	82.21	16.40	0.00	0.00	0.01
7			<0.10	0.41	82.75	16.53	0.00	0.00	0.01
8					83.08	16.22	0.00	0.00	0.01

由于 CO_2 溶于水形成碳酸,驱使碳酸盐和碳酸氢盐的化学平衡向生成碳酸氢盐的方向发展。当碳酸与甲酸盐缓冲剂相结合时,一个碳酸盐离子与一个碳酸分子反应从而生成了两个碳酸氢盐离子。在这一物质平衡的基础上,尝试利用碳酸氢盐的增加和碳酸盐的减少来计算分解程度。计算结果出示在表 2-5-9 的最后两列。由于两个试样受到某种程度的稀释而使结果计算有不确定性,稀释可能是由于储层流体侵入造成的。

表 2-5-10 也显示出试样的其他化学分析结果,所有的试样中都含很少量的草酸盐。这并不能说明草酸是第二次暴露在井下环境中时形成的,因为盐水暴露在高温条件下时其草酸盐含量并不高。

根据从这口井所采集试样的分析结果,很难预测出发生分解的甲酸盐数量。然而,分析结果没有指出有大量的甲酸盐发生分解。醋酸盐和甲醇的含量也没有增加,这说明水解过程中不可能有大量的甲酸盐发生分解[式(2-5-9)和式(2-5-10)]。回收的盐水状况良好并且适合以后使用。

4. 结论

深油气井基本上是一个与催化表面相连通的高压高温管状反应器。因此,深油气井为发生水热化学反应提供了优良的环境。室内和现场试验证明,甲酸盐完井液中甲酸根离子在某种临界温度下可以发生分解和脱水反应,进而会轻微改变溶液成分。

当甲酸盐暴露在实际井下条件时,在什么情况下将发生何种程度的分解,取决于温度、压力、pH 值、催化剂表面积和盐水的组分。通过室内实验和现场应用,可以得出以下结论:

(1)通过甲酸盐盐水在现场使用,只有在少数情况下才能确定缓冲甲酸盐组分发生可见的变化。在 A 井(高温和长期持续作业)和 B 井(极高温和中期持续作业)的情况下,在超长的时间内监测到少量甲酸盐分解产物,但是这些分解产物对盐水的特性没有不利影响。

(2)美国伍兹霍尔海洋研究所最新的研究成果证实了下列问题:① 甲酸盐的分解最终将达到平衡,研究是在实验室的测试腔和接近真实水热条件下进行的;② 仅仅只有少量甲酸盐发生分解后就到达了平衡点;③ 石油工业界目前使用的常规的反应釜和反应器是不能模拟实际井下条件的,而且不能预测甲酸盐盐水在高温高压井的建井作业中会发生和不发生什么问题。

(3)从上述实验室和现场的数据可以确定,甲酸根离子在一定条件下可以分解转化成碳酸根离子和碳酸氢根离子。通过增加碳酸盐和碳酸氢盐缓冲剂的添加量可以配制出热动力温度的甲酸盐钻完井液与修井液。

(4)所有领域和实验室观察表明,甲酸的一小部分被转换成碳酸盐和重碳酸盐。从实验和现场数据得出:在相同密度情况下,相对于甲酸铯盐水,纯碳酸铯和碳酸氢铯盐水是一种非常稳定的溶液。

第六节　甲酸盐盐水电阻率、含氢指数、声速和放射性

采用甲酸盐基钻井液和甲酸盐盐水滤液所钻的井,测井解释来说是一个棘手的问题。因为甲酸盐基钻井液和甲酸盐盐水滤液的特性与常规的水基钻井液和油基钻井液差别巨大。这些特性包括电阻率、核特性和密度。

一、甲酸盐盐水电阻率

1. 电阻率的定义

电阻率(也称作比电阻)是材料抗电流流动能力的量度。低电阻率说明材料可以让电荷快速流动。电阻率的标准国际单位是 $\Omega \cdot m$。

材料的电阻率 ρ 可用下式表示:

$$\rho = \frac{RA}{I} \qquad (2-6-1)$$

式中　ρ——静电阻率,$\Omega \cdot m$;

R——试样的电阻,Ω;

I——试样的长度,m;

A——试样的横截面积,m^2。

2. 单一甲酸盐盐水和甲酸盐混合液的电阻率

由于甲酸盐溶液中含有大量盐,所以具有相当高的电导率和相当低的电阻率,对测井来说电阻率是一个重要的参数。

1)单一甲酸盐盐水的电阻率

图2-6-1和表2-6-1所示为在温度为15.6℃的条件下,单一甲酸钠、甲酸钾和甲酸铯盐水的电阻率与浓度之间的关系(由韦斯特伯特国际技术中心测定)。由图可知,单一甲酸盐溶液的电阻率随着溶液浓度的增加而降低,在某一溶液浓度时电阻率达到最低值,之后电阻率随着溶液浓度的增加而增大。

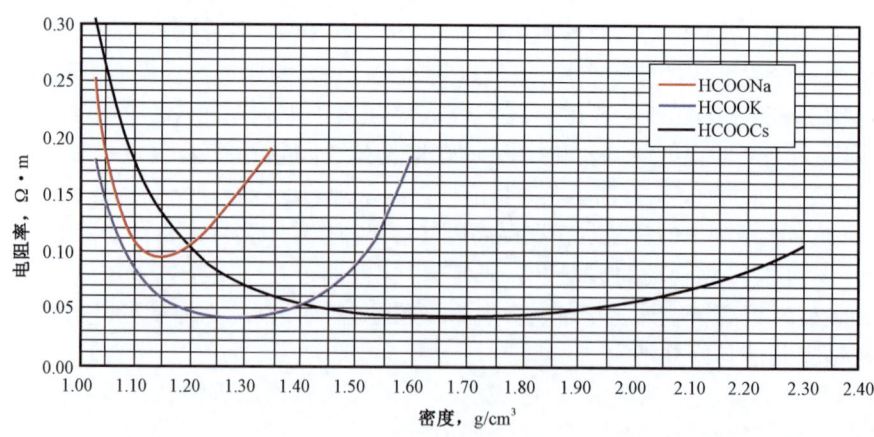

图2-6-1　在标准条件下(15.6℃)单一甲酸钠、甲酸钾和甲酸铯盐水的电阻率与盐水浓度的函数关系曲线

表 2-6-1　在标准条件下(15.6℃)单一甲酸钠、甲酸钾和甲酸铯盐水的电阻率与盐水浓度的函数关系

密度,g/cm³	电阻率,Ω·m			密度,g/cm³	电阻率,Ω·m		
	甲酸钠	甲酸钾	甲酸铯		甲酸钠	甲酸钾	甲酸铯
1.03	0.252	0.180	0.303	1.70			0.041
1.05	0.181	0.140	0.259	1.75			0.042
1.10	0.107	0.084	0.182	1.80			0.044
1.15	0.093	0.059	0.134	1.85			0.046
1.20	0.104	0.047	0.104	1.90			0.048
1.25	0.127	0.042	0.083	1.95			0.052
1.30	0.156	0.041	0.069	2.00			0.056
1.35	0.190	0.044	0.060	2.05			0.061
1.40		0.051	0.053	2.10			0.067
1.45		0.065	0.048	2.15			0.074
1.50		0.086	0.045	2.20			0.082
1.55		0.123	0.043	2.25			0.092
1.60		0.183	0.042	2.30			0.104
1.65			0.041				

2) 甲酸盐混合液的电阻率

甲酸钾和甲酸铯混合液一般分为两种,一种是由两种盐水的饱和溶液构成的标准混合液,另一种是由饱和甲酸铯盐水与不饱和甲酸钾溶液(稀释混合液,通常在冬季使用)配制而成的混合液。

韦斯特伯特国际技术中心针对甲酸钾和甲酸铯的两种混合液的电阻率与混合液密度关系进行了测试。测试所用的一种盐水是由密度为 1.57g/cm³ 的甲酸钾盐水和密度为 2.20g/cm³ 的甲酸铯盐水混合形成的标准混合盐水;另一种盐水是经常在冬季使用的稀释的混合盐水,由密度为 1.54g/cm³ 的甲酸钾盐水和密度为 2.20g/cm³ 的甲酸铯盐水混合而成的混合盐水。测试结果如图 2-6-2 所示。试验结果表明,甲酸钾和甲酸铯混合液的电阻率与混合液密度之间呈线性关系,甲酸盐混合液的电阻率与混合液密度的关系可以通过在单一甲酸盐盐水密度之间连线来表示。

同理,用该方法也可以用于预测甲酸钾和甲酸钠混合液或甲酸钠和甲酸铯混合液的电阻率与混合液密度的关系。

3. 电阻率与温度之间的关系

像其他水溶性盐溶液一样,甲酸盐盐水的电阻率会随温度的上升而下降。

图 2-6-3 出示的是甲酸铯和甲酸钾混合液(1.92g/cm³ 标准混合液)稀释后的电阻率与温度之间存在的函数关系。可以看出,温度对电阻率的影响比稀释后的影响要大。比较温度对电阻率的影响,较低温度比较高温度的影响要大。

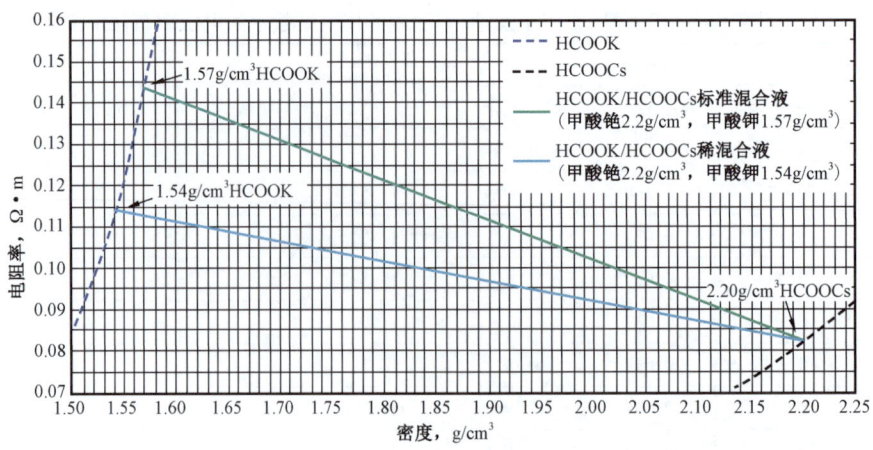

图2-6-2 甲酸钾/甲酸铯混合盐水密度与电阻率(15.6℃)的函数关系曲线

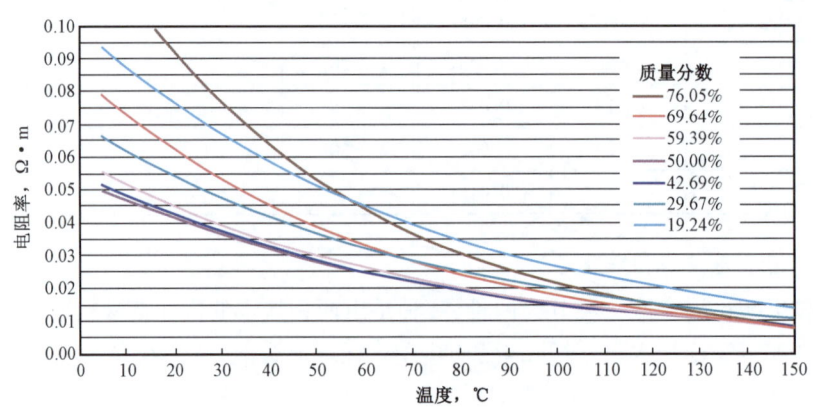

图2-6-3 密度为1.92g/cm³的甲酸钾/甲酸铯混合盐水稀释后的电阻率与温度的函数关系曲线

二、甲酸盐盐水的含氢指数

1. 含氢指数的定义

含氢指数是该物质每单位体积含氢原子数与在23.8℃时每单位体积淡水可含氢原子数的比值。该值是中子测井孔隙度响应的一个重要参数。

2. 单一甲酸钠、甲酸钾和甲酸铯的含氢指数

如果已知盐水的组成,就能计算出给定浓度(密度)下的盐水的含氢指数。表2-6-2给出了单一甲酸钠、甲酸钾和甲酸铯盐水的密度与含氢指数的函数关系。

表2-6-2 单一甲酸钠、甲酸钾和甲酸铯盐水含氢指数与密度的函数关系

盐水密度 g/cm³	甲酸钠		甲酸钾		甲酸铯	
	质量分数,%	含氢指数	质量分数,%	含氢指数	质量分数,%	含氢指数
1.00	0.00	1.000	0.00	1.000	0.00	1.000
1.02	3.26	0.991	3.46	0.988	2.53	0.996
1.04	6.43	0.982	6.84	0.976	5.07	0.990

续表

盐水密度 g/cm³	甲酸钠 质量分数,%	含氢指数	甲酸钾 质量分数,%	含氢指数	甲酸铯 质量分数,%	含氢指数
1.06	9.53	0.972	10.15	0.964	7.55	0.984
1.08	12.58	0.962	13.39	0.951	9.97	0.978
1.10	15.57	0.951	16.56	0.937	12.32	0.971
1.12	18.51	0.940	19.67	0.923	14.61	0.965
1.14	21.39	0.928	22.71	0.909	16.84	0.958
1.16	24.22	0.916	25.68	0.894	19.02	0.951
1.18	27.00	0.904	28.60	0.879	21.14	0.943
1.20	29.73	0.890	31.45	0.863	23.20	0.936
1.22	32.42	0.877	34.24	0.847	25.20	0.928
1.24	35.06	0.863	36.98	0.831	27.16	0.920
1.26	37.66	0.848	39.66	0.814	29.05	0.912
1.28	40.22	0.833	42.28	0.797	30.90	0.904
1.30	42.74	0.818	44.85	0.779	32.70	0.896
1.32	45.22	0.802	47.37	0.762	34.45	0.888
1.34	47.67	0.786	49.84	0.744	36.15	0.880
1.36	50.09	0.769	52.26	0.725	37.80	0.872
1.38			54.63	0.707	39.41	0.864
1.40			56.95	0.688	40.97	0.855
1.42			59.23	0.669	42.49	0.847
1.44			61.47	0.650	43.96	0.839
1.46			63.66	0.630	45.40	0.831
1.48			65.81	0.610	46.79	0.823
1.50			67.93	0.590	48.15	0.814
1.52			70.00	0.570	49.47	0.806
1.54			72.04	0.549	50.75	0.798
1.56			74.05	0.529	51.99	0.790
1.58			76.02	0.507	53.20	0.782
1.60			77.96	0.486	54.38	0.774
1.62					55.52	0.766
1.64					56.64	0.758
1.66					57.72	0.750
1.68					58.77	0.743
1.70					59.80	0.735
1.72					60.80	0.727

续表

盐水密度 g/cm³	甲酸钠 质量分数,%	含氢指数	甲酸钾 质量分数,%	含氢指数	甲酸铯 质量分数,%	含氢指数
1.74					61.78	0.720
1.76					62.73	0.712
1.78					63.65	0.704
1.80					64.56	0.697
1.82					65.44	0.689
1.84					66.31	0.682
1.86					67.15	0.674
1.88					67.98	0.667
1.90					68.79	0.659
1.92					69.59	0.652
1.94					70.37	0.644
1.96					71.14	0.636
1.98					71.90	0.628
2.00					72.65	0.621
2.02					73.38	0.613
2.04					74.11	0.605
2.06					74.83	0.596
2.08					75.55	0.588
2.10					76.26	0.580
2.12					76.97	0.571
2.14					77.67	0.562
2.16					78.37	0.553
2.18					79.07	0.543
2.20					79.78	0.534
2.22					80.48	0.524
2.24					81.19	0.513
2.26					81.90	0.503
2.28					82.61	0.492
2.30					83.34	0.480
2.32					84.07	0.468
2.34					84.81	0.456
2.36					85.56	0.443
2.38					86.31	0.430
2.40					87.09	0.416

根据下列线性关系式,利用两种盐水混合后的含氢指数可以很容易地计算出甲酸钾和甲酸铯混合溶液的含氢指数:

$$HI_{\text{HCOOK/HCOOCs}} = HI_{\text{HCOOK}} \times \frac{(HI_{\text{HOOOK}}^{\text{HCOOCs}} - HI_{\text{HCOOK}}) \times (\sigma_{\text{HCOOK/HCOOCs}} - \sigma_{\text{HCOOK}})}{(\sigma_{\text{HCOOCs}} - \sigma_{\text{HCOOK}})} \quad (2-6-2)$$

式中 $HI_{\text{HCOOK/HCOOCs}}$——混合盐水的含氢指数;

HI_{HCOOCs}——甲酸铯盐水原料的含氢指数;

HI_{HCOOK}——原料甲酸钾盐水的含氢指数;

$\sigma_{\text{HCOOK/HCOOCs}}$——甲酸铯和甲酸钾混合液的密度或相对密度;

σ_{HCOOCs}——原料甲酸铯盐水的密度或相对密度;

σ_{HCOOK}——原料甲酸钾盐水的密度或相对密度。

3. 甲酸铯/甲酸钾混合盐水的含氢指数

表2-6-3给出用密度为1.57g/cm³的甲酸钾盐水和密度为2.20g/cm³的甲酸铯盐水配制的标准的甲酸铯/甲酸钾混合盐水的含氢指数。表2-6-4给出用密度为1.54g/cm³的甲酸钾盐水和密度为2.20g/cm³的甲酸铯盐水配制的稀释后的甲酸铯/甲酸钾混合盐水的含氢指数。

表2-6-3 甲酸铯/甲酸钾混合盐水的含氢指数

密度 g/cm³	混合盐水组分含量,%(质量分数)			含氢指数
	甲酸钾	甲酸铯	H₂O	
1.57	75.04	0.00	24.96	0.518
1.58	73.38	1.76	24.86	0.518
1.59	71.74	3.50	24.75	0.519
1.60	70.13	5.22	24.65	0.519
1.61	68.53	6.92	24.55	0.519
1.62	66.95	8.60	24.45	0.519
1.63	65.39	10.25	24.35	0.520
1.64	63.85	11.89	24.26	0.520
1.65	62.33	13.51	24.16	0.520
1.66	60.83	15.10	24.06	0.520
1.67	59.35	16.68	23.97	0.521
1.68	57.88	18.24	23.88	0.521
1.69	56.43	19.78	23.79	0.521
1.70	55.00	21.30	23.70	0.521
1.71	53.59	22.81	23.61	0.522
1.72	52.19	24.30	23.52	0.522
1.73	50.80	25.76	23.43	0.522
1.74	49.44	27.22	23.35	0.522

续表

密度 g/cm³	混合盐水组分含量,%(质量分数)			含氢指数
	甲酸钾	甲酸铯	H_2O	
1.75	48.09	28.65	23.26	0.523
1.76	46.75	30.07	23.18	0.523
1.77	45.43	31.48	23.09	0.523
1.78	44.12	32.87	23.01	0.523
1.79	42.83	34.24	22.93	0.524
1.80	41.56	35.60	22.85	0.524
1.81	40.29	36.94	22.77	0.524
1.82	39.04	38.27	22.69	0.524
1.83	37.81	39.58	22.61	0.525
1.84	36.59	40.88	22.53	0.525
1.85	35.38	42.16	22.46	0.525
1.86	34.18	43.43	22.38	0.525
1.87	33.00	44.69	22.31	0.526
1.88	31.83	45.94	22.23	0.526
1.89	30.67	47.17	22.16	0.526
1.90	29.53	48.39	22.09	0.526
1.91	28.39	49.59	22.02	0.527
1.92	27.27	50.78	21.95	0.527
1.93	26.16	51.96	21.88	0.527
1.94	25.06	53.13	21.81	0.527
1.95	23.97	54.29	21.74	0.528
1.96	22.90	55.43	21.67	0.528
1.97	21.83	56.57	21.60	0.528
1.98	20.78	57.69	21.54	0.528
1.99	19.73	58.80	21.47	0.529
2.00	18.70	59.90	21.40	0.529
2.01	17.68	60.98	21.34	0.529
2.02	16.66	62.06	21.28	0.529
2.03	15.66	63.13	21.21	0.530
2.04	14.67	64.18	21.15	0.530
2.05	13.68	65.23	21.09	0.530
2.06	12.71	66.26	21.03	0.530
2.07	11.74	67.29	20.97	0.531
2.08	10.79	68.31	20.91	0.531

续表

密度 g/cm³	混合盐水组分含量,%（质量分数）			含氢指数
	甲酸钾	甲酸铯	H_2O	
2.09	9.84	69.31	20.85	0.531
2.10	8.90	70.31	20.79	0.531
2.11	7.98	71.30	20.73	0.532
2.12	7.06	72.27	20.67	0.532
2.13	6.15	73.24	20.61	0.532
2.14	5.24	74.20	20.56	0.532
2.15	4.35	75.15	20.50	0.533
2.16	3.46	76.09	20.44	0.533
2.17	2.59	77.03	20.39	0.533
2.18	1.72	77.95	20.33	0.533
2.19	0.85	78.87	20.28	0.534
2.20	0.00	79.78	20.22	0.534

表2-6-4 用甲酸钾盐水和甲酸铯盐水配制的稀释后的甲酸铯/甲酸钾混合盐水的含氢指数

密度 g/cm³	混合盐水组分含量,%（质量分数）			含氢指数
	甲酸钾	甲酸铯	H_2O	
1.54	72.04	0.00	27.96	0.549
1.55	70.49	1.72	27.79	0.549
1.56	68.96	3.41	27.63	0.549
1.57	67.45	5.08	27.46	0.549
1.58	65.96	6.73	27.30	0.548
1.59	64.49	8.36	27.15	0.548
1.60	63.04	9.97	26.99	0.548
1.61	61.60	11.56	26.84	0.548
1.62	60.18	13.13	26.68	0.547
1.63	58.78	14.68	26.53	0.547
1.64	57.40	16.21	26.39	0.547
1.65	56.03	17.73	26.24	0.547
1.66	54.68	19.22	26.09	0.547
1.67	53.35	20.70	25.95	0.546
1.68	52.03	22.16	25.81	0.546
1.69	50.73	23.60	25.67	0.546
1.70	49.44	25.03	25.53	0.546
1.71	48.17	26.44	25.39	0.545

续表

密度 g/cm³	混合盐水组分含量,%（质量分数）			含氢指数
	甲酸钾	甲酸铯	H_2O	
1.72	46.91	27.83	25.26	0.545
1.73	45.67	29.21	25.13	0.545
1.74	44.44	30.57	24.99	0.545
1.75	43.23	31.91	24.86	0.544
1.76	42.03	33.24	24.73	0.544
1.77	40.84	34.55	24.61	0.544
1.78	39.66	35.85	24.48	0.544
1.79	38.50	37.14	24.36	0.543
1.80	37.36	38.41	24.23	0.543
1.81	36.22	39.67	24.11	0.543
1.82	35.10	40.91	23.99	0.543
1.83	33.99	42.14	23.87	0.543
1.84	32.89	43.36	23.75	0.542
1.85	31.80	44.56	23.64	0.542
1.86	30.73	45.75	23.52	0.542
1.87	29.66	46.93	23.41	0.542
1.88	28.61	48.09	23.30	0.541
1.89	27.57	49.24	23.18	0.541
1.90	26.54	50.38	23.07	0.541
1.91	25.52	51.51	22.96	0.541
1.92	24.51	52.63	22.86	0.540
1.93	23.52	53.74	22.75	0.540
1.94	22.53	54.83	22.64	0.540
1.95	21.55	55.91	22.54	0.540
1.96	20.58	56.98	22.43	0.539
1.97	19.63	58.04	22.33	0.539
1.98	18.68	59.09	22.23	0.539
1.99	17.74	60.13	22.13	0.539
2.00	16.81	61.16	22.03	0.538
2.01	15.89	62.18	21.93	0.538
2.02	14.98	63.19	21.83	0.538
2.03	14.08	64.19	21.74	0.538
2.04	13.18	65.18	21.64	0.538
2.05	12.30	66.16	21.54	0.537

续表

密度 g/cm³	混合盐水组分含量,%（质量分数）			含氢指数
	甲酸钾	甲酸铯	H₂O	
2.06	11.42	67.13	21.45	0.537
2.07	10.56	68.09	21.36	0.537
2.08	9.70	69.04	21.26	0.537
2.09	8.85	69.98	21.17	0.536
2.10	8.00	70.91	21.08	0.536
2.11	7.17	71.84	20.99	0.536
2.12	6.34	72.75	20.90	0.536
2.13	5.52	73.66	20.82	0.535
2.14	4.71	74.56	20.73	0.535
2.15	3.91	75.45	20.64	0.535
2.16	3.11	76.33	20.56	0.535
2.17	2.32	77.20	20.47	0.534
2.18	1.54	78.07	20.39	0.534
2.19	0.77	78.93	20.31	0.534
2.20	0.00	79.78	20.22	0.534

三、声速

1. 声速的定义

声速是指声波在介质中传播的速度，亦称"音速"，它与介质的性质和状态（如温度）有关。如在0℃时，空气中的声速为331.6m/s，每升高1℃声速约增加0.6m/s，20℃的水中声速约为1482m/s。

2. 甲酸盐水的声速

表2-6-5给出了部分甲酸盐盐水的声速数据，声速是测井的一个重要参数。

表2-6-5 3种典型甲酸盐盐水的声速

盐水类型	密度 g/cm³	温度 ℃	压力 Pa	声速 m/s	组分
甲酸钠盐水	1.28	20		1880	
甲酸钾盐水	1.53	20		1960	
甲酸钾盐水	1.57	20	689	1951	76%甲酸钾
甲酸铯/甲酸钾混合盐水	1.65	23.9	689	1895	14.36%Cs/85.63%K,14.366mL/85.634mL,30.45g/134.44g
甲酸铯盐水	2.30	20		1550	
甲酸铯盐水	2.30	20	689	1580	83%甲酸铯

四、放射性

1. 放射性的定义

某些不稳定的原子核,自发的放出粒子或 γ 射线,或者发生轨道电子俘获后放出 X 射线,或发生自发裂变的性质。天然存在的放射性核素能自发放出射线的特性,称"天然放射性",而通过核反应人工制造出来的放射性核素的放射性,称"人工放射性"。

2. 甲酸铯和甲酸钾的放射性

铯是一种熔点为 28.5℃ 的浅黄色金属,铯的原子量为 132.9,原子序数为 55。目前已发现了 ^{114}Cs 到 ^{148}Cs 35 种同位素,其中只有 ^{133}Cs 是存在于自然界的一种稳定同位素。这种无放射性的同位素存在于各种矿物中,而在土壤和海水中的含量非常低(铯元素在海水的富集程度排在第 29 位,在每立方千米的海水中约含 370kg)。在自然环境中发现的放射性同位素均为原子弹爆炸或核反应的人造产物。其中只有 ^{134}Cs,^{135}Cs 和 ^{137}Cs 三种同位素的半衰期较长,值得注意。^{137}Cs 的半衰期为 30 年,是最值得关注的。铯的放射性同位素全是 ^{235}U 原子核裂变的产物。全球土壤中存在铯的放射性同位素全部来源于过去空核武器试验的放射性坠尘。

与铯相比,钾存在一种天然的放射性同位素 ^{40}K。^{40}K 是与其他元素一起在地球形成阶段生成的。由于 ^{40}K 的半衰期为 12.8 亿年,因此目前还存在于地球上。^{40}K 是钾的唯一放射性同位素,约占全球钾含量的 0.0119%。

众所周知,钾的同位素有 ^{39}K 和 ^{41}K,分别占钾含量的 93% 和 6.9%。1g 钾中含有 31.6Bq(贝可[勒尔])的 ^{40}K。因此,可以用 ^{40}K 的放射性活度定量地确定钾的总含量。包括 ^{40}K 在内的钾同位素存在于大多数的地球物质和生物体中。一个重 70kg 的人,体内含有约 140g 的钾和 4000Bq 放射性活度的 ^{40}K。几乎所有的食物中都含有 ^{40}K,通过人的吸收,使 ^{40}K 在体内自然形成的放射性物质中所占的比例是最大的。

3. 甲酸钾溶液和甲酸铯溶液的放射性强度

油田专用的甲酸铯盐是源于天然铯榴石矿,只含无放射性的 ^{133}Cs。甲酸钾的放射性同位素的含量都不高于自然形成的放射性同位素含量。

1)甲酸钾和甲酸铯盐水在现场测量和伽马光谱仪的分析结果

表 2-6-6 给出了从现场储存设施中采集的样品,经现场测量和仪器分析的结果。

表 2-6-6 从得克萨斯州休斯敦的甲酸盐溶液储存设施中取出的 7 种甲酸钾和甲酸铯盐水试样的现场测量结果和伽马光谱仪的分析结果

样品	现场测试		放射性活度,pCi/L					
	MicroR 计测得的照射率[1] μR/h	NaI 探头计数率[1] cpm	^{137}Cs			^{40}K		
			结果	不确定	MDA[2]	结果	不确定	MDA[2]
甲酸钾	30	67500	U[3]		92.31	454900	32590	724.5
甲酸钾	30	72820	U		92.06	466800	33440	730.4
甲酸钾	32	71567	U		61.13	527800	36910	410.9
甲酸钾	28	60818	8.205	33.86	57.78	471000	31760	437.8

续表

样品	现场测试		放射性活度,pCi/L					
	MicroR 计测得的照射率① μR/h	NaI 探头计数率① cpm	^{137}Cs			^{40}K		
			结果	不确定	MDA②	结果	不确定	MDA②
甲酸钾	30	66569	10.53	36.52	60.45	483800	32100	438.5
甲酸铯	10	7890	0.3232	7.436	12.38	2277	260	104.7
甲酸铯	8	7260	3.259	7.05	12.93	6364	563	132.6

① 仪器基准值:MicroR background = 6μR/h,NaI background = 11682cpm(每分钟的数量)。
② MDA—最低可测活度。
③ U—未检测到的最低可测活度。

放射性分析结果指出,3 份试样主要的放射源是天然的^{40}K,未检测到^{137}Cs的强度超过最低可监测放射性强度,其他 4 份试样的^{137}Cs强度远远低于最低可监测放射性强度。

通过这项研究所做出的结论是,在甲酸铯盐水和甲酸钾盐水及其混合液中,任何可检测到的放射源都是天然的^{40}K,而^{40}K在自然界的任何地方都可以找到。

2) 甲酸铯盐水用伽马光谱仪分析的结果

加拿大原子能公司 Whiteshell 实验室对卡博特公司的甲酸铯盐水采用伽马光谱仪对试样进行了扫描,并进行了全部的 α 射线、β 射线和 γ 射线分析(液体闪烁计数法)。试验结果证明,卡博特公司生产的甲酸铯盐水的放射性水平确实低于背景噪声。

分析结果见表 2-6-7 和表 2-6-8。

表 2-6-7 甲酸铯盐水 γ 活性

核素	γ 活性,Bq/kg	误差(2s),%	检出限,Bq/kg
^{40}K	157	6	9.1
^{214}Bi	9.4	10	1.2
^{214}Pb	6.1	16	1.5

表 2-6-8 甲酸铯盐水全部的 α、β、γ 活性

活性,Bq/kg	误差(2s),%	检出限,Bq/kg
2050	5	200

注:(1)测试方法:LP-RA-137 Ver 3.0。
(2)^{214}Bi 和 ^{214}Pb 是含部分^{238}U自然衰变物和^{226}Ra的衰变物。

第七节 甲酸盐盐水可压缩性和热膨胀系数

一、定义

1. 压缩

构件在轴向压力作用下沿该力方向的缩短变形。

2. 热膨胀

温度改变时物体发生胀缩的现象,大多数物质在温度升高时,体积(或长度、面积)增加。

二、甲酸钾/钾酸铯盐水混合液的可压缩性和热膨胀系数

表 2-7-1 至表 2-7-16 给出了在温度（4.4~204℃）和压力（6.9~138MPa）条件下测定的 9 组典型的甲酸钾盐水、甲酸铯盐水及其混合液的可压缩性和热膨胀系数。

表 2-7-1　甲酸钾盐水溶液（密度为 1.101g/cm³）压缩系数随压力、温度变化关系表

压力 bar	压缩系数，$10^{-5}\,bar^{-1}$										
	0℃	25℃	50℃	75℃	100℃	125℃	150℃	175℃	200℃	225℃	250℃
100	3.34	3.51	3.69	3.88	4.08	4.29	4.51	4.75	5.00	5.28	5.57
200	3.26	3.43	3.60	3.79	3.99	4.19	4.41	4.65	4.90	5.17	5.46
300	3.18	3.35	3.52	3.70	3.90	4.10	4.32	4.55	4.80	5.06	5.35
400	3.10	3.26	3.44	3.62	3.81	4.01	4.23	4.45	4.70	4.96	5.24
500	3.02	3.18	3.35	3.53	3.72	3.92	4.13	4.36	4.60	4.85	5.13
600	2.94	3.10	3.27	3.45	3.64	3.83	4.04	4.26	4.50	4.75	5.02
700	2.86	3.02	3.19	3.37	3.55	3.75	3.95	4.17	4.40	4.65	4.91
800	2.79	2.95	3.11	3.29	3.47	3.66	3.86	4.08	4.30	4.55	4.81
900	2.71	2.87	3.03	3.20	3.38	3.57	3.77	3.98	4.21	4.45	4.71
1000	2.63	2.79	2.95	3.12	3.30	3.49	3.69	3.89	4.12	4.35	4.61
1100	2.56	2.71	2.88	3.04	3.22	3.40	3.60	3.80	4.02	4.26	4.51
1200	2.49	2.64	2.80	2.96	3.14	3.32	3.51	3.72	3.93	4.16	4.41
1300	2.41	2.56	2.72	2.89	3.06	3.24	3.43	3.63	3.84	4.07	4.31
1400	2.34	2.49	2.64	2.81	2.98	3.16	3.34	3.54	3.75	3.97	4.21
1500	2.26	2.41	2.57	2.73	2.90	3.07	3.26	3.46	3.66	3.88	4.12
1600	2.19	2.34	2.49	2.65	2.82	2.99	3.18	3.37	3.57	3.79	4.02
1700	2.12	2.27	2.42	2.58	2.74	2.91	3.10	3.29	3.49	3.70	3.93
1800	2.05	2.19	2.34	2.50	2.66	2.84	3.01	3.20	3.40	3.61	3.84
1900	1.98	2.12	2.27	2.43	2.59	2.76	2.93	3.12	3.32	3.52	3.75
2000	1.91	2.05	2.20	2.35	2.51	2.68	2.85	3.04	3.23	3.44	3.66
2100	1.84	1.98	2.13	2.28	2.44	2.60	2.78	2.96	3.15	3.35	3.57

表 2-7-2　甲酸钾盐水溶液（密度为 1.201g/cm³）压缩系数随压力、温度变化关系表

压力 bar	压缩系数，$10^{-5}\,bar^{-1}$										
	0℃	25℃	50℃	75℃	100℃	125℃	150℃	175℃	200℃	225℃	250℃
100	2.62	2.78	2.94	3.11	3.29	3.47	3.66	3.87	4.08	4.30	4.54
200	2.56	2.72	2.88	3.05	3.23	3.41	3.60	3.80	4.01	4.23	4.46
300	2.51	2.66	2.82	2.99	3.16	3.34	3.53	3.73	3.94	4.15	4.38
400	2.45	2.61	2.77	2.93	3.10	3.28	3.47	3.66	3.87	4.08	4.31
500	2.40	2.55	2.71	2.87	3.04	3.22	3.40	3.60	3.80	4.01	4.23
600	2.34	2.50	2.65	2.81	2.98	3.16	3.34	3.53	3.73	3.94	4.16

续表

压力 bar	压缩系数, $10^{-5} bar^{-1}$										
	0℃	25℃	50℃	75℃	100℃	125℃	150℃	175℃	200℃	225℃	250℃
700	2.29	2.44	2.59	2.76	2.92	3.09	3.28	3.46	3.66	3.87	4.09
800	2.24	2.38	2.54	2.70	2.86	3.03	3.21	3.40	3.59	3.80	4.01
900	2.18	2.33	2.48	2.64	2.80	2.97	3.15	3.33	3.53	3.73	3.94
1000	2.13	2.28	2.43	2.58	2.75	2.91	3.09	3.27	3.46	3.66	3.87
1100	2.08	2.22	2.37	2.53	2.69	2.85	3.03	3.21	3.40	3.59	3.80
1200	2.02	2.17	2.32	2.47	2.63	2.80	2.97	3.15	3.33	3.53	3.73
1300	1.97	2.12	2.26	2.42	2.57	2.74	2.91	3.08	3.27	3.46	3.66
1400	1.92	2.06	2.21	2.36	2.52	2.68	2.85	3.02	3.21	3.40	3.60
1500	1.87	2.01	2.16	2.31	2.46	2.62	2.79	2.96	3.14	3.33	3.53
1600	1.82	1.96	2.10	2.25	2.41	2.57	2.73	2.90	3.08	3.27	3.46
1700	1.77	1.91	2.05	2.20	2.35	2.51	2.67	2.84	3.02	3.20	3.40
1800	1.72	1.86	2.00	2.14	2.30	2.45	2.61	2.78	2.96	3.14	3.33
1900	1.67	1.80	1.95	2.09	2.24	2.40	2.56	2.72	2.90	3.08	3.27
2000	1.62	1.75	1.89	2.04	2.19	2.34	2.50	2.67	2.84	3.02	3.20
2100	1.57	1.70	1.84	1.99	2.13	2.29	2.44	2.61	2.78	2.95	3.14

表2-7-3 甲酸钾盐水溶液(密度为1.301g/cm³)压缩系数随压力、温度变化关系表

压力 bar	压缩系数, $10^{-5} bar^{-1}$										
	0℃	25℃	50℃	75℃	100℃	125℃	150℃	175℃	200℃	225℃	250℃
100	2.31	2.44	2.57	2.71	2.85	2.99	3.14	3.30	3.46	3.63	3.80
200	2.26	2.39	2.52	2.66	2.80	2.94	3.09	3.25	3.41	3.57	3.74
300	2.22	2.35	2.48	2.61	2.75	2.89	3.04	3.19	3.35	3.51	3.68
400	2.18	2.30	2.43	2.57	2.70	2.85	2.99	3.14	3.30	3.46	3.63
500	2.14	2.26	2.39	2.52	2.66	2.80	2.94	3.09	3.24	3.40	3.57
600	2.09	2.22	2.34	2.48	2.61	2.75	2.89	3.04	3.19	3.35	3.51
700	2.05	2.17	2.30	2.43	2.56	2.70	2.84	2.99	3.14	3.30	3.46
800	2.01	2.13	2.26	2.38	2.52	2.65	2.79	2.94	3.09	3.24	3.40
900	1.97	2.09	2.21	2.34	2.47	2.61	2.75	2.89	3.04	3.19	3.35
1000	1.92	2.05	2.17	2.30	2.43	2.56	2.70	2.84	2.99	3.14	3.30
1100	1.88	2.00	2.13	2.25	2.38	2.51	2.65	2.79	2.94	3.09	3.24
1200	1.84	1.96	2.08	2.21	2.34	2.47	2.60	2.74	2.89	3.04	3.19
1300	1.80	1.92	2.04	2.16	2.29	2.42	2.56	2.70	2.84	2.99	3.14
1400	1.76	1.88	2.00	2.12	2.25	2.38	2.51	2.65	2.79	2.94	3.09
1500	1.72	1.84	1.96	2.08	2.20	2.33	2.46	2.60	2.74	2.89	3.03

续表

压力 bar	压缩系数,$10^{-5}bar^{-1}$										
	0℃	25℃	50℃	75℃	100℃	125℃	150℃	175℃	200℃	225℃	250℃
1600	1.68	1.80	1.91	2.03	2.16	2.29	2.42	2.55	2.69	2.84	2.98
1700	1.64	1.75	1.87	1.99	2.12	2.24	2.37	2.51	2.64	2.79	2.93
1800	1.60	1.71	1.83	1.95	2.07	2.20	2.33	2.46	2.60	2.74	2.88
1900	1.56	1.67	1.79	1.91	2.03	2.15	2.28	2.41	2.55	2.69	2.83
2000	1.52	1.63	1.75	1.87	1.99	2.11	2.24	2.37	2.50	2.64	2.78
2100	1.48	1.59	1.71	1.82	1.94	2.07	2.19	2.32	2.46	2.59	2.73

表2-7-4 甲酸钾盐水溶液(密度为1.400g/cm³)压缩系数随压力、温度变化关系表

压力 bar	压缩系数,$10^{-5}bar^{-1}$										
	0℃	25℃	50℃	75℃	100℃	125℃	150℃	175℃	200℃	225℃	250℃
100	2.03	2.14	2.24	2.35	2.47	2.58	2.70	2.82	2.95	3.08	3.22
200	2.00	2.11	2.21	2.32	2.43	2.55	2.67	2.79	2.91	3.04	3.18
300	1.97	2.08	2.18	2.29	2.40	2.52	2.63	2.75	2.88	3.01	3.14
400	1.94	2.05	2.15	2.26	2.37	2.48	2.60	2.72	2.84	2.97	3.10
500	1.92	2.02	2.12	2.23	2.34	2.45	2.57	2.69	2.81	2.93	3.06
600	1.89	1.99	2.09	2.20	2.31	2.42	2.53	2.65	2.77	2.90	3.03
700	1.86	1.96	2.06	2.17	2.28	2.39	2.50	2.62	2.74	2.86	2.99
800	1.83	1.93	2.03	2.14	2.25	2.36	2.47	2.58	2.70	2.83	2.95
900	1.80	1.90	2.00	2.11	2.21	2.32	2.44	2.55	2.67	2.79	2.92
1000	1.78	1.87	1.98	2.08	2.18	2.29	2.40	2.52	2.64	2.76	2.88
1100	1.75	1.85	1.95	2.05	2.15	2.26	2.37	2.49	2.60	2.72	2.85
1200	1.72	1.82	1.92	2.02	2.12	2.23	2.34	2.45	2.57	2.69	2.81
1300	1.69	1.79	1.89	1.99	2.09	2.20	2.31	2.42	2.54	2.65	2.77
1400	1.67	1.76	1.86	1.96	2.06	2.17	2.28	2.39	2.50	2.62	2.74
1500	1.64	1.73	1.83	1.93	2.03	2.14	2.25	2.36	2.47	2.59	2.71
1600	1.61	1.71	1.80	1.90	2.01	2.11	2.22	2.33	2.44	2.55	2.67
1700	1.59	1.68	1.78	1.87	1.98	2.08	2.19	2.29	2.41	2.52	2.64
1800	1.56	1.65	1.75	1.85	1.95	2.05	2.15	2.26	2.37	2.49	2.60
1900	1.53	1.63	1.72	1.82	1.92	2.02	2.12	2.23	2.34	2.45	2.57
2000	1.51	1.60	1.69	1.79	1.89	1.99	2.09	2.20	2.31	2.42	2.54
2100	1.48	1.57	1.67	1.76	1.86	1.96	2.06	2.17	2.28	2.39	2.50

表2-7-5　甲酸钾盐水溶液(密度为1.572g/cm³)压缩系数随压力、温度变化关系表

压力 bar	压缩系数,$10^{-5}bar^{-1}$										
	0℃	25℃	50℃	75℃	100℃	125℃	150℃	175℃	200℃	225℃	250℃
100	1.75	1.83	1.91	1.99	2.07	2.16	2.25	2.34	2.43	2.52	2.62
200	1.73	1.81	1.89	1.97	2.05	2.14	2.23	2.31	2.41	2.50	2.59
300	1.71	1.79	1.87	1.95	2.03	2.12	2.20	2.29	2.38	2.48	2.57
400	1.69	1.77	1.85	1.93	2.01	2.10	2.18	2.27	2.36	2.45	2.55
500	1.67	1.75	1.83	1.91	1.99	2.07	2.16	2.25	2.34	2.43	2.52
600	1.65	1.73	1.81	1.89	1.97	2.05	2.14	2.23	2.31	2.41	2.50
700	1.64	1.71	1.79	1.87	1.95	2.03	2.12	2.20	2.29	2.38	2.47
800	1.62	1.69	1.77	1.85	1.93	2.01	2.10	2.18	2.27	2.36	2.45
900	1.60	1.67	1.75	1.83	1.91	1.99	2.08	2.16	2.25	2.34	2.43
1000	1.58	1.66	1.73	1.81	1.89	1.97	2.06	2.14	2.23	2.32	2.41
1100	1.56	1.64	1.71	1.79	1.87	1.95	2.03	2.12	2.21	2.29	2.38
1200	1.55	1.62	1.70	1.77	1.85	1.93	2.01	2.10	2.18	2.27	2.36
1300	1.53	1.60	1.68	1.75	1.83	1.91	1.99	2.08	2.16	2.25	2.34
1400	1.51	1.58	1.66	1.73	1.81	1.89	1.97	2.06	2.14	2.23	2.31
1500	1.49	1.57	1.64	1.72	1.79	1.87	1.95	2.04	2.12	2.21	2.29
1600	1.47	1.55	1.62	1.70	1.77	1.85	1.93	2.02	2.10	2.18	2.27
1700	1.46	1.53	1.60	1.68	1.76	1.83	1.91	1.99	2.08	2.16	2.25
1800	1.44	1.51	1.59	1.66	1.74	1.81	1.89	1.97	2.06	2.14	2.23
1900	1.42	1.49	1.57	1.64	1.72	1.79	1.87	1.95	2.04	2.12	2.20
2000	1.40	1.48	1.55	1.62	1.70	1.78	1.85	1.93	2.02	2.10	2.18
2100	1.39	1.46	1.53	1.60	1.68	1.76	1.83	1.91	1.99	2.08	2.16

表2-7-6　甲酸钾盐水溶液(密度为1.880g/cm³)压缩系数随压力、温度变化关系表

压力 bar	压缩系数,$10^{-5}bar^{-1}$										
	0℃	25℃	50℃	75℃	100℃	125℃	150℃	175℃	200℃	225℃	250℃
100	1.89	2.00	2.11	2.23	2.35	2.47	2.59	2.72	2.85	2.98	3.11
200	1.84	1.95	2.07	2.18	2.30	2.42	2.54	2.67	2.79	2.92	3.06
300	1.80	1.91	2.02	2.13	2.25	2.37	2.49	2.61	2.74	2.87	3.00
400	1.75	1.86	1.97	2.09	2.20	2.32	2.44	2.56	2.69	2.82	2.95
500	1.71	1.82	1.93	2.04	2.15	2.27	2.39	2.51	2.64	2.76	2.89
600	1.67	1.77	1.88	1.99	2.11	2.22	2.34	2.46	2.59	2.71	2.84
700	1.62	1.73	1.84	1.95	2.06	2.18	2.29	2.41	2.53	2.66	2.79
800	1.58	1.69	1.79	1.90	2.01	2.13	2.24	2.36	2.48	2.61	2.73
900	1.54	1.64	1.75	1.86	1.97	2.08	2.20	2.31	2.43	2.56	2.68

续表

压力 bar	压缩系数, 10^{-5}bar^{-1}										
	0℃	25℃	50℃	75℃	100℃	125℃	150℃	175℃	200℃	225℃	250℃
1000	1.50	1.60	1.70	1.81	1.92	2.03	2.15	2.27	2.38	2.50	2.63
1100	1.45	1.56	1.66	1.77	1.88	1.99	2.10	2.22	2.33	2.45	2.58
1200	1.41	1.51	1.62	1.72	1.83	1.94	2.05	2.17	2.29	2.40	2.53
1300	1.37	1.47	1.57	1.68	1.79	1.90	2.01	2.12	2.24	2.35	2.47
1400	1.33	1.43	1.53	1.63	1.74	1.85	1.96	2.07	2.19	2.30	2.42
1500	1.28	1.38	1.49	1.59	1.70	1.80	1.91	2.03	2.14	2.26	2.37
1600	1.24	1.34	1.44	1.55	1.65	1.76	1.87	1.98	2.09	2.21	2.32
1700	1.20	1.30	1.40	1.50	1.61	1.71	1.82	1.93	2.04	2.16	2.27
1800	1.16	1.26	1.36	1.46	1.56	1.67	1.78	1.89	2.00	2.11	2.22
1900	1.12	1.22	1.32	1.42	1.52	1.62	1.73	1.84	1.95	2.06	2.18
2000	1.08	1.17	1.27	1.37	1.48	1.58	1.69	1.79	1.90	2.01	2.13
2100	1.04	1.13	1.23	1.33	1.43	1.54	1.64	1.75	1.86	1.97	2.08

表2-7-7 甲酸钾盐水溶液(密度为2.100g/cm³)压缩系数随压力、温度变化关系表

压力 bar	压缩系数, 10^{-5}bar^{-1}										
	0℃	25℃	50℃	75℃	100℃	125℃	150℃	175℃	200℃	225℃	250℃
100	1.56	1.68	1.80	1.92	2.05	2.18	2.31	2.45	2.59	2.73	2.87
200	1.56	1.68	1.80	1.92	2.05	2.18	2.31	2.44	2.58	2.72	2.87
300	1.56	1.67	1.80	1.92	2.04	2.17	2.30	2.44	2.58	2.72	2.86
400	1.55	1.67	1.79	1.92	2.04	2.17	2.30	2.43	2.57	2.71	2.85
500	1.55	1.67	1.79	1.91	2.04	2.17	2.30	2.43	2.56	2.70	2.84
600	1.55	1.67	1.79	1.91	2.03	2.16	2.29	2.42	2.56	2.70	2.84
700	1.55	1.67	1.79	1.91	2.03	2.16	2.29	2.42	2.55	2.69	2.83
800	1.55	1.66	1.78	1.90	2.03	2.15	2.28	2.41	2.55	2.68	2.82
900	1.55	1.66	1.78	1.90	2.02	2.15	2.28	2.41	2.54	2.68	2.82
1000	1.54	1.66	1.78	1.90	2.02	2.15	2.27	2.40	2.54	2.67	2.81
1100	1.54	1.66	1.78	1.90	2.02	2.14	2.27	2.40	2.53	2.66	2.80
1200	1.54	1.66	1.77	1.89	2.01	2.14	2.26	2.39	2.52	2.66	2.79
1300	1.54	1.65	1.77	1.89	2.01	2.13	2.26	2.39	2.52	2.65	2.79
1400	1.54	1.65	1.77	1.89	2.01	2.13	2.26	2.38	2.51	2.65	2.78
1500	1.54	1.65	1.77	1.88	2.00	2.13	2.25	2.38	2.51	2.64	2.77
1600	1.53	1.65	1.76	1.88	2.00	2.12	2.25	2.37	2.50	2.63	2.77
1700	1.53	1.65	1.76	1.88	2.00	2.12	2.24	2.37	2.50	2.63	2.76
1800	1.53	1.64	1.76	1.88	1.99	2.12	2.24	2.36	2.49	2.62	2.75
1900	1.53	1.64	1.76	1.87	1.99	2.11	2.23	2.36	2.49	2.61	2.75
2000	1.53	1.64	1.75	1.87	1.99	2.11	2.23	2.35	2.48	2.61	2.74
2100	1.53	1.64	1.75	1.87	1.98	2.10	2.23	2.35	2.47	2.60	2.73

第二章　甲酸盐盐水溶液的物理性能

表2-7-8　甲酸钾盐水溶液(密度为2.286g/cm³)压缩系数随压力、温度变化关系表

压力 bar	压缩系数,$10^{-5}\mathrm{bar}^{-1}$										
	0℃	25℃	50℃	75℃	100℃	125℃	150℃	175℃	200℃	225℃	250℃
100	1.66	1.80	1.95	2.09	2.25	2.40	2.56	2.73	2.90	3.07	3.24
200	1.62	1.77	1.91	2.06	2.21	2.37	2.52	2.69	2.85	3.02	3.20
300	1.59	1.73	1.88	2.02	2.17	2.33	2.48	2.65	2.81	2.98	3.15
400	1.56	1.70	1.84	1.99	2.14	2.29	2.45	2.61	2.77	2.94	3.11
500	1.52	1.66	1.81	1.95	2.10	2.25	2.41	2.57	2.73	2.90	3.07
600	1.49	1.63	1.77	1.92	2.06	2.21	2.37	2.53	2.69	2.85	3.02
700	1.46	1.60	1.74	1.88	2.03	2.18	2.33	2.49	2.65	2.81	2.98
800	1.43	1.56	1.70	1.85	1.99	2.14	2.29	2.45	2.61	2.77	2.94
900	1.39	1.53	1.67	1.81	1.96	2.10	2.25	2.41	2.57	2.73	2.89
1000	1.36	1.50	1.63	1.78	1.92	2.07	2.22	2.37	2.53	2.69	2.85
1100	1.33	1.46	1.60	1.74	1.88	2.03	2.18	2.33	2.49	2.65	2.81
1200	1.30	1.43	1.57	1.71	1.85	1.99	2.14	2.29	2.45	2.61	2.77
1300	1.27	1.40	1.53	1.67	1.81	1.96	2.11	2.26	2.41	2.57	2.73
1400	1.23	1.37	1.50	1.64	1.78	1.92	2.07	2.22	2.37	2.53	2.69
1500	1.20	1.33	1.47	1.61	1.75	1.89	2.03	2.18	2.33	2.49	2.65
1600	1.17	1.30	1.44	1.57	1.71	1.85	2.00	2.14	2.30	2.45	2.60
1700	1.14	1.27	1.40	1.54	1.68	1.82	1.96	2.11	2.26	2.41	2.56
1800	1.11	1.24	1.37	1.50	1.64	1.78	1.93	2.07	2.22	2.37	2.53
1900	1.08	1.21	1.34	1.47	1.61	1.75	1.89	2.03	2.18	2.33	2.49
2000	1.04	1.17	1.30	1.44	1.57	1.71	1.85	2.00	2.15	2.29	2.45
2100	1.01	1.14	1.27	1.41	1.54	1.68	1.82	1.96	2.11	2.26	2.41

表2-7-9　甲酸钾盐水溶液(密度为1.101g/cm³)热膨胀系数随压力、温度变化关系表

压力 bar	热膨胀系数,$10^{-4}\mathrm{K}^{-1}$										
	0℃	25℃	50℃	75℃	100℃	125℃	150℃	175℃	200℃	225℃	250℃
100	3.67	4.22	4.79	5.38	6.00	6.64	7.31	8.02	8.76	9.56	1.04×10^{-3}
200	3.60	4.15	4.72	5.31	5.91	6.55	7.22	7.92	8.66	9.45	1.03×10^{-3}
300	3.54	4.08	4.65	5.23	5.83	6.47	7.13	7.82	8.56	9.33	1.02×10^{-3}
400	3.47	4.01	4.57	5.15	5.76	6.38	7.04	7.73	8.46	9.23	1.00×10^{-3}
500	3.41	3.95	4.50	5.08	5.68	6.30	6.95	7.63	8.36	9.12	9.93
600	3.34	3.88	4.43	5.01	5.60	6.22	6.86	7.54	8.26	9.01	9.82
700	3.28	3.81	4.37	4.93	5.52	6.14	6.78	7.45	8.16	8.91	9.71
800	3.22	3.75	4.30	4.86	5.45	6.06	6.70	7.36	8.07	8.81	9.60
900	3.15	3.68	4.23	4.79	5.38	5.98	6.61	7.28	7.97	8.71	9.49

续表

压力 bar	热膨胀系数,$10^{-4}K^{-1}$										
	0℃	25℃	50℃	75℃	100℃	125℃	150℃	175℃	200℃	225℃	250℃
1000	3.09	3.62	4.16	4.72	5.30	5.90	6.53	7.19	7.88	8.61	9.39
1100	3.03	3.56	4.10	4.65	5.23	5.83	6.45	7.10	7.79	8.51	9.28
1200	2.97	3.49	4.03	4.59	5.16	5.75	6.37	7.02	7.70	8.42	9.18
1300	2.91	3.43	3.97	4.52	5.09	5.68	6.29	6.94	7.61	8.32	9.08
1400	2.85	3.37	3.90	4.45	5.02	5.60	6.22	6.85	7.52	8.23	8.98
1500	2.79	3.31	3.84	4.39	4.95	5.53	6.14	6.77	7.44	8.14	8.88
1600	2.73	3.25	3.78	4.32	4.88	5.46	6.06	6.69	7.35	8.05	8.78
1700	2.68	3.19	3.71	4.25	4.81	5.39	5.99	6.61	7.27	7.96	8.69
1800	2.62	3.13	3.65	4.19	4.74	5.32	5.91	6.54	7.19	7.87	8.60
1900	2.56	3.07	3.59	4.13	4.68	5.25	5.84	6.46	7.11	7.79	8.50
2000	2.50	3.01	3.53	4.06	4.61	5.18	5.77	6.38	7.03	7.70	8.41
2100	2.45	2.95	3.47	4.00	4.55	5.11	5.70	6.31	6.95	7.62	8.32

表2-7-10 甲酸钾盐水溶液(密度为1.201g/cm³)热膨胀系数随压力、温度变化关系表

压力 bar	热膨胀系数,$10^{-4}K^{-1}$										
	0℃	25℃	50℃	75℃	100℃	125℃	150℃	175℃	200℃	225℃	250℃
100	4.24	4.58	4.93	5.29	5.67	6.06	6.47	6.89	7.34	7.81	8.30
200	4.18	4.52	4.86	5.22	5.60	5.98	6.39	6.81	7.25	7.72	8.21
300	4.12	4.45	4.80	5.16	5.53	5.91	6.31	6.73	7.17	7.63	8.11
400	4.06	4.39	4.73	5.09	5.46	5.84	6.23	6.65	7.08	7.54	8.02
500	4.00	4.33	4.67	5.02	5.39	5.76	6.16	6.57	7.00	7.45	7.93
600	3.94	4.27	4.61	4.96	5.32	5.69	6.08	6.49	6.92	7.37	7.84
700	3.88	4.21	4.54	4.89	5.25	5.62	6.01	6.41	6.84	7.28	7.75
800	3.82	4.15	4.48	4.82	5.18	5.55	5.94	6.34	6.76	7.20	7.66
900	3.76	4.09	4.42	4.76	5.11	5.48	5.86	6.26	6.68	7.11	7.57
1000	3.70	4.03	4.36	4.70	5.05	5.41	5.79	6.19	6.60	7.03	7.48
1100	3.65	3.97	4.29	4.63	4.98	5.35	5.72	6.11	6.52	6.95	7.40
1200	3.59	3.91	4.23	4.57	4.92	5.28	5.65	6.04	6.44	6.87	7.31
1300	3.53	3.85	4.17	4.51	4.85	5.21	5.58	5.97	6.37	6.79	7.23
1400	3.48	3.79	4.11	4.45	4.79	5.14	5.51	5.89	6.29	6.71	7.15
1500	3.42	3.73	4.05	4.38	4.73	5.08	5.44	5.82	6.22	6.63	7.06
1600	3.37	3.68	4.00	4.32	4.66	5.01	5.38	5.75	6.15	6.56	6.98
1700	3.31	3.62	3.94	4.26	4.60	4.95	5.31	5.68	6.07	6.48	6.90
1800	3.26	3.56	3.88	4.20	4.54	4.89	5.24	5.61	6.00	6.40	6.82
1900	3.20	3.51	3.82	4.14	4.48	4.82	5.18	5.55	5.93	6.33	6.75
2000	3.15	3.45	3.76	4.09	4.42	4.76	5.11	5.48	5.86	6.26	6.67
2100	3.09	3.40	3.71	4.03	4.36	4.70	5.05	5.41	5.79	6.18	6.59

表 2-7-11 甲酸钾盐水溶液(密度为 1.301g/cm³)热膨胀系数随压力、温度变化关系表

压力 bar	热膨胀系数,$10^{-4}K^{-1}$										
	0℃	25℃	50℃	75℃	100℃	125℃	150℃	175℃	200℃	225℃	250℃
100	4.51	4.67	4.83	5.00	5.18	5.36	5.55	5.75	5.95	6.17	6.39
200	4.45	4.61	4.78	4.95	5.12	5.30	5.49	5.69	5.89	6.10	6.32
300	4.40	4.56	4.73	4.89	5.07	5.25	5.43	5.62	5.82	6.03	6.25
400	4.35	4.51	4.67	4.84	5.01	5.19	5.37	5.56	5.76	5.96	6.18
500	4.31	4.46	4.62	4.78	4.96	5.13	5.31	5.50	5.70	5.90	6.11
600	4.26	4.41	4.57	4.73	4.90	5.07	5.25	5.44	5.63	5.83	6.04
700	4.21	4.36	4.52	4.68	4.85	5.02	5.20	5.38	5.57	5.77	5.98
800	4.16	4.31	4.47	4.63	4.79	4.96	5.14	5.32	5.51	5.71	5.91
900	4.11	4.26	4.42	4.57	4.74	4.91	5.08	5.26	5.45	5.64	5.85
1000	4.06	4.21	4.36	4.52	4.69	4.85	5.03	5.21	5.39	5.58	5.78
1100	4.02	4.16	4.32	4.47	4.63	4.80	4.97	5.15	5.33	5.52	5.72
1200	3.97	4.11	4.27	4.42	4.58	4.74	4.91	5.09	5.27	5.46	5.65
1300	3.92	4.07	4.22	4.37	4.53	4.69	4.86	5.03	5.21	5.40	5.59
1400	3.88	4.02	4.17	4.32	4.48	4.64	4.81	4.98	5.16	5.34	5.53
1500	3.83	3.97	4.12	4.27	4.43	4.59	4.75	4.92	5.10	5.28	5.47
1600	3.78	3.93	4.07	4.22	4.38	4.53	4.70	4.87	5.04	5.22	5.41
1700	3.74	3.88	4.02	4.17	4.33	4.48	4.65	4.81	4.99	5.16	5.35
1800	3.69	3.83	3.98	4.12	4.28	4.43	4.59	4.76	4.93	5.11	5.29
1900	3.65	3.79	3.93	4.08	4.23	4.38	4.54	4.70	4.87	5.05	5.23
2000	3.60	3.74	3.88	4.03	4.18	4.33	4.49	4.65	4.82	4.99	5.17
2100	3.56	3.70	3.84	3.98	4.13	4.28	4.44	4.60	4.77	4.94	5.12

表 2-7-12 甲酸钾盐水溶液(密度为 1.400g/cm³)热膨胀系数随压力、温度变化关系表

压力 bar	热膨胀系数,$10^{-4}K^{-1}$										
	0℃	25℃	50℃	75℃	100℃	125℃	150℃	175℃	200℃	225℃	250℃
100	4.32	4.43	4.55	4.67	4.79	4.92	5.05	5.19	5.33	5.47	5.62
200	4.28	4.39	4.51	4.62	4.75	4.87	5.00	5.14	5.27	5.42	5.56
300	4.24	4.35	4.46	4.58	4.70	4.83	4.95	5.09	5.22	5.36	5.51
400	4.20	4.31	4.42	4.54	4.66	4.78	4.91	5.04	5.17	5.31	5.46
500	4.16	4.27	4.38	4.49	4.61	4.73	4.86	4.99	5.12	5.26	5.40
600	4.12	4.23	4.34	4.45	4.57	4.69	4.81	4.94	5.07	5.21	5.35
700	4.08	4.19	4.30	4.41	4.52	4.64	4.77	4.89	5.02	5.16	5.30
800	4.04	4.14	4.25	4.37	4.48	4.60	4.72	4.85	4.98	5.11	5.25
900	4.00	4.10	4.21	4.32	4.44	4.55	4.68	4.80	4.93	5.06	5.20

续表

压力 bar	热膨胀系数,$10^{-4}K^{-1}$									
	0℃	25℃	50℃	75℃	100℃	125℃	150℃	175℃	200℃	225℃	250℃
1000	3.96	4.06	4.17	4.28	4.39	4.51	4.63	4.75	4.88	5.01	5.15
1100	3.92	4.03	4.13	4.24	4.35	4.47	4.59	4.71	4.83	4.96	5.10
1200	3.88	3.99	4.09	4.20	4.31	4.42	4.54	4.66	4.79	4.91	5.05
1300	3.84	3.95	4.05	4.16	4.27	4.38	4.50	4.62	4.74	4.87	5.00
1400	3.81	3.91	4.01	4.12	4.23	4.34	4.45	4.57	4.69	4.82	4.95
1500	3.77	3.87	3.97	4.08	4.18	4.29	4.41	4.53	4.65	4.77	4.90
1600	3.73	3.83	3.93	4.04	4.14	4.25	4.37	4.48	4.60	4.72	4.85
1700	3.69	3.79	3.89	4.00	4.10	4.21	4.32	4.44	4.56	4.68	4.80
1800	3.66	3.75	3.85	3.96	4.06	4.17	4.28	4.39	4.51	4.63	4.76
1900	3.62	3.72	3.81	3.92	4.02	4.13	4.24	4.35	4.47	4.59	4.71
2000	3.58	3.68	3.78	3.88	3.98	4.09	4.19	4.31	4.42	4.54	4.66
2100	3.55	3.64	3.74	3.84	3.94	4.05	4.15	4.26	4.38	4.49	4.62

表2-7-13 甲酸钾盐水溶液(密度为1.572g/cm³)热膨胀系数随压力、温度变化关系表

压力 bar	热膨胀系数,$10^{-4}K^{-1}$									
	0℃	25℃	50℃	75℃	100℃	125℃	150℃	175℃	200℃	225℃	250℃
100	4.04	4.08	4.13	4.18	4.23	4.28	4.34	4.39	4.45	4.50	4.56
200	4.00	4.05	4.10	4.15	4.20	4.25	4.30	4.35	4.41	4.46	4.52
300	3.97	4.02	4.07	4.11	4.16	4.21	4.27	4.32	4.37	4.43	4.48
400	3.94	3.99	4.03	4.08	4.13	4.18	4.23	4.28	4.34	4.39	4.44
500	3.91	3.96	4.00	4.05	4.10	4.15	4.20	4.25	4.30	4.35	4.41
600	3.88	3.93	3.97	4.02	4.06	4.11	4.16	4.21	4.26	4.32	4.37
700	3.85	3.89	3.94	3.98	4.03	4.08	4.13	4.18	4.23	4.28	4.33
800	3.82	3.86	3.91	3.95	4.00	4.04	4.09	4.14	4.19	4.24	4.29
900	3.79	3.83	3.88	3.92	3.97	4.01	4.06	4.11	4.16	4.21	4.26
1000	3.76	3.80	3.85	3.89	3.93	3.98	4.03	4.07	4.12	4.17	4.22
1100	3.73	3.77	3.81	3.86	3.90	3.95	3.99	4.04	4.09	4.14	4.18
1200	3.70	3.74	3.78	3.83	3.87	3.91	3.96	4.00	4.05	4.10	4.15
1300	3.67	3.71	3.75	3.79	3.84	3.88	3.93	3.97	4.02	4.06	4.11
1400	3.64	3.68	3.72	3.76	3.81	3.85	3.89	3.94	3.98	4.03	4.08
1500	3.61	3.65	3.69	3.73	3.77	3.82	3.86	3.90	3.95	3.99	4.04
1600	3.58	3.62	3.66	3.70	3.74	3.78	3.83	3.87	3.92	3.96	4.01
1700	3.56	3.59	3.63	3.67	3.71	3.75	3.80	3.84	3.88	3.93	3.97
1800	3.53	3.56	3.60	3.64	3.68	3.72	3.76	3.81	3.85	3.89	3.94
1900	3.50	3.54	3.57	3.61	3.65	3.69	3.73	3.77	3.82	3.86	3.90
2000	3.47	3.51	3.54	3.58	3.62	3.66	3.70	3.74	3.78	3.82	3.87
2100	3.44	3.48	3.51	3.55	3.59	3.63	3.67	3.71	3.75	3.79	3.83

表 2-7-14 甲酸铯/钾混合盐水溶液（密度为 1.880g/cm³）热膨胀系数随压力、温度变化关系表

压力 bar	热膨胀系数, $10^{-4} K^{-1}$										
	0℃	25℃	50℃	75℃	100℃	125℃	150℃	175℃	200℃	225℃	250℃
100	4.80	4.80	4.80	4.80	4.80	4.80	4.80	4.79	4.79	4.79	4.78
200	4.76	4.76	4.76	4.76	4.75	4.75	4.75	4.74	4.74	4.73	4.73
300	4.71	4.71	4.71	4.71	4.71	4.70	4.70	4.69	4.69	4.68	4.67
400	4.67	4.67	4.67	4.66	4.66	4.65	4.65	4.64	4.64	4.63	4.62
500	4.63	4.63	4.62	4.62	4.61	4.61	4.60	4.59	4.59	4.58	4.57
600	4.59	4.58	4.58	4.57	4.57	4.56	4.55	4.54	4.54	4.53	4.51
700	4.54	4.54	4.53	4.53	4.52	4.51	4.51	4.50	4.49	4.48	4.46
800	4.50	4.50	4.49	4.48	4.48	4.47	4.46	4.45	4.44	4.43	4.41
900	4.46	4.45	4.45	4.44	4.43	4.42	4.41	4.40	4.39	4.38	4.36
1000	4.42	4.41	4.40	4.40	4.39	4.38	4.37	4.35	4.34	4.33	4.31
1100	4.38	4.37	4.36	4.35	4.34	4.33	4.32	4.31	4.29	4.28	4.26
1200	4.34	4.33	4.32	4.31	4.30	4.29	4.27	4.26	4.25	4.23	4.21
1300	4.30	4.29	4.28	4.27	4.25	4.24	4.23	4.21	4.20	4.18	4.16
1400	4.26	4.25	4.24	4.22	4.21	4.20	4.18	4.17	4.15	4.13	4.12
1500	4.22	4.21	4.19	4.18	4.17	4.15	4.14	4.12	4.11	4.09	4.07
1600	4.18	4.17	4.15	4.14	4.13	4.11	4.09	4.08	4.06	4.04	4.02
1700	4.14	4.13	4.11	4.10	4.08	4.07	4.05	4.03	4.01	3.99	3.97
1800	4.10	4.09	4.07	4.06	4.04	4.03	4.01	3.99	3.97	3.95	3.93
1900	4.06	4.05	4.03	4.02	4.00	3.98	3.96	3.95	3.92	3.90	3.88
2000	4.02	4.01	3.99	3.98	3.96	3.94	3.92	3.90	3.88	3.86	3.84
2100	3.98	3.97	3.95	3.94	3.92	3.90	3.88	3.86	3.84	3.81	3.79

表 2-7-15 甲酸铯/钾混合盐水溶液（密度为 2.100g/cm³）热膨胀系数随压力、温度变化关系表

压力 bar	热膨胀系数, $10^{-4} K^{-1}$										
	0℃	25℃	50℃	75℃	100℃	125℃	150℃	175℃	200℃	225℃	250℃
100	4.59	4.60	4.62	4.63	4.64	4.65	4.66	4.67	4.68	4.69	4.70
200	4.55	4.56	4.57	4.58	4.59	4.60	4.61	4.62	4.63	4.63	4.64
300	4.50	4.51	4.52	4.53	4.54	4.55	4.55	4.56	4.57	4.58	4.58
400	4.45	4.46	4.47	4.48	4.49	4.49	4.50	4.51	4.51	4.52	4.53
500	4.41	4.41	4.42	4.43	4.44	4.44	4.45	4.45	4.46	4.47	4.47
600	4.36	4.37	4.37	4.38	4.38	4.39	4.40	4.40	4.41	4.41	4.41
700	4.31	4.32	4.32	4.33	4.33	4.34	4.34	4.35	4.35	4.35	4.36
800	4.27	4.27	4.28	4.28	4.28	4.29	4.29	4.29	4.30	4.30	4.30
900	4.22	4.22	4.23	4.23	4.23	4.24	4.24	4.24	4.24	4.24	4.24

续表

压力 bar	热膨胀系数,$10^{-4}K^{-1}$									
	0℃	25℃	50℃	75℃	100℃	125℃	150℃	175℃	200℃	225℃	250℃
1000	4.17	4.18	4.18	4.18	4.18	4.19	4.19	4.19	4.19	4.19	4.19
1100	4.13	4.13	4.13	4.13	4.14	4.14	4.14	4.14	4.14	4.13	4.13
1200	4.08	4.08	4.09	4.09	4.09	4.09	4.09	4.08	4.08	4.08	4.08
1300	4.04	4.04	4.04	4.04	4.04	4.04	4.03	4.03	4.03	4.03	4.02
1400	3.99	3.99	3.99	3.99	3.99	3.99	3.98	3.98	3.98	3.97	3.97
1500	3.95	3.95	3.94	3.94	3.94	3.94	3.93	3.93	3.93	3.92	3.92
1600	3.90	3.90	3.90	3.89	3.89	3.89	3.88	3.88	3.87	3.87	3.86
1700	3.86	3.85	3.85	3.85	3.84	3.84	3.83	3.83	3.82	3.81	3.81
1800	3.81	3.81	3.80	3.80	3.79	3.79	3.78	3.78	3.77	3.76	3.75
1900	3.77	3.76	3.76	3.75	3.75	3.74	3.73	3.73	3.72	3.71	3.70
2000	3.72	3.72	3.71	3.71	3.70	3.69	3.68	3.68	3.67	3.66	3.65
2100	3.68	3.67	3.67	3.66	3.65	3.64	3.64	3.63	3.62	3.61	3.60

表2-7-16 甲酸铯盐水溶液(密度为2.286g/cm³)热膨胀系数随压力、温度变化关系表

压力 bar	热膨胀系数,$10^{-4}K^{-1}$									
	0℃	25℃	50℃	75℃	100℃	125℃	150℃	175℃	200℃	225℃	250℃
100	4.69	4.73	4.77	4.82	4.86	4.90	4.95	5.00	5.04	5.09	5.14
200	4.63	4.67	4.71	4.76	4.80	4.84	4.88	4.93	4.97	5.02	5.07
300	4.58	4.62	4.66	4.70	4.74	4.78	4.82	4.86	4.91	4.95	5.00
400	4.52	4.56	4.60	4.64	4.68	4.72	4.76	4.80	4.84	4.88	4.93
500	4.47	4.50	4.54	4.58	4.62	4.65	4.69	4.73	4.77	4.82	4.86
600	4.41	4.45	4.48	4.52	4.56	4.59	4.63	4.67	4.71	4.75	4.79
700	4.36	4.39	4.43	4.46	4.50	4.53	4.57	4.61	4.64	4.68	4.72
800	4.30	4.34	4.37	4.40	4.44	4.47	4.51	4.54	4.58	4.62	4.65
900	4.25	4.28	4.31	4.35	4.38	4.41	4.45	4.48	4.52	4.55	4.59
1000	4.20	4.23	4.26	4.29	4.32	4.35	4.38	4.42	4.45	4.49	4.52
1100	4.14	4.17	4.20	4.23	4.26	4.29	4.32	4.36	4.39	4.42	4.45
1200	4.09	4.12	4.15	4.17	4.20	4.23	4.26	4.29	4.33	4.36	4.39
1300	4.04	4.06	4.09	4.12	4.15	4.18	4.20	4.23	4.26	4.29	4.32
1400	3.98	4.01	4.04	4.06	4.09	4.12	4.14	4.17	4.20	4.23	4.26
1500	3.93	3.96	3.98	4.01	4.03	4.06	4.09	4.11	4.14	4.17	4.20
1600	3.88	3.90	3.93	3.95	3.98	4.00	4.03	4.05	4.08	4.11	4.13
1700	3.83	3.85	3.87	3.90	3.92	3.94	3.97	3.99	4.02	4.04	4.07
1800	3.78	3.80	3.82	3.84	3.87	3.89	3.91	3.93	3.96	3.98	4.01
1900	3.73	3.75	3.77	3.79	3.81	3.83	3.85	3.88	3.90	3.92	3.95
2000	3.67	3.69	3.71	3.73	3.75	3.78	3.80	3.82	3.84	3.86	3.88
2100	3.62	3.64	3.66	3.68	3.70	3.72	3.74	3.76	3.78	3.80	3.82

实验是在 Webstport 国际公司做的。实验用的压力—容积—温度测量设备由两个腔室和与其相连的一个泵和一个压力表组成。测量通过压汞和排汞来完成,分辨率为 ±20psi 和 ±1°F,标准误差包括了密度计的误差。

测量试样包括去离子水,密度为 1.10~1.58g/cm³ 的 5 份甲酸钾盐水,2 份密度为 1.57g/cm³ 的甲酸钾盐水与密度为 2.284g/cm³ 的甲酸铯盐水混合液,以及纯的甲酸铯盐水试样。

三、PVTCalc 软件

PVTCalc 软件可以根据真实的井底压力和温度算出相应的密度、压缩系数和热膨胀系数,所需输入数据为参考条件下的密度。该软件可通过登录 www.cabotcorp.com/pvtcals 获得免费版。

第八节　甲酸盐盐水润滑性

一、定义

1. 润滑的定义

润滑是在两摩擦表面间加入某种物质(如油脂等)以减少摩擦和磨损的一种措施。某种物质润滑性的优劣是通过测定滑动摩擦系数来表征的,低的摩擦系数说明该物质的润滑性好。

2. 摩擦系数的定义

摩擦系数(COF)的定义是,静摩擦力或动摩擦力与垂直压力间的比。

摩擦力是相互接触的两物体在接触面上发生的阻碍相对滑动或相对滑动趋势的力。当物体间有相对滑动的趋势但尚无相对滑动时,作用在物体上的摩擦力称"静摩擦力"。静摩擦力与使物体发生滑动趋势的力的方向相反,它的大小与该力相同,并随力的增大而增大,当力加大到物体即将开始运动时,摩擦力达到最大值称"最大静摩擦力"。物体在滑动时受到的摩擦力称"滑动摩擦力",滑动摩擦力比最大静摩擦力略小。最大静摩擦力和滑动摩擦力与接触面上的正压力成正比,比例系数分别称"静摩擦系数"和"滑动摩擦系数"通称"摩擦系数",它的大小主要决定于接触面的材料、表面情况以及相对运动的速度等,通常与接触面的大小无关。

二、滑润性能测定的仪器

多数滑润性能测定仪器的基本原理都是通过测定滑动摩擦系数,或通过测定转动面和静止面之间的扭矩,或通过测定旋转静止表面的液层所需动力来表示润滑性能。因此,通常以摩擦系数、扭矩及转动动力作为评价某种物质润滑性能的指标。常用的仪器,如钻井液极压(EP)润滑仪、LEM 润滑性评价仪、HLT 润滑性测试仪等。

三、甲酸盐盐水的润滑性测定

1. 用 HLT 润滑仪测试

HLT 润滑测试仪测量密度为 1.6~2.28g/cm³ 的甲酸钾和甲酸铯的混合液。以水的摩擦系数作为它的基准值。图 2-8-1 所示为韦斯特伯特国际技术中心的 HLT 润滑测试仪。

在测试温度分别为 24℃,66℃,93℃和 124℃,压力为 1.72MPa 条件下,测试了金属对金属

图 2-8-1 韦斯特伯特国际技术中心的 HLT 润滑测试仪

和金属对砂页岩的摩擦系数。

(1) 金属对金属:金属悬垂由长为 3in 和直径为 2.5in 的碳钢(罗氏硬度 C 为 37) 制成。中间嵌入一段 4.5in 的 N80 金属管。

(2) 金属对砂岩:金属与 Berea 砂岩(200mD)接触。

(3) 金属对页岩:金属与 Pierre Ⅱ 页岩接触。

表 2-8-1 给出了美国休斯敦韦斯特伯特国际技术中心的 HLT 润滑测试仪和极压(EP) 润滑仪测定的甲酸钾/甲酸铯混合盐水的摩擦系数。表 2-8-2 给出了用 HLT 润滑仪测试的水中加入甲酸钾/甲酸铯混合盐水后摩擦系数下降的百分比。

表 2-8-1 用 HLT 润滑测试仪和 Bracid 公司的润滑仪测定的甲酸钾/甲酸铯混合盐水的摩擦系数

测试温度 ℃	摩擦系数					
	水	甲酸钾/甲酸铯盐水 1.60g/cm³	甲酸钾/甲酸铯盐水 1.77g/cm³	甲酸钾/甲酸铯盐水 1.94g/cm³	甲酸钾/甲酸铯盐水 2.11g/cm³	甲酸铯盐水 2.28g/cm³
金属—金属						
24	0.3640	0.1391	0.1437	0.1446	0.1561	0.1227
66	0.3595	0.1745	—	0.1496	—	0.1526
93	0.3647	0.1963	—	0.1705	—	0.1661
107	0.3399	0.1802	—	0.1856	—	0.1857
Baroid L. M. 测定值	0.355	0.075	0.100	0.105	0.110	0.103
金属—砂岩						
24	0.5209	0.1281	—	0.0944	—	0.1267
66	0.5299	0.1589	—	0.1303	—	0.1557
93	0.5267	0.1723	—	0.1313	—	0.1513
107	0.4970	0.1695	—	0.1318	—	0.1813

续表

测试温度 ℃	摩擦系数					
	水	甲酸钾/甲酸铯盐水 1.60g/cm³	甲酸钾/甲酸铯盐水 1.77g/cm³	甲酸钾/甲酸铯盐水 1.94g/cm³	甲酸钾/甲酸铯盐水 2.11g/cm³	甲酸铯盐水 2.28g/cm³
金属—页岩						
24	0.4524	0.1574	0.1442	0.1358	0.1588	0.1590
66	0.6276	0.2107	—	0.1854	—	0.2066
93	0.5859	0.2190	—	0.2459	—	0.2395
107	0.5750	0.2177	—	0.2587	—	0.2506

表 2-8-2 用 HLT 润滑测试仪测定的水中加入甲酸钾/甲酸铯混合盐水后摩擦系数下降的百分比

测试温度 ℃	摩擦系数下降,%				
	甲酸钾/甲酸铯盐水 1.60g/cm³	甲酸钾/甲酸铯盐水 1.77g/cm³	甲酸钾/甲酸铯盐水 1.94g/cm³	甲酸钾/甲酸铯盐水 2.11g/cm³	甲酸铯盐水 2.28g/cm³
金属—金属					
24	61.79	60.52	69.98	57.12	66.29
66	51.46	—	58.39	—	57.55
93	46.17	—	53.25	—	54.46
107	46.98	—	45.40	—	45.37
金属—砂岩					
24	75.41	—	81.88	—	75.68
66	70.01	—	75.41	—	70.62
93	67.29	—	75.07	—	71.27
107	65.90	—	73.48	—	63.46
金属—页岩					
24	65.21	68.13	66.00	64.90	64.85
66	66.43	—	70.46	—	67.08
93	62.62	—	58.37	—	59.12
107	62.14	—	55.01	—	56.42

从表 2-8-1 和表 2-8-2 中可看出,甲酸钾盐水和甲酸铯盐水及它们的混合液都具有非常好的润滑性,与水相比能大幅度降低摩擦系数。金属对金属时摩擦系数降低范围为 46%~66%,金属对砂岩时为 63%~82%,金属对页岩时为 55%~70%,在不同温度下摩擦系数均较低。

2. 用 HLT 润滑仪测试

表 2-8-3 给出了用 HLT 润滑仪测试不同流体润滑性的结果。

表 2-8-3　用 HLT 润滑测试仪测得的各种流体的润滑性

钻井液	金属—金属	金属—砂岩
水基钻井液（1.8g/cm³）①	0.264	0.338
柴油基钻井液（不同密度）①	0.180	0.223
矿物油基钻井液（不同密度）①	0.223	0.231
合成基钻井液（不同密度）①	0.181	0.253
甲酸钾/甲酸铯钻井液②	0.162	0.144

① 几年来使用同一仪器测得的平均摩擦系数。
② 在各种温度下的平均摩擦系数。

从表 2-8-3 中可看出，甲酸盐盐水的摩擦系数比添加了滑润剂的水基钻井液、柴油钻井液、矿物油钻井液和合成基钻井液的都较低，润滑性均好于其他流体。

3. 用桑百利润滑试验装置测试

图 2-8-2 和图 2-8-3 给出了不同浓度甲酸钾盐水和不同浓度的甲酸铯盐水中低碳钢金属—金属的摩擦系数与盐水密度的函数关系。

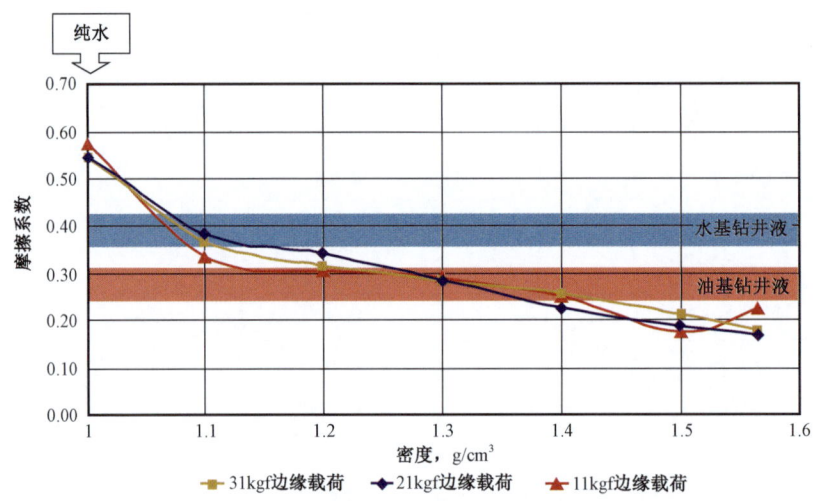

图 2-8-2　用桑百利润滑测试仪测得的不同浓度甲酸钾盐水中低碳钢
金属—金属的摩擦系数与盐水密度的函数关系曲线

从图 2-8-2 和图 2-8-3 中可看出，单一甲酸盐盐水的摩擦系数取决于盐水的浓度。在高浓度情况下，甲酸钾盐水和甲酸铯盐水的润滑性与油基钻井液的润滑性一样。在低浓度情况下，甲酸钠盐水和甲酸钠与甲酸钾混合液可以通过添加润滑剂来提高润滑性。

对于甲酸铯来说，在已知密度的情况下，甲酸钾和甲酸铯混合液的润滑性要比经过稀释的甲酸铯盐水好。

试验过程中还发现，对甲酸盐盐水体系来说，盐水的润滑性与盐水黏度间具有很好的相关性。盐水的黏度上升，其润滑性提高。当然这黏度指的是甲酸盐盐水的黏度，其实质上也是浓度的函数，说明甲酸盐在高浓度下具有很好的润滑性。

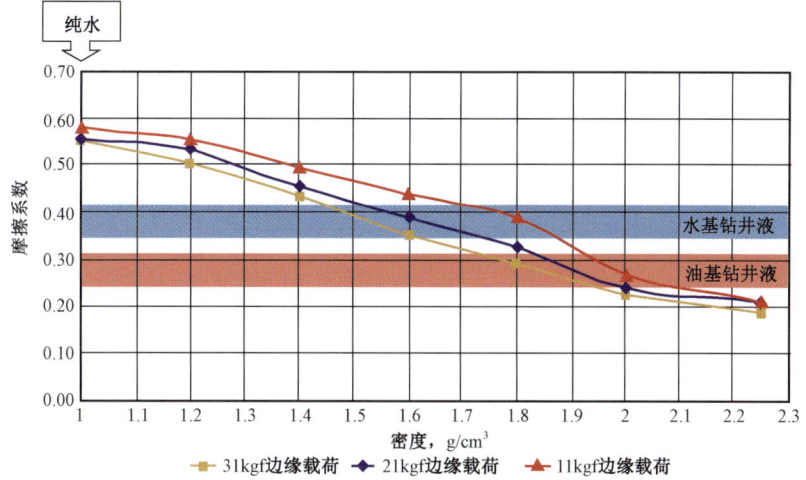

图2-8-3 用桑百利润滑测试仪测得的不同浓度甲酸铯盐水中低碳钢
金属—金属的摩擦系数与盐水密度的函数关系曲线

第九节 甲酸盐盐水生物毒性

一、甲酸盐盐水的生物毒性

环境保护要求钻完井液在向周围的环境排放时必须具有生物降解性。但大多数钻完井液不具备此特性,在作业过程中需加杀菌剂,而作业结束后对废弃钻完井液进行处理。甲酸盐盐水在施工用的浓度下具有优良的生物降解特性,当其稀释到可向环境排放的低浓度时也可以迅速被生物降解。

二、甲酸盐生物降解能力

甲酸离子($HCOO^-$)是有机物。壳牌研究公司在英格兰的亨廷登研究中心对甲酸盐进行了各种需氧生物的降解能力研究。该实验是采用28天快速生物降解方法,在室内需氧条件下进行。表2-9-1给出了对甲酸钠、甲酸钾和甲酸铯进行的301D试验(密封瓶试验)的结果。表2-9-2和表2-9-3给出了对甲酸钠和甲酸钾进行的化学需氧量、生物化学需氧量和301E(改型的经合组织筛选试验)试验结果。

表2-9-1 快速生物降解能力的"301D—密封瓶试验"

试验	甲酸钠 (16mg/L)	甲酸钾 (18mg/L)	甲酸铯—水化物 (45mg/L)
生物化学需氧量(BOD_{28})	3.85	3.15	3.35
理论需氧量①,$mg(O_2)/L$	3.76	3.42	4.05
降解百分比(28d),%	102	92	83
时间窗口标准②	通过	通过	通过

① 理论需氧量是用(甲酸钠)×浓度(甲酸钠)+理论需氧量(甲酸盐)×浓度(甲酸盐)计算出的。
② "时间窗口标准":材料的生物降解度达到60%时,10天内的降解量必须达到10%。

表 2-9-2　甲酸钠和甲酸钾的化学需氧量和生物化学需氧量

试验	甲酸钠（16mg/L）	甲酸钾（19mg/L）
化学需氧量（试样1000mg/L），mg/L（mg/g）	112	93
生物化学需氧量（试样50mg/L），mg/g	4	8

表 2-9-3　快速生物降解能力的 301E 改型经合组织筛选试验

试验	甲酸钠		甲酸钾	
	118mg/L	31.2mg/L	11.7mg/L	30.4mg/L
生物降解（7d），%	13	6	17	6
生物降解（14d），%	89	92	92	94
生物降解（21d），%	91	94	90	92
生物降解（27d），%	81	90	75	89
生物降解（28d），%	90	88	80	89

上述试验中使用的名词定义：

(1) 理论需氧量。理论需氧量可由物质的配方和物质本身的纯度，或主要组分的相对百分比计算出来。

(2) 化学需氧量。化学需氧量是物质总需氧量的量度标准，并以热水容性重铬酸盐的水溶液的还原程度为标准。

(3) 生物化学需氧量。生物化学需氧量是，当物质暴露在含氧的水中时物质在水溶液的需氧量的量度标准。氧被输入反应釜的细菌消耗掉。因此，生物化学需氧量是物质在天然环境中需氧的量度标准。生物化学需氧量需要一个物质需氧量随时间的延长而增加的指定周期。通常的测量值是 5 天后测得的生物化学需氧量。

(4) 生物化学需氧量与化学需氧量的比。生物化学需氧量与化学需氧量的比率是生物降解程度的量度标准。

从表可以看出，甲酸盐是能迅速降解的，并且完全通过了"时间窗口标准"，即生物降解率可达到 60% 的物质，其生物降解率在 10 天内必须达到 10%。

三、甲酸盐的杀菌作用

杀菌作用是利用某些物理、化学或生物因素，使微生物失去生命活力的作用。高温、射线、超声波、化学药剂、抗生素、噬菌体或溶菌酶都有这种作用。

甲酸盐盐水被稀释时是可被生物降解的，是已被环保法规认可的。然而，当低浓度的甲酸盐盐水作为完井液或压井液使用时，其浓度要高到足以抑制细菌的生长。

壳牌研究公司通过实验确定了抑制需氧菌和厌氧菌所需的甲酸盐含量。

1. 实验条件

(1) 考虑到甲酸盐盐水在地面储备的设备上会生长大量需氧菌，因此在室温下进行了实验。采用一种含多种需氧菌的细菌培养液，通过测量溶解有机碳的去除量进行了测试。

(2) 考虑到甲酸盐水在井下升温条件下，最可能产生厌氧硫酸盐还原菌。因此，在代表这种情况的温度下进行了抑制实验。使用了两种培养的硫酸盐还原菌，最佳生长温度为 30℃ 的

T670(喜中温的)和最佳生长温度为60℃的TSRB1(喜高温的)。没有最佳生长温度为高温的培养细菌。由于甲酸盐不是硫酸盐还原菌的"精加工"培养基,所以抑制实验是在没有甲酸盐的条件下,用支持培养菌生长的介质中进行的。

2. 实验结果与现场经验

(1)相对应的盐水密度为1.04g/cm³,需氧菌和厌氧菌两者的抑制量约为1M(质量分数为6.8%)。两种实验都使用了在现场少有的理想给食条件。因此,实验反映了最坏的情况。

(2)甲酸盐盐水在现场通常使用浓度下具有良好的杀菌性,不需要添加杀菌剂。

四、甲酸盐对环境和海洋生物的影响

甲酸盐是一种可被生物降解的盐类。国外对甲酸盐对海洋生物的毒性进行了试验。表2-9-4是甲酸钾和甲酸铯的LC_{50}值(最低致死浓度)。由表中的数据可以看出,甲酸盐对海洋生物的毒性很低。与甲酸钾相比,甲酸铯可能对某些海洋生物有影响,但由于甲酸铯的价格高,作业完后要全部回收,不会被直接排放海洋中,因此不会产生甲酸铯的排放事故。

表2-9-4 甲酸钾和甲酸铯的LC_{50}值   单位:mg/L

试验物种	终点	甲酸钾	甲酸铯
海藻(骨条藻属)	EC_{50}(72h)	2400	1000
甲壳类(汤氏纺锤水蚤)	LC_{50}(48h)	300	340
甲壳类(旋卷蜾蠃蟓)	LC_{50}(10d)	无	6653
甲壳类(美国糠虾)	LC_{50}(7d)	508	300
鱼(大菱鲆)	LC_{50}(96h)	1700	260

另外,各地区的环保法规对甲酸盐盐水排放限制标准的差别非常大。例如,美国环保署对钻井液中的悬浮颗粒半致死浓度(LC_{50}值)要大于30000mg/L才允许排放,所以美国墨西哥湾地区不允许直接排放甲酸钾和甲酸铯钻(完)井液或者使用这些钻井液而产生的钻屑。然而,东北大西洋环境公约将甲酸钾划归为对环境无危害或影响甚微的物质,在北海地区并没有限制排放的规定。

例如,钻埃尼公司巴伦支海的一口探井时,挪威当局向埃尼公司颁发排放甲酸盐钻井液所产生钻屑的许可证。吸收了甲酸钠、甲酸钾的钻屑被直接排入海中。在完成钻井作业3年后,埃尼公司通过两家环境专家顾问公司对探井周围的化学物质、海底沉积物的物理和生物条件进行了缜密的调查。调查报告指出,钻屑排放对环境的影响甚微,认为对近井地带的动物只有轻微的干扰,物种组成只有轻微的改变。

从全球对甲酸盐的运输法规来看,与其他盐水相比,甲酸盐在陆地和海洋上的运输受到的限制也较少。表2-9-5是在全球运输法规中对甲酸铯盐水的危险等级与溴化锌盐水的危险等级对比。

表2-9-5 在全球运输法规中对甲酸铯盐水和溴化锌盐水的危险等级对比

法规	甲酸铯	溴化锌
防止船舶污染国际公约污染类别	对海洋资源和人类健康微毒,对排放入海洋的液体的质量和数量上的限制较宽松	有毒液体物质、重大危险源、禁止排放进入海洋环境

续表

法规	甲酸铯	溴化锌
国际散装运输危险化学品船舶构造和设备规则	使用中等级别的化学品罐以增加损害条件下的生存能	化学品运输船、显著的预防措施来防止货物泄漏
国际海运危险货物守则(IMDG)	无要求	腐蚀性物质,海洋污染物,必须打包、独立和贴相应的标签运输
陆运和铁路运输	无要求	腐蚀性,环境危险物,必须打包、处理和贴标签运输

卡博特公司委托广东省质量监督实验动物检验站检测甲酸铯盐水的毒性,采用虾仔进行实验,LC_{50}值仅为143.59mg/L,如图2-9-1所示。

报告编号：№. E2010051-2　　　　**第3页 共10页**

检　验　报　告

样品名称	甲酸铯盐水	生产日期	———
种　类	基液	批　号	Lot# 1041-8
等　级	———	抽/送样表号	SWDX2010031
受检单位	卡博特（中国）投资有限公司	检验类别	委托检验
委托单位	———	样品量	5L
生产单位	卡博特（中国）投资有限公司	采样日期	2010.2.22
采样地点	新加坡	收样日期	2010.3.15
抽/送样	送样	样品编号	E2010051
检验依据	GB 18420.1-2009《海洋石油勘探开发污染物生物毒性 第1部分：分级》 GB/T 18420.2-2009《海洋石油勘探开发污染物生物毒性 第2部分：检验方法》		
检验结果	本次检验以凡纳滨对虾仔虾为实验生物，采用96h静水式生物毒性检验方法，测得卡博特（中国）投资有限公司甲酸铯盐水的96h半致死浓度为143.59mg/L，95%置信限为124.11~166.12 mg/L。 广东省质量监督实验动物检验站 检验报告专用章		
备注	———		

签发人：魏社林　　　　日期：2010.4.15

图2-9-1　广东省质量监督实验动物检验站检测甲酸铯盐水的毒性的检验报告

五、对人身安全的影响

就人身健康方面来说,甲酸铯适合在油田现用。但若误食则会产生毒性作用,不慎入眼容易引起眼睛发炎,表 2-9-6 是甲酸铯溶液和溴化锌溶液的 HSE 特性。

表 2-9-6　甲酸铯溶液和溴化锌溶液的 HSE 特性

盐水	甲酸铯	溴化锌
健康		
食入	吞咽有害	严重烧伤口腔黏膜、胃和食道
吸入	无显著吸入危害	腐蚀黏膜和上呼吸道
皮肤眼睛	对眼睛和皮肤有刺激性	腐蚀性,引起严重的刺激性,烧伤皮肤和损伤眼睛
慢性作用	无可预料的显著慢性危害	反复皮肤接触可能导致皮炎,反复吸食可能影响中央神经系统
安全		
标签	有害的	腐蚀性,环境危险物
运输	未列入铁路、陆路、海路运输危险物范围,没有 UN 编号,运输过程中也不需要特殊标签,服从 IBC 编码(运输 3 级,污染 Z 类)	危险货物类别,专有的运输名称、UN 编号。"第 8 类—腐蚀性物质"、"海洋污染物"标签。服从 IBC 编码(运输 2 级,污染 X 类)
环境		
敏感性	对海洋生物微毒或实际无毒,对淡水生物中度毒性	对水生环境中、高毒性
慢性作用	未预见对海洋环境有长期不良影响	对水生环境可能造成长期不利影响,非致死的危害,如可能会干扰繁殖和发育

甲酸铯/甲酸钾盐水、钻(完)井液对环境与人身安全的影响证件见本书附录一。

参 考 文 献

[1] Downs J D. Formate Brines:Novel Drilling and Completion Fluids for Demanding Environments[R]. SPE 25177,1993.

[2] Javora P H,et al. A New Technical Standard for Testing of Heavy Brines[R]. SPE 98398,2006.

[3] Berg P C,et al. Drilling Completion and Openhole Formation Evaluation of High – Angle Wells in High – Density Cesium Formate Brine:The Kvitebjørn Experience 2004—2006[R]. SPE 105733,2007.

[4] API RP 13B – 1　Standard Procedures for Field Testing Water – Based Drilling Fluids[S].

[5] Weast Robert C. Handbook of Chemistry and PHysics[M]. 60th edition. US:CRC Press,1979.

[6] Abdulagatov I M,Magomedov U B. Thermal Conductivity of Aqueous $ZnCl_2$ Solutions at High Temperatures and High Pressures[J]. Ind. Eng. Chem. Res,1998(37):4883 – 4888.

[7] Javora P H,et al. The Chemistry of Formate Brines at Downhole Conditions[R]. SPE 80211,2003.

[8] Downs J D. Formate Brines:New Solutions to Deep Slim – Hole Drilling Fluid Design Problems[R]. SPE 24973,1992.

[9] Lo Piccolo E, Scoppio L. Corrosion and Environmental Cracking Evaluation of High Density Brines for Use in HPHT Fields[R]. SPE 97593, 2003.

[10] Howard S K, Houben R J H, Oort E, et al. Formate Drilling and Completion Fluids – Technical Manual [R]. Shell Report SIEP 96 – 5091, 1996.

[11] Akiya N, Savage P E. Role of Water in Formic Acid Decomposition[J]. AIChE Journal, 1998. 44(2): 405 – 415.

[12] Baraldi P. Thermal Behaviour of Metal Carboxylates: Metal formats[J]. Spectrochimica Acta, Pergamon Press 35a, 1973. 1003 – 1007.

[13] Barham H N, Clark L W. The Decomposition of Formic Acid at Low Temperatures[J], Jrl. Am. Chem. Soc, 1951 (73): 4638 – 4640.

[14] Benton W, Harris M, Magri N, et al. Chemistry of Formate Based Fluids[R]. SPE 80212, 2003.

[15] Downs J D. Formate Brines: New Solutions to Deep Slim – Hole Drilling Fluid Design Problems[R]. SPE 24973, 1992.

[16] Downs J D. Formate Brines: Novel Drilling and Completion Fluids for Demanding Environments[R]. SPE 25177, 1993.

[17] Downs J D, Blaszczynski M, Turner J, et al. Drilling and Completing Difficult HPHT Wells with the Aid of Cesium Formate Brines – A Performance Review[R]. SPE 99068, 2006.

[18] Fu Q, Seyfried W E. Hydrothermal Reduction of Carbon Dioxide at 250℃ and 500 bar[C]. American Geophysical Union, Fall Meeting, 2003, abstract #OS31C – 0216.

[19] Górski A, Krasnica A. Origin of Organic Gaseous Products Formed in the Thermal Decomposition of Formates [J]. Journal of Thermal Analysis, 1987a(32): 1243 – 1251.

[20] Górski A, Krasnica A D. Influence of the Cation on the Formation of Free Hydrogen and Formaldehyde in the Thermal Decomposition of Formates[J]. Journal of Thermal Analysis, 1987b(32): 1345 – 1354.

[21] Górski A, Krasnica A. Formation of Oxalates and Carbonates in the Thermal Decompositions of Alkali Metal Formates[J]. Journal of Thermal Analysis,. 1987c(32): 1895 – 1904.

[22] Hill S P, Winterbottom J M. The Conversionof Polysaccharides to Hydrogen Gas. Part 1: The Palladium Catalysed Decomposition of Formic Acid /Sodium Formate Solutions [J]. J. Chem. Tech. Biotechnol. 1988(41): 121 – 133.

[23] Howard S K. Formate Brines for Drilling and Completion: State of the Art[R]. SPE 30498, 1995.

[24] Javora P H, et al. The Chemistry of Formate Brines at Downhole Conditions[R]. SPE 80211, 2003.

[25] Judd M D, Pope M I, Wintrell C G. Formation and Surface Properties of Electron – emissive Coatings. XI Thermal Decomposition of The Alkaline Earth Formates[J]. J. Appl. Chem. Biotechnol. 1972(22): 679 – 688.

[26] Lo Piccolo E, Scoppio L. Corrosion and Environmental Cracking Evaluation of High Density Brines for Use in HPHT Fields[R]. SPE 97593, 2003.

[27] Maiella P G, Brill T B. (1998). Spectroskopy Of Hydrothermal Reactions. Evidence of Wall Effects Indecarboxylation Kinetics of 1.00 m HCO_2X ($X = H$, Na) at 280 – 330℃ and 275 bar[J]. J. Phys. Chem. A. 1998, 102: 5886 – 5891.

[28] McCollom T M, Seawald J. Testal Constraints on the Hydrothermal Reactivity of Organic Acids Anions: I: Formic Acid and Formate[J]. Geochemicaet Cosmochimica Acta, 2003, 67(19): 3625 – 3644.

[29] Meisel T, Halmos Z, Seybold K, et al. The Thermal Decomposition of Alkali Metal Formates[J]. Journal of Thermal Analysis, 1975(7): 73 – 80.

[30] Patnaik S K, Maharana P K. Reaction Kinetics of Non – isothermal Decomposition of Sodium Formate and Sodium

Oxalate and the Effect of Gamma Radiation[J]. Radiochem. Radioanal. Letters,1981,46(5):271-284.
- [31] Sinnarkar N D, Ray M N. Kinetics of Thermal Decomposition of Barium Formate[J]. Indian J. Chem. 1975 (13):962-964.
- [32] Twigg M V. Catalyst Handbook[M]. Second Edition, Wolfe Publishing Ltd,1989.
- [33] Wakai C, et al. (2004). Effect of Concentration Acid Temperatureand Metal on Competitive Reaction Pathways for Decarbonylationand Decarboxylation of Formic Acid in Hot Water[J]. Chemistry Letters,2004,33(5).

第三章 油田气体对甲酸盐盐水性能的影响

油田使用甲酸盐盐水时可能会遇到二氧化碳、硫化氢、氧气和甲烷等气体的侵入,这些气体的侵入不仅影响了甲酸盐盐水的性能,还能造成腐蚀损坏等问题。为了克服这些气体造成的问题,有必要研究测试这些气体对甲酸盐盐水性能的影响。

第一节 二氧化碳对甲酸盐盐水性能的影响

二氧化碳(CO_2)是由两个双键氧原子组成的稳定的碳氧化合物,由于它有极弱的双极性,CO_2在水中的溶解度很高,与水反应后生成碳酸。

CO_2进入卤水基完井液会对地下的设备和管材的完整性造成严重损害。当耐腐蚀钢材暴露在CO_2和卤水中时,会发生点状腐蚀和应力腐蚀开裂。

对CO_2侵入的反应来说,预缓冲甲酸盐盐水与卤水则完全不同。造成这种巨大差别的原因是碳酸盐和碳酸氢盐pH值缓冲剂的影响(图3-1-1)。图中给出了CO_2侵入典型的卤化盐水、未缓冲甲酸盐盐水和缓冲甲酸盐盐水时,CO_2侵入量与pH值的函数关系。

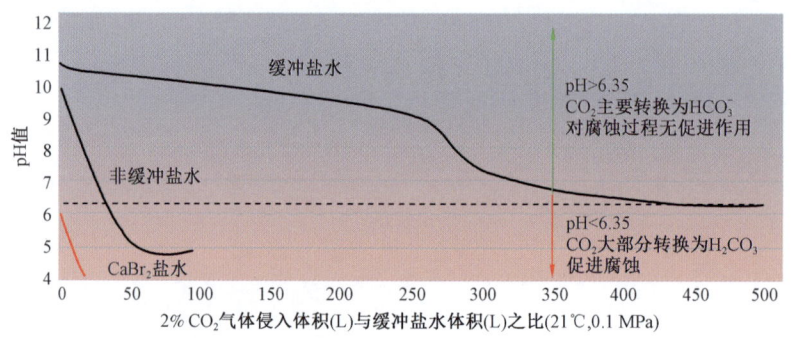

图3-1-1 卤化物、未缓冲和缓冲的甲酸盐盐水中pH值随CO_2流入量的变化

一、CO_2在甲酸盐盐水中的溶解度

CO_2在甲酸盐盐水中的溶解度与温度、压力和含盐量呈函数关系。已知CO_2在淡水中的溶解度随着压力的增加而增大,并且随着温度的降低而增大。

当CO_2溶解在水基钻井液中时会发生下列反应:

$$CO_2(g) \rightleftharpoons CO_2(aq) \quad (3-1-1)$$

CO_2跟水作用形成碳酸:

$$CO_2(aq) + H_2O \rightleftharpoons H_2CO_3(aq) \quad (3-1-2)$$

碳酸在水中会解离而形成碳酸根离子和碳酸氢根离子:

$$H_2CO_3(aq) + H_2O \rightleftharpoons HCO_3^-(aq) + H_3O^+(aq) \qquad (3-1-3)$$

$$HCO_3^-(aq) + H_2O \rightleftharpoons CO_3^{2-}(aq) + H_3O^+(aq) \qquad (3-1-4)$$

在甲酸盐盐水中,因为甲酸盐盐水中存在碳酸盐和碳酸氢盐缓冲剂,使 CO_2 的溶解度复杂化。只要盐水中有碳酸根离子(CO_3^{2-})存在,根据下式,所形成的碳酸将与碳酸盐反应并形成碳酸氢盐:

$$H_2CO_3(aq) + CO_3^{2-}(aq) \longrightarrow 2HCO_3^-(aq) \qquad (3-1-5)$$

当碳酸盐全部被消耗掉时,根据上述式(3-1-3)和式(3-1-4),CO_2 气体开始溶解。

韦斯特伯特国际技术中心测量了 CO_2 在高浓度的甲酸铯盐水中的溶解度。测量是在148.9℃和176.7℃两种温度下进行的,测量的压力范围为0.83~38MPa。

为了避免把碳酸盐缓冲剂对 CO_2 的吸收与溶解度相互混淆,测量时盐水中只添加了碳酸氢盐缓冲剂。在碳酸氢盐的缓冲下,盐水的 pH 值为6.35,但是它并不影响 CO_2 的溶解反应[式(3-1-3)和式(3-1-4)]。

在不同温度和压力条件下测量了密度为2.156g/cm³ 而 pH 值为7.98的甲酸铯盐水(未稀释)的溶解度。测量时实验条件见表3-1-1。

表3-1-1 测量甲酸铯盐水对 CO_2 溶解度的实验条件

溶液	温度 ℃	压力范围 MPa
含 HCO_3^- 甲酸铯盐水	148.9	1.94~22.2
	176.7	11.96~37.36

测量时实验程序:把已知质量的甲酸盐充入一个高温、高压的测试罐内,把一个已知数量(物质的量,mol)的 CO_2 充入测试罐内。使甲酸盐盐水与 CO_2 的混合物在目标温度和压力下达到平衡。在甲酸铯盐水与 CO_2 达到溶解平衡后产生了一个恒定的组分膨胀(CCE)。在恒定组分膨胀条件下,测出平衡混合物的泡点。在测试温度下,利用混合物的泡点确定 CO_2 在甲酸铯盐水中溶解度。

表3-1-2和图3-1-2给出了 CO_2 在高浓度的甲酸铯盐水中的溶解度与温度和压力间的函数关系。

表3-1-2 CO_2 在高浓度甲酸铯盐水中的溶解度

溶液	温度 ℃	压力 MPa	CO_2浓度 10^5mol/g
含 HCO_3^- 2.156g/mL 的甲酸铯盐水	148.9	1.937	3.0034
		9.908	10.1727
		22.23	20.3851
	176.7	11.96	2.9900
		19.53	6.5918
		37.34	14.1938

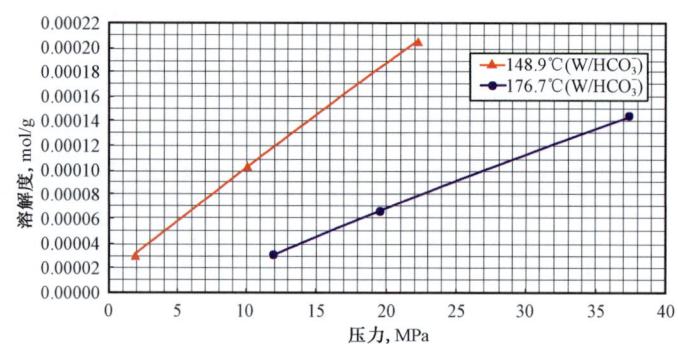

图 3-1-2　CO_2 在饱和甲酸铯盐水中的溶解度

W 表示含 HCO_3^-

二、预缓冲甲酸盐盐水防止 CO_2 的酸化机理

缓冲液是一种溶液,当其加入 H^+ 和 OH^- 时能防止其 pH 值发生变化。抗 pH 值变化的能力来自缓冲剂消耗氢离子和氢氧根离子的能力。

碳酸盐和碳酸氢盐缓冲体系能在两种不同的 pH 值下具有很强的缓冲能力。

上缓冲线为 pH 值 10.2

$$CO_3^{2-} + H^+ \underset{}{\overset{pKa_2}{\rightleftharpoons}} HCO_3^- \quad (3-1-6)$$

式中:$pKa_2 = 10.2$。

当 pH 值为 10.2 时,缓冲液含有同等数量的碳酸盐(CO_3^{2-})和碳酸氢盐(HCO_3^-)。

下缓冲线为 pH 值 6.35

$$HCO_3^- + H^+ \underset{}{\overset{pKa_1}{\rightleftharpoons}} H_2CO_3 \quad (3-1-7)$$

式中:$pKa_1 = 6.35$。

当 pH 值为 6.35 时,缓冲液含有同等数量的碳酸盐(CO_3^{2-})和碳酸(H_2CO_3)。

pKa_1(10.2)和 pKa_2(6.35)的精确值随盐水浓度、温度、压力的变化而略有改变。

当 CO_2 气体侵入井眼时,钻(完)井液体系会发生酸化,可用下列方程式表示:

$$CO_2(g) \Longleftrightarrow CO_2(aq) \quad (3-1-8)$$

$$CO_2(aq) + H_2O \Longleftrightarrow H_2CO_3(aq) \quad (3-1-9)$$

$$H_2CO_3(aq) \overset{Ka_1}{\rightleftharpoons} HCO_3^-(aq) + H^+(aq) \quad (3-1-10)$$

根据式(3-1-10),不管是以碳酸(H_2CO_3)形式还是碳酸氢盐(HCO_3^-)形式溶解在盐水体系中的 CO_2,盐水中的 CO_2 含量均取决于盐水体系的 pH 值。

当较多的 CO_2 侵入盐水时,方程会逐渐向左侧平衡,而大量的 CO_2 以碳酸的形式存在。这将使 pH 值下降,并使未缓冲的盐水酸化。

预缓冲甲酸盐盐水能吸收大量的 CO_2。盐水会维持一个 pH 值(约在上缓冲线),这时的

pH 值高到可以阻止碳酸在盐水中存在。当大量 CO_2 侵入时,pH 值降低到下缓冲线(pH 值为 6.35)并维持稳定。对暴露在不同 CO_2 含量的甲酸盐盐水的 pH 值测量表明,pH 值绝不会降低到 6~6.5 以下。该 pH 值接近中性,这意味着甲酸盐暴露在任何 CO_2 含量的情况下,甲酸盐体系也不会被酸化。

在少量或者中等含量的 CO_2 侵入的情况下,缓冲剂能吸收侵入的气体,并且维持较高的 pH 值(即 pH 高于 8)。

只有当大量的 CO_2 侵入时,pH 值才会降到 6.0~6.5,并且此时碳酸和碳酸氢盐之间会形成一个动态平衡,pH 值不会低于 6.0。

三、预缓冲甲酸盐盐水在现场的应用

现场应用的碳酸钾或碳酸钠和碳酸氢钾或碳酸氢钠进行过预缓冲。一般典型的推荐用量是 $17~34kg/m^3$ 的碳酸盐,或者碳酸盐与碳酸氢盐的混合物。加入缓冲剂的主要目的是为了把 pH 值控制在碱性范围内,防止酸和酸性气体侵入盐水时造成 pH 值波动过大。

第二节 硫化氢对甲酸盐盐水性能的影响

硫化氢(H_2S)有剧毒,在其浓度高于 600mg/L 的环境中人停留 3~5min 可以使人致命,浓度为 50mg/L 的硫化氢在短短几分钟内就会使高强度和高应力的钢材损坏,压井液中少量的硫化氢也能大幅度降低钻杆的寿命,硫化氢是油田可遇到的腐蚀性最强的气体,因此需要十分认真对待。

一、缓冲的甲酸盐盐水防止硫化氢损害机理

1. 缓冲的高碱性甲酸盐盐水能清除硫化氢

H_2S 属于弱酸,其 pKa 约为 7。当其进入水时会形成下列化学平衡式:

$$H_2S(g) \Longleftrightarrow H_2S(aq) \qquad (3-2-1)$$

$$H_2S(aq) \overset{pKa_1}{\Longleftrightarrow} HS^-(aq) + H^+(aq) \qquad (3-2-2)$$

因此,在碱性环境中,溶解的硫化氢主要以硫氢根离子形式存在。甲酸盐盐水加入了大量的可溶性碳酸盐缓冲剂。缓冲剂的作用像硫化氢清除剂一样,能把溶解在盐水中的 H_2S 转化成 HS^-。因而当 H_2S 入侵时,预缓冲甲酸盐盐水在 pH 值为 9.5~10.5 时,将侵入的 H_2S 将转变成 HS^-,从而防止 H_2S 侵入所造成的各种损害。

2. 甲酸盐中的大量的碱金属离子有助清除 HS^-

加有缓冲剂的甲酸盐盐水具有高碱性,能使化学平衡[式(3-2-2)]向着减少有害 HS^- 生成的方向进行。此外,在碱性 pH 值范围内,甲酸盐中的大量的碱金属离子(K^+,Na^+ 和 Cs^+)有助于通过下列反应清除 HS^-,使有害的 H_2S 减少:

$$M^+ + HS^- \longrightarrow MHS(s) \qquad (3-2-3)$$

式中 M = Na,K 或 Cs。

3. 甲酸盐盐水不需加入防腐剂

由于甲酸盐盐水具有防腐特性,因而使用时,不会发生因防腐剂分解而产生的 H_2S 所发生的各种损害。

二、缓冲甲酸盐中加硫化氢清除剂共同清除硫化氢

1. 缓冲甲酸盐盐水中加硫化氢清除剂的必要性

碳酸盐和碳酸氢盐的缓冲能力很强。大量侵入的酸性气体在 pH 值下降之前转化成 HS^-。然而,如果部分碳酸盐被消耗,缓冲剂失去清除硫化氢的能力,H_2S 将重新从溶液中游离出来。由于在现场使用期间,甲酸盐盐水中的缓冲剂不会耗尽,上述情况是不会发生的,但是为了降低可能伴随的风险,还应该添加硫化氢清除剂。

添加硫化氢清除剂所增加的效果超过了长期单独使用缓冲剂仅仅靠改变化学平衡来防硫的效果。另外,使用硫化氢清除剂也将除掉甲酸盐盐水中的二硫化物。

因此,在预缓冲甲酸盐盐水中添加硫化氢清除剂对甲酸盐盐水防止各种有害气体将起到双重的保护作用。

2. 硫化氢清除剂

1) Ionite Sponge®

Ionite Sponge® 是一种无锌的离子型硫化氢清除剂,在甲酸盐盐水中该剂对清除硫化氢有明显效果。然而,Ionite Sponge® 是固态的,限制了其在清洁完井盐水中的使用。

2) 葡萄糖酸铁

葡萄糖酸铁是一种在高 pH 值下溶解度很高的二价铁离子复合物,该剂与高浓度的甲酸盐盐水相容,是一种离子型硫化氢清除剂。这种硫化氢清除剂在定量的基础上的反应速度快。用 2.85g/L 的葡萄糖酸铁对密度为 2.2g/cm³ 的预缓冲 pH 值为 11 甲酸铯盐水进行了试验。试验表明,这种硫化氢清除剂与甲酸铯盐水相容;在不改变 pH 值的情况下,5min 内硫化氢清除剂完全溶解。

3) 草酸亚铁

草酸亚铁是铁基硫化氢清除剂,该剂与甲酸盐盐水的相容性仍然需要进行试验。

4) 无锌离子硫化氢清除剂

无锌离子硫化氢清除剂是亲电子型的有机抑制剂。这种处理剂以有机的方式包被硫。这种处理剂的优点是,当其与硫化氢反应时不形成固相。对该剂与甲酸盐盐水的相容性仍然需要进行试验。

第三节 氧对甲酸盐盐水性能的影响

氧是强氧化剂,具有很强的氧化性,对材料和使用的有机添加剂具有腐蚀性。现场使用的各种盐水中都含有来自大气中的溶解氧,使用中应除去这些溶解氧,防止氧气造成的损害。

氧易发生下述的氧化还原反应被消耗掉:

$$O_2 + 4H^+ + 4e^- = 2H_2O \qquad (3-3-1)$$

一、高浓度的甲酸盐盐水防止氧气造成损害的机理

高浓度的甲酸盐盐水能有效防止氧气造成的损害,其作用机理如下。

1. 氧气在甲酸盐盐水中的溶解度低

氧气在甲酸盐盐水中的溶解度低,如图3-3-1所示。由图可得出,在井口温度和压力下,氧在低浓度的甲酸盐盐水中的溶解度约为9mg/L。在高浓度的甲酸盐盐水中,其溶解度会降低。

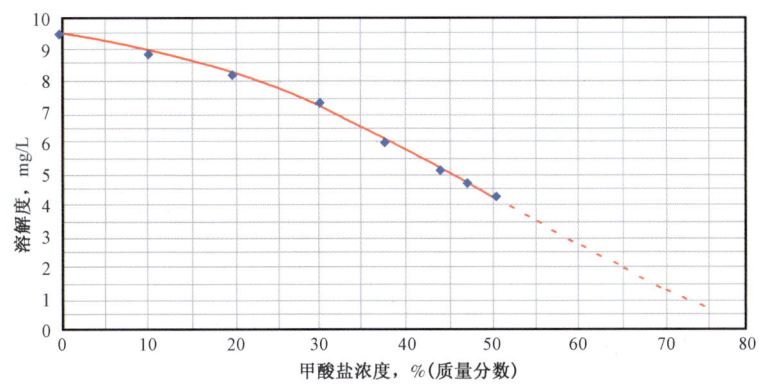

图3-3-1 21℃时O_2在甲酸钾盐水中的溶解度

2. 高浓度甲酸盐盐水是抗氧化剂

甲酸盐是一种强还原剂、抗氧化剂和自由基清除剂。因此,在高浓度甲酸盐盐水中的氧将被消耗,不需要清除可溶性氧,在现场使用前通常不往高浓度甲酸盐盐水中加入除氧剂。

二、低浓度甲酸盐盐水使用的除氧剂

由于低密度甲酸盐盐水中的含水量比较大,不具有高密度甲酸盐盐水那样的抗氧特性,而且氧在其中的溶解度会随其浓度降低而稍增,因此现场使用时必须加入除氧剂。

现场在低浓度甲酸盐盐水中常使用的除氧剂有抗坏血酸钠和乙硫酸钠。

第四节 甲烷对甲酸盐盐水性能的影响

对压井液而言,储层中的甲烷气的侵入对井控是至关重要的,侵入气体体积和密度的变化可能引发严重的后果。甲烷溶解于甲酸盐盐水后的压井液的密度对井控来说是重要的,需认真研究。

一、甲酸盐盐水中甲烷的溶解度

从文献得知,甲烷在水中的溶解度要比在油基钻井液中低很多,而甲烷在盐水中的溶解度要比在水中低。韦斯特伯特国际技术中心测量了甲烷在密度为2.09g/cm³的甲酸钾和甲酸铯混合盐水(预缓冲,标准的混合液)中的溶解度。

测量是在一个可观察相态特性的容器中进行的,测量时的压力为103MPa,而温度为177℃。用水作为增压流体,用活塞进行隔离。这样就允许容器翻转,使气相与液相充分混合,

必须使这些低溶解度的体系达到平衡。测量体系的试样体积较小,使实验程序变得繁琐和耗时。实验程序要求往盛有 50mL 甲酸盐盐水的容器在高压下充入 10mL 甲烷气,然后对容器加热,并往容器中注水增压,通过翻转容器使容器中的物质充分混合,重复这一程序直至压力恒定为止,这标志着溶液达到溶解度平衡。在恒定压力下,过量的气体从体系中排出,而已知金属质量和比重瓶中液相的体积。使用一级闪入法把试样倒入一个小的球形玻璃瓶中,给出油气比的报告数据。以类似的方法找出甲烷的溶解度,其溶解度要比在氯化钠盐水中小。甲烷在水、NaCl(20%)溶液、甲酸铯缓冲盐水(密度 2.09g/cm³)中 149℃下的溶解度如图 3-4-1 所示。

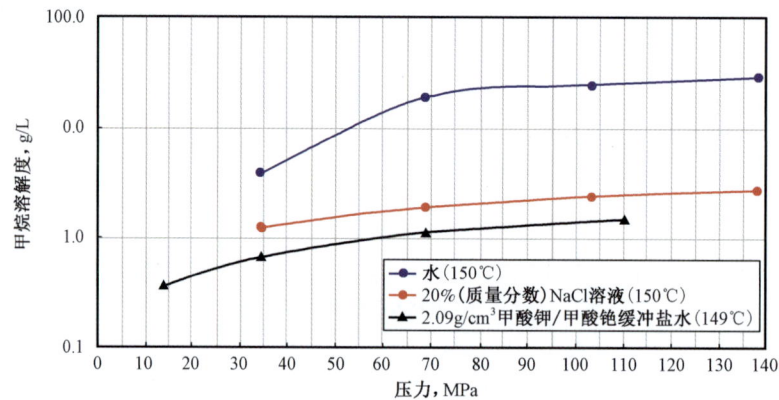

图 3-4-1　甲烷在水、20% NaCl 溶液和甲酸钾/甲酸铯缓冲盐水(2.09g/cm³)中的溶解度

从图 3-4-1 中可以看出,甲烷在密度 2.09g/cm³ 甲酸铯盐水中的溶解度比在 NaCl(20%)溶液中的溶解度低,而在盐水中的溶解度比在水中低。

二、温度和压力对甲酸盐盐水中甲烷溶解度的影响

图 3-4-2 和图 3-4-3 给出了压力和温度对甲酸盐盐水中甲烷溶解度影响的情况。从图可看出,甲酸盐盐水中的甲烷溶解度随着温度和压力的升高而增大。随着温度上升,甲烷的溶解度增加是不常见的,众所周知,甲烷在大多数溶剂中的溶解度是随温度上升而降低的。

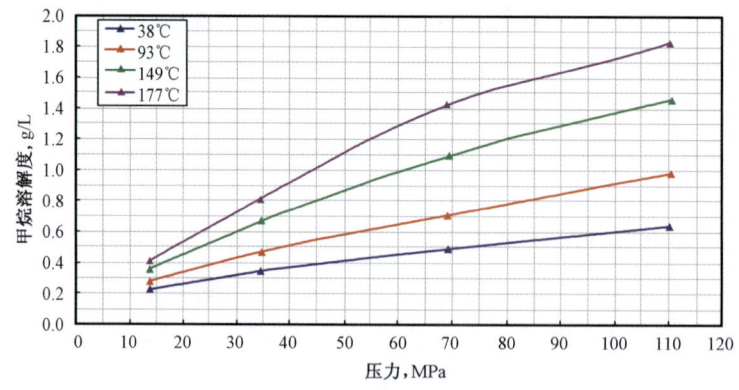

图 3-4-2　压力对甲烷在缓冲甲酸钾/甲酸铯盐水中(2.09g/cm³)溶解度的影响

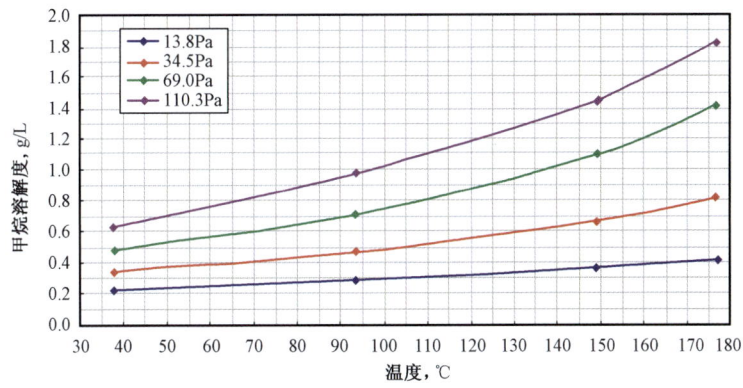

图 3-4-3　温度对甲烷在缓冲甲酸钾/甲酸铯盐水中（2.09g/cm³）溶解度的影响

甲烷溶解后对钻井液密度的影响对井控来说是重要的。随着甲烷的溶解度的增大，钻井液的密度会下降。钻进时，掌握静水压力的变化是重要的。图 3-4-4 与图 3-4-5 给出了压力、温度和可溶性甲烷对含或未含甲烷的密度为 2.09g/cm³、pH 值为 9.98 的缓冲甲酸钾/甲酸铯盐水密度的影响。如图所见，在大多数压力和温度下，甲烷溶解后对钻井液密度的影响低于 1%。

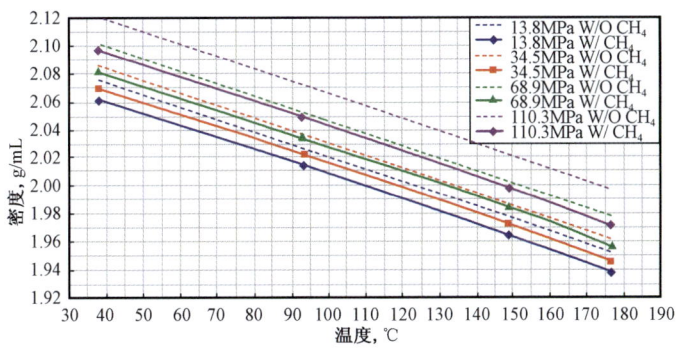

图 3-4-4　温度对含或未含甲烷密度为 2.09g/cm³、pH 值为 9.98 的缓冲甲酸钾/甲酸铯盐水密度的影响
W—含甲烷气；W/O—不含甲烷气

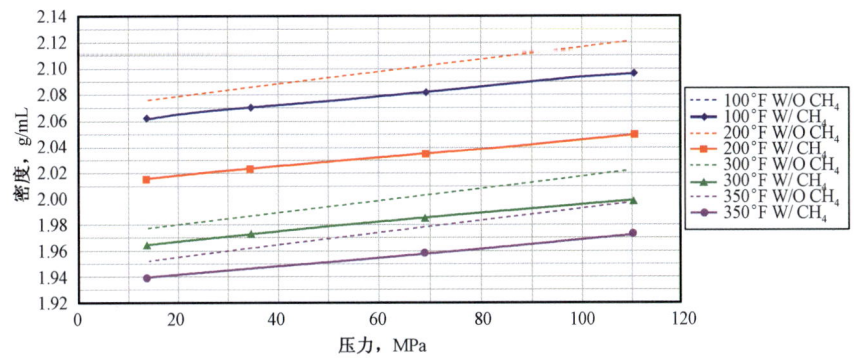

图 3-4-5　压力对含或未含甲烷密度为 2.09g/cm³、pH 值为 9.98 的缓冲甲酸钾/甲酸铯盐水密度的影响

第五节　气体在甲酸盐盐水中的扩散

对于储层气体扩散侵入甲酸盐盐水的问题,可以通过建立气体在水和烃类流体中的扩散模型来分析,利用该分析模型,能够分析计算出相应的扩散系数以及扩散通量,能够预测诸如二氧化碳、甲烷等气体在甲酸盐溶液中的累计侵入量等。

特克尼泊海洋工程研究所对储层气体是怎样通过扩散侵入甲酸盐盐水的问题进行了研究。该研究由下列项目组成:

(1)建立气体在水和烃类流体中的扩散系数的简单分析模式;

(2)用该模式预测扩散系数、扩散通量和来自气顶的二氧化碳侵入甲酸盐压井液的累计侵入量,以及使用密度为 2.0g/cm^3 的甲酸盐盐水时,甲烷通过侵入地层的滤液而进入井眼的扩散通量和累计侵入量。

一、扩散模型

以气体分子动力学理论为基础,建立了气体在烃类与水基钻井液组成的液体中的扩散模型,该分析模型适用于较常见种类的钻井液组成的液体体系(包括高温高压条件下烃类和水基钻井液)。

根据扩散系数分析模型,气体在溶质 i 和溶剂 j 中扩散系数可以由下式表示:

$$D_{ij} = F(\psi M_{wj})^{0.5} T / (\eta_m V \xi_i) \qquad (3-5-1)$$

式中　D_{ij}——气体在溶质 i 和在溶剂 j 中的扩散系数,cm^2/s;

F——常数,取值为 7.4×10^{-8};

ψ——联合参数;

M_{wj}——溶剂的相对分子质量;

T——温度,K;

η_m——混合物的黏度,$\text{mPa} \cdot \text{s}$;

V——溶质在沸点时的摩尔体积,cm^3/mol;

ξ_i——体积参数。

在已有的模型中,ψ 通常直接取值为 1,而 ξ_i 取值为 0.6,η_m 直接取纯溶剂的黏度。而在改进的模型中,η_m 为在已知温度、压力和组分下混合物的黏度;而 ψ 和 ξ_i 取决于钻井液体系的类型。通过将各种钻井液在常规条件到高温高压条件下的计算结果与经验数据对比分析,对 ψ 和 ξ_i 参数进行了优化。

二、甲烷在甲酸盐盐水中的扩散

经验表明,在使用油基钻井液钻进时,储层气体会以扩散和侵入的方式侵入井筒,即便采用过平衡钻进,也会有大量的气体侵入井筒,尤其在水平井段或大斜度井段钻进过程中,给井控安全带来挑战。而相比油基钻井液或水基钻井液,甲烷在甲酸盐钻井液中的扩散量要小很多,更加有利于钻井安全。

1) 扩散系数预测

利用扩散模型[式(3-5-1)]对甲烷在甲酸铯盐水(密度为 2.09g/cm³)中的扩散系数进行了预测,预测结果见表 3-5-1。需要注意的是,钻井液黏度是预测模型中的重要输入参数,且预测的扩散系数仅对盐水基液有效。

表 3-5-1 不同温度和压力条件下密度为 2.09g/cm³ 的甲酸铯盐水的扩散系数预测值

钻井液	温度 ℃	压力 MPa	D_{ij} $10^8 m^2/s$
甲酸铯盐水	37.8	13.8	0.116
		34.5	0.112
		68.9	0.108
		110.3	0.103
	93.3	13.8	0.431
		34.5	0.398
		68.9	0.352
		110.3	0.310
	148.9	13.8	1.267
		34.5	1.044
		68.9	0.807
		110.3	0.634
	176.7	13.8	1.988
		34.5	1.512
		68.9	1.081
		110.3	0.806

2) 甲烷在甲酸盐盐水中的扩散与在其他溶液中的对比

根据已有的溶解度数据,利用扩散系数模型可以确定甲烷在密度为 2.09g/cm³ 的甲酸盐盐水中的扩散通量。表 3-5-2 所示为计算得到的甲烷在甲酸盐盐水中的扩散通量与其在水以及油基钻井液中扩散通量的对比。根据对比结果可知,甲烷在油基钻井液滤液中的扩散系数是其在甲酸盐盐水中的扩散系数的 1.4 倍,在水基钻井液中的扩散系数是其在甲酸盐盐水中的 3.6 倍;甲烷通过水基钻井液的扩散通量是其在甲酸盐盐水中的 16 倍,在油基钻井液中的扩散通量是其在甲酸盐盐水中的 213 倍。

表 3-5-2 甲烷在水基钻井液滤液、油基钻井液滤液和密度为 2.09g/cm³ 甲酸铯盐水中的溶解度、扩散系数和扩散通量

钻井液	浓度,kg/m³	扩散系数,m²/s	扩散通量,$10^6 kg/(m^2 \cdot s)$
水基钻井液	4.8	2.93	3.98
油基钻井液	164	1.15	53.3
甲酸铯盐水	1.09	0.81	0.25

注:在温度为 149℃、压力为 68.9MPa 条件下。

3) 大量甲烷侵入井眼情况下的扩散

在高温高压(149℃,68.9MPa)条件下,分别对比分析了在8½in(2.16cm)井眼(钻井液滤液侵入带深度为30cm,介质孔隙度为20%,弯曲度为2)中甲烷在甲酸铯盐水以及纯水中大量侵入情况下的累积侵入量。

图3-5-1所示为甲烷在甲酸铯盐水以及水中累积侵入量随时间变化情况。

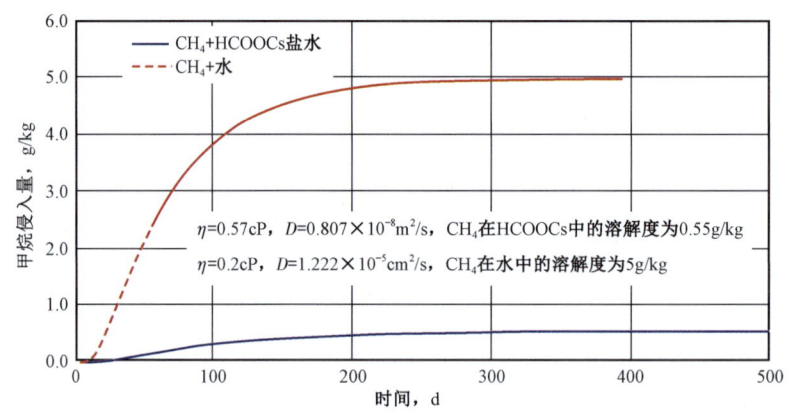

图3-5-1 甲烷在216mm井眼中的累计侵入量[在高温(149℃)高压(68.9MPa)条件下,侵入带深度为30cm(11.8in)]

三、二氧化碳在甲酸盐盐水中的扩散

甲酸盐盐水的pH值对维护其使用功能非常重要,较高的pH值可以防止甲酸盐盐水中形成热稳定性较差的甲酸,降低盐水对管材的腐蚀速率。因此,在有酸性气体(比如二氧化碳)存在的条件下使用甲酸盐钻(完)井液或者修井液,预测气体在甲酸盐盐水中的累积侵入量,对控制盐水pH值,维持其有效使用功能具有重要意义。

利用扩散模型可以预测二氧化碳在侵入甲酸盐盐水后的扩散系数,利用扩散系数和溶解度数据便可以得到扩散通量以及累计侵入量。模型可以模拟分析二氧化碳在井眼(或环空)中的扩散,也可以分析二氧化碳穿过储层和滤饼侵入完井液的情况。需要注意的是,目前扩散模型还无法考虑甲酸盐盐水中的二氧化碳与添加到甲酸盐盐水中的碳酸盐和碳酸氢盐之间发生化学反应而带来的影响。

1. 扩散系数

在不同温度条件下预测了CO_2在甲酸铯盐水(质量分数为80%)中扩散系数随压力的变化情况,结果如图3-5-2所示。由预测结果可知,在38℃、常压条件下,二氧化碳在水中的扩散系数($2.6 \times 10^5 cm^2/s$)要比在甲酸铯盐水中的扩散系数($0.6 \times 10^5 cm^2/s$)高4.3倍。在模型参数输入过程中需要注意,甲酸铯盐水的黏度是重要参数,其大小直接影响预测的扩散速度。盐水的黏度随温度的上升以及压力的下降而降低。

2. 二氧化碳在封隔液中的扩散

对气顶二氧化碳在封隔液中的扩散进行了分析。分析模型中,假设在气液界面处二氧化碳的浓度是恒定的[等于二氧化碳在实际温度和压力下在80%(质量分数)甲酸铯盐水的溶解度],在38℃和68.9MPa条件下,预测了二氧化碳在甲酸铯盐水中浓度(C/C_0)随气源距离的变化关系,如图3-5-3所示。由图可知,二氧化碳在甲酸铯盐水中的扩散速度非常低。

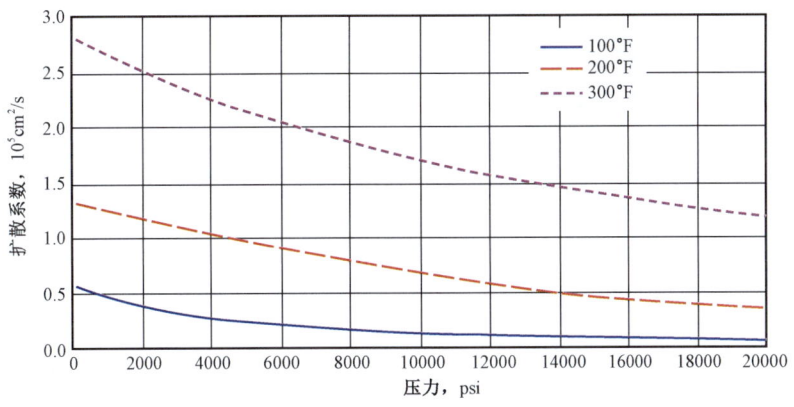

图3-5-2　CO_2在密度为2.09g/cm³的甲酸铯盐水中的扩散系数

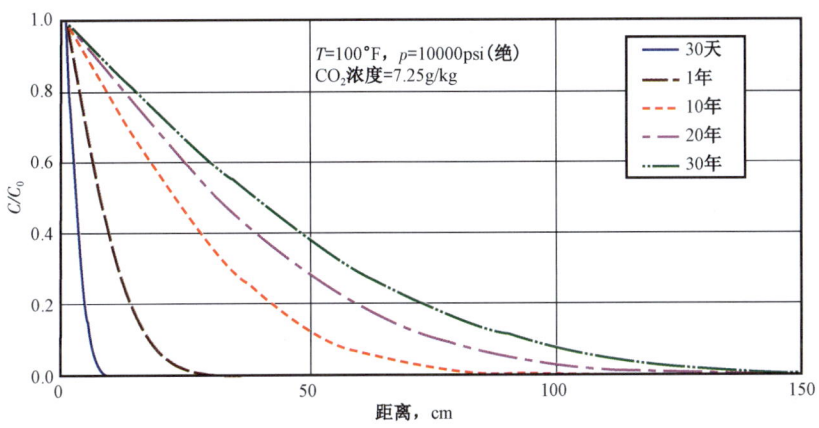

图3-5-3　未缓冲甲酸铯盐水中CO_2的浓度随气源距离的变化关系(C/C_0)

3. 大量二氧化碳侵入井眼情况下的扩散

由于孔隙介质(滤饼以及滤液侵入带)中甲烷的存在,阻碍了二氧化碳在孔隙介质中的扩散,因此大大降低了侵入井眼的二氧化碳的扩散速率。

图3-5-4所示为二氧化碳在216mm井眼中的累计侵入量随时间变化关系。在高温(149℃)和高压(68.9MPa)条件下,侵入带深度为30cm,二氧化碳溶解量为7.25h/kg。

4. pH值缓冲剂的影响

通常,甲酸盐在使用时一般都会使用碳酸盐和碳酸氢盐缓冲剂。而22.8g/L的缓冲剂就能够中和约3.3g的二氧化碳(每千克甲酸盐盐水)。因扩散模型未考虑缓冲剂对二氧化碳的中和作用,因此,碳酸盐和碳酸氢盐缓冲剂能够严重影响模型对二氧化碳在甲酸盐盐水中的扩散系数的预测结果,使得预测的二氧化碳在甲酸盐盐水中的扩散速率过高。

因此,考虑到缓冲剂对模型预测结果的影响,不建议使用扩散模型来定量地预测二氧化碳在甲酸盐盐水中的扩散情况。

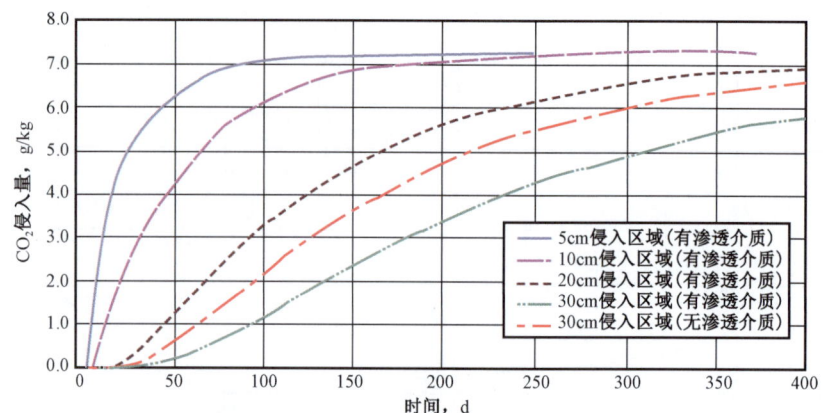

图 3-5-4　CO_2 在 216mm 井眼中的累计侵入量

参 考 文 献

[1] Stevens R, et al. Oilield Environment – Induced Stress Corrosion Cracking of CRAs in Completion Brines [R]. SPE 90188, 2004.

[2] Davidson E, Hall J. An Environmentally Friendly Highly effective Hydrogen Sulphide Scavenger for Drilling Fluids[R]. SPE 84313, 2003.

[3] Mowat D E. Erskine Field HPHT Workover and Tubing Corrosion Failure Investigation [R]. SPE/IDAC 67779, 2001.

[4] Messler D, Kippie D, Broach M. A Potassium Formate Milling Fluid Breaks the 400°F Ahrenheit Barrier in Deep Tuscaloosa Coiled Tubing Clean – out[R]. SPE 86503, 2004.

第四章　油田液体对甲酸盐盐水性能的影响

油气井钻(完)井过程中,单价甲酸盐盐水用作钻(完)井液,使用过程中会与油田其他流体相接触,因此需了解甲酸盐盐水与油田其他流体的相容性。

第一节　甲酸盐盐水之间性能的相互影响

一价甲酸盐盐水在水中的溶解度都非常高。一般情况下都是将其中一种甲酸盐配制成要求密度的甲酸盐盐水,但由于低密度的甲酸盐盐水比高密度的甲酸盐盐水便宜,有时为了节约成本也会将两种甲酸盐混合在一起使用。在通常体积下,将甲酸铯与甲酸钾混合,甲酸钾与甲酸钠混合。一般很少将甲酸钠也与甲酸铯混合使用,因为甲酸钠是在比甲酸钾低得多的密度下饱和,所以在同样的密度下,这种混合盐水需要比用甲酸铯和甲酸钾混合时更多的甲酸铯,其经济效果较更差。因此,只有在某些特殊情况下,才用甲酸钠与甲酸铯配制混合盐水。

甲酸盐盐水互相混合不会引起相容性问题,也不会发生沉淀。实验室中将密度为 $1.35g/cm^3$ 的甲酸钠盐水、$1.56g/cm^3$ 的甲酸钾盐水和 $2.0g/cm^3$ 的甲酸铯盐水分别在室温(20~25℃)与70℃时按不同的比例混合,观察其相容性,实验结果见表4-1-1和表4-1-2。由表可见,这3种甲酸盐盐水混合后都没有发生沉淀。然而,高密度的甲酸盐盐水被低密度的甲酸盐盐水污染后会降低盐水的密度,而需要更多盐水或一种密度高的甲酸盐粉末来再一次恢复甲酸盐盐水的密度。

表4-1-1　室温下(20~25℃)甲酸盐盐水相互混合的相容性

盐水混合液 (20~25℃)	不同混合比例(体积比)甲酸盐盐水相容性				
	90:10	75:25	50:50	25:75	10:90
甲酸钠+甲酸钾	无	无	无	无	无
甲酸钾+甲酸铯	无	无	无	无	无
甲酸钠+甲酸铯	无	无	无	无	无

表4-1-2　70℃时甲酸盐盐水相互混合的相容性

盐水混合液 (70℃)	不同混合比例(体积比)甲酸盐盐水相容性				
	90:10	75:25	50:50	25:75	10:90
甲酸钠+甲酸钾	无	无	无	无	无
甲酸钠+甲酸铯	无	无	无	无	无
甲酸钠+甲酸铯	无	无	无	无	无

第二节　卤族盐水对甲酸盐盐水性能的影响

地层水中常常含有大量的卤族盐水,现场有时也用卤族盐水作为完井液和压井液使用。现场使用的甲酸盐盐水可能接触到的卤族盐水有两种类型：一价卤族盐水(氯化钠、氯化钾、溴化钠、硫酸钠)和二价卤族盐水(氯化钙、溴化钙、溴化锌、氯化镁、硫酸钙等)。

有时,甲酸盐盐水被卤族盐水污染后虽没有发生沉淀,但因卤离子特别是氯离子(Cl^-)的腐蚀性很强,因此要特别小心,不能把这些离子混入甲酸盐盐水中。一般情况下,特别是高密度甲酸盐盐水与卤族盐水混合后会有沉淀发生,影响使用。

实验室中将密度为 $1.16g/cm^3$ 的氯化钾盐水、$1.20g/cm^3$ 的氯化钠盐水、$1.53g/cm^3$ 的溴化钠盐水、$1.39g/cm^3$ 的氯化钙盐水、$1.71g/cm^3$ 的溴化钙盐水和 $2.30g/cm^3$ 的溴化锌盐水与 $1.30g/cm^3$ 的甲酸钠盐水、$1.56g/cm^3$ 的甲酸钾盐水和 $2.20g/cm^3$ 的甲酸铯盐水分别在室温与 70℃时按不同的比例混合,观察其相容性。

一、一价卤族盐水

一价卤族盐水与未加缓冲剂甲酸盐盐水在不同温度的相容性见表 4-2-1 和表 4-2-2。从表中数据可以看出,甲酸钠盐水与一价卤族盐水混合,不发生沉淀。甲酸钾与各种一价卤族盐水接触时产生沉淀,但特定温度和浓度非常低(<20%体积)的情况除外。甲酸铯盐水与氯化钠、氯化钾盐水接触时不发生沉淀,但和溴化钠盐水接触时部分会发生沉淀。被一价卤族盐水污染的缓冲甲酸盐盐水对碳酸盐和碳酸氢盐缓冲剂没有不利影响。

表 4-2-1　室温下甲酸盐盐水与卤族盐水相容性

盐水混合液 (20~25℃)	不同混合比例(体积比)甲酸盐盐水与卤族盐水相容性				
	90:10	75:25	50:50	25:75	10:90
HCOONa + NaCl	无	无	无	无	无
HCOONa + KCl	无	无	无	无	无
HCOONa + NaBr	无	无	无	无	无
HCOOK + NaCl	痕量	中等	中等	中等	少量
HCOOK + KCl	少量	少量	大量	中等	少量
HCOOK + NaBr	少量	大量	大量	中等	大量
HCOOCs + NaCl	无	无	无	无	无
HCOOCs + KCl	无	无	无	无	无
HCOOCs + NaBr	痕量	中等	中等	少量	无

表 4-2-2　70℃下甲酸盐盐水与卤族盐水相容性

盐水混合液 (70℃)	不同混合比例(体积比)甲酸盐盐水与卤族盐水相容性				
	90:10	75:25	50:50	25:75	10:90
HCOONa + NaCl	无	无	无	无	无
HCOONa + KCl	无	无	无	无	无
HCOONa + NaBr	无	无	无	无	无

续表

盐水混合液 （70℃）	不同混合比例（体积比）甲酸盐盐水与卤族盐水相容性				
	90：10	75：25	50：50	25：75	10：90
HCOOK + NaCl	痕量	少量	中等	中等	痕量
HCOOK + KCl	痕量	少量	少量	少量	痕量
HCOOK + NaBr	痕量	中等	大量	大量	少量
HCOOCs + NaCl	无	无	无	无	无
HCOOCs + KCl	无	无	无	无	无
HCOOCs + NaBr	无	中等	无	无	无

二、二价卤族盐水

二价卤族化合物与甲酸盐盐水在室温和70℃下不同温度的相容性详见表4-2-3和表4-2-4。从表中数据可以看出：二价卤族盐水与甲酸盐盐水混合时产生二价甲酸盐沉淀，其原因是由于二价甲酸盐盐水的可溶性比一价卤族盐水低，因而产生二价甲酸盐沉淀。尽管溴化钾或溴化锌能形成沉淀，但是这些沉淀物的溶解度高于二价甲酸盐。

表4-2-3 室温下甲酸盐盐水与卤族盐水相容性

盐水混合液 （20~25℃）	不同混合比例（体积比）甲酸盐盐水与卤族盐水相容性				
	90：10	75：25	50：50	25：75	10：90
$HCOONa + CaCl_2$	痕量	痕量	大量	中等	无
$HCOONa + CaBr_2$	痕量	痕量	大量	少量	痕量
$HCOONa + ZnBr_2$	无	大量	大量	大量	无
$HCOOK + CaCl_2$	中等	大量	大量	大量	大量
$HCOOK + CaBr_2$	大量	大量	大量	大量	大量
$HCOOK + ZnBr_2$	大量	大量	大量	大量	大量
$HCOOCs + CaCl_2$	少量	中等	中等	中等	痕量
$HCOOCs + CaBr_2$	中等	大量	大量	大量	中等
$HCOOCs + ZnBr_2$	中等	大量	大量	大量	中等

表4-2-4 70℃甲酸盐盐水与卤族盐水相容性

盐水混合液 （70℃）	不同混合比例（体积比）甲酸盐盐水与卤族盐水相容性				
	90：10	75：25	50：50	25：75	10：90
$HCOONa + CaCl_2$	少量	中等	中等	中等	少量
$HCOONa + CaBr_2$	少量	中等	大量	大量	少量
$HCOONa + ZnBr_2$	中等	大量	大量	大量	无
$HCOOK + CaCl_2$	大量	大量	大量	大量	大量
$HCOOK + CaBr_2$	中等	大量	大量	大量	少量
$HCOOK + ZnBr_2$	痕量	痕量	大量	大量	少量
$HCOOCs + CaCl_2$	少量	中等	中等	中等	痕量
$HCOOCs + CaBr_2$	中等	大量	大量	大量	中等
$HCOOCs + ZnBr_2$	中等	大量	大量	大量	中等

如果预缓冲的甲酸盐盐水被二价卤族盐水污染，会形成碳酸钙或碳酸锌等沉淀，并析出。因此需根据污染物的数量，加入新的碳酸钠/碳酸氢钠缓冲剂，直至所有的二价离子沉淀析出，并重新建立起所需要的缓冲剂浓度。

第三节 海水对甲酸盐盐水性能的影响

海水中除含有较高浓度的 NaCl 外，还含有一定浓度的钙盐和镁盐，其总矿化度一般为 3.3% ~ 3.7%，pH 值为 7.5 ~ 8.4，密度为 $1.03g/cm^3$。典型海水总矿化度中各种盐的含量见表 4-3-1 和表 4-3-2。

表 4-3-1 海水中各种盐的含量

名称	NaCl	$MgCl_2$	$MgSO_4$	$CaSO_4$	KCl	其他盐类
质量分数,%	78.32	9.44	6.40	3.94	1.69	0.21

表 4-3-2 典型海水中各种盐类的含量表（海水的组成）

组成	含量,mg/L	组成	含量,mg/L
Na^+	10400	Cl^-	189
K^+	375	SO_4^{2-}	2720
Mg^{2+}	1270	CO_3^{2-}	90
Ca^{2+}	410		

甲酸钠、甲酸钾和甲酸铯盐水在室温和高温下与海水混合不会产生沉淀。在低温下（海水温度），如果高浓度的甲酸钾盐水被一定比率的海水污染（10% ~ 25% 体积比），可能形成微量的硫酸钾。表 4-3-3 至表 4-3-5 出示了海水与不同密度甲酸钠、甲酸钾在不同温度下的相容性检验结果。由于硫酸钠比硫酸钾的溶解度高得多，因而甲酸钠和甲酸钾盐水在低摩尔浓度的情况下，两种盐水混合不会产生硫酸盐沉淀。

表 4-3-3 甲酸钠盐水（$1.35g/cm^3$）和海水在不同温度下的相容性

温度 ℃	不同混合比例（体积比）甲酸钠盐水与海水相容性								
	99:1	98:2	95:5	97:3	90:10	75:25	50:50	25:75	10:90
25	无	无	无	无	无	无	无	无	无
70	无	无	无	无	无	无	无	无	无

表 4-3-4 甲酸钾盐水（$1.40g/cm^3$）和海水在不同温度下的相容性

温度 ℃	不同混合比例（体积比）甲酸钾盐水与海水相容性								
	99:1	98:2	95:5	97:3	90:10	75:25	50:50	25:75	10:90
25	无	无	无	无	无	无	无	无	无
70	无	无	无	无	无	无	无	无	无

表 4-3-5　甲酸钾盐水（1.58g/cm³）和海水在不同温度下的相容性

温度 ℃	不同混合比例（体积比）甲酸钾盐水与海水相容性								
	99:1	98:2	95:5	97:3	90:10	75:25	50:50	25:75	10:90
25	无	无	无	无	无	无	无	无	无
70	无	无	无	无	无	无	无	无	无

第四节　地层水对甲酸盐盐水性能的影响

地层水或称油层水，是指油藏边部和底部的边水和底水、层间水以及与原油同层的束缚水的总称。地层水在地层中长期与岩石和原油接触，通常含有相当多的金属盐类，如钾盐、钠盐、钙盐和镁盐等，尤其以钾盐和钠盐最多。不同油田、不同地质年代储层中所存在的地层水水型、矿化度差异很大，因而必须通过实验来检测其相容性。表4-4-1给出了塔里木油田DN2-16井、DN2-76井及克深601井地层水分析的数据。表4-4-2出示了塔里木油田DN2-16井、DN2-17井、DN2-76井及克深601井等井储层地层水分别于与密度为1.20g/cm³、1.30g/cm³的甲酸钠盐水、密度为1.40g/cm³、1.50g/cm³的甲酸钾盐水在不同温度下混合后相容性的实验结果。实验数据表明，4口井的地层水与90℃、不同密度的甲酸盐盐水混合后均未发生沉淀。

表 4-4-1　塔里木油田地层水分析数据

井号	地层水组分含量，10³mg/L						
	K^+	Ca^{2+}	Mg^{2+}	Cl^-	SO_4^{2-}	CO_3^{2-}	Na^+
DN2-16井	4.473	1.242	0.972	7.033	0.9317	0.3163	1.011
DN2-76井	5.020	7.415	0.9963	341.72	0.8068	0.5693	206.313
克深601井	9.368	9.258	0.6318	241.60	0.778	0.3795	139.889

表 4-4-2　甲酸盐盐水和地层水90℃的相容性

井号	甲酸盐盐水	密度 g/cm³	不同混合比例（体积比）甲酸盐盐水与地层水相容性				
			90:10	75:25	50:50	25:75	10:90
DN2-16井	甲酸钠盐水	1.20	无	无	无	无	无
		1.30	无	无	无	无	无
	甲酸钾盐水	1.40	无	无	无	无	无
		1.50	无	无	无	无	无
DN2-17井	甲酸钠盐水	1.20	无	无	无	无	无
		1.30	无	无	无	无	无
	甲酸钾盐水	1.40	无	无	无	无	无
		1.50	无	无	无	无	无
DN2-76井	甲酸钠盐水	1.20	无	无	无	无	无
		1.30	无	无	无	无	无
	甲酸钾盐水	1.40	无	无	无	无	无
		1.50	无	无	无	无	无

续表

井号	甲酸盐盐水	密度 g/cm³	不同混合比例(体积比)甲酸盐盐水与地层水相容性				
			90:10	75:25	50:50	25:75	10:90
克深601井	甲酸钠盐水	1.20	无	无	无	无	无
		1.30	无	无	无	无	无
	甲酸钾盐水	1.40	无	无	无	无	无
		1.50	无	无	无	无	无

第五节 水基完井液对甲酸盐盐水性能的影响

水基完井液是以水为分散介质并添加功能各不相同的分散相(即不同的处理剂)配置而成的。作为分散介质的水可以是含电解质很少的淡水,也可以是含一定量电解质的盐水,除石灰、石膏、海水基完井液外,通常的电解质是以一价卤族盐水为基础的,甲酸盐与这些水基完井液相互接触时,不会发生沉淀问题,也就是说大多数水基完井液对甲酸盐盐水没有明显的影响。

二价卤族盐水很少作为完井液使用,但有些特殊功能的完井液(如钙处理的完井液)常常含有不同数量的 Ca^{2+},如果这些完井液与甲酸盐盐水接触,会出现二价盐沉淀,因此,油田使用中如果遇到这种情况,可使用缓冲的甲酸盐盐水,甲酸盐预先用碳酸钾/碳酸氢钾或碳酸钠缓冲,在使用中应添加新的缓冲剂,直至所有的二价离子沉淀析出并重新建立起所需要的缓冲剂浓度。

将密度为 1.30g/cm³ 甲酸钠盐水、1.40g/cm³ 与 1.50g/cm³ 的甲酸钾盐水分别与塔里木油田 STSW 完井液、磺化完井液按 100:0,90:10,75:25,50:50,25:75 和 10:90 的体积比混合于 180℃热滚 16h 后测试 50℃的流变性能,实验结果见表 4-5-1 与表 4-5-2 和图 4-5-1 与图 4-5-2。实验数据表明,3 种不同密度的甲酸盐盐水单独热滚 16h 后,1.40g/cm³ 的甲酸钾盐水表观黏度最低,1.50g/cm³ 的甲酸钾盐水表观黏度最高。混合后的完井液随完井液比例的增加,初切和终切增加。

表 4-5-1　STSW 完井液与甲酸盐盐水的 50℃流变性能(180℃下热滚 16h)

甲酸盐盐水/完井液密度 g/cm³	甲酸盐盐水与完井液体积比	Φ_{600}	Φ_{300}	静切力 (10s/10min) Pa	表观黏度 mPa·s	塑性黏度 mPa·s	动切力 Pa	动塑比
2.02	STSW 完井液	22	14	2/5	11	8	3	0.375
1.3	甲酸钠	7	5	0.5/0.5	3.5	2	1.5	0.75
	90:10	9	6	1/1	4.5	3	1.5	0.5
	75:25	11.5	8	1/1	5.75	3.5	2.25	0.64
	50:50	16	10.5	1.5/2	8	5.5	2.5	0.45
	25:75	25	16	3.5/3	12.5	9	3.5	0.39
	10:90	36	23	12/10.5	18	13	5	0.38

续表

甲酸盐盐水/完井液密度 g/cm³	甲酸盐盐水与完井液体积比	Φ_{600}	Φ_{300}	静切力(10s/10min) Pa	表观黏度 mPa·s	塑性黏度 mPa·s	动切力 Pa	动塑比
1.4	甲酸钾	5.5	4	1/0.5	2.75	1.5	1.25	0.83
	90:10	7	5	1/1	3.5	2	1.5	0.75
	75:25	9	6	0/1	4.5	3	1.5	0.5
	50:50	13	8	1.5/3.5	6.5	5	1.5	0.3
	25:75	21	14	3.5/8	10.5	7	3.5	0.5
	10:90	30	20	4.5/8	15	10	5	0.5
1.5	甲酸钾	10	7	0.5/0.5	5	3	2	0.67
	90:10	10.5	6	1/1	5.25	4.5	0.75	0.17
	75:25	12	9.5	1/1	6	2.5	3.5	1.4
	50:50	16	11	1.5/2	8	5	3	0.6
	25:75	24	15	3.5/8.5	12	9	3	0.33
	10:90	44	31	7.5/11.5	22	13	9	0.69

表4-5-2 磺化完井液与甲酸盐盐水的50℃流变性能(180℃下热滚16h)

甲酸盐盐水/完井液密度 g/cm³	甲酸盐盐水与完井液体积比	Φ_{600}	Φ_{300}	静切力(10s/10min) Pa	表观黏度 mPa·s	塑性黏度 mPa·s	动切力 Pa	动塑比
1.26	磺化完井液	25	19	3.5/15	12.5	6	6.5	1.08
1.3	甲酸钠	7	5	0.5/0.5	3.5	2	1.5	0.75
	90:10	10.5	6	0.75/1	5.25	4.5	0.75	0.17
	75:25	12	8.5	1/1	6	3.5	2.5	0.71
	50:50	13	9	1/2.5	6.5	4	2.5	0.625
	25:75	20	12.5	2/6.5	10	7.5	2.5	0.33
	10:90	23	16	2.5/8	11.5	7	4.5	0.64
1.4	甲酸钾	5.5	4	1/0.5	2.75	1.5	1.25	0.83
	90:10	5	4	0.5/0.5	2.5	1	1.5	1.5
	75:25	8.5	5	1/1	4.25	3.5	0.75	0.21
	50:50	10	7	1/1.5	5	3	2	0.67
	25:75	13	8	1/2.5	6.5	5	1.5	0.3
	10:90	21	13	1.5/4	10.5	8	2.5	0.31
1.5	甲酸钾	10	7	0.5/0.5	5	3	2	0.67
	90:10	9	6.5	1/1	4.5	2.5	2	0.8
	75:25	10	6.5	1/1.5	5	3.5	1.5	0.43
	50:50	12.5	7.5	1.5/3	6.25	5	1.25	0.25
	25:75	15	10	1.5/4	7.5	5	2.5	0.5
	10:90	17	11	1.5/4.5	8.5	6	2.5	0.42

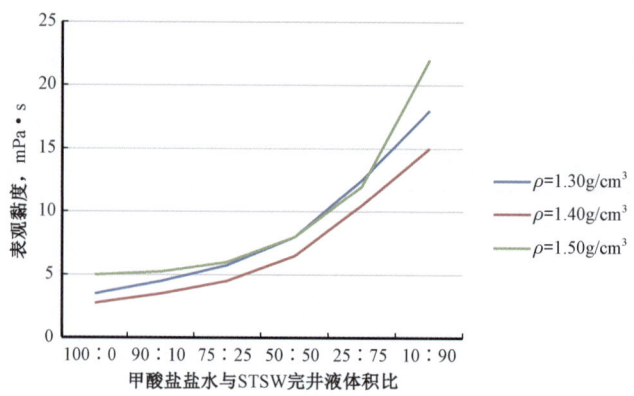

图 4-5-1　甲酸盐与隔离液混合后表观黏度

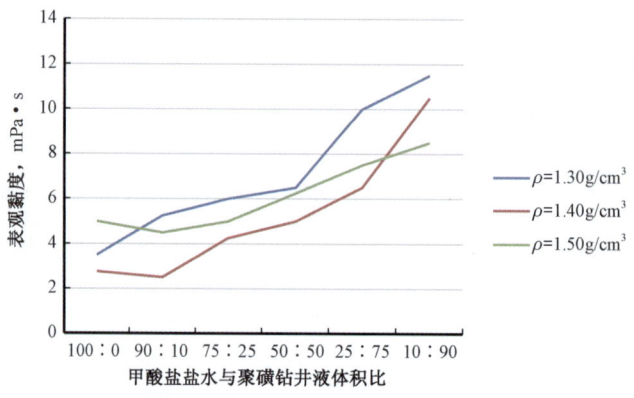

图 4-5-2　甲酸盐与隔离液混合后表观黏度

图 4-5-1 数据表明,不同密度的甲酸盐盐水与 STSW 完井液按不同比例混合热滚 16h 后,混合液的表观黏度都会随 STSW 完井液比例的增加而增加;1.40g/cm³ 的甲酸钾盐水与 STSW 完井液混合后的黏度相对其他两个密度甲酸盐盐水的黏度低;1.30g/cm³ 的甲酸钠盐水与 STSW 完井液混合后,在混合比例为 90∶10 及 10∶90 时,比 1.50g/cm³ 的甲酸钾盐水与 STSW 完井液混合后的表观黏度低,其余几种混合液的表观黏度则接近。

图 4-5-2 数据表明,不同密度的甲酸盐盐水与磺化完井液按不同比例混合热滚 16h 后,混合液的表观黏度都会随磺化完井液比例的增加而增加;1.30g/cm³ 的甲酸钾盐水与磺化完井液混合后的黏度相对其他两个密度甲酸盐盐水的黏度高;1.50g/cm³ 的甲酸钾盐水与磺化完井液混合后,除在混合比例为 10∶90 时比 1.40g/cm³ 的甲酸钾盐水与磺化完井液混合后的表观黏度低外,其余几个混合液的表观黏度前者高于后者。

对塔里木油田现场用 SWST 完井液及磺化完井液与隔离液 SN-2 的相容性进行了实验,实验结果见表 4-5-3 及表 4-5-4。实验中将隔离液 SN-2 与两种完井液按 90∶10, 75∶25,50∶50,25∶75 和 10∶90 的体积比混合于 180℃ 热滚 16h 后测试 50℃ 的流变性能,数据表明随隔离液比例的下降混合液的黏度下降。

表 4-5-3　STSW 完井液与隔离液的 50℃流变性能（180℃下热滚 16h）

隔离液与完井液体积比	Φ_{600}	Φ_{300}	静切力(10s/10min) Pa	表观黏度 mPa·s	塑性黏度 mPa·s	动切力 Pa	动塑比
STSW 完井液	22	14	2/5	11	8	3	0.375
隔离液	233	153	2/2.5	116.5	80	36.5	0.46
90:10	202	128	1/1	101	74	27	0.36
75:25	164	95	1/1.5	82	69	13	0.19
50:50	99	54	1.5/1.5	49.5	45	4.5	0.1
25:75	59	33	1/2	29.5	26	3.5	0.13
10:90	42	28	1/19	21	14	7	0.5

表 4-5-4　磺化完井液与隔离液的 50℃流变性能（180℃下热滚 16h）

隔离液与完井液体积比	Φ_{600}	Φ_{300}	静切力(10s/10min) Pa	表观黏度 mPa·s	塑性黏度 mPa·s	动切力 Pa	动塑比
磺化完井液	25	19	3.5/15	12.5	6	6.5	1.08
隔离液	233	153	2/2.5	116.5	80	36.5	0.46
90:10	207.5	128	1.5/1.5	103.75	79.5	24.25	0.31
75:25	177	110	1/1.5	88.5	67	21.5	0.32
50:50	91	52	1/1.5	45.5	39	6.5	0.17
25:75	65	43	1.5/5	32.5	24	8.5	0.35
10:90	61	43	24/32.5	30.5	18	12.5	0.69

第六节　油基和合成基完井液对甲酸盐盐水性能的影响

油基完井液是以油作为连续相、水作为分散相并添加适量的亲油胶体、有机土、乳化剂、润湿剂以及加重材料等配制而成。油相可选用柴油、白油、合成油、气制油和生物柴油等。水相主要有淡水和盐水等，常用的是用 $CaCl_2$ 配制的盐水，水相常常是油包水完井液的分散相。

合成基完井液是以人工合成的油、气制油等作为连续相、盐水作为分散相，加入乳化剂、降滤失剂和流型改进剂等组成的完井液体系。作为连续相的人工合成有机化合物有酯、醚、聚乙—烯烃、线性乙—烯烃、内烯烃类、线性烷烃类、线性烷基苯类等一些低毒性、芳香烃含量低的物质。

由于油基和合成基完井液中含有比较多的酯类、有机化合物和乳化剂，因此，在容易乳化的各种条件下，应避免油基和合成基完井液与甲酸盐盐水接触，要防止对甲酸盐盐水的污染。

另外，油基完井液的水相中可能含有 $CaCl_2$，且 Ca^{2+} 可与甲酸盐发生沉淀，要防止油浆和甲酸盐盐水混合，避免发生沉淀。

为了研究油基完井液对甲酸盐盐水的影响，将密度为 $1.30g/cm^3$ 的甲酸钠盐水、$1.40g/cm^3$ 和

1.50g/cm³ 的甲酸钾盐水分别与塔里木油田克深602井油基完井液按100∶0,90∶10,75∶25, 50∶50,25∶75 和 10∶90 的体积比混合,在180℃下热滚16h后,测试完井液在50℃的流变性能。实验结果见表4-6-1,克深602井油基完井液 Φ_{300} 读数如图4-6-1所示。实验中3个密度的甲酸盐盐水与油基完井液按 90∶10 和 75∶25 的两个比例混合后的完井液热滚后或者长时间放置都会出现明显分层,其他比例混合的分层不是很明显。

表 4-6-1 甲酸盐盐水与克深602井油基完井液混合后的50℃流变性能(180℃下热滚16h)

甲酸盐盐水密度 g/cm³	甲酸盐盐水与完井液体积比	Φ_{600}	Φ_{300}	静切力 (10s/10min) Pa	表观黏度 mPa·s	塑性黏度 mPa·s	动切力 Pa	动塑比
	完井液	148	82	4/4	74	66	8	0.12
1.3	100∶0	7	5	0.5/0.5	3.5	2	1.5	0.75
	90∶10	15	7	1/1	7.5	7	0.5	0.07
	75∶25	22	12	1/2.5	11	10	1	0.1
	50∶50	62	39	2.5/2	31	23	8	0.35
	25∶75	>300	237	12.5/18	—	—	—	—
	10∶90	199	119	6.5/13.5	99.5	80	19.5	0.24
1.4	100∶0	5.5	4	1/0.5	2.75	1.5	1.25	0.83
	90∶10	11	7	2/2.5	5.5	4	1.5	0.38
	75∶25	16	9	1/3	8	7	1	0.14
	50∶50	19	11	1.5/2.5	9.5	8	1.5	0.19
	25∶75	40	27	2/3	20	13	7	0.54
	10∶90	238	139	6.5/13	119	99	20	0.20
1.5	100∶0	10	7	0.5/0.5	5	3	2	0.67
	90∶10	14	7.5	1/1	7	6.5	0.5	0.08
	75∶25	24	13	1/1	12	11	1	0.09
	50∶50	75	46	2.5/4	37.5	29	8.5	0.29
	25∶75	>300	213	11/20.5	—	—	—	—
	10∶90	251	141	6.5/14	125.5	110	15.5	0.14

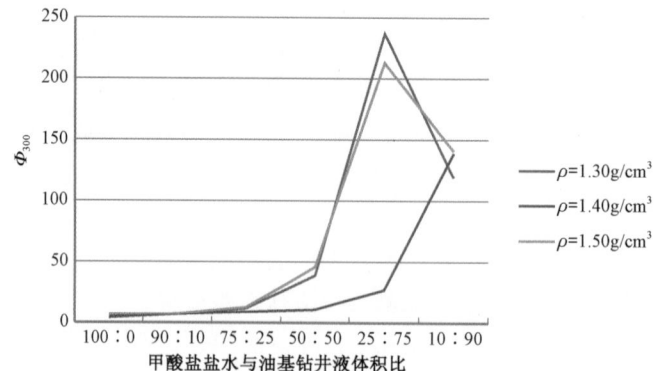

图 4-6-1 甲酸盐盐水与克深602井油基完井液混合后的性能曲线

由表 4-6-1 数据看出,当将密度为 1.30g/cm³ 的甲酸钠盐水、1.40g/cm³ 与 1.50g/cm³ 的甲酸钾盐水与克深 602 井油基完井液按 90:10,75:25 和 50:50 的体积比混合后,1.40g/cm³ 的甲酸钾盐水混合后的完井液黏度最小,1.50g/cm³ 的甲酸钾盐水混合后的完井液黏度最大。密度为 1.30g/cm³ 和 1.40g/cm³ 的甲酸盐盐水与油基完井液按 25:75 的比例混合后的完井液 Φ_{600} 读数都大于 300。图 4-6-1 为 3 个密度的甲酸盐盐水与克深 602 井油基完井液混合后 Φ_{300} 读数图,该数据表明,1.40g/cm³ 的甲酸钾盐水与克深 602 井油基完井液混合后的黏度最小,1.30g/cm³ 与 1.50g/cm³ 的甲酸盐盐水与克深 602 井油基完井液按 90:10,75:25,50:50 和 10:90 体积比混合后,1.50g/cm³ 的甲酸盐盐水与完井液混合后的完井液黏度较高,1.30g/cm³ 与 1.50g/cm³ 的甲酸盐盐水与克深 602 井油基完井液按 25:75 体积比混合后,1.30g/cm³ 的甲酸盐盐水与完井液混合后的完井液黏度较高。

第七节　隔离液对甲酸盐盐水的性能影响

将密度为 1.30g/cm³ 的甲酸钠盐水、1.40g/cm³ 与 1.50g/cm³ 的甲酸钾盐水分别与塔里木油田 JN-5 隔离液按 100:0,90:10,75:25,50:50,25:75 和 10:90 的体积比混合,然后在 180℃ 热滚 16h 后测试 50℃ 的流变性能,实验结果见表 4-7-1,表观黏度如图 4-7-1 所示。由表和图中数据看出,隔离液单独热滚后黏度最大,甲酸盐盐水单独热滚后黏度最小。3 个密度的甲酸盐盐水与隔离液混合热滚后,每个密度下,混合液的黏度都会随隔离液比例的增加而增加;1.40g/cm³ 的甲酸钾盐水与隔离液混合后的黏度相对其他两个密度甲酸盐盐水的黏度低,1.30g/cm³ 和 1.50g/cm³ 的甲酸盐盐水与隔离液混合后的黏度较接近。

表 4-7-1　甲酸盐盐水与隔离液 JN-5 混合后的 50℃ 流变性能(180℃ 下热滚 16h)

甲酸盐盐水密度 g/cm³	甲酸盐盐水与隔离液体积比	Φ_{600}	Φ_{300}	静切力 (10s/10min) Pa	表观黏度 mPa·s	塑性黏度 mPa·s	动切力 Pa	动塑比
	隔离液	233	153	4/5	116.5	80	36.5	0.46
1.3	100:0	7	5	1/1	3.5	2	1.5	0.75
	90:10	18	10	1.5/1.5	9	8	1	0.13
	75:25	32	17	1.5/1.5	16	15	1	0.07
	50:50	80	47	2/2	40	33	7	0.21
	25:75	154	87	2.5/1.5	77	67	10	0.15
	10:90	222	143	3.5/4	111	79	32	0.41
1.4	100:0	5.5	4	1.5/1	2.75	1.5	1.25	0.83
	90:10	10.5	6	1.5/1.5	5.25	4.5	0.75	0.17
	75:25	24	14	1/1.5	12	10	2	0.2
	50:50	61	38	2/1.5	30.5	23	7.5	0.33
	25:75	122	67	3/1	61	55	6	0.11
	10:90	175	104	1.5/2	87.5	71	16.5	0.23

续表

甲酸盐盐水密度 g/cm³	甲酸盐盐水与隔离液体积比	Φ_{600}	Φ_{300}	静切力（10s/10min）Pa	表观黏度 mPa·s	塑性黏度 mPa·s	动切力 Pa	动塑比
1.5	100:0	10	7	1/1	5	3	2	0.67
	90:10	19	11	2/2	9.5	8	1.5	0.19
	75:25	35	20	2/1	17.5	15	2.5	0.17
	50:50	74	43	2/2	37	31	6	0.19
	25:75	150	90	2/2	75	60	15	0.25
	10:90	220	143	3.5/3	110	77	33	0.43

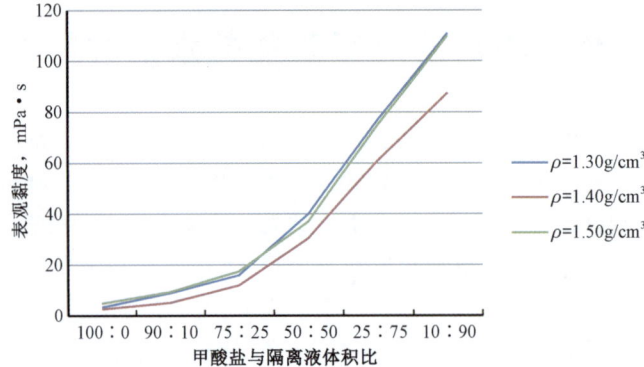

图 4-7-1　甲酸盐盐水与隔离液混合后表观黏度

第五章 甲酸盐完井液处理剂

甲酸盐具有很多优良特性,因而甲酸盐钻(完)井液只需要少量的几类处理剂就可改善其性能。例如,甲酸盐对金属的腐蚀性不严重,所以通常不需要添加防腐剂或除氧剂;甲酸盐盐水具有高密度,因而可以配制无固相钻(完)井液;由于甲酸盐盐水的活度低,抑制了微生物的生长,使用高密度甲酸盐盐水时,不需要使用杀菌剂;甲酸盐润滑性好,通常不需要添加润滑剂;但有一种处理剂对甲酸盐钻(完)井液是十分重要的,这就是 pH 值缓冲剂,特别是钻遇存在酸敏、碱敏伤害的储层,在配置完井液时,应添加碳酸盐/碳酸氢盐进行预缓冲,以防止过酸、过碱造成增黏剂等聚合物的降解。

为了满足不同储层完井液的需求,甲酸盐完井液主要使用的处理剂可分为以下几类:增黏剂、降滤失剂、封堵剂、pH 值缓冲剂、加重剂、热稳定剂、除氧剂、润滑剂、消泡剂、防腐剂、杀菌剂等。

第一节 增 黏 剂

增黏剂主要用来提高甲酸盐完井液的黏度与切力,部分增黏剂还可以降低完井液的滤失量。在甲酸盐完井液中,增黏剂按其原料与组分可分为以下几类:生物聚合物类、合成聚合物类、纤维素类和黏土类等。下面分别论述各种增黏剂在甲酸盐盐水中的增黏效果与热稳定性。

一、生物聚合物类

1. 黄原胶

1)黄原胶组分及结构特点

黄原胶的分子式$(C_{35}H_{49}O_{29})_n$,分子质量的大致范围是 $2\times10^6\sim50\times10^6$ Da❶,它是一种线型高分子聚合物,它的 β – 主链上含有 D – 葡萄糖、D – 甘露糖、D – 葡萄糖醛酸。对于每 8 个残糖基,D – 葡萄糖醛酸有 1 个甘露糖支链。对于每 16 个残糖基可能有 1 个 4,6 – O(1 – 羧基 – 亚乙基)D – 葡萄糖。这种多糖胶含有约 3.0% ~3.5% 的丙酮酸,在酮缩醇链上它是以结构组分的形式同部分葡萄糖连接。醋酸是以 O – 乙酰基的形式存在,其量约 47%,在多糖中,丙酮酸酯—酮缩醇链包括两种特殊结构形式的葡萄糖单元。研究表明,支链是按大小和空间排列的,与未还原的支链残基成等比例存在,有少数长支链存在。这种聚合物可能的最简单的结构模式如图 5 – 1 – 1 所示[1]。

结构中,丙酮酸和葡萄糖醛酸带有阳离子基,通常以 Na^+、K^+、Ca^{2+} 和 Mg^{2+} 的盐形式存在。分子链呈自由卷曲状态,但在多数情况下,由于大分子内部氢键的存在而成双螺旋麻花状的立体构型,进而有序地排列成聚合体结构,如图 5 – 1 – 2 所示,这种聚合物结构又叫超会合结构。

---

❶ 1Da = 1.66054×10^{-27} kg。

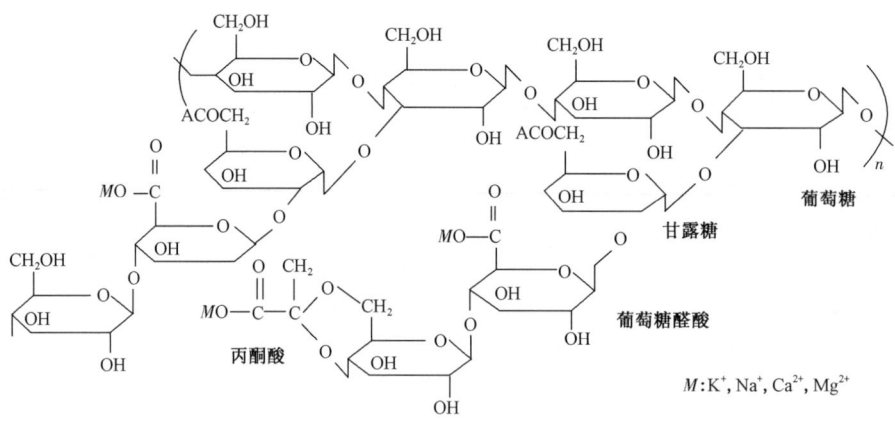

图 5-1-1 黄原胶最简单的结构模式

由于它具有这种超会合结构,即使它的水溶液在较低的浓度时,仍具有较高黏度。这种立体构型在温度和剪切速率的变化下可以互相转化。静止时,分子链形成超会合的聚合体,故视黏度高;在高剪切速率下,聚合体离解,分子链恢复自由卷曲状态,故视黏度下降。

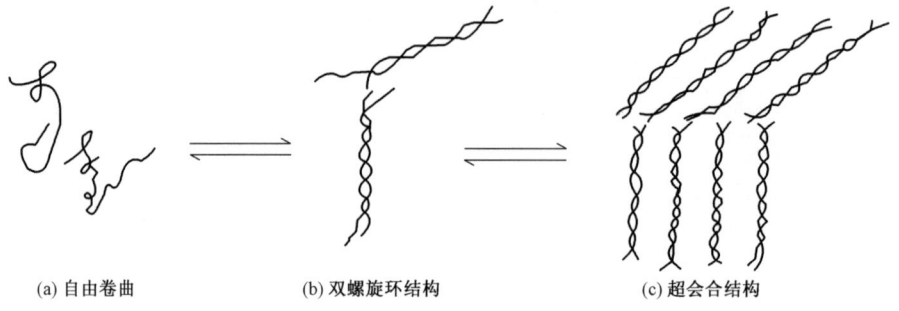

(a) 自由卷曲　　　　(b) 双螺旋环结构　　　　(c) 超会合结构

图 5-1-2 黄原胶的双螺旋环结构

2) 黄原胶生产工艺

黄原胶杆菌的种类很多,有几十种。这些杆菌在富有碳源(由蔗糖、葡萄糖、淀粉供给)、氧源(由氧气供给)和微量元素的培养基中,在一定的温度(30℃)、pH 值(7 左右)的条件下培养 3 天,在代谢过程中能将单糖聚合而成胞外多糖物质。然后将这种多糖物质过滤,与细菌体分离,再用甲醇—乙醇进行沉淀分离、净化、干燥后便得到一种轻而疏松的粉状物黄原胶,其工艺流程如图 5-1-3 所示。

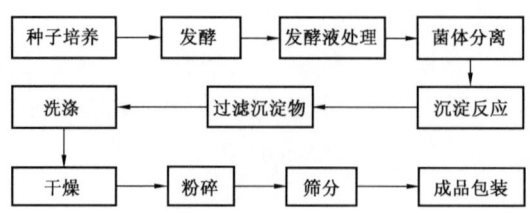

图 5-1-3 黄原胶生产工艺流程图

3) 黄原胶的转换温度

当黄原胶分子暴露在高温下时,就会进行一种有序的形状解序作用。形状发生变化时的温度叫做转换温度(图5-1-4)。当黄原胶被加热到转变温度时,会突然出现黏度下降的现象。

随着形状解序的发生,黄原胶黏度迅速下降(图5-1-5),水解速度呈两个数量级迅速加快。如果在高于转换温度条件下暴露时间较短的话,当温度降低到转换温度以下时,黄原胶将恢复部分黏度;没有温度转变的其他聚合物,在加热过程中其黏度会逐渐下降。然而,当黄原胶长期暴露在高于转换温度的环境下时,黄原胶将发生降解,从而将永久失去黏度。

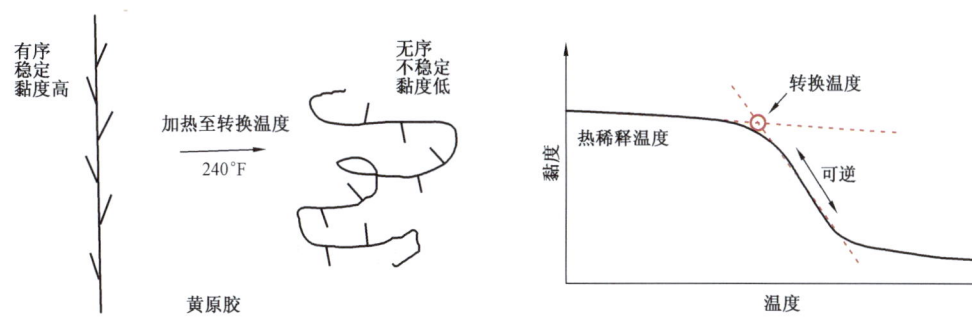

图5-1-4 当黄原胶加热到转换温度(熔化)时的状态

图5-1-5 具有转变温度的典型生物聚合物(如黄原胶)黏度随温度的变化

黄原胶的转换温度取决于黄原胶的特性以及介质中其他溶解溶质的浓度。壳牌研究公司于1986年研制成的Clark-Stuman和Sturla[2],含有大量碱金属甲酸盐,并在清水与甲酸盐盐水中做了黄原胶热稳定试验对比,发现甲酸盐能明显提高黄原胶的转换温度和黄原胶在高温下的稳定性(图5-1-6)。

图5-1-7显示了黄原胶在甲酸盐盐水与一些无机盐盐水、清水中的转换温度对比试验数据,黄原胶在甲酸盐盐水中的转变温度以及所测得的参数,并对其进行了对比[3]。

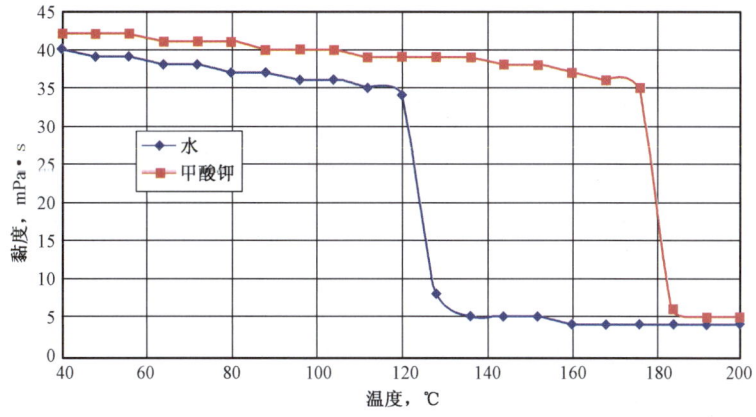

图5-1-6 黄原胶在水和甲酸钾盐水(范氏黏度计35,300r/min读数)中的黏度与温度的函数关系曲线

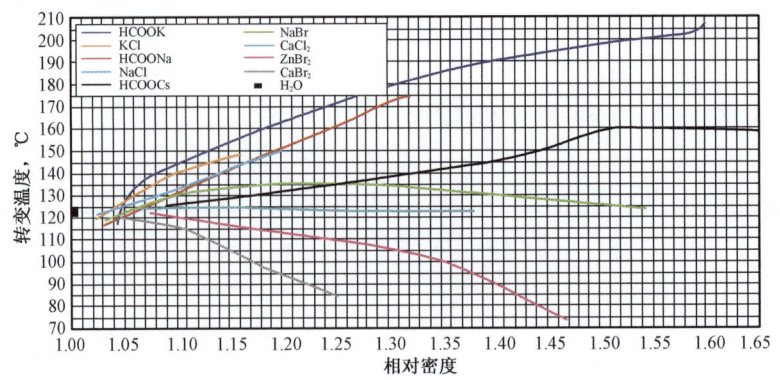

图 5-1-7 黄原胶在现场盐水中的转换温度与盐水相对密度的函数关系

4）黄原胶的热稳定性

各种现场使用的盐水对黄原胶转换温度的作用可能会立即影响钻井和完井盐水在井下的流变性。但在现场不能用来预测黄原胶的稳定温度极限。虽然，个别盐水可以使黄原胶维持自己的层序，防止黏度严重受损，但由于氧化和水解的干扰，聚合物分子在整个过程中仍然会发生降解。

在已知温度下，黄原胶保持稳定的时间取决于黄原胶的应用场合。对钻（完）井液配方说，通常认为那些稳定期超过 16h 的聚合物就可以了。壳牌研究公司对黄原胶在某些标准的油田盐水中的 16h 稳定极限进行了测试[3]。测试时，其热稳定温度被定义为：与低温下黄原胶黏度相比较，当黄原胶暴露在高温下的甲酸盐盐水中 16h 后，表观黏度永久丧失 50%，此时的温度为热稳定温度。图 5-1-8 显示了黄原胶在一系列饱和盐水中的 16h 热稳定温度和转换温度的对比情况。

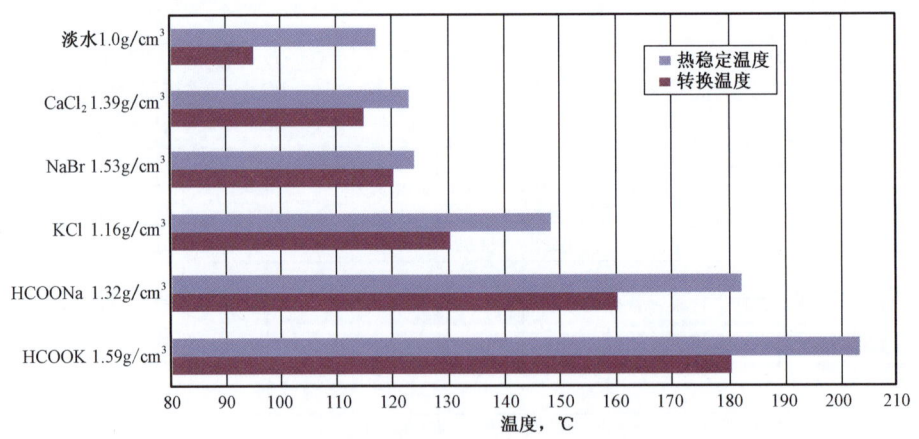

图 5-1-8 黄原胶在现场用高浓度盐水中 16h 热稳定温度与转换温度的对比

5）黄原胶与甲酸盐盐水配伍性

图 5-1-9 至图 5-1-12 出示了国内某生物制品有限公司生产的黄原胶（XC）在不同密度甲酸钾和甲酸钠盐水中的 16h 热稳定极限和转变温度与盐水密度对比情况。其配方：350mL 甲酸钾溶液 +1.0% 碳酸钾/甲酸钠 +0.7% 碳酸氢钾/甲酸钠 +0.5% XC。

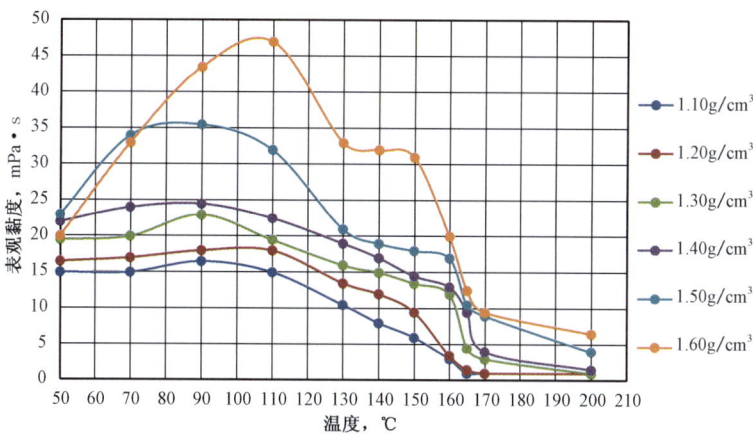

图 5-1-9　温度对黄原胶在不同密度甲酸钾盐水中表观黏度的影响

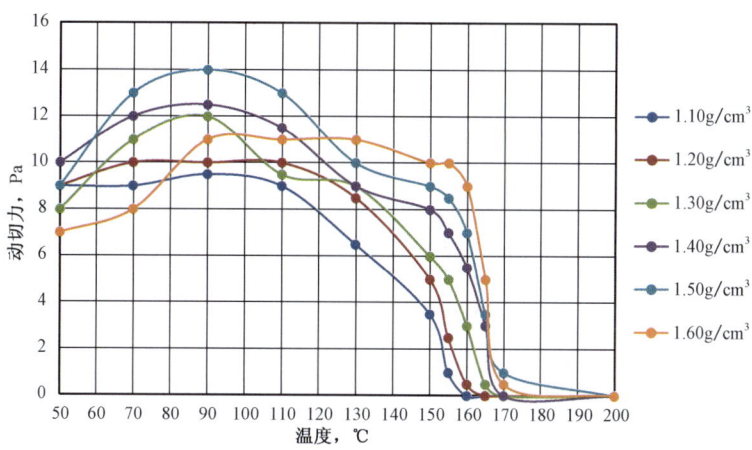

图 5-1-10　温度对黄原胶在不同密度甲酸钾盐水中动切力的影响

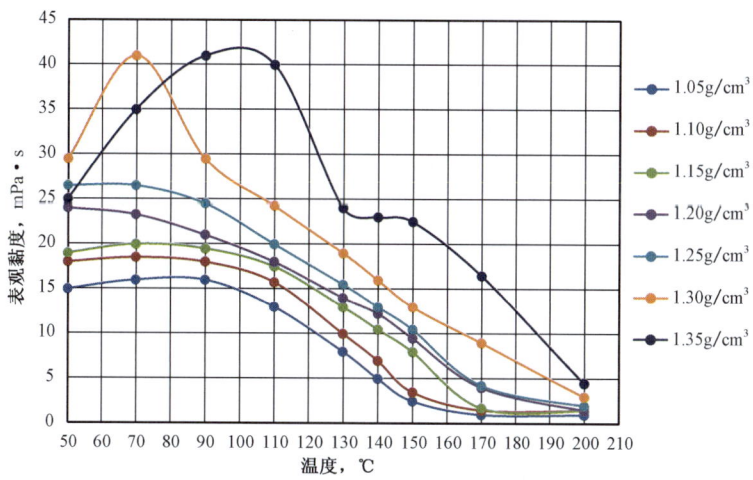

图 5-1-11　温度对黄原胶在不同密度甲酸钠盐水中表观黏度的影响

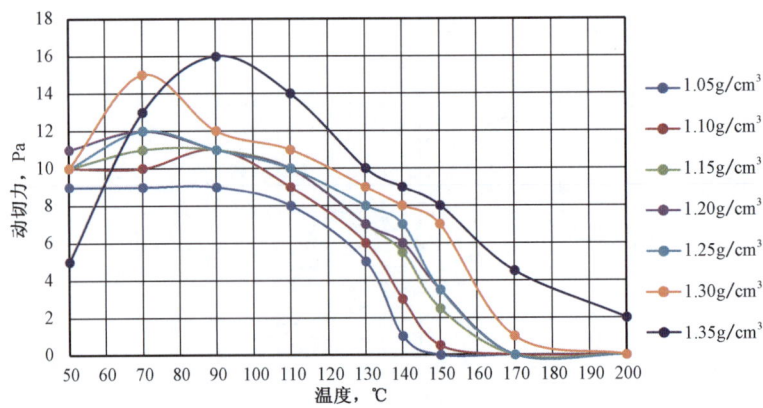

图 5-1-12 温度对黄原胶在不同密度甲酸钠盐水中动切力的影响

黄原胶在甲酸钾和甲酸钠盐水中最佳溶解温度为 70~110℃，黄原胶在甲酸钾盐水中的转变温度为 130℃左右，16h 热稳定极限温度为 160℃左右；黄原胶在甲酸钠盐水中的转变温度为 130℃左右，16h 热稳定极限温度为 150℃左右。

甲酸盐盐水密度越高，所含自由水就会越少，黄原胶在低温情况（50~60℃）溶解性越差，完井液黏度也越低；但是随着温度的升高，黄原胶溶解性增强，完井液黏度也越高，这也是黄原胶在高密度甲酸盐盐水中低温下黏度偏低，高温下黏度迅速升高的原因。

2. 改性黄原胶 DUO-TEC-NS

DUO-TEC-NS 是一种技术改性的黄原胶。DUO-TEC-NS 在甲酸盐钻（完）井液中可增加钻（完）井液的黏度（包括低剪切速率黏度）以及用作加重材料悬浮剂。DUO-TEC-NS 具有独特的剪切稀释特性和触变性。

在水基钻（完）井液中，无论是高密度还是低固相体系，包括淡水、海水、盐水和加重密度盐水体系，DUO-TEC-NS 都具有非常好提黏降滤失的性能。加入盐类、抗氧化剂和热稳定剂能够使 DUO-TEC-NS 的热稳定性提高至 121~138℃。在甲酸盐盐水中，可使热稳定性提高至 204℃。DUO-TEC-NS 容易发生生物降解，因此建议添加杀菌剂。

DUO-TEC-NS 在甲酸铯/甲酸钾完井液中，保持较好的流变性能。但随在 150℃下热滚时间增加到 48h，该剂降解，完井液塑性黏度和动切力下降，高温高压滤失量增大，见表 5-1-1。

表 5-1-1 DUO-TEC-NS 对甲酸铯/甲酸钾完井液性能的影响

条件	密度 g/cm³	表观黏度 mPa·s	塑性黏度 mPa·s	动切力 Pa	动塑比	静切力, Pa		高温高压滤失量, mL
						10s	10min	
滚前	2.02	59.75	40.5	19.25	0.48	4.25	18.5	
150℃×16h	2.025	59.25	43.5	15.75	0.36	3.5	3.75	19.6
150℃×48h	2.045	40.5	32	8.5	0.27	3	3.5	28

配方：530.5g 甲酸铯 + 102.6g 甲酸钾 + 17.43g 水 + 3g 碳酸钾 + 2g 碳酸氢钾 + 5g Antisol FL-10 + 2g ExStar HT + 0.2g Dristemp + 1g Duo-Tec NS + 2g MgO + 10g Baracarb25 + 10g Baracarb50。

3. 微纤维素(MFC)

微纤维素(MFC)主要成分是从植物纤维结构上分离出的微纤维,最直接的来源是将天然纤维素通过酶发酵提纯而来的细纤维,这种由微生物产生的具有改善流变性作用的微纤维素与自然界中一般的植物纤维素以及经过物理和化学改性的纤维素不同,其特点是极为精细且具有很大的表面积。

微纤维素(MFC)商品名为 N-Vis-HB,是一种多聚糖,其高分子纤维素的主链与黄原胶或硬葡聚糖一样,但性能却与黄原胶或硬葡聚糖有很大差异,在盐水中仅能部分溶解。其原因是纤维素生产过程中使用的酶有很大差异,这种酶比生产非纤维素生物聚合物使用的酶要贵得多。这种聚合物除可以增加盐水的黏度外,还具有一定的降滤失作用。

从表 5-1-2 中看出,当加入 10g MFC 后,钻井液的塑性黏度、动切力和动塑比都有一定幅度的升高。并且钻井液的高温高压滤失量有所下降。

表 5-1-2 BDF-265 对甲酸铯/甲酸钾无黏土相钻井液性能的影响

配方	条件	密度 g/cm³	表观黏度 mPa·s	塑性黏度 mPa·s	动切力 Pa	动塑比	静切力,Pa		高温高压滤失量,mL
							10s	10min	
基浆	150℃×16h	2.03	41.5	33	8.5	0.26	2.5	3	15.2
基浆+10gMFC	150℃×16h	2.03	58.5	43	15.5	0.36	4	4.75	14.4
基浆	150℃×48h	2.04	37.5	30	7.5	0.25	2.25	2.5	15
基浆+10gMFC	150℃×48h	2.025	51.75	39	12.8	0.33	2.75	3.25	13.4

注:基浆:530.5g 甲酸铯 + 102.6g 甲酸钾 + 17.43g 水 + 3g 碳酸钾 + 2g 碳酸氢钾 + 5g Antisol FL-10 + 3g ExStar HT + 2g MgO + 10g Baracarb25 + 10g Baracarb50。

4. 温轮胶(DT150)

温轮胶又称文莱胶,是从产碱菌属培养液提取的菌株以淀粉等碳水化合物为主要原料,利用生物工程发酵制取的生物多糖。它是由 D-葡萄糖、D-葡萄糖醛酸、L-鼠李糖、L-甘露糖组成的四糖重复单位。从分子式看,由于其氢键存在于聚合物链上的两个糖苷环之间,导致溶液体系黏度明显增大,使其能更好地黏附在物质表面,并能使整个溶液体系产生一种大范围的桥式效应,从而增大动切力,在静置或中等剪切力下保持溶液体系较好的黏聚性,因而其具有优异的增稠性、流变性和悬浮稳定性。

DT150 是河北省某生物科技有限公司生产的一种石油级温轮胶,在钻(完)井液中具有较好的提黏作用,但其与甲酸盐盐水不具备相容性。

图 5-1-13 出示了 DT150 在甲酸钾完井液中的提黏效果(170℃),当 DT150 加量为 0.2%~1.0%时,甲酸盐完井液表观黏度、塑性黏度和动切力并未随着 DT150 加量的增加而提高,且有未溶解 DT150 固相颗粒存在。

配方:350mL 甲酸钾完井液(1.50g/cm³) + 3g 碳酸钾 + 2g 碳酸氢钾 + 2g 氧化镁 + DT150(不同加量)。

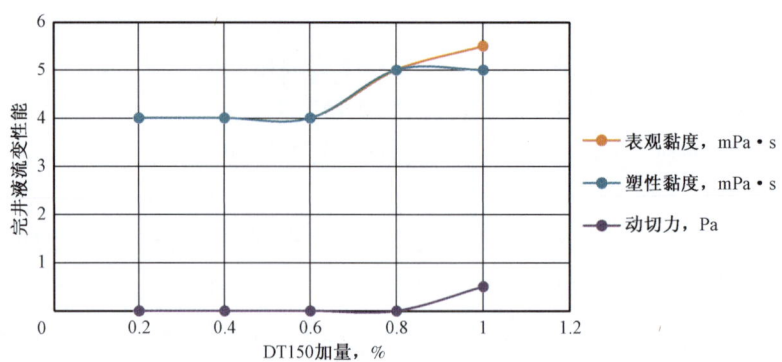

图 5-1-13　DT150 在甲酸钾完井液中提黏效果

二、合成聚合物类

1. 丙烯酰胺—磺化甲基丙烷共聚物

卡博特专用液体公司开发出 3 种专门用于在高温条件下控制甲酸盐钻井液流变性的合成高聚合物 4mate-Vis-HT,4mate-Viz-HML 和 4mate-Vis-XHT-HML。

1）4mate-Vis-HT

4mate-Vis-HT 是一种丙烯酰胺—磺化甲基丙烷的共聚物,是专门为在甲酸盐盐水中使用而研制的。它是一种线性聚合物,因此不会出现假塑流变性。由于这种添加剂具有这样的特点,所以只限于在抗高温清扫液和顶替液中使用。4mate-Vis-HT 可在温度高达 218℃ 的环境中使用,在 190℃ 的温度下可保持 30 天的稳定期。

表 5-1-3 和表 5-1-4 出示的是密度为 2.2g/cm³ 的甲酸铯盐水分别添加 28.53kg/m³ 和 34.24kg/m³ 的 4mate-Vis-HT 增黏剂并在 190℃ 热滚 16h 后的流变特性。范氏 70 黏度计的测试结果表明,在 28.53kg/m³ 或更高的浓度下,在温度高达 204℃ 的环境完井液都能保持良好的流变特性。

表 5-1-3　在密度为 2.2g/cm³ 的甲酸铯盐水中添加了 28.53kg/m³ 的 4mate-Vis-HT 后范氏 35 黏度计和范氏 70 黏度计的读值

温度 ℃	压力 MPa	范氏黏度计读数						塑性黏度 mPa·s	动切力 Pa	静切力,Pa	
		600r/min	300r/min	200r/min	100r/min	6r/min	3r/min			10s	10min
24[①]	0	300+	233	183	114	18	12	33.5	83	—	6	6
24	0	>295	231	174	112	16	11	—	—	5	
49[①]	0	223	142	108	69	11	7	81	30.5	3.5	4
49	0	248	149	116	73	7	7	99	25	2	
66[①]	0	177	113	87	55	9	7	64	24.5	3	3.5
66	0	203	126	100	62	6	5	77	24.5	2	—
66	6.9	202	131	102	64	6	6	71	30	2.5	2.5
80	6.9	—	118	88	—	—	—	—	—	—	—
93	6.9	159	102	81	49	5	5	57	22.5	2.5	2.5

续表

温度 ℃	压力 MPa	范氏黏度计读数						塑性黏度 mPa·s	动切力 Pa	静切力, Pa	
		600r/min	300r/min	200r/min	100r/min	6r/min	3r/min			10s	10min
93	20.7	164	105	82	50	5	5	59	23	2.5	2.5
93	44.8	169	108	85	52	5	5	61	23.5	2	2
107	44.8	—	100	74	—	—	—	—	—	—	—
121	55.2	140	89	68	41	4	4	51	19	2	2
121	68.9	143	91	72	42	4	4	52	19.5	1.5	1.5
135	68.9	—	81	62	—	—	—	—	—	—	—
149	68.9	113	72	55	31	3	2	41	15.5	1.5	1.5
149	89.6	121	74	56	33	3	2	47	13.5	1.5	1.5
177	68.9	101	60	45	26	3	2	41	9.5	1	1
177	82.7	101	60	45	26	3	2	41	9.5	1	1
191	82.7	94	55	41	24	2	2	39	8		
191	110.3	95	57	43	24	2	2	38	9.5		

① 范氏 35 黏度计读值。

表 5-1-4　在密度为 2.2g/cm³ 的甲酸铯盐水中添加了 34.24kg/m³ 的 4mate-Vis-HT 后范氏 35 黏度计和范氏 70 黏度计的读值

温度 ℃	压力 MPa	范氏黏度计读数						塑性黏度 mPa·s	动切力 Pa
		600r/min	300r/min	200r/min	100r/min	6r/min	3r/min		
24①	0	300+	210	162	105	16	10	90	-60
24	0	>293	>293	252	161	25	15	—	—
49①	0	224	144	111	71	10	6	80	32
49	0	>293	199	153	100	13	8	—	—
66①	0	190	123	94	60	8	5	67	28
66	0	265	161	128	83	10	6	104	27.5
66	6.9	272	166	131	85	10	6	106	30
80	6.9	—	144	116	—	—	—	—	—
93	20.7	205	132	103	64	7	5	73	29.5
93	44.8	212	136	105	67	9	5	76	30
107	44.8	—	124	92	—	—	—	—	—
121	55.2	170	109	86	52	6	3	61	24
121	68.9	174	112	87	53	6	3	66	23
135	68.9	—	103	80	—	—	—	—	—
149	68.9	144	91	70	43	3	2	53	19
149	89.6	152	97	75	45	6	3	55	21
163	89.6	—	89	67	—	—	—	—	—

续表

温度 ℃	压力 MPa	范氏黏度计读数						塑性黏度 mPa·s	动切力 Pa
		600r/min	300r/min	200r/min	100r/min	6r/min	3r/min		
177	68.9	129	80	60	36	3	2	49	15.5
177	82.7	127	79	59	36	3	2	48	15.5
191	82.7	117	71	53	31	2	1	46	12.5
191	110.3	120	73	56	33	3	2	47	13
204	103.4	106	64	48	28	1	1	42	12
204	110.3	110	67	49	29	1	1	43	12

① 范氏35黏度计读值。

图 5-1-14 出示的是 4mate-Vis-HT 的长期稳定性曲线。这是含 17.12kg/m³ 4mate-Vis-HT 和密度为 2.3g/cm³ 的甲酸铯钻井液在 190℃ 高温下,其流变特性与时间的关系曲线。

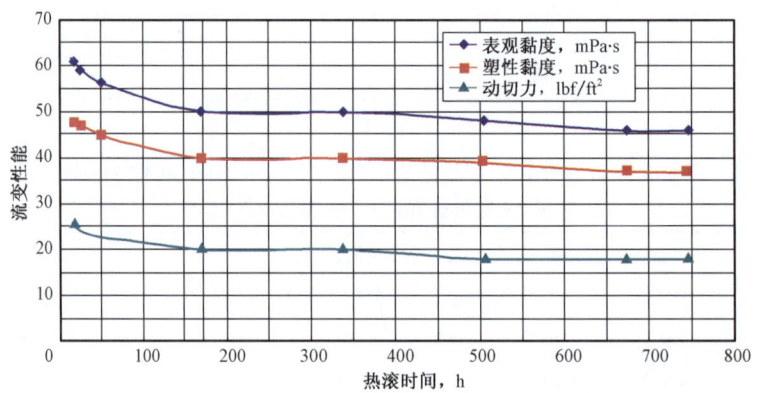

图 5-1-14 密度为 2.3g/cm³ 的甲酸铯盐水中添加了 17.12kg/m³ 的 4mate-Vis-HT 后的流变性(热滚温度为 190℃/375℉)

2) 4mate-Vis-HML

4mate-Vis-HML 是 4mate-Vis-HT 的第二代产品。它是一种以在 AMPS 聚合物的基础上对其疏水性进行改性的产品,其作用是控制甲酸盐盐水的流变性。这种聚合物的疏水作用大到在约 200℃ 的温度下仍具有假塑性。所以,这种聚合物适合做高温钻(完)井液的增黏剂。

3) 4mate-Vis-XHT-HML

4mate-Vis-XHT-HML 是 4mate-Vis-HT 的第三代产品。它与 4mate-Vis-HT 一样都含有 0.2% 的 C_{16} 侧链憎水基团,与溶液组合在一起可以提供良好的井下流变性。然而,这种聚合物是以丙烯酸盐为基础的,具有更好的热稳定性,预期在约 260℃ 的高温下仍可保持稳定。这种聚合物适合用来做超高温甲酸盐钻(完)井液的增黏剂。4mate-Vis-XHT-HML 的流变特性见表 5-1-5。

表 5 – 1 – 5　使用 ITE Model 800 型黏度计在 49℃温度下测定的甲酸铯盐水中添加了 5.71kg/m³ 的
4mate – Vis – XHT – HML 后的流变性

流变性		老化前	232℃老化 16h	232℃老化 16d
范氏黏度计读数	600r/min	29	31	22
	300r/min	14	17	12
	200r/min	9	12	8
	100r/min	5	8	5
	60r/min	4	4	3
	30r/min	2	3	2
	6r/min	2	2	2
	3r/min	1.5	2	1.5
塑性黏度,mPa·s		15	14	10
动切力,Pa		– 0.5	1.5	1

4）4mate – Vis 的现场应用

市场上出售的 4mate – Vis – HT 和 4mate – Vis – HT – HML 每袋质量为 25lb。4mate – Vis – HT 已经在北海和墨西哥湾的多口井中应用。目前，4mate – Vis – HT – HML 已在市场中销售。

4mate – Vis – HT 和 4mate – Vis – HT – HML 都已经按照北海和大西洋东北部工农业有机药品管理机构的规定进行了注册。这两种聚合物都已经通过了北海生物降解和生物聚集试验，得到在北海排放的许可。

2. 乙烯基类聚合物 HE150/HE300

HE（即抗恶劣环境"Hostile Environment"）聚合物 150 型（HE150）和 300 型（HE300）是合成的乙烯基类聚合物系列产品。是采用不同成分和不同相对分子质量的单体合成的聚合物，特别适用于高温和高矿化度的油田环境中。这类聚合物通常是以干粉状或反相乳液的形式提供的。

HE150 和 HE300 干粉是一种高效的增黏剂，广泛适用于包括淡水、海水、盐水和酸液等各种液体的增黏。HE150 和 HE300 适用温度范围宽，在淡水中，热稳定性温度可达 120～160℃，但在甲酸盐盐水中，其热稳定性温度更高。

图 5 – 1 – 15 和图 5 – 1 – 16 出示的是 HE150 在不同密度甲酸钠和甲酸钾盐水中 16h 的热稳定温度与盐水密度关系。

完井液配方：350mL 甲酸钾/甲酸钠溶液 + 1.0% 碳酸钾/碳酸钠 + 0.7% 碳酸氢钾/碳酸氢钠 + 0.5% HE150。

HE150 在甲酸钾和甲酸钠盐水中较好的溶解温度为 90～170℃，当甲酸钾盐水密度为 1.40g/cm³ 以上，甲酸钠盐水密度为 1.30g/cm³ 以上时，HE150 在甲酸钾和甲酸钠盐水中 16h 热稳定极限温度可达到 190℃左右。

与黄原胶类似，甲酸盐盐水密度越高，所含自由水就会越少，乙烯基类聚合物在低温情况（50～70℃）溶解性越差，完井液黏度也越低；但是随着温度的升高，乙烯基类聚合物溶解性增强，完井液黏度也越高。

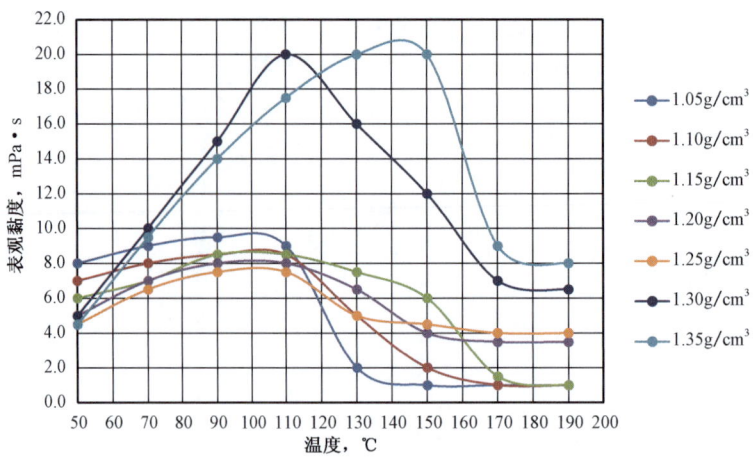

图 5-1-15　HE150 在不同密度甲酸钠盐水中表观黏度与温度对比

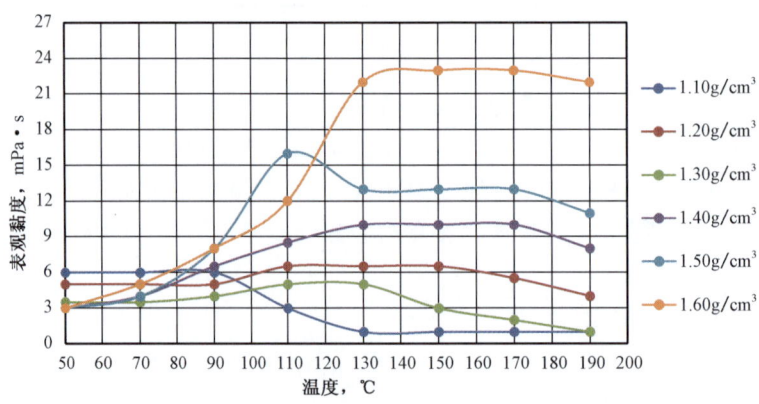

图 5-1-16　HE150 在不同密度甲酸钾盐水中表观黏度与温度对比

3. 丙烯酰胺共聚物

油田上常使用的大分子包被剂聚丙烯酰胺与甲酸盐盐水具有良好的相容性。

聚丙烯酰胺(PAM)是由丙烯酰胺(AM)单体经自由基引发聚合而成的水溶性线性高分子聚合物,是一种絮凝剂,同时可以降低液体之间的摩擦阻力,按离子特性分可分为非离子、阴离子、阳离子和两性型 4 种类型。聚丙烯酰胺为白色粉末或者小颗粒状物,密度为 $1.32g/cm^3$ (23℃),在淡水中,温度超过 120℃时易分解,但在甲酸盐盐水中其热稳定性温度更高。

图 5-1-17 和图 5-1-18 出示的是水解聚丙烯酰胺(PLH)在不同密度甲酸钠和甲酸钾盐水中 16h 的热稳定温度与盐水密度关系。

聚丙烯酰胺在甲酸钾和甲酸钠盐水中最佳使用温度为 90~170℃,当甲酸钾盐水密度在 $1.40g/cm^3$ 以上、甲酸钠盐水密度在 $1.30g/cm^3$ 以上时,聚丙烯酰胺在甲酸钾和甲酸钠盐水中 16h 热稳定极限温度可达到 190℃左右。

与黄原胶类似,甲酸盐盐水密度越高,所含自由水就会越少,丙烯酰胺共聚物在低温情况(50~70℃)溶解性越差,完井液黏度也越低;但是随着温度的升高,丙烯酰胺共聚物溶解性增强,完井液液黏度也越高。

完井液配方:350mL 甲酸钾/甲酸钠溶液 +1.0%碳酸钾/碳酸钠 +0.7%碳酸氢钾/碳酸氢钠 +0.5%PLH。

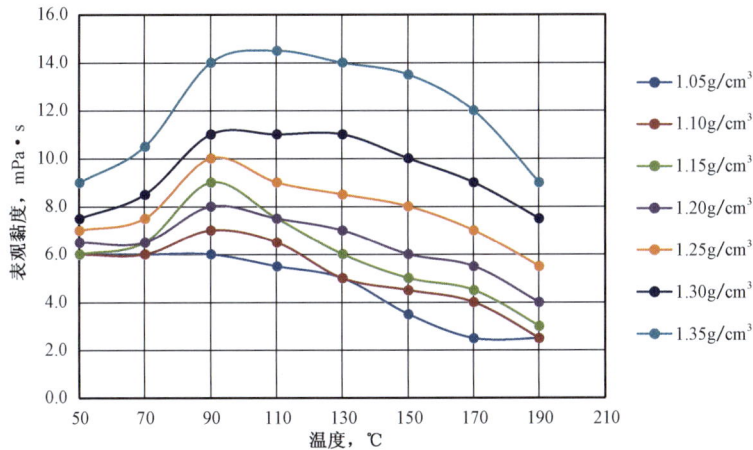

图 5-1-17　温度对聚丙烯酰胺在不同密度甲酸钠盐水中表观黏度的影响

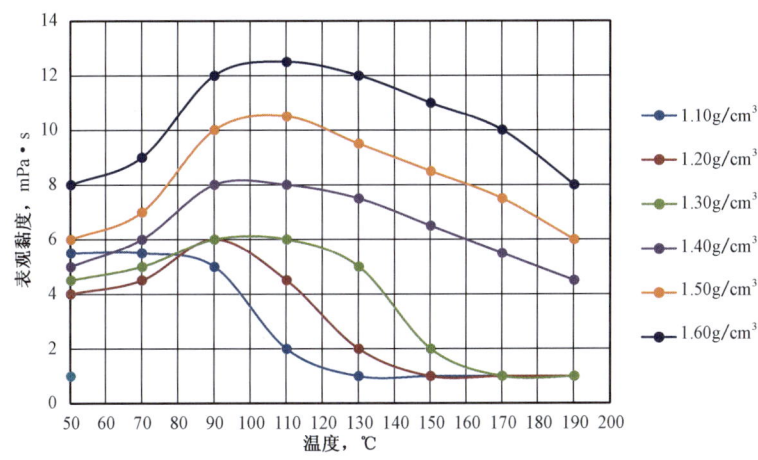

图 5-1-18　温度对聚丙烯酰胺在不同密度甲酸钾盐水中表观黏度的影响

4　乳液状速溶型三元共聚物 HS600

HS600 乳液状速溶型多元共聚物是由 2-丙烯酰胺基-2-甲基丙磺酸、丙烯酰胺或烷基丙烯酰胺和丙烯酸及其衍生物为主料,矿物油和表面活性剂为辅料,经共聚反应制成的水溶性乳液,该剂与甲酸盐盐水具有良好的相容性。

由于 HS600 中含有大量的磺酸基团,且分子主链以"—C—C—"链相连,抗温和抗盐能力强,作为钻(完)井液处理剂,具有增黏、包被和絮凝作用,能有效提高钻(完)井液的黏度,降低钻(完)井液的滤失量,改善滤饼质量。

图 5-1-19 出示了 HS600 在甲酸钾完井液中提黏效果(170℃),当 HS600 加量在 1% 时,甲酸盐完井液具有良好的流变性能,只是动切力稍微偏低,表观黏度、塑性黏度和动切力分别为 24mPa·s,21mPa·s 和 3Pa。

完井液配方:350mL 甲酸钾完井液(1.50g/cm³) +3g 碳酸钾 +2g 碳酸氢钾 +2g 氧化镁 + HS600。

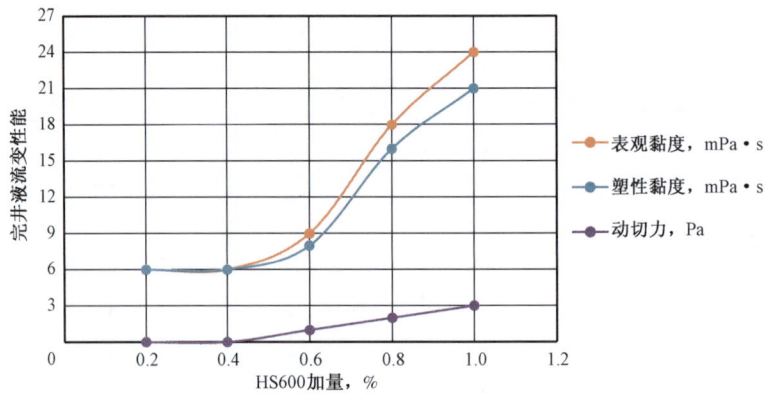

图 5-1-19　HS600 在甲酸钾完井液中提黏效果

5. 腈硅聚合物 SO-1

SO-1 腈硅聚合物是由烯类单体与硅烷偶联剂通过自由基适度交联聚合而成。由于分子链中引入磺酸基、腈基、硅等抗高温基团,从而赋予了该产品卓越的抗高温抗盐性能,可直接加入各种水基钻(完)井液中,一般加量为 1%~2%,与甲酸盐盐水具有良好的相容性。

图 5-1-20 出示了 SO-1 在甲酸钾完井液中提黏效果(170℃),但不能有效提高动切力。当 SO-1 加量在 1% 时,甲酸盐完井液表观黏度、塑性黏度和动切力分别为 13.5mPa·s、13mPa·s 和 0.5Pa。

配方:350mL 甲酸钾完井液(1.50g/cm³) +3g 碳酸钾 +2g 碳酸氢钾 +2g 氧化镁 + SO-1。

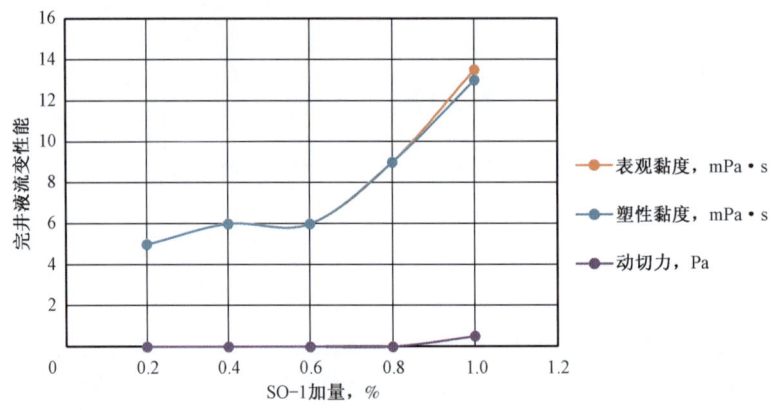

图 5-1-20　SO-1 在甲酸钾完井液中提黏效果

6. 磺酸盐共聚物 DSP-1

钻井液用的增黏剂磺酸盐共聚物 DSP-1 是采用分子结构设计理念,通过对耐温耐盐单体的优选,以 N,N 二甲基丙烯酰胺、AMPS、丙烯酸为单体,采用水溶液自由基聚合,再与交联剂交联而成。AMPS 具有强阴离子性和亲水性官能团磺酸基,所以 DSP-1 具有很好的抗盐性。

DSP-1 分子主链为碳链结构,稳定性高,由于 AMPS 重复单元空间体积大,能有效增大空间位阻,提高聚合物分子的刚性,从而提高了共聚物分子的刚性,提高其耐温、抗盐钙及抗剪切性。DSP-1 克服了常规聚合物的抗剪切性差、抗盐差、对高价离子敏感和热稳定性差等缺点,是一种新的聚合物增黏剂,也具有较好的降滤失作用,一般加量为 1% ~2%。

DSP-1 是一种磺酸盐共聚物,具有很强的增黏性能,但不能有效提高动切力。图 5-1-21 出示了 DSP-1 加量变化对甲酸钾完井液黏度影响(170℃),当 DSP-1 加量为 0.5% ~3.0% 时,甲酸钾完井液塑性黏度和动切力随着 DSP-1 加量的增加而提高,塑性黏度从 7.0mPa·s 升高至 28.0mPa·s,动切力从 0.0Pa 升高至 2.0Pa,其中动切力增加幅度较小。

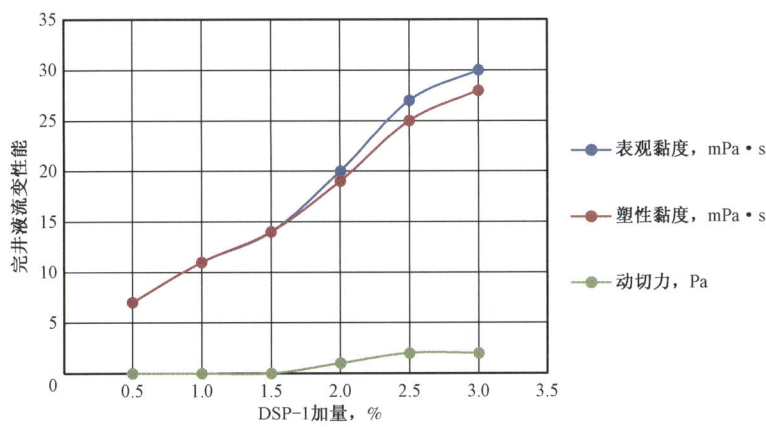

图 5-1-21　DSP-1 在甲酸钾完井液中提黏效果

7. Driscal-D

Driscal-D 是一种用于增黏兼顾控制滤失量的聚合物。该剂是一种白色、自由流动的合成聚合物,具有很好的降滤失作用和抑制性,在钻井液中抗温性可达 260℃。该剂在水中与 DrisTemp 的溶解性一致,外观也相似,成胶状,但 Driscal-D 在甲酸盐盐水溶液中不溶解。

由图 5-1-22 可以看出,在高温 170℃ 下热滚后,Driscal-D 不仅没有与甲酸钾相容,而是交联呈片状,浮在甲酸钾盐水上;图 5-1-23 出示了 Driscal-D 在甲酸钾完井液中的提黏效果(170℃)。Driscal-D 加量为 0.2% ~1.0% 时,甲

图 5-1-22　Driscal-D 在甲酸钾溶液中的溶解状况

酸盐完井液表观黏度、塑性黏度和动切力并未随着 Driscal-D 加量的增加而提高,表观黏度、塑性黏度和动切力无任何变化,其值分别为 5mPa·s,5mPa·s 和 0Pa,且有未溶解 Driscal-D 固相颗粒存在。

完井液配方:350mL 甲酸钾完井液(1.50g/cm³) +3g 碳酸钾 +2g 碳酸氢钾 +2g 氧化镁 + Driscal-D。

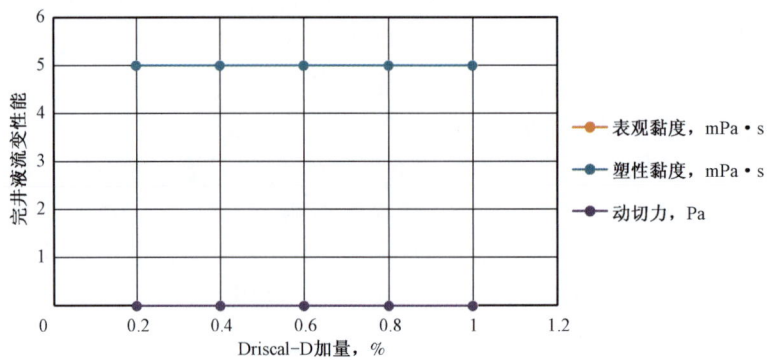

图 5-1-23　Driscal-D 在甲酸钾完井液中提黏效果

三、纤维素类

1. 高黏羧甲基纤维素(CMC-HV)

羧甲基纤维素(CMC)是当今世界上使用范围最广、用量最大的纤维素种类。羧甲基纤维素属阴离子型纤维素醚,相对分子质量约 242.16,白色纤维状或颗粒状粉末。易于分散在水中成透明胶状溶液,在乙醇等有机溶媒中不溶。在碱性溶液中很稳定,遇酸则易水解,pH 值为 2~3 时会出现沉淀,遇多价金属盐也会反应出现沉淀。羧甲基纤维素的生产方法是将精制棉、氢氧化钠、酒精混合液和氯乙酸酒精溶液一起加入捏和机中进行碱化和醚化。再用盐酸中和,酒精洗涤,然后烘干,粉碎得到产品。

羧甲基纤维素分为高黏与低黏两种,高黏羧甲基纤维素(CMC-HV)在钻(完)井液中主要做增黏剂使用,低黏羧甲基纤维素(CMC-LV)在钻(完)井液中起降滤失剂作用。羧甲基纤维素与甲酸盐水具有较好的相容性,高黏羧甲基纤维素(CMC-HV)的温度稳定性取决于基液类型和浓度,羧甲基纤维素不存在转变温度,16h 热稳定温度同样被定义为经过 16h 后聚合物黏度下降 50% 时的温度。

图 5-1-24 至图 5-1-27 出示的是河北省某公司使用的 CMC-HV 在不同密度甲酸钾和甲酸钠盐水中 16h 的热稳定温度与盐水密度关系。

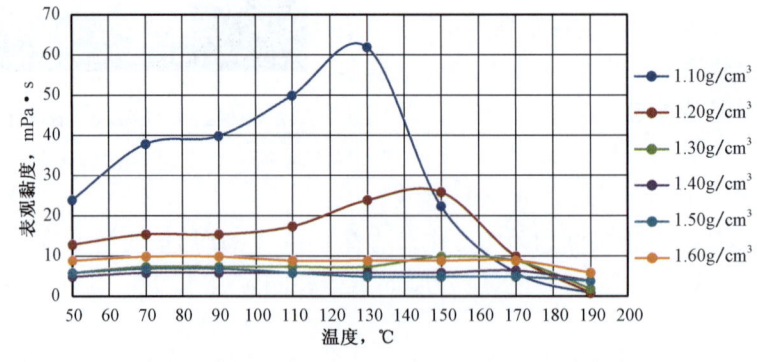

图 5-1-24　高黏羧甲基纤维素在不同密度甲酸钾盐水中表观黏度与温度对比

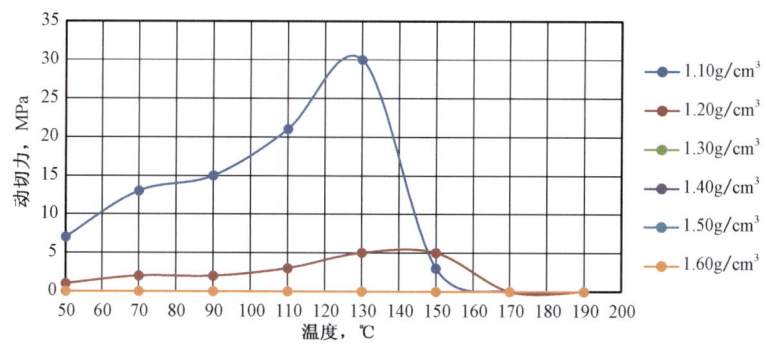

图 5-1-25 高黏羧甲基纤维素在不同密度甲酸钾盐水中动切力与温度对比

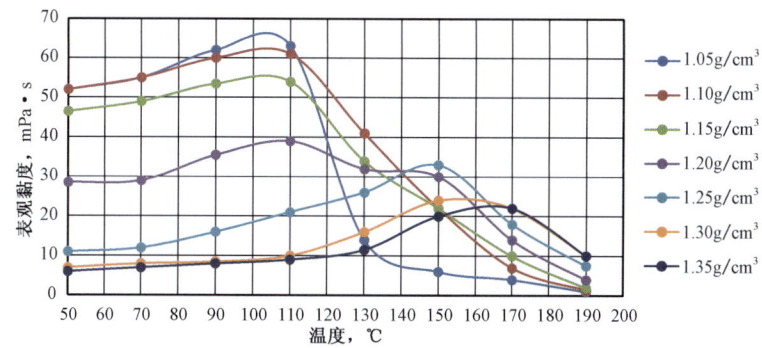

图 5-1-26 高黏羧甲基纤维素在不同密度甲酸钾盐水中表观黏度与温度对比

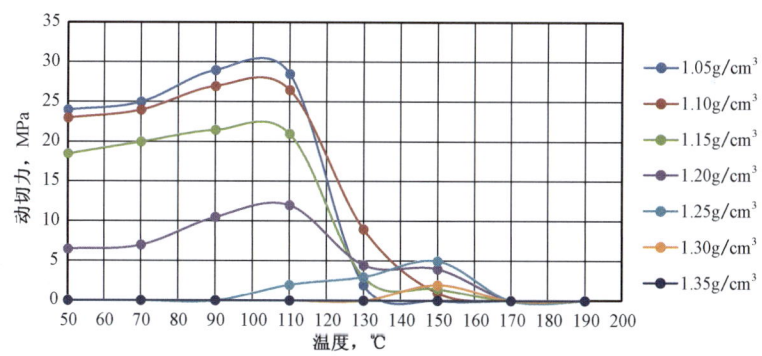

图 5-1-27 高黏羧甲基纤维素在不同密度甲酸钠盐水中动切力与温度对比

CMC-HV 在甲酸钾和甲酸钠盐水中较好的溶解温度为 50~130℃,但 CMC-HV 与甲酸盐盐水相容性与甲酸盐盐水密度密切相关,CMC-HV 在密度不大于 1.20g/cm³ 的甲酸钾盐水中相容性较好,提黏提切效果明显,但与密度为 1.20~1.60g/cm³ 的甲酸钾盐水中相容性较差,不能有效提高完井液的黏度和动切力。

相比甲酸钾而言,CMC-HV 与不同密度的甲酸钠盐水相容性较好,CMC-HV 在密度为 1.05~1.35g/cm³ 的甲酸钠盐水中能有效提高其完井液黏度,但只有在密度不大于 1.20g/cm³

的甲酸钠盐水中才能有效提高其完井液动切力。整体来说,CMC-HV 作为增黏剂适宜在低密度(≤1.20g/cm³)甲酸盐盐水中使用。

完井液配方:350mL 甲酸钾/甲酸钠溶液 +1.0% 碳酸钾/碳酸钠 +0.7% 碳酸氢钾/碳酸氢钠 +1.5% CMC-HV。

2. 高黏聚阴离子纤维素(PAC-HV)

聚阴离子纤维素(Poly anioniccellulose)代号 PAC,是由天然纤维素(主要原料是精制棉)经化学改性而制得的水溶性纤维素醚类衍生物,是一种重要的水溶性纤维素醚。

聚阴离子纤维素分为高黏、低黏和超低黏 3 种,与淀粉一样,不存在转变温度,16h 热稳定温度同样被定义为经过 16h 后聚合物黏度下降 50% 时的温度。PAC 的黏度随温度的增加而降低,当温度上升到一定高度后,它们的黏度就不能再恢复了,PAC 在高温下发生了降解反应,PAC 的热稳定性也取决于基液类型和浓度[3]。

图 5-1-28 至图 5-1-31 出示的是 PAC-HV 在不同密度甲酸钾和甲酸钠盐水中 16h 的热稳定温度与盐水密度关系。

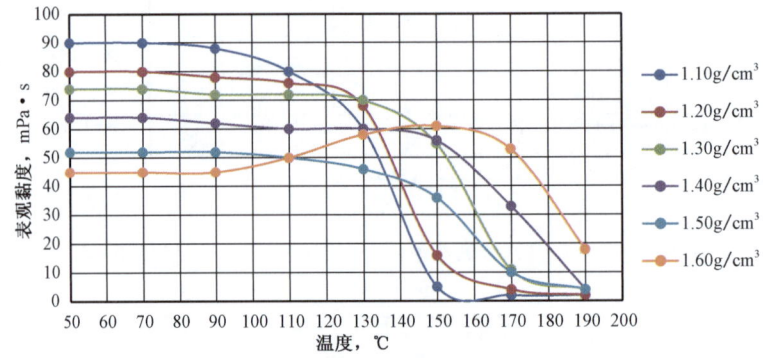

图 5-1-28　高黏聚阴离子纤维素在不同密度甲酸钾盐水中表观黏度与温度对比

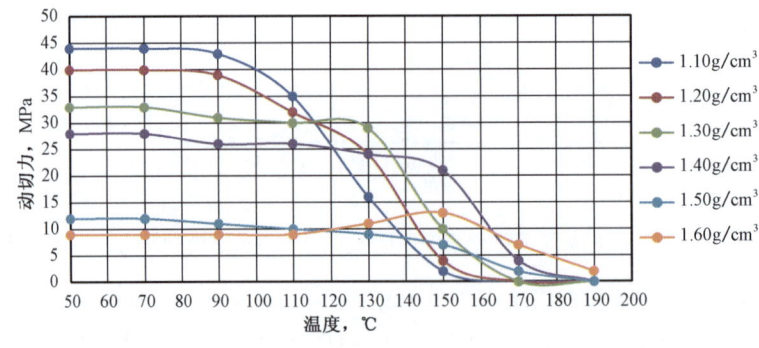

图 5-1-29　高黏聚阴离子纤维素在不同密度甲酸钾盐水中动切力与温度对比

PAC-HV 在甲酸钾、甲酸钠盐水中最佳溶解温度为 50～130℃,PAC-HV 在甲酸钾盐水中 16h 热稳定极限温度为 170℃ 左右,在甲酸钠盐水中 16h 热稳定极限温度为 150℃ 左右。

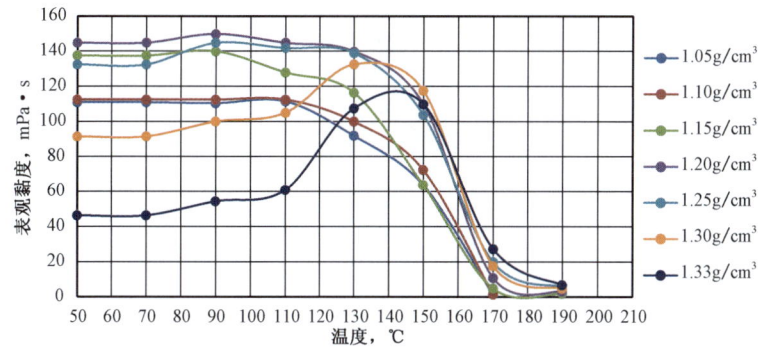

图 5-1-30 高黏聚阴离子纤维素在不同密度甲酸钠盐水中表观黏度与温度对比

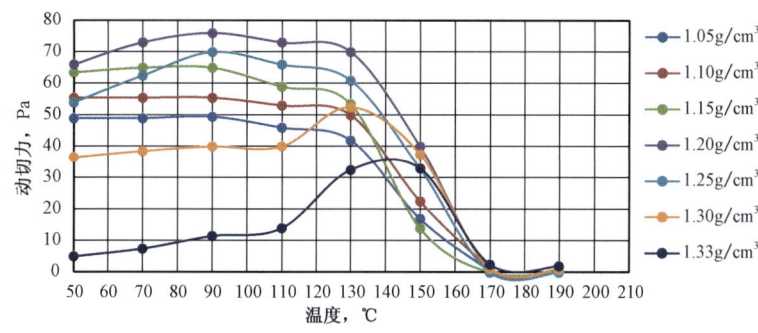

图 5-1-31 高黏聚阴离子纤维素在不同密度甲酸钠盐水中动切力与温度对比

与黄原胶类似,PAC-HV 在甲酸盐盐水中作为增黏剂具有提黏提切的作用,由于 PAC-HV 相对分子质量较大,PAC-HV 在低温(50~90℃)下,甲酸盐盐水密度越高,PAC-HV 溶解后完井液黏度、切力却越低,但随着温度升高,PAC-HV 在高密度甲酸盐盐水中溶解性也越好,同时在高密度甲酸盐盐水中抗温效果也越好。

完井液配方:350mL 甲酸钾/甲酸钠溶液+1.0%碳酸钾/碳酸钠+0.7%碳酸氢钾/碳酸氢钠+1.5% PAC-LV。

3. 羟乙基纤维素(HEC)

在150℃热滚老化的条件下,羟乙基纤维素(HEC)在甲酸铯盐水中不溶解,说明 HEC 与甲酸盐不相容。经过测试发现,HEC 在低 pH 值情况下才能水化,现场使用的甲酸铯和甲酸钾盐水钻井液 pH 值为 10~11,因此在甲酸盐完井液中不能使用 HEC。

四、黏土类

海泡石是一种黏土矿物,是一种复杂的镁硅盐,典型的化学式为 $Mg_4Si_6O_{15}(OH)_2 \cdot 6H_2O$。其表观结构为细的纤维状微粒。用海泡石做甲酸盐盐水的增黏剂效果较好,其热稳定性可以达到200℃。

第二节 降滤失剂

降滤失剂用来降低完井液滤失量。甲酸盐完井液中所用的降滤失剂按其原料可分为纤维素类、淀粉类和合成聚合物类等。

一、纤维素类

1. 低黏羧甲基纤维素（CMC－LV）

1）低黏羧甲基纤维素与甲酸盐盐水相容性

低黏羧甲基纤维素（CMC－LV）与甲酸盐盐水具有较好的相容性,在甲酸盐完井液中主要做降滤失剂使用。低黏羧甲基纤维素（CMC－LV）的温度稳定性也取决于基液类型和浓度。

图5－2－1和图5－2－2出示的CMC－LV在不同密度甲酸钾和甲酸钠盐水中热滚16h后的热稳定温度与盐水密度关系,其配方：350mL甲酸钾/甲酸钠溶液＋1.0%碳酸钾/碳酸钠＋0.7%碳酸氢钾/碳酸氢钠＋2.0%CMC－LV。

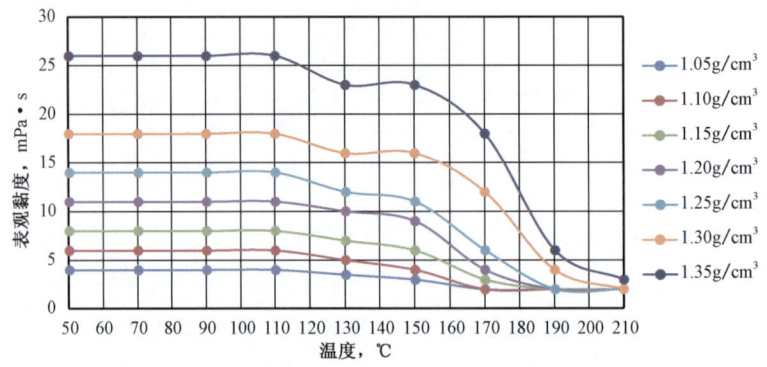

图5－2－1 低黏羧甲基纤维素在不同密度甲酸钠盐水中表观黏度与温度对比

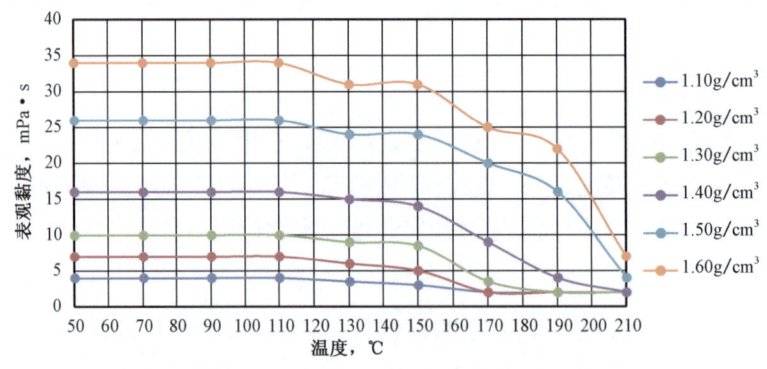

图5－2－2 低黏羧甲基纤维素在不同密度甲酸钾盐水中表观黏度与温度对比

CMC－LV在甲酸钾和甲酸钠盐水中最佳使用温度为50～170℃,CMC－LV在甲酸钠盐水中16h热稳定极限温度为170℃左右,在甲酸钾盐水中16h热稳定极限温度为190℃左右。

与黄原胶不同的是,CMC-LV 在低温(50℃)下,能更好地溶解在甲酸盐盐水中,盐水密度越高,CMC-LV 溶解后黏度也越高,其抗温效果也越好。

2) 低黏羧甲基纤维素在甲酸盐盐水中热稳定性

甲酸盐能大幅度提高羧甲基纤维素的热稳定性能,图 5-2-3 显示羧甲基纤维素在甲酸钠盐水(密度 1.30g/cm³)、甲酸钾盐水(密度 1.50g/cm³)以及清水中热稳定性温度。

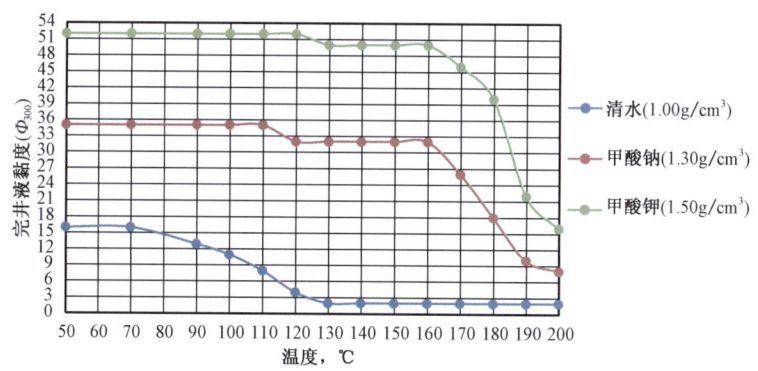

图 5-2-3　低黏羧甲纤维素在甲酸盐盐水与清水中黏度(Φ_{300}读数)与温度关系曲线

在清水中,羧甲基纤维素在90℃其黏度就开始逐渐降低,在120℃就彻底失去抗温性能;在甲酸钠/甲酸钾盐水中,羧甲基纤维素在 120~130℃ 其黏度稍有降低,但对黏度的影响不大,在温度达到170℃时其黏度才大幅度降低,甚至温度升高到200℃,羧甲基纤维素还保留一定黏度;相对于清水而言,甲酸盐将羧甲基纤维素热稳定性温度从120℃提高到170℃,效果十分显著。

3) 低黏羧甲基纤维素对甲酸盐完井液滤失性能的影响

图 5-2-4 出示了低黏羧甲基纤维素(CMC-LV)加量变化对甲酸钾完井液流变性能的影响(170℃),当 CMC-LV 加量为 1.0%~6.0% 时,甲酸钾完井液塑性黏度随着 CMC-LV 加量的增加而提高,动切力则不受 CMC-LV 加量任何影响,塑性黏度从 4.0mPa·s 升高至 22.0mPa·s,动切力为 0.0Pa,相比高黏羧甲基纤维素(CMC-HV),低黏羧甲基纤维素(CMC-LV)对甲酸钾完井液黏度影响较小。

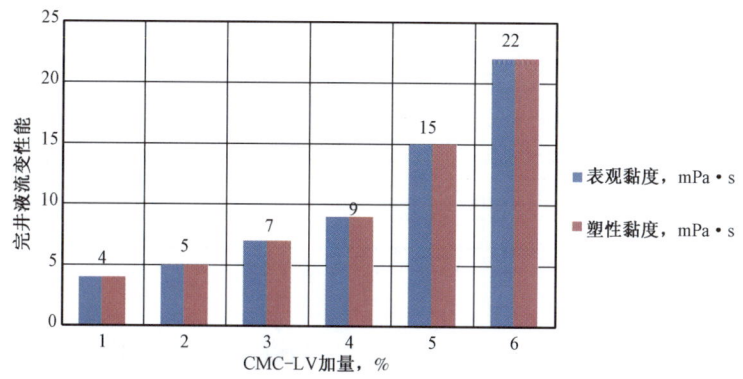

图 5-2-4　低黏羧甲基纤维素加量对甲酸钾完井液流变性能影响(170℃)

图 5-2-5 出示了低黏羧甲基纤维素加量变化对甲酸钾完井液滤失性能影响(170℃),当低黏羧甲基纤维素加量为 1.0% ~ 6.0% 时,甲酸钾完井液滤失量从 350.0mL 降低至 16.0mL,但低黏羧甲基纤维素需要与封堵剂一起使用才能有效降低甲酸盐完井液滤失量(详见本节"四、降滤失剂复配封堵剂有效降低甲酸盐完井液滤失量")。

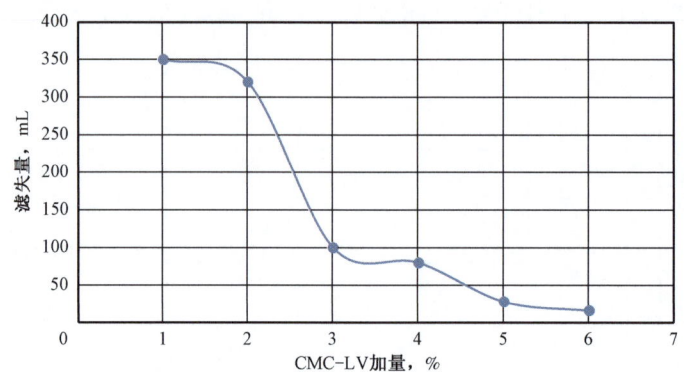

图 5-2-5 低黏羧甲基纤维素加量对甲酸钾完井液滤失性能影响(170℃)

2. 低黏聚阴离子纤维素(PAC-LV)

1)低黏聚阴离子纤维素与甲酸盐盐水相容性

PAC-LV 的热稳定性也取决于甲酸盐盐水类型和浓度,图 5-2-6 和图 5-2-7 出示 PAC-LV 在不同密度甲酸钾和甲酸钠盐水中 16h 的热稳定温度与盐水密度关系,其配方:350mL 甲酸钾/甲酸钠溶液 + 1.0% 碳酸钾/碳酸钠 + 0.7% 碳酸氢钾/碳酸氢钠 + 1.5% PAC-LV。

PAC-LV 在甲酸钾和甲酸钠盐水中最佳溶解温度为 50 ~ 170℃,PAC-LV 在甲酸钾盐水中 16h 热稳定极限温度为 170℃左右,在甲酸钠盐水中 16h 热稳定极限温度为 150℃左右。

与黄原胶不同的是,由于 PAC-LV 相对分子质量较低,PAC-LV 在低温50℃下,能更好地溶解在甲酸盐盐水中,盐水密度越高,PAC-LV 溶解后黏度也越高,其抗温效果也越好。

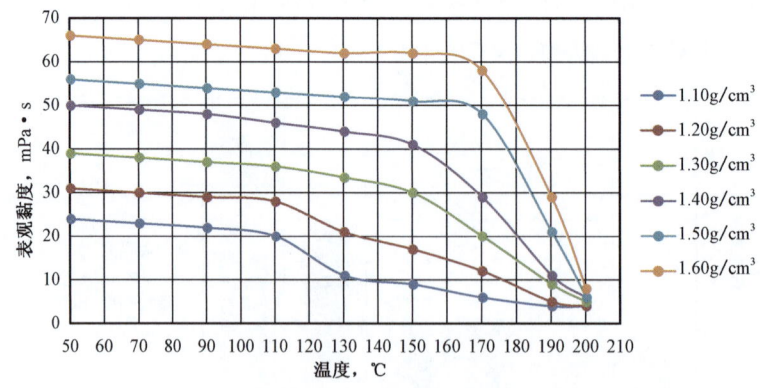

图 5-2-6 低黏聚阴离子纤维素在不同密度甲酸钾盐水中表观黏度与温度对比

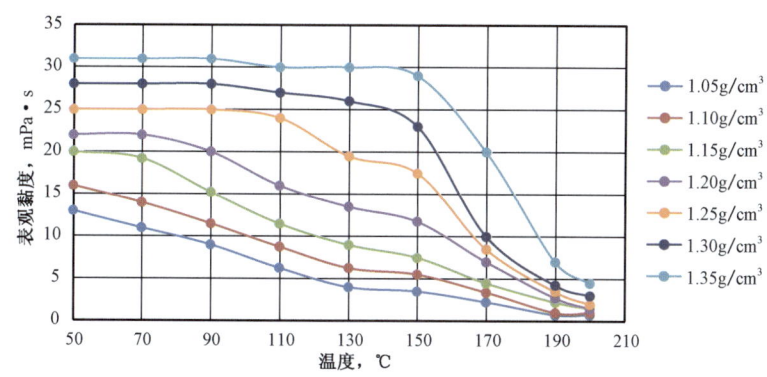

图 5-2-7 低黏聚阴离子纤维素在不同密度甲酸钠盐水中表观黏度与温度对比

2) 低黏聚阴离子纤维素对甲酸盐完井液滤失性能的影响

图 5-2-8 出示了低黏聚阴离子纤维素(PAC-LV)加量变化对甲酸钾完井液黏度影响(170℃),当 PAC-LV 加量为 1.0%~6.0% 时,甲酸钾完井液塑性黏度、动切力随着 PAC-LV 加量的增加而提高,塑性黏度从 8.0mPa·s 升高至 78.0mPa·s,动切力从 0.0Pa 升高至 12.0Pa,相比超低黏聚阴离子纤维素(PAC-ELV),低黏聚阴离子纤维素(PAC-LV)对甲酸钾完井液黏度影响较大。

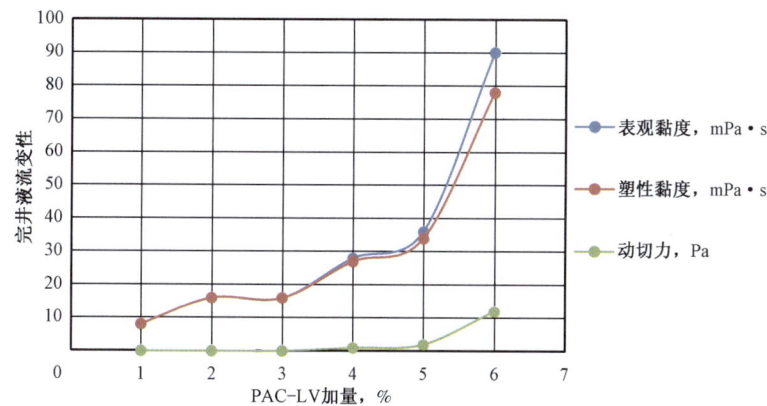

图 5-2-8 低黏聚阴离子纤维素加量对甲酸钾完井液流变性能影响(170℃)

图 5-2-9 出示了低黏聚阴离子纤维素加量变化对甲酸钾完井液滤失性能影响(170℃),当低黏聚阴离子纤维素加量从 1.0%~6.0% 时,甲酸钾完井液滤失量从 220.0mL 降低至 14.0mL,但低黏聚阴离子纤维素需要与封堵剂一起使用才能有效降低甲酸盐完井液滤失量(详见本节第四部分:降滤失剂复配封堵剂有效降低甲酸盐完井液滤失量)。

3. 超低黏度聚阴离子纤维素

1) AntisolFL-10

超低黏聚阴离子纤维素 AntisolFL-10 在甲酸盐完井液中具有良好的降滤失效果。

在实验室钻(完)井液配制过程中发现,当单独使用 AntisolFL-10 时,钻井液中的细目钙发生沉降,故须采用与增黏剂复配使用。

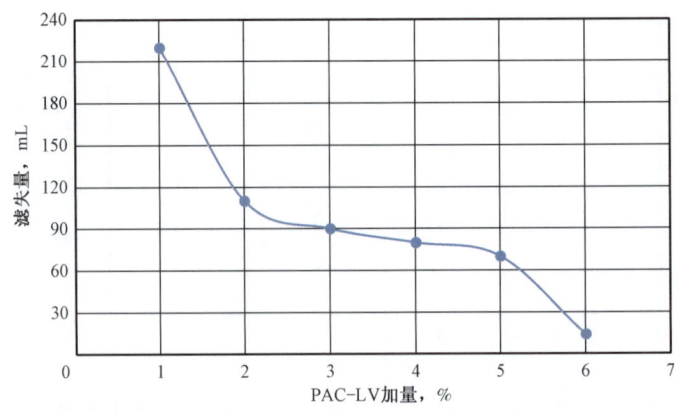

图 5-2-9 低黏聚阴离子纤维素加量对甲酸钾完井液滤失性能影响(170℃)

从表 5-2-1 可以看出,随 AntisolFL-10 加量的增加,钻井液的塑性黏度稍微增加,动切力变化不大,高温高压滤失量显著下降,热滚 48h 后最低为 10.8mL。

表 5-2-1 AntisolFL-10 对甲酸铯/甲酸钾完井液流变性及滤失性能的影响

AntisolFL-10 加量,g	条件	密度 g/cm³	表观黏度 mPa·s	塑性黏度 mPa·s	动切力 Pa	动塑比	静切力,Pa		高温高压滤失量,mL
							10s	10min	
5	150℃×16h	2.03	41.5	33	8.5	0.26	2.5	3	15.2
	150℃×48h	2.04	37.5	30	7.5	0.25	2.25	2.5	15
7	150℃×16h	2.035	56.25	45.5	10.8	0.24	2.75	3	11
	150℃×48h	2.035	47.5	39	8.5	0.22	2.5	2.5	10.8

注:完井液配方:530.5g 甲酸铯 + 102.6g 甲酸钾 + 17.43g 水 + 3g 碳酸钾 + 2g 碳酸氢钾 + 3g ExStar-HT + Xg Antisol FL-10 + 2g MgO + 10g Baracarb25 + 10g Baracarb50。

2) PAC-ELV

超低黏聚阴离子纤维素 PAC-ELV 在甲酸盐完井液中具有良好的降滤失效果,与 PAC-LV 相比,PAC-ELV 引起甲酸盐完井液黏度增加幅度较低。

图 5-2-10 出示了超低黏聚阴离子纤维素 PAC-ELV 加量变化对甲酸钾完井液黏度影响(170℃),当 PAC-ELV 加量为 1.0%~6.0% 时,甲酸钾完井液塑性黏度、动切力随着 PAC-ELV 加量的增加而提高,塑性黏度从 5.0mPa·s 升高至 33.0mPa·s,动切力从 0.0Pa 升高至 5.0Pa。

图 5-2-11 出示了 PAC-ELV 加量变化对甲酸钾完井液滤失性能影响(170℃),当 PAC-ELV 加量从 1.0%~6.0% 时,甲酸钾完井液滤失量从 40.0mL 降低至 8.0mL,PAC-ELV 能有效降低甲酸盐完井液滤失量。

配方:350mL 甲酸钾完井液(ρ = 1.50g/cm³) + 3g 碳酸钾 + 2g 碳酸氢钾 + PAC-ELV。

二、淀粉类

1. 抗高温羧甲基淀粉(CMS-HT)

抗高温羧甲基淀粉(CMS-HT)是改性淀粉的代表产品,是醚类淀粉的一种,是以小麦、玉

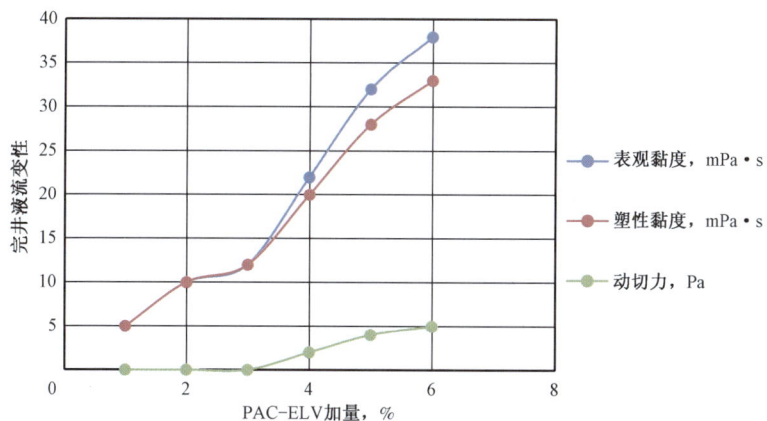

图 5-2-10 PAC-ELV 加量对甲酸钾完井液流变性能影响(170℃)

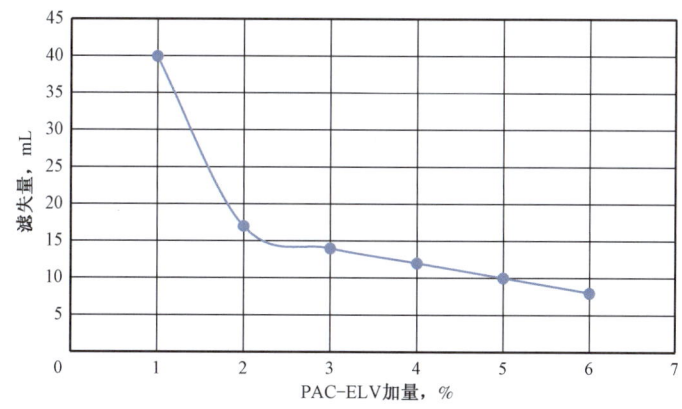

图 5-2-11 PAC-ELV 加量对甲酸钾完井液滤失性能影响(170℃)

米、土豆、红薯(任何一种均可)等淀粉为原料,经物理、化学反应精制而成。是一种水溶性阴离子高分子型化合物。

CMS 的水溶液稳定且性能优良,在钻(完)井液中起到降低滤失量、提高钻井液中黏土颗粒的聚结稳定性的作用。CMS 对钻(完)井液的塑性黏度影响小,对动力、切力影响大,有利于携带钻屑,尤其在钻盐膏层时,可使钻井液稳定,降低滤失量,防止井壁坍塌。特别适用于矿化度高、pH 值高的钻(完)井液。

1)抗高温羧甲基淀粉与甲酸盐盐水相容性

羧甲基淀粉与甲酸盐盐水具有较好的相容性,虽然没有黄原胶那样的转变温度,但是 16h 热稳定温度同样被定义为经过 16h 后聚合物黏度下降 50% 时的温度,淀粉的黏度随温度的增加而降低,当温度上升到一定高度后,它们的黏度就不能再恢复了,淀粉在高温下发生了降解反应,但如文献[3]所述,淀粉的温度稳定性也取决于基液类型和浓度。

图 5-2-12、图 5-2-13 出示了羧甲基淀粉(CMS-HT)在不同密度甲酸钾、甲酸钠盐水中的 16h 热稳定极限与盐水密度对比情况,完井液配方:350mL 甲酸钾/甲酸钠溶液 + 1.0% 碳酸钾/碳酸钠 + 0.7% 碳酸氢钾/碳酸氢钠 + 1.5% CMS-HT。

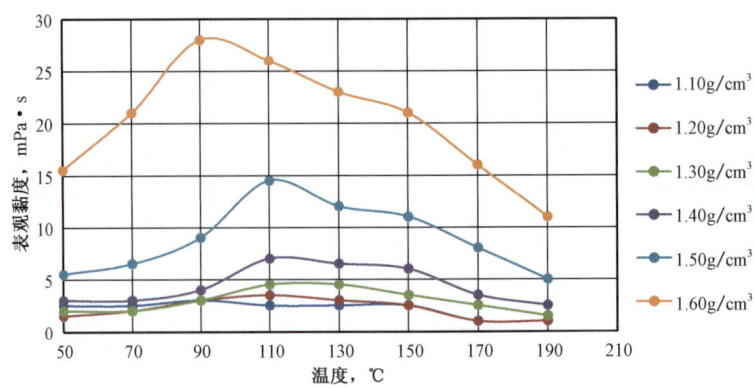

图 5-2-12 抗高温羧甲基淀粉在不同密度甲酸钾盐水中表观黏度与温度对比

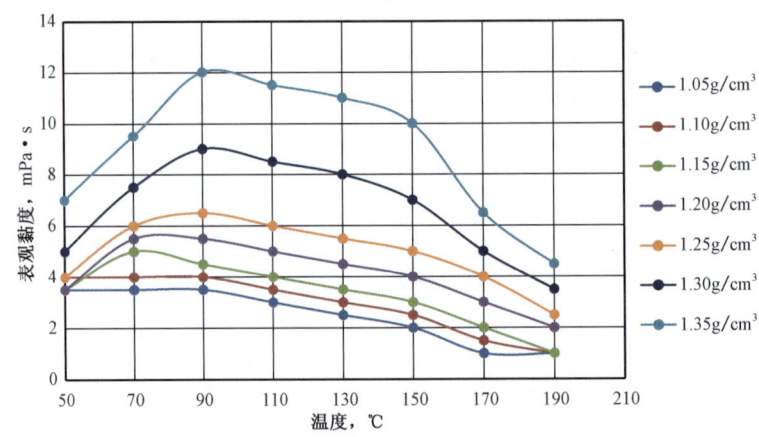

图 5-2-13 抗高温羧甲基淀粉在不同密度甲酸钠盐水中表观黏度与温度对比

羧甲基淀粉在甲酸钾和甲酸钠盐水中最佳使用温度为 70~150℃，羧甲基淀粉在甲酸钾和甲酸钠盐水中 16h 热稳定极限温度为 150℃ 左右；在低温(≤60℃)时，羧甲基淀粉溶解性受密度影响很大，溶解性较差，但在温度不小于 70℃ 时，盐水密度越高，羧甲基淀粉溶解后黏度也越高，抗温稳定性液越好。

2）抗高温羧甲基淀粉对甲酸盐完井液滤失性能的影响

图 5-2-14 和图 5-2-15 出示了羧甲基淀粉加量变化对甲酸钾和甲酸钠完井液黏度的影响(170℃)，抗高温羧甲基淀粉不仅能提高甲酸盐完井液的黏度，而且也能提高甲酸盐完井液的动切力，当羧甲基淀粉加量为 1.0%~6.0% 时，甲酸钾完井液塑性黏度和动切力随着羧甲基淀粉加量的增加而提高，塑性黏度从 7.0mPa·s 升高至 63.0mPa·s，动切力从 0.0Pa 升高至 17.0Pa；甲酸钠完井液塑性黏度从 6.0mPa·s 升高至 25.0mPa·s，动切力从 0.0Pa 升高至 3.0Pa。

图 5-2-16 出示了羧甲基淀粉加量变化对甲酸钾和甲酸钠完井液滤失性能影响(170℃)，当羧甲基淀粉加量为 1.0%~6.0% 时，甲酸钾完井液滤失量从 350.0mL 降低至 38.0mL，甲酸钠完井液滤失量从 350.0mL 降低至 140mL，抗高温羧甲基淀粉在甲酸钾完井液

中降滤失效果优于在甲酸钠完井液,但羧甲基淀粉需要与封堵剂一起使用才能有效降低甲酸盐完井液滤失量(详见本节"四、降滤失剂复配封堵剂有效降低甲酸盐完井液滤失量")。

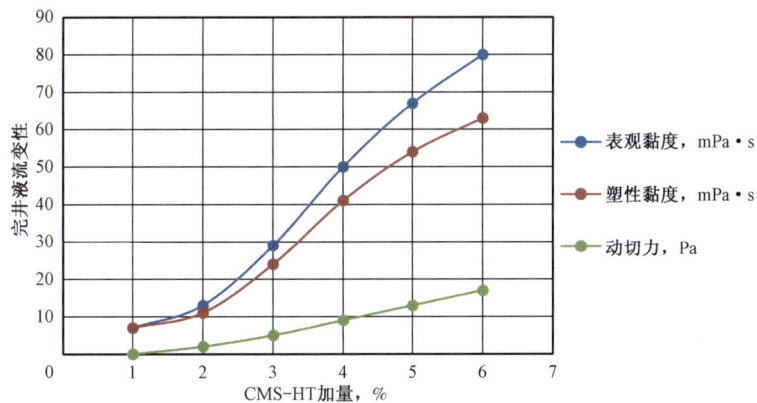

图 5-2-14　抗高温羧甲基淀粉加量对甲酸钾完井液流变性能影响(170℃)

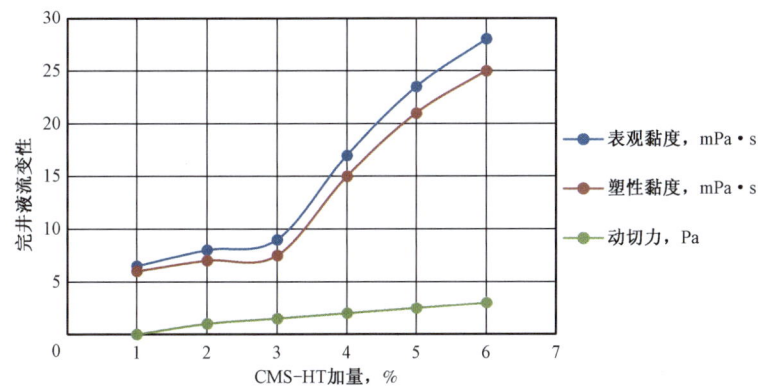

图 5-2-15　抗高温羧甲基淀粉加量对甲酸钠完井液流变性能影响(170℃)

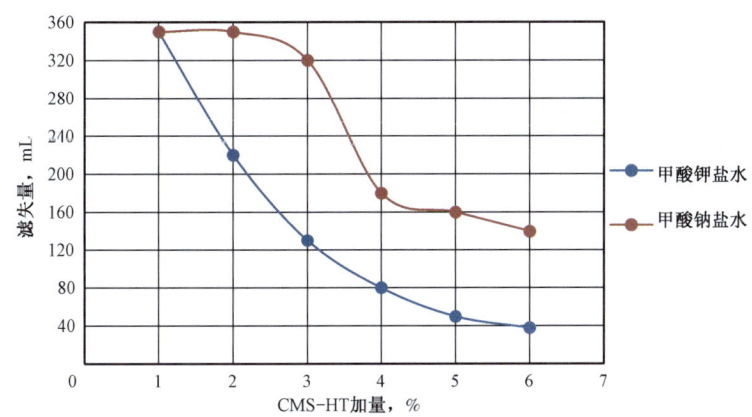

图 5-2-16　抗高温羧甲基淀粉加量对甲酸钾/甲酸钠完井液滤失性能影响(170℃)

甲酸钾完井液配方:350mL 甲酸钾完井液(ρ = 1.50g/cm³) + 3g 碳酸钾 + 2g 碳酸氢钾 + CMS – HT;

甲酸钠完井液配方:350mL 甲酸钠完井液(ρ = 1.30g/cm³) + 3g 碳酸钠 + 2g 碳酸氢钠 + CMS – HT。

2. 预糊化淀粉(PGTS)

预糊化淀粉(PGTS)为白色粉末,它是由木薯淀粉经 α 化改性合成的,又称 α 淀粉,无臭、无毒、具吸湿性。在冷水中溶解呈半透明稳定胶体,不溶于乙醇、乙醚及氯仿中。预糊化淀粉常用于石油钻井中,起到不增黏降失水的作用。

预糊化淀粉加入清水中或钻井液中可自动均匀地分散并迅速溶解,即使在没有搅拌的情况下也不会产生结团或鱼眼现象,抗温耐盐性能好,在4% NaCl 钻井液中可耐温达 120℃。

图 5 – 2 – 17 和图 5 – 2 – 18 出示了 PGTS 加量变化对甲酸钾/甲酸钠完井液黏度影响(170℃),当 PGTS 加量为 1.0% ~ 6.0% 时,甲酸钾完井液塑性黏度、动切力随着 PGTS 加量的增加而提高,塑性黏度从 5.0mPa·s 升高至 20.0mPa·s,动切力从 0.0Pa 升高至 2.0Pa,其中动切力增加幅度较小;但 PGTS 在高密度(1.30g/cm³)甲酸钠完井液热滚 170℃后成交联状态(图 5 – 2 – 19),相容性较差。

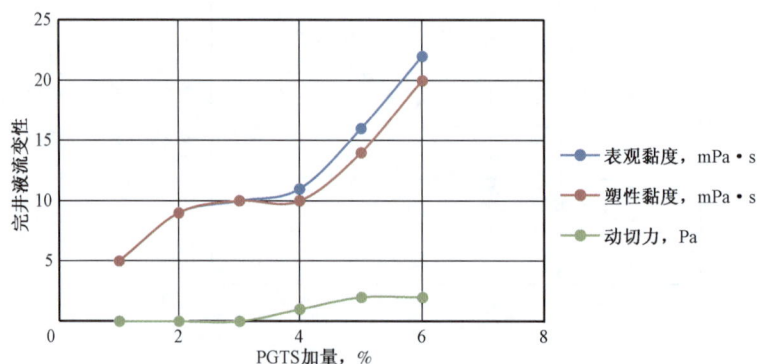

图 5 – 2 – 17 预糊化淀粉加量对甲酸钾完井液流变性能影响(170℃)

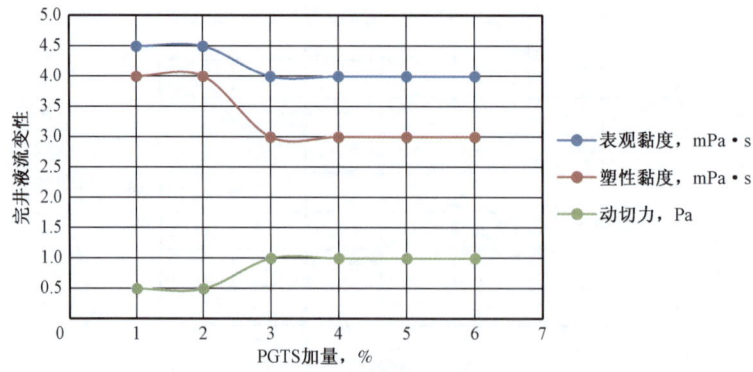

图 5 – 2 – 18 预糊化淀粉加量对甲酸钠完井液流变性能影响(170℃)

图 5-2-20 出示了 PGTS 加量变化对甲酸钾/甲酸钠完井液滤失性能影响(170℃),当 PGTS 加量为 1.0%~6.0% 时,甲酸钾完井液滤失量从 230.0mL 降低至 86.0mL,降低幅度并不显著;甲酸钠完井液滤失量在 PGTS 加量为 2% 时,滤失量最低为 140.0mL,随着 PGTS 加量增加,甲酸钠完井液滤失量并没有降低,相反有不同程度的增加,这是由于 PGTS 在高密度甲酸钠盐水相容性较差,高温热滚后产生交联的现象造成的。

图 5-2-19 预糊化淀粉在高密度(1.30g/cm³)甲酸钠盐水中热滚 170℃后外观

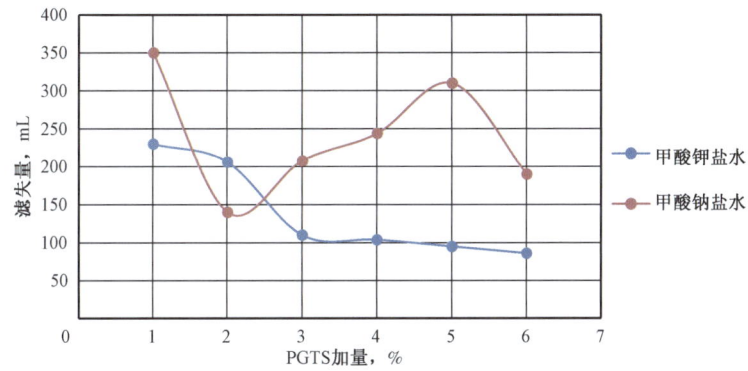

图 5-2-20 预糊化淀粉加量对甲酸钾/甲酸钠完井液滤失性能影响

甲酸钾完井液配方:350mL 甲酸钾完井液(ρ = 1.50g/cm³) + 3g 碳酸钾 + 2g 碳酸氢钾 + PGTS。

甲酸钠完井液配方:350mL 甲酸钠完井液(ρ = 1.30g/cm³) + 3g 碳酸钠 + 2g 碳酸氢钠 + PGTS。

3. 交联淀粉(DYNATROL)

交联淀粉(DYNATROL)是用木薯淀粉经过交联加工的淀粉衍生物,它是一种应用在石油钻井液、完井液和修井液中能对抗钙离子污染独特有效的降滤失剂。通过改变淀粉的分子结构,从而使交联淀粉这种处理剂在钻(完)井液中能提高低剪切速率黏度,这种独特的性能有利于提高钻(完)井液的静态悬浮能力,同时在钻(完)井液循环过程中也具有很好的假塑性流体性能。交联淀粉(DYNATROL)在降低钻(完)井液滤失量的同时,也能减轻对石油储层的伤害,所以添加交联淀粉(DYNATROL)的钻(完)井液可以用来钻开油层,交联淀粉(DYNATROL)也是无毒环保的,不会导致生态问题。

图 5-2-21 和图 5-2-22 出示了 DYNATROL 加量变化对甲酸钾/甲酸钠完井液黏度影响(170℃),当 DYNATROL 加量为 1.0%~6.0% 时,甲酸钾、甲酸钠完井液塑性黏度、动切力随着 DYNATROL 加量的增加提高幅度非常小,说明 DYNATROL 不会引起甲酸盐完井液的增黏,与甲酸盐盐水相容性较好。

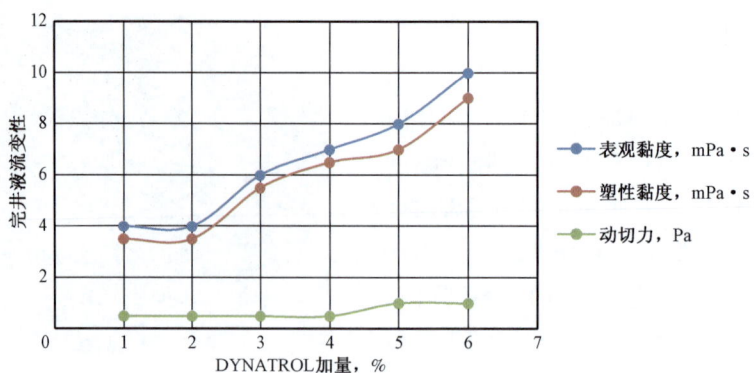

图 5-2-21　交联淀粉加量对甲酸钾完井液流变性能影响(170℃)

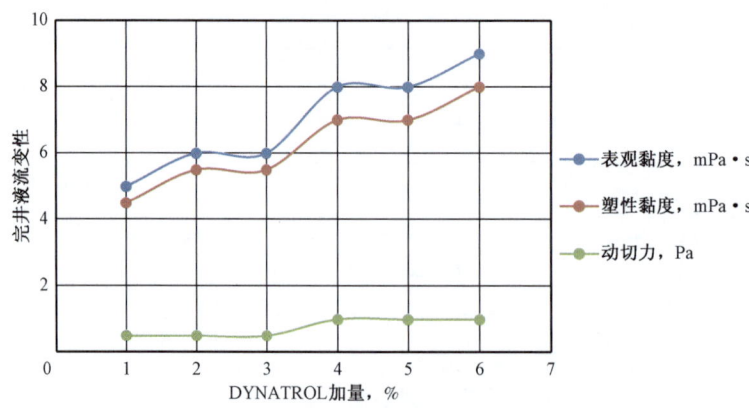

图 5-2-22　交联淀粉加量对甲酸钠完井液流变性能影响(170℃)

图 5-2-23 出示了 DYNATROL 加量变化对甲酸钾/甲酸钠完井液滤失性能影响(170℃)，当 DYNATROL 加量从 1.0%～6.0%时，甲酸钾、甲酸钠完井液滤失量都在 350mL 左右，DYNATROL 加量增加并没有降低甲酸盐完井液滤失量，说明 DYNATROL 在甲酸盐完井液中降滤失效果较差。

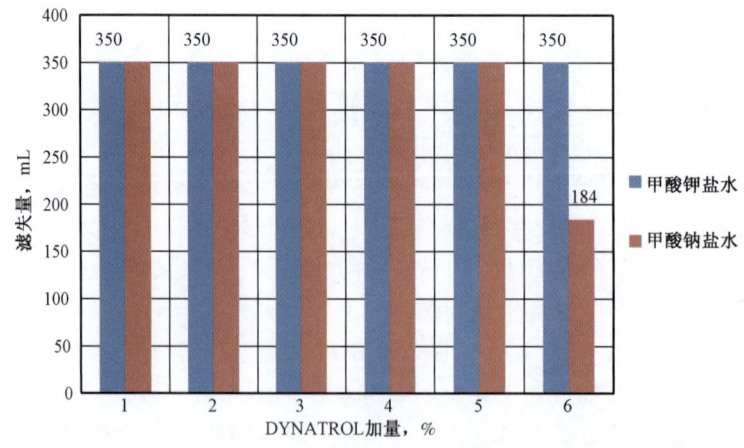

图 5-2-23　交联淀粉加量对甲酸钾/甲酸钠完井液滤失性能影响(170℃)

甲酸钾完井液配方:350mL 甲酸钾完井液($\rho=1.50\text{g/cm}^3$) + 3g 碳酸钾 + 2g 碳酸氢钾 + DYNATROL。

甲酸钠完井液配方:350mL 甲酸钠完井液($\rho=1.30\text{g/cm}^3$) + 3g 碳酸钠 + 2g 碳酸氢钠 + DYNATROL。

4. 改性淀粉 DFD-140

钻(完)井液用改性淀粉 DFD-140 是采用天然淀粉,在催化条件下与带特定官能团的活性物进行反应而改性后的水溶性产物。DFD-140 通过在分子链上引入抗高温改良基团,而增加了其抗温抗盐性能,因而可在地层温度较高的深井中使用,抗温效果可达 140℃,具有不易降解、对钻(完)井液流变性能影响小等优点。

DFD-140 具有良好的降滤失性能,能显著降低钻(完)井液的滤失量;与其他处理剂配伍性良好;无毒,不污染环境。

图 5-2-24 和图 5-2-25 出示了 DFD-140 加量变化对甲酸钾/甲酸钠完井液黏度影响(170℃),当 DFD-140 加量为 1.0%~6.0% 时,甲酸钾、甲酸钠完井液表观黏度、塑性黏度随着 DFD-140 加量的增加变化非常小,并且动切力都为 0.0Pa,说明 DFD-140 不会引起甲酸盐完井液的增黏。

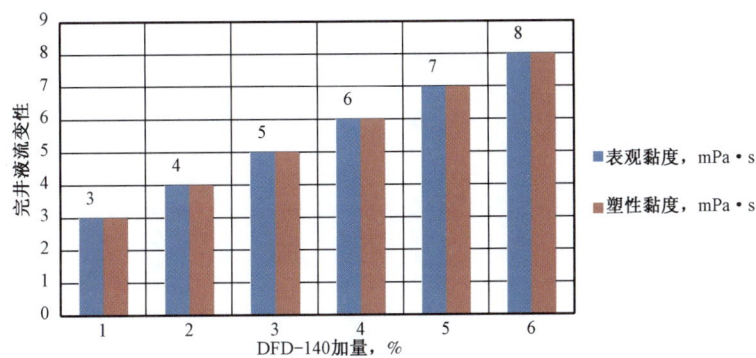

图 5-2-24 DFD-140 加量对甲酸钾完井液流变性能影响(170℃)

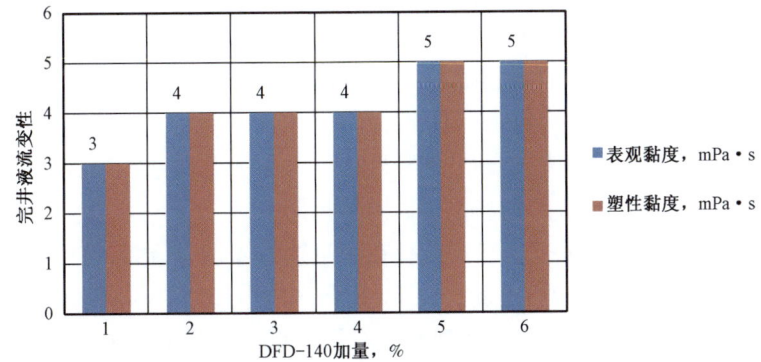

图 5-2-25 DFD-140 加量对甲酸钠完井液流变性能影响(170℃)

图 5-2-26 出示了 DFD-140 加量变化对甲酸钾/甲酸钠完井液滤失性能影响(170℃)，当 DFD-140 加量为 1.0% ~ 6.0% 时，甲酸钾完井液滤失量都在呈先降低后增加的趋势，当 DFD-140 加量为 4% 时，甲酸钾完井液滤失量最低为 26.0mL 左右；甲酸钠完井液随着 DFD-140 加量增加而滤失量逐渐降低，从 350.0mL 降低至 36.0mL；实验结果表明，DFD-140 在甲酸盐完井液中能有效降低滤失量，但在甲酸钾完井液中加量不宜过大，加量 4% 为宜；而在甲酸钠完井液中加量可根据实际情况增加用量。

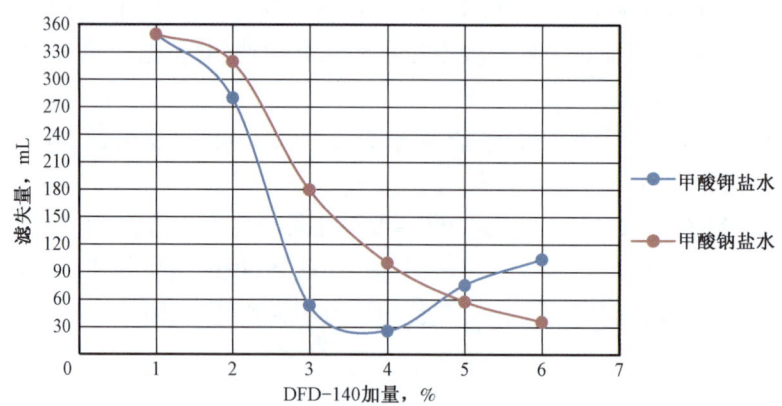

图 5-2-26　DFD-140 加量对甲酸钾/甲酸钠完井液滤失性能影响(170℃)

甲酸钾完井液配方：350mL 甲酸钾完井液(ρ = 1.50g/cm^3) + 3g 碳酸钾 + 2g 碳酸氢钾 + DFD-140。

甲酸钠完井液配方：350mL 甲酸钠完井液(ρ = 1.30g/cm^3) + 3g 碳酸钠 + 2g 碳酸氢钠 + DFD-140。

5. 谷类淀粉衍生物 ExStar 和 ExStar-HT

谷类淀粉衍生物 ExStar 和 ExStar-HT 主要用在水基钻(完)井液中，控制滤失量和增强流变性。在某些钻(完)井液中，该系列产品的热稳定性高于 150℃，远远超过的传统淀粉降滤失剂的降解温度。

由于聚合物经过高度改性，ExStar 需要先在比较适中的温度(80℃)下先进行活化，ExStar 活化后，表现出比 PAC/XC 混合聚合物处理剂更好的流变性。

在低剪切速率下，ExStar 和 ExStar-HT 产品与低浓度的黄原胶和膨润土均有协同效应。其中 ExStar-HT 与盐水体系的协同效应更为明显。添加 ExStar-HT 能增加钻(完)井液黏度，减少了昂贵的生物聚合物在甲酸盐完井液中的加量。

ExStar 产品不含微生物杀菌剂。在可能存在微生物的体系中，建议使用生物杀菌剂。

ExStar-HT 是一种抗高温改性淀粉，在甲酸盐钻井液中起增黏和降滤失作用。

ExStar-HT 与 AntisolFL-10 复配的甲酸铯/甲酸钾钻井液，在 150℃ 下热滚 16 ~ 48h，钻井液的流变性能与高温高压滤失量均保持稳定，见表 5-2-2。

表 5-2-2　ExStar-HT 对甲酸盐完井液流变性及滤失性能的影响

条件	密度 g/cm³	表观黏度 mPa·s	塑性黏度 mPa·s	动切力 Pa	动塑比	静切力,Pa		高温高压滤失量,mL
						10s	10min	
滚前	2.02	28.25	25.5	2.75	0.11	0.5	1	
150℃×16h	2.03	41.5	33	8.5	0.26	2.5	3	15.2
150℃×48h	2.04	37.5	30	7.5	0.25	2.25	2.5	15

配方:530.5g 甲酸铯 +102.6g 甲酸钾 +17.43g 水 +3g 碳酸钾 +2g 碳酸氢钾 +5g AntisolFL-10 +3g ExStar-HT +2g MgO +10g Baracarb25 +10g Baracarb50。

三、合成聚合物类

DrisTemp 是一种用于控制钻(完)井液滤失量的低黏度聚合物,适用于高温钻(完)井液。在典型的淡水和海水钻(完)井液中,DrisTemp 在 190℃ 测试温度条件下具有良好的性能,而在甲酸盐钻(完)井液中,在 204℃ 以上的条件下该聚合物也表现出优异的性能。该剂在大多数水基钻(完)井液中用来控制高温高压滤失量和增黏,在较宽的温度范围内有效;高温下具有较好的悬浮特性;抑制泥页岩水化;在较高的钙/总硬度环境下性能良好;细颗粒,水化迅速,不会形成"鱼眼"形团状物;不发酵。

1. DrisTemp 与甲酸盐水相容性

图 5-2-27 至图 5-2-29 出示的是 DrisTemp 在 190℃ 下不同密度甲酸钾、甲酸钠盐水中热滚 16h 后的黏度。试验证明,DrisTemp 与甲酸盐盐水相容性与甲酸盐盐水密度密切相关,

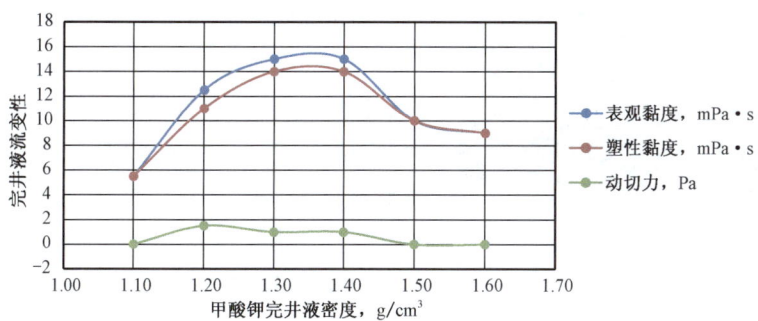

图 5-2-27　DrisTemp 在 190℃ 下对不同密度甲酸钾盐水黏度的影响(先加甲酸盐,后加 DrisTemp)

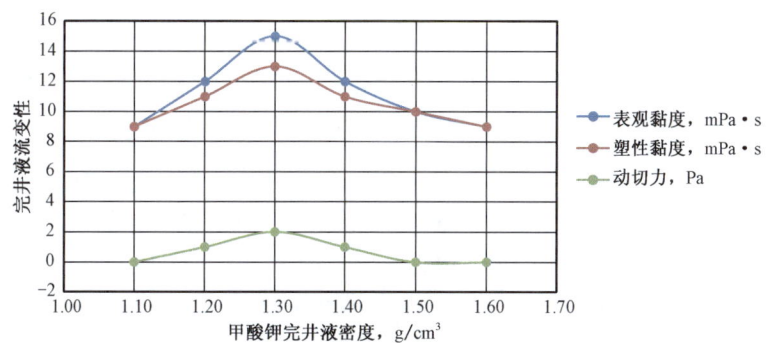

图 5-2-28　DrisTemp 在 190℃ 下对不同密度甲酸钾盐水黏度的影响(先加 DrisTemp,后加甲酸盐)

在密度不大于 1.50g/cm³ 甲酸钾盐水中 DrisTemp 与甲酸钾具有很好的相容性,在甲酸钾饱和密度(1.60g/cm³)盐水中,DrisTemp 交联成团,溶解性极差(图 5-2-30);由于甲酸钠配置盐水密度较低(≤1.35g/cm³),DrisTemp 与任意密度的甲酸钠盐水相容性良好。

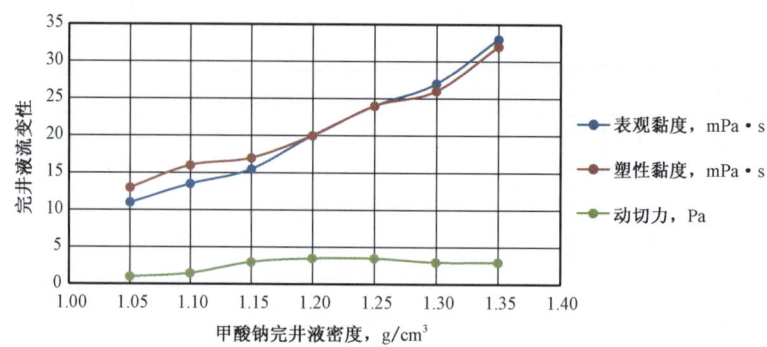

图 5-2-29 DrisTemp 在 190℃下对不同密度甲酸钠盐水黏度的影响

图 5-2-30 DrisTemp 在饱和密度(1.60g/cm³)甲酸钾盐水中溶解外观

完井液配方:350mL 甲酸钾(ρ = 1.10 ~ 1.60g/cm³)/甲酸钠溶液(ρ = 1.05 ~ 1.35g/cm³) + 1.0% 碳酸钾/碳酸钠 + 0.7% 碳酸氢钾/碳酸氢钠 + 2.0% DrisTemp。

2. DrisTemp 对甲酸盐完井液滤失性能的影响

图 5-2-31 和图 5-2-32 出示的是 DrisTemp 在 190℃下不同密度甲酸钾、甲酸钠盐水中热滚 16h 后滤失量,通过调整 DrisTemp 与甲酸盐先后加入顺序这两种方法来配置甲酸盐完井液。实验结果表明,DrisTemp 对甲酸盐盐水滤失性能的影响与甲酸盐盐水密度密切相关,在密度为 1.50g/cm³ 甲酸钾盐水中,DrisTemp 具有良好的降滤失性能。在密度不大于 1.40g/cm³ 与饱和密度为 1.6g/cm³ 的甲酸钾盐水中,DrisTemp 降滤失性能效果较差;DrisTemp 降滤失效果在甲酸钠盐水中随着密度升高而提升,但降滤失效果并不显著。

完井液配方:350mL 甲酸钾(ρ = 1.10 ~ 1.60g/cm³)/甲酸钠溶液(ρ = 1.05 ~ 1.35g/cm³) + 1.0% 碳酸钾/碳酸钠 + 0.7% 碳酸氢钾/碳酸氢钠 + 2.0% DrisTemp。

3. DrisTemp 与封堵剂 H-2 对甲酸盐完井液滤失性能的影响

DrisTemp 与含天然纤维封堵剂 H-2 同时使用时,对降低甲酸盐完井液滤失量效果显著;图 5-2-33 和图 5-2-34 出示的是 DrisTemp 与封堵剂 H-2 在 190℃下不同密度甲酸钾和甲酸钠盐水中热滚 16h 后滤失量,值得注意的是,在饱和密度为 1.60g/cm³ 的甲酸钾盐水中加入封堵剂 H-2 后滤失量相反是增加的,这是由于 DrisTemp 在甲酸钾饱和密度时溶解性聚集成团,H-2 的加入更加促进了 DrisTemp 交联成团,溶解更加不充分造成的。

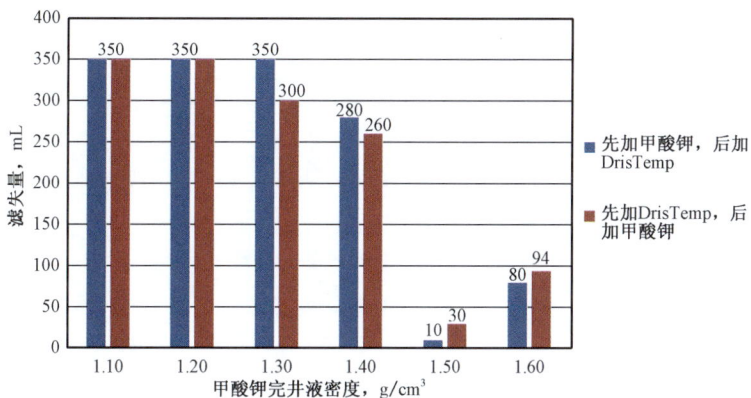

图 5-2-31　DrisTemp 在 190℃下对不同密度甲酸钾盐水 API 滤失量影响

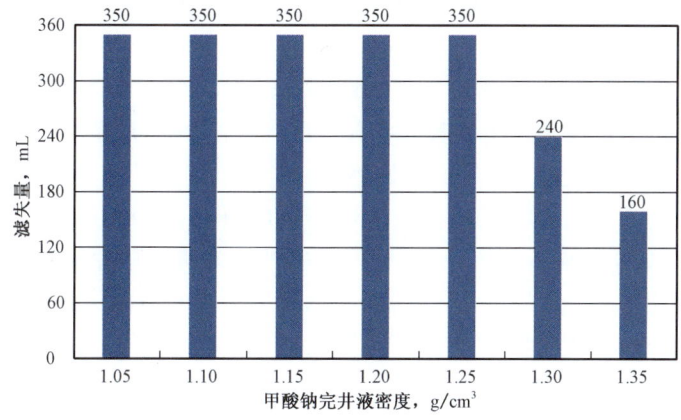

图 5-2-32　DrisTemp 在 190℃下对不同密度甲酸钠盐水 API 滤失量影响

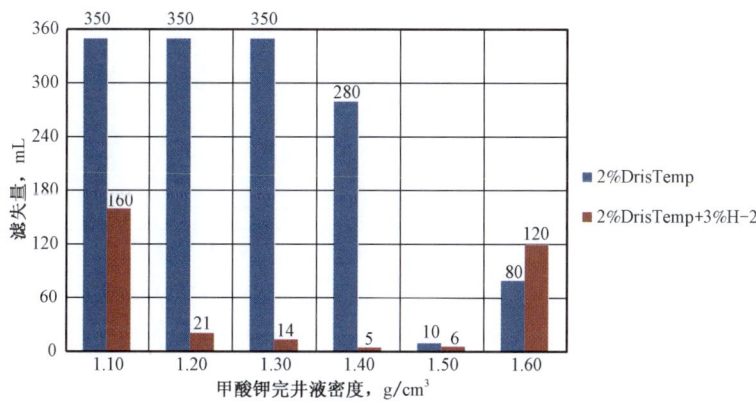

图 5-2-33　DrisTemp/H-2 在 190℃下对不同密度甲酸钾盐水 API 滤失量影响

完井液配方:350mL 甲酸钾(ρ = 1.10 ~ 1.60g/cm³)/甲酸钠溶液(ρ = 1.05 ~ 1.35g/cm³) + 1.0% 碳酸钾/碳酸钠 + 0.7% 碳酸氢钾/碳酸氢钠 + 2.0% DrisTemp + 3% H-2。

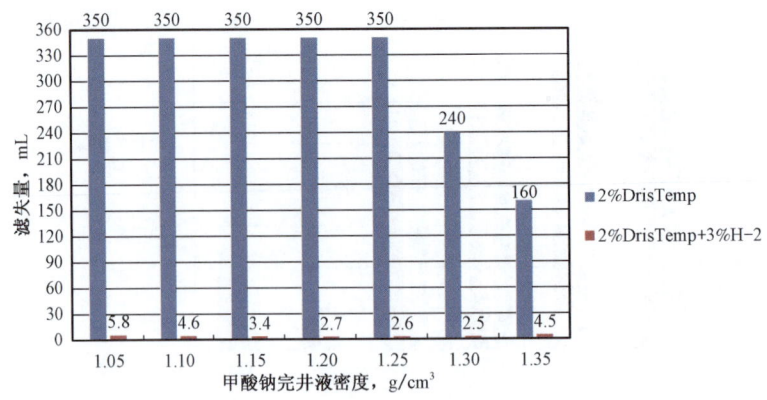

图 5-2-34　DrisTemp/H-2 在 190℃下对不同密度甲酸钠盐水 API 滤失量影响

四、降滤失剂复配封堵剂有效降低甲酸盐完井液滤失量

在甲酸盐完井液中,单一的淀粉类或纤维素降滤失剂并不能很有效地降低完井液滤失量,因此,为了改善滤饼质量和控制滤失量,经常需要添加封堵剂,如不同粒级的细目碳酸钙、H-2 和 ZHFD-1 等,才能有效降低甲酸盐完井液的高温高压滤失量。因此,碳酸钙在甲酸盐完井液中被归类到降滤失剂以及封堵剂类使用。

分别用了粒径为 200 目、300 目、500 目、800 目、1000 目、1200 目(图 5-2-35 至图 5-2-42 显示了 200~1200 目碳酸钙粒径分布)等碳酸钙作为实验钻井液的降滤失剂,利用 API 滤失仪测试甲酸钾完井液中压滤失量,评价碳酸钙粒度对完井液滤失性能的影响,同时,跟含有天然柔性纤维的 H-2 做了滤失性能对比。

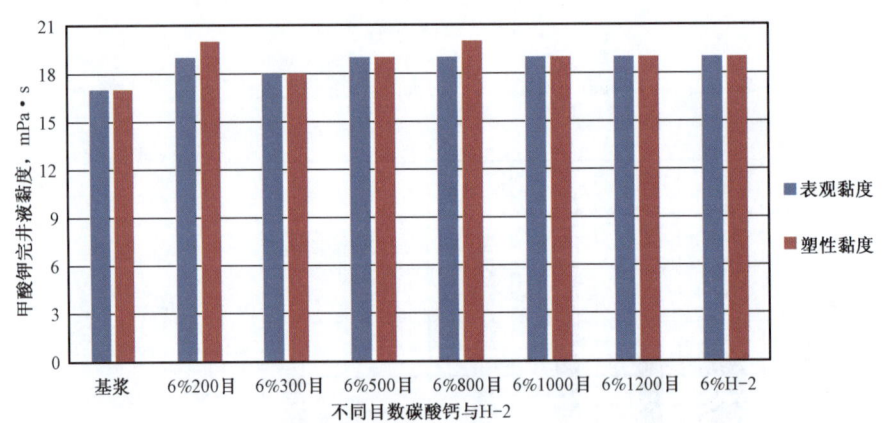

图 5-2-35　不同目数碳酸钙以及 H-2 对甲酸钾完井液流变性能影响

完井液配方:350mL 甲酸钾($\rho = 1.50 \text{g/cm}^3$)溶液 + 1.0% 碳酸钾 + 0.7% 碳酸氢钾 + 1.5% PAC-LV + 6% 碳酸钙,完井液热滚与试验温度为 170℃。

图 5-2-35 表明,6% 加量碳酸钙或 6% H-2 对甲酸钾完井液流变性能几乎没有任何影响;图 5-2-36 表明,加入不同粒径碳酸钙明显降低了甲酸钾完井液滤失量,其中 200~300 目碳酸钙和 H-2 对甲酸钾完井液降低滤失效果最佳;同时,对比发现碳酸钙降滤失量效果与

	6%200目	6%300目	6%500目	6%800目	6%1000目	6%1200目	6%H-2
D_{50},μm	14.82	9.87	5.02	9.17	1.34	1.10	10.39
D_{90},μm	50.00	41.53	35.77	30.84	21.00	13.18	41.72

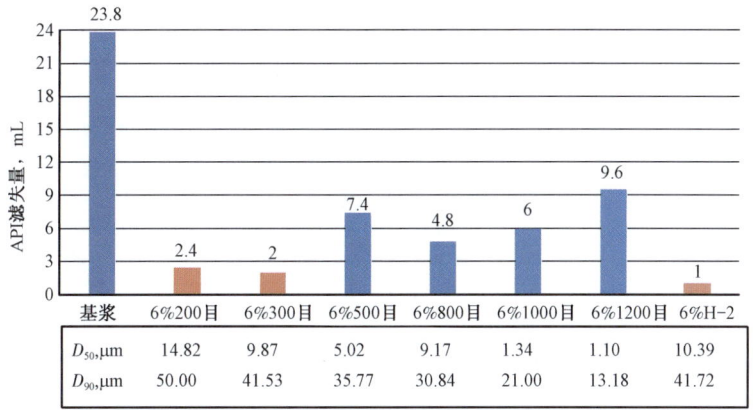

图 5-2-36　不同粒径碳酸钙以及 H-2 对甲酸钾完井液滤失性能影响

粒度特征参数

$D_{(4,3)}$ 21.31μm	D_{50} 14.82μm	$D_{(3,2)}$ 2.26μm	S.S.A. 2.65m²/cm³
D_{10} 1.35μm	D_{25} 5.25μm	D_{75} 35.35μm	D_{90} 50.00μm

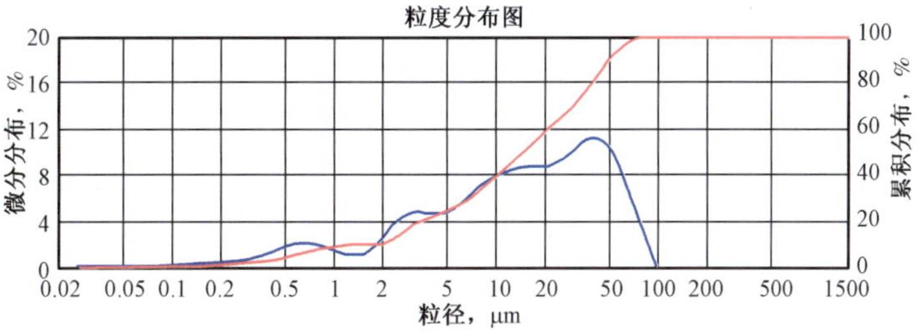

图 5-2-37　200 目碳酸钙粒径分布图

$D_{(4,3)}$—体积平均粒径；D_{50}—中值粒径；$D_{(3,2)}$—表面积平均粒径；D_{10}—纵坐标累计分布 10%所对应的横坐标直径值，依次类推；S. S. A. —比表面积，是单位体积的物料所具有的总面积

粒度特征参数

$D_{(4,3)}$ 16.13μm	D_{50} 9.87μm	$D_{(3,2)}$ 1.33μm	S.S.A. 4.52m²/cm³
D_{10} 0.62μm	D_{25} 2.88μm	D_{75} 25.06μm	D_{90} 41.53μm

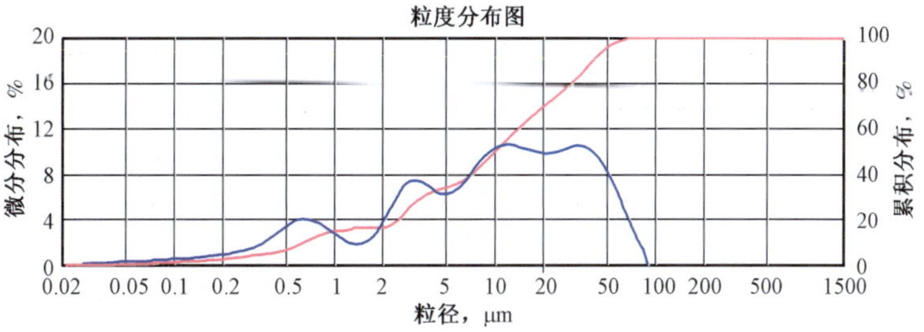

图 5-2-38　300 目碳酸钙粒径分布图

其 D_{50} 和 D_{90} 密切相关，不能单独凭借碳酸钙粒径来判断碳酸钙封堵性能的好坏，D_{50} 粒径范围在 9~15μm，D_{90} 粒径范围在 40~50μm 碳酸钙封堵降滤失效果是最好。

粒度特征参数

$D_{(4,3)}$ 11.77μm	D_{50} 6.02μm	$D_{(3,2)}$ 1.28μm	S.S.A. 4.69m²/cm³
D_{10} 0.62μm	D_{25} 2.40μm	D_{75} 12.94μm	D_{90} 35.77μm

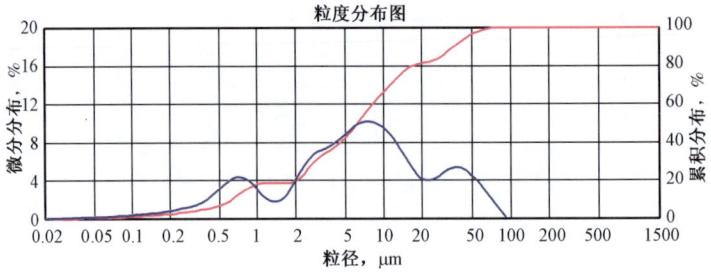

图5-2-39　500目碳酸钙粒径分布图

粒度特征参数

$D_{(4,3)}$ 12.35μm	D_{50} 9.17μm	$D_{(3,2)}$ 3.78μm	S.S.A. 1.59m²/cm³
D_{10} 0.97μm	D_{25} 4.19μm	D_{75} 15.96μm	D_{90} 30.84μm

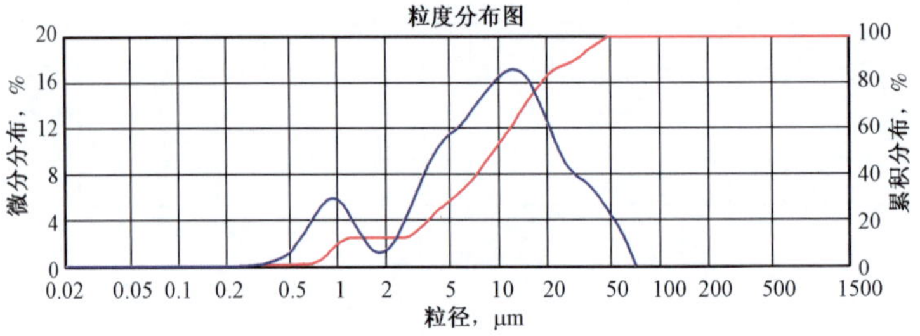

图5-2-40　800目碳酸钙粒径分布图

粒度特征参数

$D_{(4,3)}$ 28.65μm	D_{50} 1.34μm	$D_{(3,2)}$ 0.20μm	S.S.A. 30.68m²/cm³
D_{10} 0.06μm	D_{25} 0.17μm	D_{75} 10.30μm	D_{90} 21.00μm

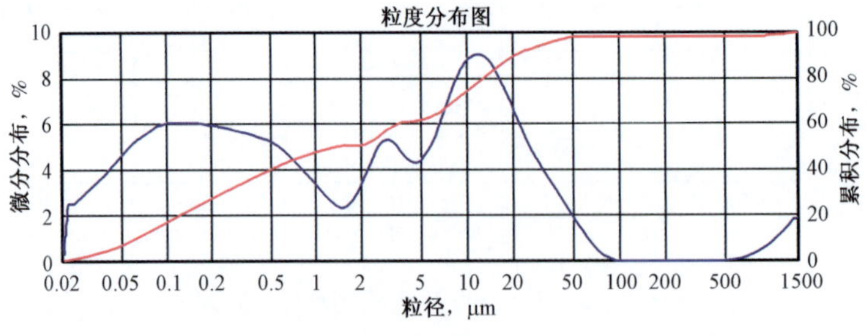

图5-2-41　1000目碳酸钙粒径分布图

粒度特征参数

$D_{(4,3)}$	28.48μm	D_{50}	1.10μm	$D_{(3,2)}$	0.19μm	S.S.A.	31.94m²/cm³
D_{10}	0.06μm	D_{25}	0.16μm	D_{75}	7.48μm	D_{90}	13.18μm

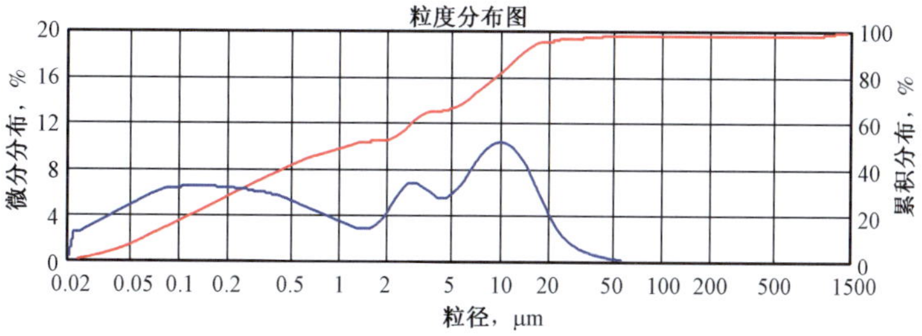

图 5-2-42　1200 目碳酸钙粒径分布图

第三节　封　堵　剂

完井作业中,由于储层压力低或因施工操作不当,可能出现完井液不同程度的漏失。为了减轻完井液漏失对储层的伤害和减少完井液漏失带来的经济损失,必须采取相应的防漏堵漏措施,通常采用添加合理的封堵材料来达到降低漏失的效果。

一、封堵剂种类

1. 细目碳酸钙

在钻井液中,为了改善滤饼质量和控制滤失量,通常加入一定级配的暂堵剂,国外用于甲酸铯/甲酸钾钻井液中的暂堵剂主要是细目碳酸钙(代号为 Baracarb)和改性石墨(代号为 Seal)。代号 Baracarb 表示不同粒度等级的碳酸钙(其颗粒分布见图 5-3-1)。Baracarb 有 6 种不型号:Baracarb 5,Baracarb 25,Baracarb 50,Baracarb 150,Baracarb 600 和 Baracarb 2300。其中,Baracarb 5,Baracarb 25 和 Baracarb 50 可以用于提高钻井液的密度,起架桥作用,控制滤失量;Baracarb 50,Baracarb 150,Baracarb 600 和 Baracarb 2300 用于控制循环漏失问题。

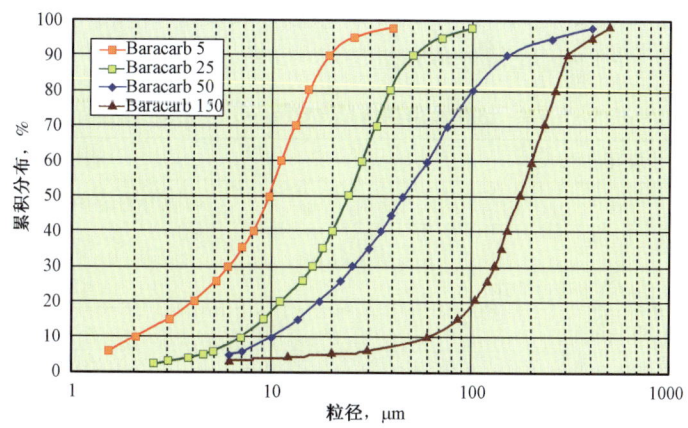

图 5-3-1　不同粒度等级的碳酸钙粒度分布

2. 改性石墨

改性石墨(G-Seal)是由多种粒径的石墨组成,在钻井液中起桥接封堵渗漏地层的作用。当钻进存在不同地层压力的疏松地层时,G-Seal 的桥接封堵性能可以减少压差卡钻的趋势,控制轻微—严重循环漏失地层的滤失量。G-Seal 是惰性物质,不会影响钻井液的流变性能。由于具有润滑性,在钻井过程中,可以降低扭矩和拉力。

3. H-2

H-2 是一种含有天然含纤维与碳酸钙矿物,同时兼具刚性粒子架桥与柔性粒子填充的封堵作用,该剂可广泛应用于各种类型钻(完)井液,使用温度宽广(0~260℃可用),对钻(完)井液流变性能影响不大,在加量不小于 3% 时,便能有效降低钻(完)井液滤失量,封堵渗透性地层。H-2 粒径分布如图 5-3-2 所示。

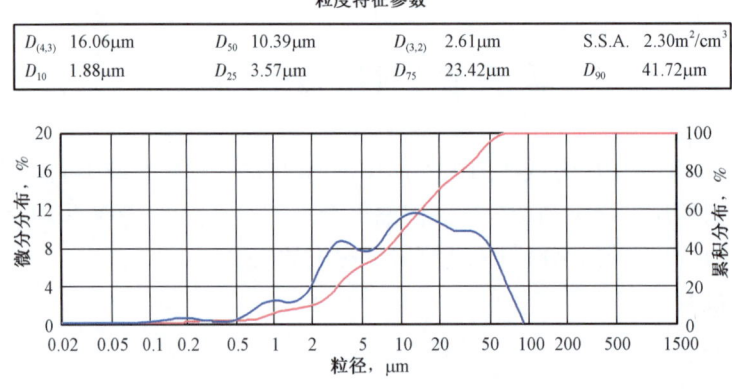

图 5-3-2 H-2 粒径分布图

4. 特种封堵剂 ZHFD-1

ZHFD-1 是一种由多种天然纤维与多种天然高强度颗粒按一定配比复配,经特殊加工粉碎而成的粒径小于 100 目的特种封堵剂,外观为自由流动粉末。该剂可广泛应用于各种类型钻(完)井液,使用温度宽广(0~220℃可用),对钻(完)井液流变性能影响不大,在加量不小于 3% 时,便能有效封堵住 20~40 目、40~60 目砂层以及低于不大于 0.5mm 的微裂缝。ZHFD-1 性能指标见表 5-3-1、粒径分布如图 5-3-3 所示。

表 5-3-1 钻井液用封堵剂 ZHFD-1 理化、性能指标

项目	指标
外观	棕色为主,少许灰白色颗粒
烘失量,%	≤10
加3%样品的砂床清水通过量,mL	≤8
(粒度)80 目筛余,%	≤8
100 目筛余,%	≤15
120~325 目筛余,%	30~65

粒度特征参数

$D_{(4,3)}$ 81.67μm	D_{50} 58.85μm	$D_{(3,2)}$ 19.74μm	S.S.A. 0.30m²/cm³
D_{10} 6.42μm	D_{25} 19.49μm	D_{75} 126.16μm	D_{90} 188.10μm

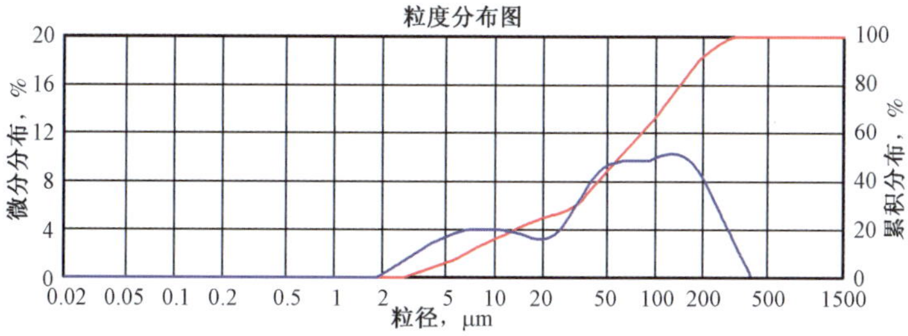

图 5-3-3　ZHFD-1 粒径分布图

二、封堵实验评价方法

高温高压渗透封堵仪（PPT/PPA 封堵评价仪）是一种改进的高温高压滤失量测试仪，通过使用不同规格孔渗陶瓷滤盘介质进行封堵评价，所用陶瓷滤盘通过严格生产工艺控制，性能稳定。同标准的高温高压滤失量测试仪一样，是国际钻井液行业通用的封堵评价方法，具体试验方法参照 GB/T 29170—2012《石油天然气工业钻井液实验室测试》第 27.3 节试验步骤。

PPT/PPA 封堵评价仪如图 5-3-4 所示，从外观上看与高温高压滤失量测试仪相似，其测试压力高达 27600kPa，温度为室温到 260℃，能够满足大多数要求。PPT 实验方法与高温高压滤失量测试仪评价实验操作步骤类似，即在一定压差、温度条件下搜集滤液，标准压差 7MPa，也可以根据实际压力情况调整。

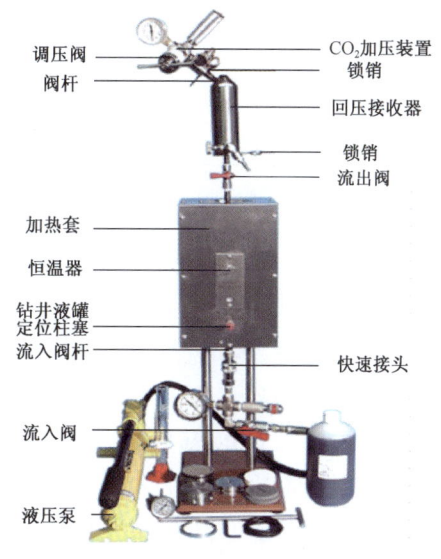

图 5-3-4　PPT/PPA 封堵评价仪

PPT/PPA 封堵实验通常采用渗透率范围为 $1.02 \times 10^{-13} \sim 1.02 \times 10^{-10}$ m²（400mD 至 100D）圆形多孔陶瓷滤盘作为滤失介质，过滤面积 22.6cm²，如图 5-3-5 所示，有多种孔渗规格。

图 5-3-5　滤失介质

三、封堵剂对甲酸盐完井液封堵性能影响

采用高温高压渗透封堵仪(PPT/PPA 封堵评价仪)评价了几种国内外适用于甲酸盐完井液的封堵剂对 2D 陶瓷盘的封堵性能,其结果见表 5-3-2。

表 5-3-2 封堵剂在甲酸钾完井液中封堵承压情况(2D 砂盘)

样品及加量	滤失量,mL						滤失速率① mL/min	V_{PPT}② mL
	7.0MPa			15.0MPa				
	1min	30min	60min	70min	90min	120min		
3% CARB(D25) + 3% CARB(D50)	全失						—	—
6% ZHFD-1	27.5	41	43	44	45.6	47	0.047	82.0
6% H-2	10.5	17	20	21.4	23	24.8	0.06	34.0
6% G-Seal	全失						—	—
6% Aqualseal	21.0	22.8	23.7	27.2	31.2	33.2	0.067	45.6
6% Greenseal	17.5						—	—

① 滤失速率 = $(V_{120min} - V_{90min})/30min$。$V_{120min}$—压差 15MPa 下 120min 滤液数量;$V_{90min}$—压差 15MPa 下 90min 滤液数量。

② $V_{PPT} = 2V_{30min}$。

国外样品 Baracarb(D_{25},D_{50})和 G-seal 在完井液中不能封堵住 2D 砂盘,直接全失,可能跟其粒径颗粒与 2D 陶瓷盘孔径不匹配有关;国内样品 ZHFD-1,H-2 和 Aqualseal 都能成功封堵住 2D 砂盘,封堵效果最佳的为 H-2,PPT 滤失量 V_{PPT} = 34.0mL;再次是 Aqualseal,PPT 滤失量 V_{PPT} = 45.6mL;最后是 ZHFD-1,PPT 滤失量 V_{PPT} = 82.0mL;对比发现,H-2 作为甲酸盐完井液封堵剂比较合适。

完井液封堵配方:350mL 甲酸钾完井液(ρ = 1.50g/cm³) + 3g 碳酸钾 + 2g 碳酸氢钾 + 2g 氧化镁 + 1.0% HE150 + 0.6% XCH + 6% 封堵剂,完井液热滚与试验温度为 170℃。

四、碳酸钙对甲酸盐完井液封堵性能影响

选择合适粒径的碳酸钙作为桥堵颗粒以密封渗透性地层,为减轻和克服向储层渗漏提供了一种比较适宜的方法。采用不同粒径的碳酸钙与 H-2 级配,可进一步提高甲酸盐完井液封堵性能。

表 5-3-3 实验结果表明,H-2 与 1200 目碳酸钙级配对陶瓷滤盘(2D)的封堵效果最好,PPT 滤失量最小为 11.0mL(≤15.0mL),H-2 与 800 目碳酸钙级配对陶瓷滤盘(2D)的封堵效果最差,PPT 滤失量最大为 62.0mL,说明碳酸钙粒径与陶瓷滤盘孔径需要合理的匹配才能形成有效的封堵,这给油田上渗透性漏失地层需要合理筛选不同粒径碳酸钙来作为封堵剂提供参考。

完井液封堵配方:350mL 甲酸钾完井液(ρ = 1.50g/cm³) + 3g 碳酸钾 + 2g 碳酸氢钾 + 2g 氧化镁 + 1.0% HE150 + 0.6% XCH + 3% H-2 + 3% 细目钙,完井液热滚与试验温度为 170℃。

表 5-3-3 细目钙对完井液封堵承压情况(2D 砂盘)

样品及加量	滤失量,mL						滤失速率[①] mL/min	V_{PPT}[②] mL
	7.0MPa			15.0MPa				
	1min	30min	60min	70min	90min	120min		
6% H-2	10.5	17	20	21.4	23	27.8	0.16	34.0
3% H-2 + 3% 500目碳酸钙	4	13.5	17.5	19.5	22	25.5	0.117	27.0
3% H-2 + 3% 800目碳酸钙	20	31	35.5	38	40.5	43.5	0.10	62.0
3% H-2 + 3% 1000目碳酸钙	3	11	14.5	16.5	19	22	0.10	22.0
3% H-2 + 3% 1200目碳酸钙	1	5.5	9	12	14	17	0.10	11.0

① 滤失速率 = (V_{120min} - V_{90min})/30min。
② V_{PPT} = 2V_{30min}。

五、降滤失剂对甲酸盐完井液封堵性能影响

对不同类型的降滤失剂对甲酸盐完井液封堵性能影响进行实验。加入降滤失剂可进一步提高甲酸盐完井液封堵性能,但并非所有的降滤失剂都能提高甲酸盐完井液的封堵性能,因此,筛选合理的降滤失剂来提高封堵性是必要的。

表 5-3-4 结果表明,加入 0.5% PAC-LV 后,甲酸钾完井液 PPT/PPA 滤失量得到明显降低,V_{PPT}滤失量从加入前的 34.0mL 降低至 10.4mL(≤15.0mL),而改性淀粉、聚合物类降滤失剂在甲酸盐完井液中并没起到良好的降滤失效果。

表 5-3-4 降滤失剂对完井液封堵承压情况(2D 陶瓷盘)

降滤失剂	滤失量,mL						滤失速率[①] mL/min	V_{PPT}[②] mL
	7.0MPa			15.0MPa				
	1min	30min	60min	70min	90min	120min		
空白	10.5	17	20	21.4	23	24.8	0.06	34.0
0.5% Dristemp	10.5	20	23	24.2	26.2	27.8	0.053	40.0
0.5% CMS-HT[③]	11.5	17	20	21.5	22.8	24.6	0.06	34.0
0.5% PAC-LV[④]	1	5.2	8.5	11.5	15.5	18.5	0.10	10.4

① 滤失速率 = (V_{120min} - V_{90min})/30min。
② V_{PPT} = 2V_{30min}。
③ CMS-HT—抗高温羧甲基淀粉。
④ PAC-LV—聚阴离子纤维素。

完井液配方:350mL 甲酸钾完井液(ρ = 1.50g/cm³) + 3g 碳酸钾 + 2g 碳酸氢钾 + 2g 氧化镁 + 1.0% HE150 + 0.6% XCH + 6% H-2 + 0.5%降滤失剂,完井液热滚与试验温度为170℃。

第四节 加 重 剂

一、甲酸盐盐水

甲酸盐盐水系列(Na,K,Cs 的甲酸盐)涵盖了整个钻井液和完井液的密度需求。由于甲酸盐盐水中没有固相加重材料,使甲酸盐盐水具有一些独特的特性,诸如:

(1)没有固相沉降问题;
(2)与储层相容(其表皮效应低);
(3)出色的井控;
(4)水力传输效率高而当量循环密度低;
(5)较低的抽吸压力和波动压力;
(6)回收简单而且效率高。

除钻井环境要求使用密度高于 2.3g/cm³ 外,甲酸盐盐水可以不使用加重材料。但由于甲酸铯价格昂贵,因此,为了控制完井液成本,部分作业者采用甲酸钠或甲酸钾提高完井液密度,再用油田钻井液常用的加重剂进一步提高完井液密度。

二、重晶石

重晶石是油田常用的加重剂。重晶石是一种以 $BaSO_4$ 为主要成分的天然矿石,经过机械加工后可制成从白色、灰白色至红棕色的各种粉末状产品。按照 API 的标准,重晶石粉的密度应当不低于 4.2g/cm³,粉末细度要求通过 200 目的筛子时,筛余量不大于 3.0%。

但甲酸盐盐水在高温高压条件下都可以溶解少量的重晶石中的钡(见第一章第二节"二、矿物和盐在甲酸盐盐水中的溶解度")。

钡是一种有毒的重金属,但其在甲酸盐盐水中的溶解并不会给现场工作人员带来健康和安全问题[7]。

可溶性钡对水生生物的毒性极高,而当溶解在甲酸盐中的钡被排放到海水中后会立即与海水中的硫酸盐反应生成无毒的硫酸钡。

钻井作业中排放到室外(如钻屑池和钻屑掩埋场)的重晶石,在无氧条件下可以被硫酸盐还原菌降解,但是如果排放物中存在甲酸盐盐水则未必会使情况糟糕。

含钡甲酸盐盐水的主要问题是在陆地上的排放和回收。钡是一种毒性很大的物质,所以任何含有可溶性钡的废弃物在处置前都必须把钡转化成不可溶的(如使用氢氧化物)。

为了研究重晶石在甲酸盐盐水中的溶解度及毒性,进行以下实验。

采用 350mL 甲酸盐盐水,加入 50g 重晶石,在不同密度甲酸盐盐水中温度190℃条件下热滚 16h,收集热滚后甲酸盐盐水滤液,检测其滤液中所溶解重晶石后 Ba^{2+} 浓度以及不同 Ba^{2+} 浓度下的生物毒性。实验数据见表 5-4-1。

表 5-4-1 重晶石($BaSO_4$)在190℃下不同密度甲酸钾盐水中溶解后 Ba^{2+} 浓度以及生物毒性

密度,g/cm³	1.10	1.20	1.30	1.40	1.50	1.57
Ba^{2+} 浓度,mg/L	596	1937	2533	3278	3874	4321
EC_{50},g/L	60.52	33.74	21.93	13.37	2.44	1.74

从以上数据可以得出以下认识:重晶石的溶解度以及溶解后的生物毒性随着甲酸钾盐水密度增加而增加,甲酸盐盐水密度越大,溶解重晶石形成有毒的Ba^{2+}浓度也就越高,从而造成甲酸盐盐水生物毒性也越高,生物毒性检测值$EC_{50} \geq 20.0g/L$才算合格,当甲酸钾盐水密度不大于$1.30g/L$时,$EC_{50} \geq 20.0g/L$。

上述实验是在没有加入缓冲剂下进行的。在第一章第二节"三、矿物和盐在甲酸盐盐水中的溶解度"中已得出以下认识:对加缓冲剂的甲酸盐盐水的实验结果表明,当流体中有过量的缓冲剂存在时,溶解Ba^{2+}的浓度非常低(10mg/L),因而其生物毒性EC_{50}不可能如此大。但为了安全,建议在使用甲酸盐钻(完)井液时,最好不要使用重晶石来提高钻井液密度。

三、微锰

微锰呈微球型。近十年来已被用作水基钻完井液的加重材料,其密度约$4.8g/cm^3$,粒径分布窄,平均粒径(D_{50})约为$1.0\mu m$,不溶于甲酸盐盐水(在20℃时,微锰在甲酸盐盐水中的溶解度小于5mg/L)。该材料具有pH值约为7的等电点,当pH值在9~11范围内时,带负电荷,电动势为$-30mV$到$-50mV$。微锰颗粒很细,少部分会随着钻井液滤失过程侵入地层,但因该材料有完美的球形结构,具有优良的回流反排性,因此对储层伤害很小。

微锰是一种强氧化剂,与高浓度盐酸反应放出氯气,在存放时应与盐酸分开存放,切忌混储。因此,清除含有微锰的滤饼不能用高浓度盐酸,但可采用6%~8%稀盐酸把滤饼100%溶解。在150℃以下,还可以用各种有机酸、络合剂或生物酶有效地清除含有微锰的滤饼。

有研究者提出了一种使用粒度约$1\mu m$、密度约$4.80g/cm^3$的微锰作加重材料的油气层保护钻井液实例。这种钻井液一个配方实例及其钻井液性能列于表5-4-2,该钻井液对油气储层渗透率的降低很小,即使未经酸化处理,渗透率恢复值就能达到90%或者更高,这对那些用各种增产方法都很难奏效的气井来说特别有用。在该实例中,当使用一种甲酸盐合成基钻井液时,储层的渗透率恢复值达到66%时见到了初始油流。而相比之下,含有微锰钻井液的储层渗透率却能恢复到93%,对储层损害程度低。

表5-4-2 含有微锰加重材料的钻井液配方及其性能

钻井液配方		钻井液性能	
材料	加量,kg/m^3	参数	数值
淡水	2.7	密度,g/m^3	1.19
膨润土	11.4	表观黏度,$mPa \cdot s$	38
生物聚合物XC	4.3	塑性黏度,$mPa \cdot s$	18
抗发酵淀粉	17.1	动切力,Pa	40
熟石灰	0.7	静切力(10s/10min),Pa	15/22
微锰	228.2	滤失量,mL	5.6

第五节 其他类处理剂

一、pH 值缓冲剂

在现场,甲酸盐盐水都要用碳酸钾或碳酸钠以及碳酸氢钾或碳酸氢钠进行预缓冲。加入缓冲剂的主要目的是为了把 pH 值控制在碱性范围内,防止酸和酸性气体侵入盐水时造成 pH 值波动过大。

1. 缓冲可以排除 CO_2 侵入对甲酸盐盐水造成影响

预缓冲甲酸盐盐水能吸收大量的 CO_2。当大量 CO_2 侵入时,pH 值降低到 6.35 并维持稳定。对暴露在不同 CO_2 含量的甲酸盐盐水的 pH 值测量表明,pH 值绝不会降低到 6~6.5。该 pH 值接近中性,这意味着甲酸盐暴露在任何含量的 CO_2 侵入的情况下,甲酸盐体系也不会被酸化。

在少量或者中等含量的 CO_2 侵入的情况下,缓冲剂能吸收侵入的气体,并且维持 pH 值高于 8。只有当大量的 CO_2 侵入时,pH 值才会降到 6.0~6.5,并且此时碳酸与碳酸氢盐之间会形成一个动态平衡。pH 值决不会低于 6.0。

2. 缓冲可以克服硫化氢侵入对甲酸盐盐水造成影响

硫化氢的化学性质类似于的硫的水溶液,有剧毒。人在硫化氢气体浓度高于 600mg/L 的环境中呆 3~5min 可以致命。硫化氢也是油田所遇到的腐蚀性最强的气体。浓度为 50mg/L 的硫化氢在短短几分钟内就会导致高应力和高强度的钢材料损坏。钻井液中含少量的硫化氢也能大幅度降低钻杆的寿命。

无论是储层中的硫化氢(含 CO_2)还是卤水中防腐剂分解产生成的硫化氢(例如硫代氰酸盐)都可以侵入钻井液或压井液。卤水造成的大量井下设备的严重损坏都是由硫基防腐剂分解出的硫化氢造成的。

当在甲酸盐中添加碳酸盐缓冲剂并把它作为钻井液和完井液使用时,这种钻井液和完井液具有防止 H_2S 腐蚀的作用。碱性 pH 值有助于促使化学平衡向着减少生成 HS^- 的方向进行。另外,在碱性 pH 值范围内,甲酸盐中的大量的碱金属离子(K^+,Na^+ 和 Cs^+)有助于使化学反应向生成硫氢酸盐的发展。

碳酸盐和碳酸氢盐的缓冲能力很强。大量侵入的酸性气体在甲酸盐的 pH 值下降之前转化成 HCO_3^- 和 HS^-。然而,如果碳酸盐被消耗,缓冲剂失去清除硫化氢的能力,H_2S 将重新从溶液中游离出来。这种情况是不会发生的,因为在现场使用期间,缓冲剂不会耗尽,但是为了降低可能出现的风险,应该添加硫化氢清除剂。

添加硫化氢清除剂所增加的效果超过了长期单独使用缓冲剂仅仅靠改变化学平衡来防硫化氢的效果。另外,使用硫化氢清除剂也能除掉甲酸盐盐水中的二硫化物。

因此,在预缓冲甲酸盐盐水中添加硫化氢清除剂对甲酸盐盐水防止各种有害气体将起到双重的保护作用。

甲酸盐还是一种强还原剂、抗氧化剂和自由基清除剂。由于甲酸盐离子本身的这些特性,在高密度甲酸盐盐水中的氧将被耗尽。另外,作为缓冲剂的碳酸氢盐也是除氧剂。

二、热稳定剂

1. 抗氧化剂优点

众所周知,诸如 O_2 等氧化剂都会诱发钻井液和完井液出现问题。甲酸根离子是非常好的抗氧化剂和自由基清除剂,已在工业和医药界广泛应用。甲酸盐盐水在钻井和完井作业中使用的重要原因(例如稳定聚合物和防腐的能力)是它的独特特性。在多数情况下,应用甲酸盐盐水不需要添加抗氧化剂。

然而,某些试验指出,在高温下加入抗氧化剂有助于稳定聚合物。提高黄原胶高温稳定性的一个实例是,在 Tuscaloosa 的一口井的磨铣作业中黄原胶的稳定性达到 204℃[4]。据发现,抗氧化剂是这种钻井液的重要组分。

2. MgO

MgO 是常用的抗氧化剂,钻井液中氧气是强氧化剂,可以诱发聚合物迅速降解,也会造成腐蚀,引发钻井液出现问题。MgO 作为抗氧化剂,其作用机理为清除在高温情况下产生的氢氧自由基。虽然甲酸根离子是非常好的抗氧化剂和自由基清除剂,然而,试验指出,在高温条件下加入抗氧化剂有助于稳定聚合物,所以抗氧化剂(MgO)在很多抗高温钻(完)井液配方中都是重要成分[6];同时,多种抗高温甲酸盐钻(完)井液在加入 MgO 后性能大幅度提高。

图 5-5-1 出示了雪佛龙菲利浦化学公司生产的一种生物黄原胶(FLOWZAN)在加有抗氧化剂(MgO)后甲酸钾完井液中热稳定性效果,生物黄原胶热稳定性温度从 150℃ 能提高至 170℃。

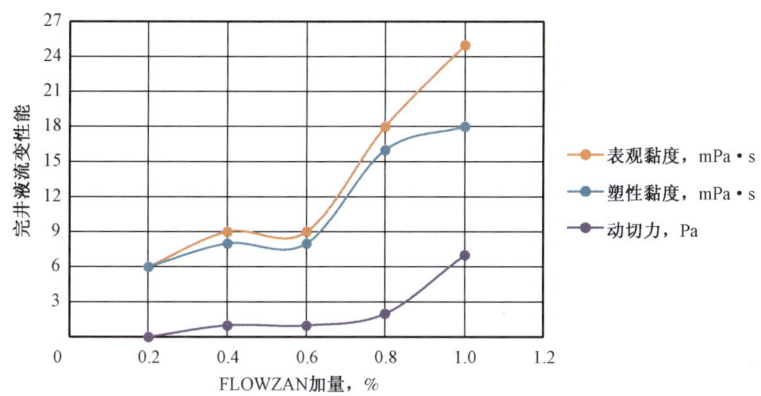

图 5-5-1 FLOWZAN 在甲酸盐完井液中提黏效果

当 FLOWZAN 加量为 0.2%~1.0%时,在 170℃ 下热滚 16h 后,甲酸盐完井液表观黏度、塑性黏度和动切力随着 FLOWZAN 加量的增加而提高,表观黏度、塑性黏度和动切力提高范围分别为:6~25mPa·s,6~18mPa·s 和 0~7Pa,当 FLOWZAN 加量达到 1% 时候,甲酸盐完井液具有良好的流变性能,表观黏度、塑性黏度和动切力分别为:25mPa·s,18mPa·s 和 7Pa。

完井液配方:350mL 甲酸钾完井液(ρ = 1.50g/cm³) + 3g 碳酸钾 + 2g 碳酸氢钾 + 2g 氧化镁 + FLOWZAN。

三、除氧剂

钻井液和完井液中的氧是一个很大的隐患。氧是一种强氧化剂,可以诱发聚合物迅速降解,同时也是造成腐蚀的重要原因。为了除掉这种有害气体,必须在钻(完)井液中添加除氧剂。

由于甲酸盐是一种很好的抗氧化剂,而且在浓甲酸盐盐水中氧的溶解度比较低,所以对除氧剂的要求不是很严格,而现场通常不添加除氧剂。然而,某些迹象表明,在高温条件下,加入除氧剂可以进一步提高聚合物的稳定性[4]。

对于稀释的甲酸盐盐水,推荐使用除氧剂。异抗坏血酸钠除氧剂与甲酸盐基钻井液相容。

四、消泡剂

甲酸盐盐水本身不具有表面活性,不会引起任何发泡问题。在现场使用中,被污染的甲酸盐盐水有时出现发泡问题。

卡博特公司发现在回收过程中,在蒸发器中偶尔出现过发泡现象。来自贝克休斯公司的消泡剂 LD-8V 被成功应用。这是一种蔬菜油和表面活性剂的混合物。

发泡通常不是甲酸盐钻(完)井液的问题。卡博特公司仅在钻(完)井液补给罐开泵时发现过一些发泡情况。当情况发生时,应用哈里伯顿公司生产的消泡剂 NF6 收到了良好的效果。

五、润滑剂

高浓度(饱和)甲酸盐盐水本身就具有很好的润滑性(表5-5-1)。在大多数应用中,无需添加润滑剂。即使甲酸盐盐水中添加了固相成分,其润滑性也比纯水的好很多。

表5-5-1 用 M-I HLT 润滑测试仪测得的各种流体的润滑性

钻井液	金属—金属	金属—砂岩
水基(15.0 lb/gal[①])	0.264	0.338
柴油基(不同密度)	0.180	0.223
矿物油基(不同密度)	0.223	0.231
合成基(不同密度)	0.181	0.253
甲酸钾/甲酸铯[②]	0.162	0.144

① 几年来使用同一仪器测得的平均摩擦系数。
② 在各种温度下的平均摩擦系数。

韦斯特伯特国际技术中心对润滑剂与甲酸盐盐水和钻井液的相容性进行了广泛的研究[5]。这项研究总共包括了24种润滑剂。预筛选试验时把3%(体积分数)的润滑剂添加到甲酸盐盐水中,发现有些润滑剂与甲酸盐盐水不相容。把与甲酸盐盐水相容的润滑剂分别添加到含 28.5kg/m³ 的 HMP 黏土和不含黏土的甲酸铯/甲酸钾盐水钻井液中,在白劳德公司的润滑测试仪(BLT)上进行了试验。钻井液的组分见表5-5-2。对无固相钻井液(未添加碳酸钙架桥材料)也进行了测试。液体润滑剂的加量为3%(体积分数),固体润滑剂的加量为 14.25kg/m³。分别在1min,3min 和 5min 从润滑测试仪采集读值。由这些读值推导出的平均摩擦系数出示于表5-5-3。

表 5-5-2 用于润滑性研究的基浆组分(某些实验中添加了 28.5kg/m³ 的 HMP 黏土)

组分	加量
2.2g/cm³ 甲酸铯	589.19g
1.57g/cm³ 甲酸钾	105.77g
N-vis HB	2.85kg/m³
Kemseal	5.7kg/m³
XanVis	4.275kg/m³
Chemstar Xstar HT	11.4kg/m³
碳酸钾	11.4kg/m³
碳酸氢钾	5.7kg/m³
KOH	5.7kg/m³
Fordacal 100	85.5kg/m³

表 5-5-3 用 Baroid 润滑仪(BLT)测得的甲酸钾/甲酸铯缓冲盐水加润滑剂的摩擦系数

钻井液	基浆 平均摩擦系数	基浆 随润滑剂增加而减少,%	基浆+HMP土 平均摩擦系数	基浆+HMP土 随润滑剂增加而减少,%	基浆(未加碳酸钙)(无固相) 平均摩擦系数	基浆(未加碳酸钙)(无固相) 随润滑剂增加而减少,%
水	0.330	—	0.343		0.330	
甲酸钾/甲酸铯钻井液	0.105	—	0.145		0.030	
RX 72SXE(Roemex)	0.087	17	0.103	29	0.035	-17
RX72SX(Roemex)	0.095	10	0.127	12	0.040	-33
RX 72TL(Roemex)	0.127	-21	0.140	3	0.030	0
Drill N Slide(Baroid)	0.120	-14	0.132	9	0.033	-10
G-Seal(固相为 3μg/L)(M-I)	0.103	2	0.120	17	0.027	10
Monosurf(Integrity Chemical Co.)	0.098	7	0.112	23	0.023	23
Teqlube(BHI)	0.117	-11	0.102	30	0.020	33
Bio-Add 628(Shrieve)	0.088	16	0.102	30	0.020	33
SAB 854P(solid 5μg/L)(Shrieve)	0.147	-40	0.147	-1	0.030	0
SAB 444L(solid 5μg/L)(Shrieve)			0.150	-3	0.083	-177
DTS 2002			0.100	31	0.023	23
Triple SSS(Prime ECO Fluids)			0.088	39	0.025	17
Radiagreen 733E(Oleon)			0.097	33	0.020	33
Radiagreen 7857EBL(Oleon)			0.095	34	0.023	23
Thuslick-HF(固相为 5μg/L)(Prime ECO Fluids)			0.095	34	0.060	-100
EMI-742(M-I)			0.103	29	0.030	0
ID Lube XL(M-I)			0.115	21	0.010	67
DT Triple SSS(Tech Oil)			0.152	-5		

注:表中所列的摩擦系数是 3 个读数(1min,3min 和 5min)的平均值。所有的润滑剂加量为 3%(体积分数)(表中有说明的除外)。

可以得出以下结论：

（1）甲酸盐盐水自身具有极好的润滑性；

（2）甲酸盐钻井液的摩擦系数随着固相含量[即架桥材料（$CaCO_3$）和钻屑（HMP 黏土）]的增加而增大；

（3）即使是高固相含量（$85.5kg/m^3$ 的 $CaCO_3$ 和 $28.5kg/m^3$ 的 HMP 黏土）的甲酸盐盐水，其摩擦系数也显著低于纯水的摩擦系数；

（4）有些润滑剂能够降低含固相的甲酸盐盐水的摩擦系数，但不能克服固相对钻井液的不利影响，因此有些润滑剂相反比不加前的摩阻系数要大；

（5）试验测试还证明，在推荐特殊的润滑剂之前，需要进行室内试验，因为并不是每种润滑剂都能够降低甲酸盐盐水钻（完）井液的摩阻系数。

六、防腐剂

高密度甲酸盐盐水由于具有 pH 值高、抗氧化以及与碳酸盐/碳酸氢盐缓冲溶剂相容等特性，创造了一个无腐蚀性的环境。还没有见过暴露在甲酸盐盐水中的铁金属出现局部腐蚀的情况报道（如点状蚀和应力腐蚀开裂）。其腐蚀速率可以忽略，因此也不需要防腐剂。实际上，当大量的 CO_2 侵入盐水时，当其侵入量大到耗尽了缓冲剂时，加入防腐剂后可能会影响甲酸盐盐水防腐性，使金属发生点状腐蚀。因此，坚决反对在高密度甲酸盐盐水中添加任何防腐剂。

低密度的甲酸盐盐水（即甲酸盐的含量低，水的含量高）并不像高浓度或饱和甲酸盐盐水那样具有强的抗腐蚀性。这种低密度甲酸盐盐水加防腐剂会取得可更好的效果。

七、杀菌剂

地层中富含各种奇异的微生物，例如古原菌可以在极其恶劣的条件下（例如无氧、高盐度、低养分条件下）存活数十亿年。在油井建设和保持储层压力的作业中，任何新养分的进入都可能造成不良后果，例如当硫酸盐还原菌的数量增加后，可能产生 H_2S 和储层冲蚀。

钻井液和完井液都是很好的新养分的来源，可能会促使近井眼地带的储层发生冲蚀。这些养分还可以作为良好的外来微生物的生长媒介，成为诸如硫酸盐还原菌等有害微生物从一口井转移到另一口井的载体。因此，当存在丰富的养分时，钻（完）井液应具有良好的杀菌作用，有效抑制有害和无害微生物的生长是非常重要的。

浓缩状态的高密度甲酸盐盐水含有维持一小群微生物生存的基本养分（C,N,P,K,S 等）。现行的生存情况是：(1)微生物在如此低水活度的环境中可以生存和繁殖；(2)在高温高压条件下循环钻井液也不会被杀死。室内试验结果表明，当纯甲酸铯盐水在浓度高于 1%（质量浓度）时，需氧细菌、普通的异养细菌或需氧的硫酸盐还原菌被注入的海水隔离开时，这些细菌就无法生存和生长。甲酸钾和甲酸铯盐水的混合液，抑制性稍弱，至少浓度要高于 25%（质量浓度）时才能阻止这些细菌的存活。这些试验虽然有用，但是却不能告诉我们，甲酸盐盐水在抑制像古原菌那样可在恶劣地下条件生存的那些微生物的效果。

在过去几年中，无杀菌剂的甲酸钾/甲酸铯盐水已经在超过 150 口高温高压井中作为完井液、修井液和悬浮液使用。当用常规的微生物检测方法检测时，未发现有细菌存活。无杀菌剂的甲酸钾/甲酸铯盐水也当作钻（完）井液使用，同样未发现任何问题。但是最近，应用先进的荧光原位杂交测定仪在现场送来的甲酸钾/甲酸铯钻井液试样中发现了在钻井液中存在古原菌和硫酸盐还原菌。这可能是送试样前在钻井液循环过程中从钻井液池和井眼中带入的,但最新研究发现这些细菌在钻井液储存期间依然存活。需研究甲酸盐钻(完)井液杀菌剂。

参 考 文 献

[1] 王平全,周世良. 钻井液处理剂及其作用原理[M]. 北京:石油工业出版社,2003.

[2] Clarke – Sturman A J,Pedley J B,Sturla P L. Influence of Anions on the Properties of Microbial PolySaccharides in Solution[J]. Int. J. Biol. Macromol. ,1986(8):355.

[3] Howard S K,Houben R J H,Oort E van,et al. Report # SIEP 96 – 5091 Formate Drilling and Completion Fluids – Technical Manual[R]. Shell International Exploration and Production,1996.

[4] Toups J A,Goldenberg I,Vasquez W. Progress Report on Cabot/Statoil/BP/TFE Kvitebjorn K72 Lubricity Testing[R]. Westport Technology Center International,Report # R – 04 – 105,2004.

[5] Hallman J H. Formates In Practice:Field Use And Reclamation[J]. World Oil,1996,217(10):81 – 90.

第六章　甲酸盐盐水对金属性能的影响

高密度的甲酸盐盐水作为完井液、修井液和压井液已在石油工业的市场上使用数十年。甲酸盐盐水对金属材料的影响就是甲酸盐盐水作为高温高压井的完井液、修井液和封隔液时所存在的腐蚀性问题。甲酸盐盐水对金属的腐蚀性明显低于卤族盐水。

迄今,甲酸盐已经成功地在150多口高温高压井中应用,使用环境温度最高达到216℃,压力最高达到117.2MPa,这些井普遍含有CO_2、H_2S或O_2等腐蚀性气体。研究甲酸盐盐水对碳钢、低合金钢和不锈钢腐蚀的影响是十分重要的,它关系到安全、环保、健康等问题,下面研讨甲酸盐盐水对金属性能的影响。

第一节　腐蚀的类型及耐腐蚀合金钢

一、腐蚀类型

金属在水溶液中的腐蚀涉及两个邻近区域的电化学反应:一个是阴极反应,在这个区域中,为了还原在电解液中(通常为盐水)与金属接触的反应物(例如质子、水或氧等),金属释放出电子;另一个是阳极反应,在这一反应区域中,金属被氧化(腐蚀),释放出的电子返回金属,电子穿过金属的阳极反应区域在平衡电化学反应的同时到达阴极反应区域。在油田的井下环境中,最常遇到的腐蚀作用大致分为下列类型:

(1)均匀腐蚀。均匀腐蚀是一个相当缓慢的过程,整个浸泡面上的金属损失相对均匀而且时间量程普遍较长。碳钢和低合金钢在酸性环境下特别容易发生均匀腐蚀。

(2)点蚀。点蚀是一种普遍发生在高浓度氯化物溶液中的面积只有几平方毫米的典型阳极腐蚀。点蚀从金属表面起保护作用的氧化层产生局部破裂开始。点蚀造成小面积氧化金属的外露。氯离子优先运移到阳极反应区域,并帮助清除阳极被氧化的金属,从而形成点蚀。点蚀可由较高的阴极与阳极的面积比来描述。金属的溶解仅限于点蚀,点蚀加深的速率远远比均匀腐蚀造成的平均壁厚损失的速率快。

(3)应力腐蚀开裂(SCC)。应力腐蚀开裂是一种具有破坏作用和加快腐蚀作用的腐蚀过程,有时在数天内应力腐蚀开裂就能造成耐腐蚀合金管材和油田设备发生灾难性的损坏。应力腐蚀开裂造成的破裂是由表面氧化膜的局部缺陷发展而成的,通常是从点蚀活跃的位置开始的。就发生应力腐蚀开裂来说,除存在腐蚀环境和易受影响的材料外(图6-1-1),还需要材料具有张应力。增加应力、温度和离子浓度(例如卤素离子浓度以及存在腐蚀性气体),都会增加应力腐蚀开裂发生的概率,从而增加金属破坏的风险。

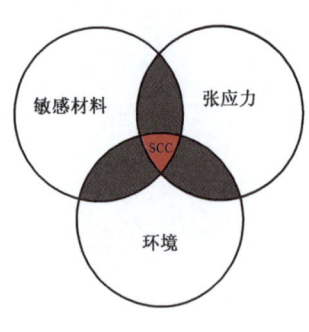

图6-1-1　产生应力腐蚀开裂所需要的因素

(4)氢损坏。氢损坏是用来描述氢造成的各种有害现象的术语(例如硫化物应力开裂、应力导向氢致开裂、氢致开裂和氢脆),当氢气中含有原子(扩散性)氢时,氢会影响金属。原因大概有两种,既可能是氢在高温下溶解到金属中(温度越高,特殊来源的氢就越少),而后金属迅速冷却到较低温度,导致金属中的氢过饱和;也可能是因腐蚀过程中遇到了"催化剂",使氢原子在低温下(低于100℃)直接进入钢材,油田中最重要的"催化剂"是硫化氢。

(5)硫化物应力开裂(SSC)。在钢的腐蚀期间,在水和硫化氢存在的条件下,在张应力作用下产生硫化物应力开裂。人们通常认可的硫化物应力开裂的部分原因是,硫化氢促进了氢原子进入钢材。氢进入钢而引起钢的脆化,在张应力的作用下脆化的钢发生开裂。高强度碳钢和低合金钢以及硬度大的焊接区特别容易发生硫化物应力开裂。

(6)氢致开裂(HIC)。当氢原子扩散到钢中并与钢中的氢原子结合形成氢分子时,碳钢和低合金钢发生氢致开裂,特别是在诸如硫化锰等钢的杂质附近容易形成氢致开裂。在钢材杂质中形成的氢压力导致平面开裂的形成。在钢材内部和表面开裂的连接构成了阶梯状开裂,阶梯状开裂可以破坏组件的完整性。钢材的近表面处的开裂可能导致鼓泡的形成。在轧制材料制成的组件上所发生的氢致开裂损坏比在无缝材料制成的组件发生的氢致开裂更普遍。

氢致开裂通常发生在温度低于100℃的条件下和存在诸如硫化氢等被称为氢助催化剂的腐蚀介质时。氢致开裂的形成不需要施加过大的应力。

(7)应力导向氢致开裂(SOHIC)。应力导向氢致开裂与硫化物应力开裂、氢致开裂和阶梯状开裂有关系。在应力导向氢致开裂中,在垂直于主应力(残余应力和施加的力)的方向上形成交错的小开裂,导致梯状裂缝排列与预先存在的(有时很小)氢致开裂相连接。开裂方式可被归纳为因外部应力与局部应变相结合在氢致开裂周围产生的硫化物应力开裂。

(8)氢脆。金属的氢脆,特别是高合金钢的氢脆是金属大量吸氢的物理结果。金属中的氢在高温下比在低温下(低于100℃)更容易溶解和分散。因此,脆裂通常是在高温下发生腐蚀的结果,随着金属迅速而充分的冷却,在低温下氢被圈闭在金属中。氢脆也可能是在存在氢助催化剂的情况下,由在低温下大量进入金属的氢引起的。

二、耐腐蚀合金钢的类型以及耐腐蚀合金钢的选择

钻(完)井工程师是根据产出液(或气)的成分和井下温度曲线来选择井下管材钢材品种。如果在油气井生产期间存在任何产出 CO_2 的风险,应选择含铬、镍的耐腐蚀合金钢,有时选择含钼的耐腐蚀合金钢。在较高的井下温度和存在硫化氢和氯离子的情况下,应选择高合金耐蚀材质,把管材的平均寿命控制为最长。海上高温高压井修井作业所产生的钻井装置占用费可以达到数百万美元,而钻机装置和新的耐腐蚀合金材料的等待时间都可以长达1年。因此,管材的完整性和平均寿命是特别重要的,绝不允许完井液、修井液和封隔液对管材产生不利作用。

表6-1-1出示了管材普遍采用的部分耐腐蚀合金材料。不同的油公司对各种耐腐蚀管材的推荐温度范围是不同的,而且多数材料不存在普遍认可的温度极限。表6-1-1中的温度极限取自萨米托莫的选材指南,而只有当 CO_2 存在时才使用这种温度极限[1]。表中推荐的合金应用极限也取决于氯离子的浓度和硫化氢含量。

表6-1-1 油田常用的马氏体不锈钢和双相不锈钢的温度应用极限

材料分类	名称	组分含量,%			一般应用温度极限 ℃
		Cr	Ni	Mo	
马氏体不锈钢	13Cr	13	—	—	<150
	改进型13Cr(M13Cr)	13	4	1	<175
	超级13Cr(S13Cr)	12.5	5	2	<175
双相不锈钢	22Cr	22	5	3	<200
	25Cr	25	7	4	<250

还有很多奥氏体耐蚀合金,由于它们具有耐腐蚀特性而普遍在油井中应用。因这些合金中锰和镍的含量较高而决定了钢的特性。奥氏体耐蚀合金主要用作封隔器、安全阀和悬挂器等的制造材料。在某些情况下,它们对氢脆是敏感的,而在硫化氢存在的情况下也产生其他类型的腐蚀。在酸性环境中使用材料的工业标准[2]中提供了更多关于奥氏体耐蚀合金和普遍在油气生产环境中使用的其他耐蚀合金的资料。

第二节 甲酸盐盐水对金属的腐蚀

一、甲酸盐盐水抑制金属腐蚀的机理

1. 甲酸盐盐水是抗氧化剂

甲酸根离子是一种抗氧化剂、自由基清除剂,能清除诸如O_2等氧化剂,从而抑制其引起的腐蚀问题。

2. 甲酸盐盐水有利于形成弱碱性环境

甲酸盐溶于水后自然呈现出弱碱性的pH值(8~10)。在无氧的溶液中,腐蚀性部分取决于pH值。pH值越低,腐蚀的程度就越大。另外,pH值决定了腐蚀结垢的稳定性和溶解度。传统的高密度卤族盐水的典型pH值为2~6(取决于卤化物的类型),因此其腐蚀性比甲酸盐更强。

3. 甲酸盐盐水可以进行pH值缓冲处理

CO_2和H_2S溶于水会使水溶液呈弱酸性,这是其腐蚀性的主要原因。防止其造成腐蚀的可行方法是对溶液的pH值进行控制,使其保持在弱碱性环境。

甲酸盐相对于其他高密度盐水的独特之处在于它们与碳酸盐/碳酸氢盐缓冲液的兼容性。这种缓冲体系能够维持盐水的pH值在安全的弱碱性范围,减缓金属腐蚀。传统的高密度、基于二价卤化物($CaCl_2$,$CaBr_2$,$ZnBr_2$)的完井液和封隔液不能被缓冲,其原因是即便加入少量的碳酸盐/碳酸氢盐缓冲剂也会产生沉淀而析出。碳酸盐/碳酸氢盐在甲酸盐中是可溶的,因而在大量CO_2侵入的实际情况下,仍然能够维持pH值稳定。

CO_2侵入上述盐水时会引起pH值的下降,但程度并不相同,如图6-2-1所示。卤化物盐水pH值本身就比较低,并且会随着CO_2的流入进一步降低,从而产生较为严重的腐蚀。未加缓冲体系的甲酸盐pH值降低也比较迅速,但最终维持在4~5;而缓冲的甲酸盐能够容纳大量的CO_2,且pH值能够维持在较高水平。

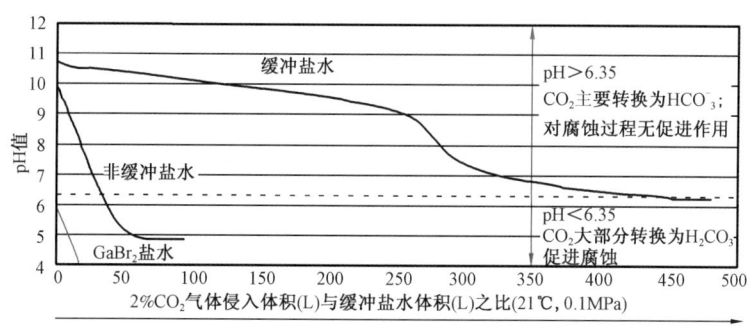

图6-2-1 卤化物、未缓冲和缓冲的甲酸盐盐水中pH值随CO_2流入量的变化

4. 甲酸盐盐水被中等含量的氯离子污染后仍无腐蚀性

常规的卤族盐水($NaCl$、KCl、$NaBr$、$CaCl_2$、$CaBr_2$、$ZnBr_2$和它们的混合物)特别是氯化物盐水对几种特定类型的腐蚀具有促进作用。点蚀和应力腐蚀开裂等局部腐蚀在卤族盐水环境中会更严重,而其腐蚀的严重程度也会随卤化物浓度的增加而增加。然而,甲酸盐盐水即便是被中等含量的氯离子污染后,甲酸盐盐水在多数情况下仍能保持其无腐蚀性的特性。

二、不存在腐蚀性气体条件下甲酸盐盐水的腐蚀

不存在腐蚀性气体的情况下,即便是当甲酸盐盐水被氯离子污染时,甲酸盐盐水对油气井建井使用的各种类型的钢材基本上是没有腐蚀作用的。表6-2-1和表6-2-2给出了各种甲酸盐盐水在温度高达218℃的情况下的均匀腐蚀速率。

表6-2-1 碳钢在甲酸盐盐水中的均匀腐蚀速率

钻井液	密度 g/cm³	pH（稀释10倍）	温度 ℃	时间 d	腐蚀速率,mm/a		
					P110	C110	Q125
甲酸钠	1.26	10.0	163	7	0.008		
甲酸铯		12.0	163	7	0.000		
甲酸铯+5% KCl	2.18	10.5	177	40	0.076	0.065	0.051
甲酸铯		12.0	177	7	0.003		
甲酸铯		10.0	204	17	0.008		
甲酸铯	1.94		218	30	0.177		

表6-2-2 耐腐蚀合金钢在甲酸盐盐水中的局部腐蚀速率

钻井液	密度 g/cm³	pH值（稀释10倍）	温度 ℃	时间 d	腐蚀速率,mm/a			
					13Cr	改进型13Cr	22Cr	25Cr
甲酸钾	1.26	9.8	66	30	0		0	
甲酸钾	1.57	9.8	66	30	0		0	
甲酸钠	1.26	10.0	163	7	0	0		
甲酸钾+3g/L Cl⁻	1.95	10.4	165	30		0.01		
甲酸钾	1.26	9.8	185	30	0		0	

续表

钻井液	密度 g/cm³	pH值（稀释10倍）	温度 ℃	时间 d	腐蚀速率, mm/a			
					13Cr	改进型13Cr	22Cr	25Cr
甲酸钾	1.57	9.8	185	30	0.043		0	
甲酸铯		10.0	204	17	0.003		0.03	
甲酸铯			204	7				0.076
甲酸铯	1.94		218	30	9.25		0.41	

注：阴影部分为不锈钢有效包络的外部。

在不考虑温度的情况下，碳钢和耐腐蚀合金钢在甲酸盐盐水中的均匀腐蚀速率是可以忽略的，试验过程中也从未发现局部腐蚀和应力腐蚀开裂。不需要也不推荐在甲酸盐盐水中使用缓蚀剂。

第三节　被二氧化碳污染的甲酸盐盐水的腐蚀性

井下各种工作液中的二氧化碳主要来源于储层，而二氧化碳又是碳钢和低合金钢的腐蚀源。二氧化碳侵入卤族盐水完井液可能会对地下设备和管材的完整性造成灾难性的后果。

对浸泡在二氧化碳和卤族盐水中的耐腐蚀合金钢来说，点蚀和应力腐蚀开裂都可能发生。多年来，一直认为耐腐蚀合金钢局部腐蚀引发的事故应该被限制在那些氯化物盐水被氧污染的井中。最近的研究成果揭示，在存在二氧化碳的情况下，溴化物盐水也可以引起点蚀和应力腐蚀开裂[3]。

甲酸盐盐水对于二氧化碳侵入所造成腐蚀机理的影响与卤族盐水有很大差异。这主要是因为碳酸盐/碳酸氢盐pH值缓冲剂的影响。

一、二氧化碳腐蚀

入井流体被二氧化碳侵入后会被酸化，从而引起严重的均匀腐蚀和点蚀。

碳钢和低合金钢在二氧化碳环境中可以达到较高的腐蚀速率（毫米/年），但是金属表面形成的碳酸亚铁保护膜可以有效地减缓腐蚀，特别是在高温条件下。

有两个因素决定了完井盐水是否会防止二氧化碳腐蚀：

（1）盐水是否能维持pH值在碱性范围；

（2）在二氧化碳的侵入量大到足以降低盐水pH值的情况下，盐水具有促使金属表面迅速形成保护膜的能力。

在油田环境中，虽然二氧化碳侵入量大到足以破坏甲酸盐盐水的缓冲体系的可能性是较低的，还是进行了相关的研究[4,5]。Hydro研究中心的莱斯－奥尔森（Leth－Olsen）于2002年发现，在缓冲甲酸盐盐水中的碳钢和13Cr钢，尽管浸泡在二氧化碳大量侵入的恶劣条件下，但很快（两天内）就形成了碳酸亚铁保护膜。在二氧化碳存在的情况下，碳酸盐和碳酸氢盐缓冲剂的存在不仅降低了盐水酸化的水平，而且当酸化和腐蚀开始发生时，在促使钢材表面形成高质量碳酸盐保护膜的过程中也起到了重要作用。当二氧化碳进入缓冲的甲酸盐盐水时，将形成碳酸。然后碳酸将按照下式中的反应被碳酸盐缓冲剂消耗掉：

$$CO_3^{2-}(aq) + H_2CO_3(aq) \longrightarrow 2HCO_3^-(aq) \tag{6-3-1}$$

在这种情况下，pH 值将持续高于 $pKa_2 = 10.2$，因而不会发生二氧化碳腐蚀，除非缓冲液中的碳酸盐组分被中和。

一旦甲酸盐盐水中的碳酸盐组分被中和或耗尽，pH 值将按照下式降低，这也适用于未缓冲盐水。

$$CO_2(g) + H_2O \xrightleftharpoons{K} HCO_3^-(aq) + H^+(aq) \tag{6-3-2}$$

$$K = \frac{c_{H^+} \cdot c_{HCO_3^-}}{p_{CO_2}} \tag{6-3-3}$$

$$pH = -\lg c_{H^+} \tag{6-3-4}$$

$$pH = -\lg K - \lg p_{CO_2} + \lg c_{HCO_3^-} \tag{6-3-5}$$

从式（6-3-5）可以看出，这时完井液的 pH 值要达到最终稳定并不仅仅取决于二氧化碳的分压（p_{CO_2}），还取决于碳酸氢根离子（HCO_3^-）的浓度。在缓冲的盐水中，大量侵入所造成的高二氧化碳分压的作用被高浓度的碳酸氢根离子抵消。在较大温度范围内以及在二氧化碳的分压高达 4MPa 情况下的甲酸盐盐水的 pH 值测量表明，在不考虑碳酸盐/碳酸氢盐的初始含量的情况下，（稀释和未稀释的）甲酸盐盐水的 pH 值都没有下降到 6～6.5。

以二价卤族盐水为基础的常规完井液和压井液，因其不能用碳酸盐/碳酸氢盐缓冲，因此在与二氧化碳接触时，其状态与纯水相似。一旦发生二氧化碳侵入，将引起 pH 值下降。由于缺乏碳酸氢根离子，因此酸化卤族盐水的最终 pH 值将取决于二氧化碳的分压[式（6-3-5）]，从而比甲酸盐盐水的下降幅度要大得多。

另一个值得探讨的问题是，根据下列化学平衡式，腐蚀性甲酸将始终与甲酸盐在溶液中共存：

$$H_2CO_3(aq) + HCOO^-(aq) \Longrightarrow HCOOH(aq) + HCO_3^-(aq) \tag{6-3-6}$$

因为碳酸的酸性比甲酸弱（$pKa_1(H_2CO_3) = 3.75 < pKa(HCOOH = 6.35)$），即使当甲酸盐盐水浸泡在高浓度的二氧化碳溶液中时，只有在很小的平衡量下甲酸才能存在。为了达到甲酸盐到甲酸的最终转换，需要使用较强的酸（具有较低 pKa 的酸）。这种做法的一个实例就是使用盐酸（HCl）。溶液中存在少量的甲酸，实际上对促进形成能防止钢表面被二氧化碳腐蚀的碳酸亚铁保护膜有好处[5]。

在甲酸盐盐水中加 pH 值缓冲剂的主要目的是维持能防止二氧化碳腐蚀的高 pH 值。在实际的现场条件下，缓冲甲酸盐盐水被大量二氧化碳侵入后缓冲体系被破坏的可能性是很低的。传统的高密度卤族盐水没有这样的优点，即便是少量的二氧化碳侵入后，就开始发生二氧化碳腐蚀。

碳酸和甲酸对碳钢、低合金钢和部分耐腐蚀合金钢（如 13Cr）在高温下有腐蚀作用，腐蚀分别是根据下列机理产生的：

$$Fe + H_2CO_3(aq) \rightleftharpoons Fe^{2+} + 1/2\ H_2(g) + HCO_3^- \qquad (6-3-7)$$

$$Fe + HCOOH(aq) \rightleftharpoons Fe^{2+} + 1/2\ H_2(g) + COOH^-(aq) \qquad (6-3-8)$$

这些反应释放出的亚铁离子积聚在溶液中,而在腐蚀面上的浓度将迅速超过碳酸亚铁的溶解度,进一步的腐蚀将引起在钢的表面形成碳酸亚铁保护膜。

$$Fe^{2+} + CO_3^{2-} \rightleftharpoons FeCO_3 \qquad (6-3-9)$$

除形成碳酸亚铁保护膜外还可能形成四氧化三铁保护膜(Fe_3O_4)。碳酸亚铁和四氧化三铁对防止进一步的腐蚀都是非常有效的。

影响保护薄膜质量的因素有:

(1)体积与表面积比。在环形油井环空环境中,溶液体积与浸泡在溶液中钢材的表面积比是固定的,在室内试验环境精确地再生这一参数是十分重要的。$2\sim4mL/cm^2$ 是可以接受的范围。使用较高的比例将产生错误的腐蚀预测。例如,通过乘10来增加体积与表面积比(在腐蚀试验中使用的典型体积与表面积比为$20mL/cm^2$),13Cr钢在120℃的温度下测得的腐蚀速率翻了一番。

(2)液体中碳酸亚盐的含量。碳酸亚铁的形成取决于碳酸亚铁产物的溶解度。这就意味着,在液体中存在较多的碳酸亚铁时,只需要较少的亚铁离子来使金属表面附近的液体过饱和并开始形成保护膜。

(3)初始腐蚀速率。为了提高保护膜的质量,在碳酸亚铁保护膜形成之前,会很快产生较高的腐蚀速率。

与其他酸化的完井盐水相比,浸泡在有大量二氧化碳环境中缓冲甲酸盐盐水能生成较高质量的保护膜,其原因是甲酸盐盐水能通过较多数量的碳酸盐和较高的初始腐蚀速率,促进碳酸亚铁保护膜的形成。

二、二氧化碳对各种钢的腐蚀

1. 对碳钢的腐蚀

如果甲酸盐盐水中缓冲体系遭到二氧化碳侵入的破坏,那么根据式(6-3-2)和式(6-3-3),pH值将开始下降而且开始腐蚀。在形成碳酸亚铁保护膜之前,将经历一段较高的均匀腐蚀速率初始期。对碳钢来说,通常会用短期失重试验对均匀腐蚀进行快速测量。然而,已有研究证明,用短期失重腐蚀的试验结果进行长期腐蚀行为的外推,在油套环空的静态环境中会产生很大的误差,从而夸大了二氧化碳腐蚀的严重程度。因此,不应使用标准的短期失重腐蚀试验来预测在甲酸盐盐水中二氧化碳对碳钢的长期腐蚀行为。

与卤族盐水相比,即便是在试验时加入了大量的二氧化碳而使pH值降低到下缓冲限以下,甲酸盐盐水对碳钢的腐蚀程度仍然要低得多[6]。图6-3-1显示了1.5mm厚的碳钢试样照片,该试样浸泡在被二氧化碳酸化了的、

(a) $CaBr_2$ (b) 甲酸钾

图6-3-1 模拟二氧化碳侵入的溴化钙和甲酸钾溶液介质的碳钢腐蚀试片形貌

密度为 1.53g/cm³、温度为 120~180℃ 的溴化钙和甲酸钾盐水中[7]。左侧试样的试验介质是卤族盐水,试样出现了严重的局部腐蚀。右侧试样的试验介质是甲酸钾溶液,该试样仅发生了均匀腐蚀(模拟二氧化碳侵入,使 pH 值下降到下缓冲限)。

图 6-3-2 为碳钢试片在甲酸盐盐水中腐蚀的微观形貌,其表面形成了致密的碳酸亚铁保护膜,厚度为 5~20μm。而在溴化钙盐水中所形成的腐蚀产物膜,其形貌是厚度为 100~200μm 的双层结构。表 6-3-1 给出了上述试验的均匀腐蚀速率和局部腐蚀速率。在溴化物盐水中添加普遍使用的缓蚀剂没有提高防腐性能或阻止局部腐蚀。本次试验中,盐水中不含有氯化物。

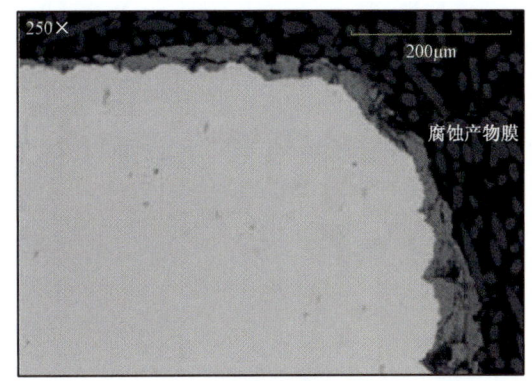

图 6-3-2 碳钢在甲酸钾盐水中形成碳酸亚铁保护膜

表 6-3-1 碳钢浸泡在有大量二氧化碳侵入的溴化物盐水和缓冲甲酸钾盐水中腐蚀测试数据

钻井液	腐蚀速率,mm/a	
	均匀腐蚀	点蚀
CaBr₂	0.39	>8.7
CaBr₂ + 缓蚀剂	0.34	>8.7
甲酸钾	0.30	—

碳钢浸泡在有大量二氧化碳侵入的各种甲酸盐和溴化物盐水中的实时腐蚀速率曲线如图 6-3-3 所示。该曲线在线性极化电阻测量值的基础上用失重进行了校准。线性极化电阻曲线表示了甲酸钾/甲酸铯盐水和溴化钙盐水中的碳钢在各种温度下的初始腐蚀速率。各种盐水都有大量的二氧化碳侵入。试验从二氧化碳将盐水酸化开始。在形成碳酸亚铁保护膜之前的短时间内,发现甲酸盐盐水初始腐蚀速率很高。卤化物盐水没有发现类似的峰值。卤化物盐水中的缓蚀剂对二氧化碳腐蚀没有明显的影响。

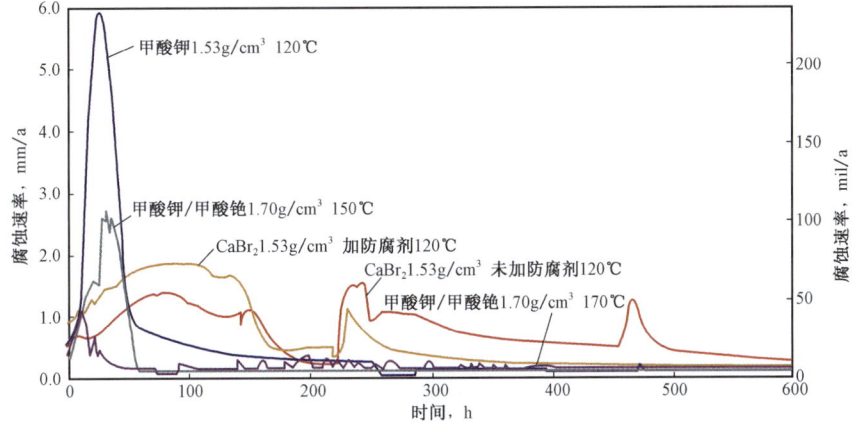

图 6-3-3 二氧化碳侵入的各种甲酸盐和溴化物盐水中线性极化电阻曲线

在开始的20~30h内,浸泡在二氧化碳侵入的甲酸盐盐水中的金属表面形成了保护膜。在高腐蚀速率的初始阶段,分散的溴化物盐水数据说明发生了局部腐蚀。

2. 对13Cr钢的腐蚀性

和碳钢一样,由于二氧化碳的侵入导致甲酸钾盐水(密度为1.53g/cm³)的pH值下降到下缓冲限,在这种情况下对13Cr钢腐蚀性明显比在浸泡在大量二氧化碳侵入的抑制性溴化物盐水(密度为1.53g/cm³)中低得多。图6-3-4(a)展示了浸泡在被二氧化碳酸化了的卤化物盐水中的13Cr钢在温度从120℃到180℃时的严重局部腐蚀形貌。而在同样的试验条件下,浸泡在甲酸盐盐水中的13Cr钢的照片中仅仅出现了均匀腐蚀[图6-3-4(b)]。上述试验的均匀腐蚀速率和最大点蚀速率列于表6-3-2。

(a) CaBr₂ (b) 甲酸钾

图6-3-4 模拟二氧化碳侵入的溴化钙和甲酸钾溶液介质的13Cr腐蚀试片形貌

表6-3-2 溴化物盐水、甲酸钾盐水和密度为1.70 g/cm³的甲酸钾/甲酸铯盐水中13Cr的腐蚀速率(模拟二氧化碳侵入)

钻井液	温度,℃	时间,d	腐蚀速率,mm/a	
			平均速率	腐蚀坑的腐蚀速率
CaBr₂	120~180①	62	0.061	2.1
CaBr₂—加入缓蚀剂	120~180①	62	0.055	2.6
甲酸钾	120~180①	50	0.72	—
甲酸铯/甲酸钾	150	34	0.249	
甲酸铯/甲酸钾	175	34	0.119	

① 试验是在120℃下进行的,温度迅速上升到180℃(在溴化物盐水中1000h后温度再次下降,而在甲酸盐盐水中700h后温度再次下降)。

图6-3-5展示了浸泡在甲酸盐盐水中的13Cr钢,由于大量的二氧化碳侵入,pH值下降到下缓冲限,在13Cr钢表面形成碳酸亚铁保护膜的扫描电子显微镜的扫描照片。保护膜的厚度为50~100μm,保护膜要比碳钢的保护膜厚(100μm),而保护膜的质量和防腐能力却不十分好。

3. 对高合金钢的腐蚀

在甲酸钾/甲酸铯盐水中,由于大量的二氧化碳侵入而消耗了缓冲剂,使pH值下降到下缓冲限时,在22Cr高合金钢的表面也形成碳酸亚铁保护膜,其扫描电子显微镜的扫描照片如图6-3-6所示。金属表面保护膜的厚度约为50~100μm。尽管保护膜的质量较差,但因这些金属能抗碳酸和甲酸腐蚀,所以其腐蚀速率是很低的。对这些浸泡在缓冲甲酸盐盐水的材料,即使在有大量二氧化碳侵入的情况下,也没有观察到点蚀产生的迹象。

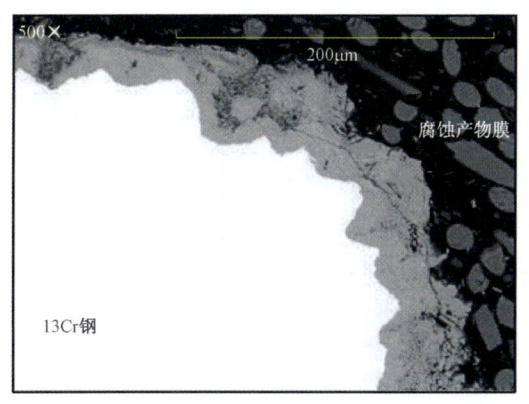

图6-3-5 13Cr钢浸泡在受大量的二氧化碳侵入的甲酸盐盐水中在表面所形成碳酸亚铁保护膜

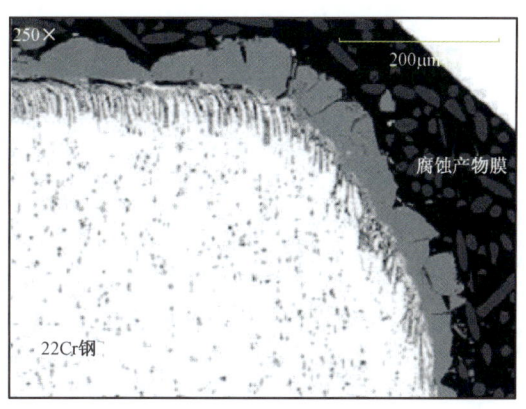

图6-3-6 甲酸钾/甲酸铯盐水中22Cr表面上形成的碳酸亚铁保护膜

4. 二氧化碳的腐蚀速率

图6-3-7至图6-3-11分别出示了在二氧化碳侵入量不同和存在硫化氢的情况下,在缓冲的甲酸盐盐水中测得的碳钢、13Cr、改进型13Cr(1Mo和2Mo)、22Cr和25Cr的腐蚀速率与温度和二氧化碳侵入量的函数关系。多数腐蚀速率取自长期线性极化电阻曲线,被氯化物污染的甲酸盐盐水也包括在内。除挪威国家石油公司和科罗拉多矿业学院用被大量氯化物污染的盐水所做的两次试验外[7],在任何这样的试验中都没有发生局部腐蚀/点蚀的报道。数据来源自不同的研究机构[8]。数据点代表了在含和不含硫化氢的反应釜的上部空间以及在被和没被氯化物污染的甲酸盐盐水中的测量值。不管是硫化氢污染还是氯化物污染都对二氧化碳的腐蚀速率有巨大影响。对碳钢和13Cr来说,只有通过线性极化电阻和包括长期(≥30天)失重试验在内的试验才能确定其腐蚀速率。体系将始终是稳定的,并且没受到保护膜形成前所测得的短期高腐蚀速率的严重影响。该速率是在包括使用了不理想的体积与面积比在内的情况下测得的。

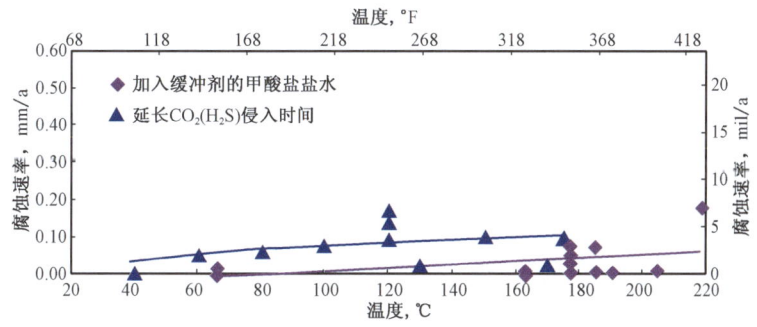

图6-3-7 在缓冲的甲酸盐盐水中测得的二氧化碳对碳钢的腐蚀速率

对于718镍基合金(图中未标出),测得的腐蚀速率是可以忽略的,在缓冲剂被耗尽后,其腐蚀速率为0.035mm/a(1.4mil/a)。当把测得的二氧化碳腐蚀速率用于甲酸盐盐水时,应使用缓冲剂被中和后测得的数据,同时,应该考虑的一个问题是这些腐蚀速率的时效性。

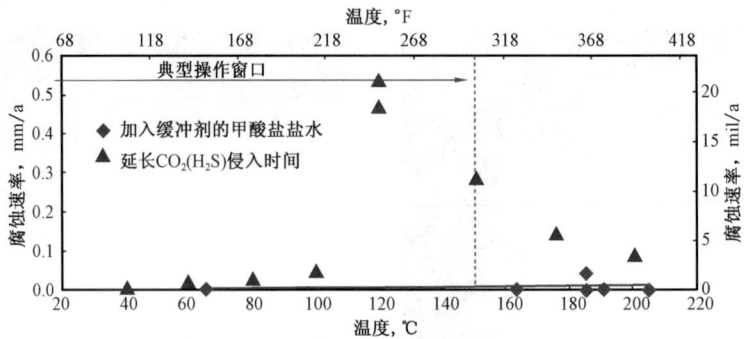

图6-3-8 在缓冲的甲酸盐盐水中测得的二氧化碳对13Cr的腐蚀速率

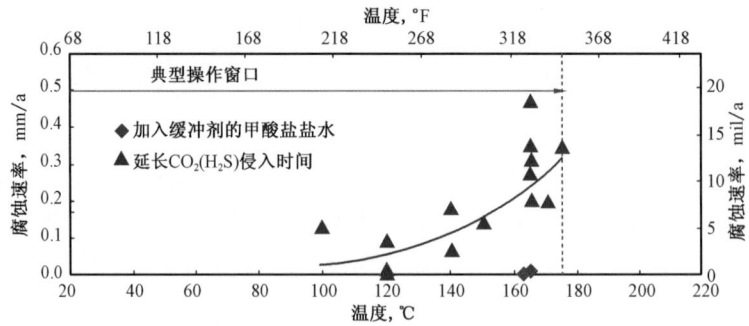

图6-3-9 在缓冲的甲酸盐盐水中测得的二氧化碳对改进型13Cr(1Mo和2Mo)的腐蚀速率

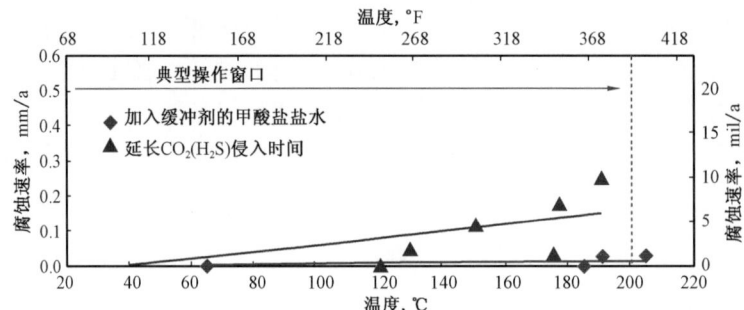

图6-3-10 在缓冲的甲酸盐盐水中测得的二氧化碳对22Cr的腐蚀速率

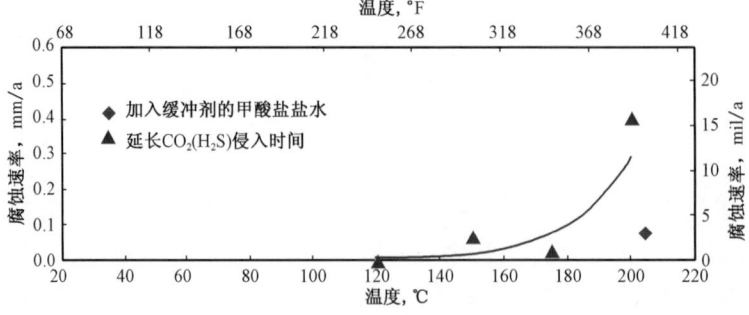

图6-3-11 在缓冲的甲酸盐盐水中测得的二氧化碳对25Cr的腐蚀速率

值得注意,除非缓冲作用失效,否则不允许未缓冲的甲酸盐盐水用于井下设备。这将普遍延长井下设备的使用寿命。由于二氧化碳侵入,当 pH 值下降时可能发生腐蚀,促使在钢(特别是碳钢)的表面上形成碳酸亚铁保护膜,而在耐腐蚀合金上虽然有腐蚀发生,但没有发现点蚀。

二氧化碳侵入卤族盐水使 pH 值立即下降可能诱发腐蚀。由于卤离子的存在,抑制或防止了在碳钢上形成保护膜,并促使耐腐蚀合金发生点蚀。

三、二氧化碳对应力腐蚀开裂的作用

直到最近,很多油田工程师仍然认为,如果完井液和压井液被氧或某些氯化物污染,耐腐蚀合金的应力腐蚀开裂是唯一可能发生的问题。但是新的室内试验数据表明,部分耐腐蚀合金在没有添加氯化物的溴化物盐水中对应力腐蚀开裂也是敏感的。这一发现很快被在二氧化碳污染的无氧溴化物盐水中耐腐蚀合金钢的应力腐蚀开裂结果所验证。

在现场,在甲酸盐盐水中从未遇到应力腐蚀开裂。在室内试验时,在存在二氧化碳的情况下,30 天的试验期内没有发生应力腐蚀开裂。只有改进型 13Cr 在硫化氢存在的情况下,在延长的试验期内有少量应力腐蚀开裂的迹象。挪威的 Hydro 公司的研究中心和意大利的材料腐蚀研究中心用甲酸盐盐水进行了大量的应力腐蚀开裂试验。

1. Hydro 公司研究中心的试验

Hydro 公司研究中心对耐腐蚀合金在密度为 $1.7g/cm^3$ 缓冲甲酸钾/甲酸铯盐水中的应力腐蚀开裂进行了评价。试验时采用了"U 形弯曲、C 环和预应力屈服"法[9]。为了进行对比,试验时使用了密度为 $1.7g/cm^3$ 的溴化钙盐水。两种盐水皆用 1% 的氯离子污染。任何一种盐水都不加除氧剂和缓蚀剂。试验是在 160℃ 下进行的,整个试验周期为 3 个月,每个月后要进行一次目测检查。试验压力为 1MPa,是从试验釜的顶部空间用二氧化碳加压,这时甲酸盐盐水中维持 pH 值处于上缓冲限的碳酸盐/碳酸氢盐缓冲剂(碳酸盐部分)立即被中和并允许 pH 值下降到下缓冲限。试验的耐腐蚀合金包括改进型 13Cr(1Mo)、22Cr 和 25Cr 的试样各 3 个平行试样。

金属试样施加的应力超过了屈服强度。在试验前和安装后,在 1MPa 的压力下通入试验气体至少 6 次,彻底除氧。在第 1 和第 2 个月后,用光学显微镜对所有的金属试样进行检查。试验结束时,对开裂的试样用光学显微镜对其横截面进行检查。

表 6-3-3 列出了用密度为 $1.7g/cm^3$ 的甲酸钾/甲酸铯盐水和密度为 $1.7g/cm^3$ 溴化钙盐水,在反应釜的顶部空间充入二氧化碳,温度为 160℃ 而 $p_{CO_2}=1MPa$ 的试验结果。在 3 个月试验期(每个月对试样目测检查)结束时,浸泡在甲酸盐盐水中的金属试样没有一块试样有应力腐蚀开裂的迹象。浸泡在溴化物盐水中的改进型 13Cr(1Mo)和 22Cr 双相不锈钢试样,仅仅一个月后就出现了应力腐蚀开裂的迹象,而 25Cr 高级双相不锈钢在第 3 个月的月初出现了应力腐蚀开裂。这就清楚地证明,在采用这种试验程序的条件下,溴化物盐水不需要氧就可发生应力腐蚀开裂,因为有充足的二氧化碳。

在含有二氧化碳的卤族盐水中,没有一种添加剂能防止应力腐蚀开裂。市场上没有清除二价卤族盐水中二氧化碳的添加剂。如果确实有这些添加剂,那么在二氧化碳侵入的整个期间添加剂将被耗尽。另外,普遍使用的缓蚀剂对防止发生应力腐蚀开裂是无效的。

表 6-3-3 Hydro 公司研究中心用甲酸钾/甲酸铯盐水和密度与溴化钙盐水进行的腐蚀实验结果

试 样		试验结果（应力腐蚀开裂）	
		$CaBr_2$ + 1% Cl^-	甲酸铯/钾 + 1% Cl^-
1 个月①			
改进型 13Cr(1Mo)	LC80-130M	3/3	No
22Cr	EN 1.4462	3/3	No
25Cr	EN 1.4410	No	No
2 个月①②			
改进型 13Cr(1Mo)	LC80-130M	3/3	No
22Cr	EN 1.4462	3/3	No
25Cr	EN 1.4410	No	No
3 个月②			
改进型 13Cr(1Mo)	LC80-130M	3/3	No
22Cr	EN 1.4462	3/3	No
25Cr	EN 1.4410	2/3	No

① 在第 1 和第 2 个月的开裂情况是根据目测或在光学显微镜下的测量。
② 这些试验结果是在试验 2 和 3 个月后，打开试验腔之后的检查结果，与标准要求的 720h 试验时间不符。然而，试验结果对比较试样在 2 种盐水中的开裂敏感度是有价值的。

在最恶劣的腐蚀条件下，对甲酸盐盐水进行了试验，即达到上缓冲限水平的缓冲剂数量被中和（耗尽），最糟糕情况的是，二氧化碳在很长的时间周期中漏失到盐水中。试验结果表明，甲酸盐盐水除需要缓冲剂来防止二氧化碳侵入造成的应力腐蚀开裂外，不需要任何添加剂或处理剂。

2. 挪威国家石油公司的材料防腐研究中心做的试验

意大利材料腐蚀研究中心使用四点弯曲（FPB）进行了试验以便评价超级 13Cr(2Mo) 和 718 合金在被氯离子饱和的甲酸铯盐水中以及在 165℃下对应力腐蚀开裂的敏感性。用二氧化碳在反应釜的顶部空间加压到 4MPa 的条件下进行了 1 个月的试验。加入到试验釜中的酸性气体的数量足以把盐水的 pH 值降低到 8.3~8.5，但加入的量不能完全中和缓冲剂。试验结论是，在试验盐水中，两种金属对应力腐蚀开裂和局部腐蚀的敏感程度是可以忽略的（表 6-3-4）。试验用的金属没有发生氢脆的迹象。

表 6-3-4 在密度为 1.94g/cm^3、被 65g/L 氯离子污染的甲酸铯/甲酸钾盐水中的 4 点弯曲试验结果

试 样		试验结果	
		点状腐蚀	应力腐蚀开裂
改性 13Cr-2Mo 钢	侵入到液相/气相的界面	无	无
		无	无
718 合金钢	侵入到液相/气相的界面	无	无
		无	无

挪威国家石油公司的材料腐蚀中心还报道了用饱和氯化物以及充入二氧化碳的甲酸铯/甲酸钾盐水所做的一些试验。二氧化碳的分压也是4MPa。由于没有报道最终的pH值，因此，无论缓冲剂是否被中和，其结论是很难借鉴的。除四点弯曲试验外，该试验程序还包括了慢应变拉伸试验，试验是在室温下和空气中做的，目的是寻找氢脆的证据。试验结果如下：

（1）超级13Cr（2Mo）。没有发现超级13Cr（2Mo）在甲酸盐盐水和淡水中发生应力腐蚀开裂。然而，在两个月后的诱发期发现在140℃下超级13Cr（2Mo）发生开裂。试验结果列于表6-3-5。

表6-3-5 低应变率下的拉伸试验和四点弯曲试验

温度,℃	测试期限,月	准确率,%	错误率,%	开裂测量结果
	未浸泡(参照)	52	21	—
100	1	74	20	无
140	1	无	无	无
140	2	无	无	在初期阶段发生开裂
165	1	无	无	无
170	1	无	无	无

注：试验为超级13Cr（2Mo）在密度为1.96g/cm³被氯离子饱和以及浸泡在二氧化碳中的甲酸盐盐水中、在$p_{CO_2}=4MPa$的条件下所做的。

事实上，意大利材料防腐研究中心在两个月后的诱发期发现超级13Cr（2Mo）在140℃下发生应力腐蚀开裂，而Hydro公司研究中心在160℃下，3个月后没有发现超级13Cr（2Mo）发生应力腐蚀开裂，可能与两种盐水的氯离子含量不同有关系（比挪威国家石油公司的氯离子含量高4倍）或与采用的试验方法不同有关系（Hydro公司研究中心采用的方法是在每一个月后打开试验釜进行目测检查的）。

（2）718合金。没有观察到718合金发生损坏，但是韧性大幅度减低。

第四节 被硫化氢污染的甲酸盐盐水的腐蚀性

硫化氢（H_2S）对金属材料有很强的腐蚀性。根据材料的特性，硫化氢可以引起全面腐蚀、点蚀、硫化氢应力开裂、应力腐蚀开裂、氢致开裂、应力导向氢致开裂和氢脆，并可促进腐蚀损坏。溶解在钻井液和完井液中的硫化氢仅仅达到50mg/L，在数分钟内就可使高强钢损坏。

硫化氢既可以侵入钻井液或压井液，也可以与侵入的储层气体（与二氧化碳一起）或在卤族盐水中作为缓蚀剂的含硫添加剂（例如硫氰酸盐）的分解物一起进入钻井液或压井液。近期，大量地下油井设备在卤族盐水中损坏归咎于硫基缓蚀剂热分解而产生的硫化氢[10,11]。

硫化氢是一种pKa_1约为7的弱酸，当其进入水溶液时，形成了下列化学平衡式：

$$H_2S(g) \rightleftharpoons H_2S(aq) \quad (6-4-1)$$

$$H_2S(aq) \stackrel{pKa_1}{\rightleftharpoons} HS^-(aq) + H^+(aq) \quad (6-4-2)$$

然而，在诸如缓冲甲酸盐盐水等碱性水溶液中，溶解的硫化氢作为氢硫根离子(HS^-)而大量存在。

在没充氧的溶液中，溶解的腐蚀性部分取决于 pH 值。其 pH 值越低，产生腐蚀的可能性就越大。另外，pH 值决定了腐蚀产物的稳定性和溶解度。使用碳酸盐/碳酸氢盐缓冲的甲酸盐盐水，由于其 pH 值高，即便是在高浓度硫化氢（主要以 HS^- 的方式）存在的情况下，预期也只能发生腐蚀速率低的均匀腐蚀。

相反，高密度的卤族盐水的 pH 值较低（pH 值一般为 2~6），硫化氢气体将直接溶解而形成硫化氢溶液，酸性盐水中的硫化氢可引起严重的硫化物应力开裂。

甲酸盐盐水的附加效益是，不需要任何种类的缓蚀剂就可以清除硫化氢和氢原子。

对于硫化氢与侵入的二氧化碳一起侵入甲酸盐完井液或压井液，其侵入量大到可以中和上缓冲限的缓冲剂量而使 pH 值下降到 6~6.5 的可能性是很小的。Hydro 公司研究中心、波斯格伦公司、挪威国家石油公司（桑乔斯维鲁普材料防腐研究中心）已经研究了发生这种情况的可能结果。

一、硫化氢对均匀腐蚀和点蚀的影响

挪威国家石油公司的材料腐蚀中心和 Hydro 公司研究中心的试验都包括了甲酸盐盐水中存在硫化氢和二氧化碳的情况下的一些腐蚀试验。Hydro 公司研究中心的研究结论是，硫化氢存在于甲酸盐盐水中对碳钢和 13Cr 钢的表面上所形成的碳酸亚铁保护膜的质量略有影响。在这种情况下，尽管因浸泡在大量侵入的二氧化碳中，盐水的 pH 值下降到下缓冲限，但是，只有硫化氢达到了极高的浓度或在二氧化碳与硫化氢的比例极低时才会发生局部腐蚀。在 p_{H_2S} =2kPa 和 pCO_2/p_{H_2S} =500 的情况下（覆盖了墨西哥湾和北海所有生产井的酸性气的含量和组分），用碳钢、标准的 13Cr 和改进型 13Cr(1Mo) 所做的试验表明，在硫化氢存在的情况下对钢的腐蚀没有影响。在 p_{H_2S} = 100kPa 以及 pCO_2/p_{H_2S} = 4 的情况下，发生了某些局部腐蚀。图 6-3-7 至图 6-3-11 的曲线包括了在两种室内试验中因硫化氢存在所导致的腐蚀速率。据桑乔斯维鲁普材料防腐研究中心报道，在试验中发生了少量点蚀，其原因是在硫化氢存在的情况下，试验用盐水（饱和）中的氯离子污染物的含量异常高，促进了点蚀的发生。

二、硫化氢对应力腐蚀开裂和硫化物应力开裂的影响

在不同温度、不同的硫化氢分压力、不同的氯离子污染物含量、不同的 pH 值以及环境中存在氢硫化物的情况下可能影响材料的开裂特性，其影响程度取决于所采用的材料。油气生产环境中产生氢硫化物的情况是较为罕见的。然而，由于硫化氢的存在，在井口设施的诱导下，氢硫化物也可能作为氧化反应的产物而出现。

合金的金相状态和材料的总应力（施加应力和残余应力之和）对两种形式的开裂都是重要的参数。

1. 碳钢和低合金钢的硫化物应力开裂

在很低的硫化氢分压下，硫化物应力开裂可能影响敏感的碳钢和低合金钢。

图 6-4-1（摘自美国腐蚀工程师协会 MR 0175/ISO 151516-2[12]）规定了钢的各种强度界限（通常用硬度表示），在该强度界限内，在室温下当钢材浸泡在各种硫化氢分压下和 pH 值下仍能保持抗开裂特性。适用于区间 3 的材料也适用于区间 0、区间 1 和区间 2，反之则不行。

当环境温度上升时,碳钢和低合金钢的对硫化物应力开裂的敏感性降低,而当温度高于100℃时通常观察不到开裂。

如图6-4-1所示,pH值是钢材开裂的重要参数,而提高缓冲甲酸盐盐水的pH值(即便是在大量酸性气体侵入后,通常要大于6.5)预期产生开裂的可能性要远远低于其他完井盐水(卤族盐水),而这些盐水在硫化氢和二氧化碳侵入的影响下pH值将迅速降低。

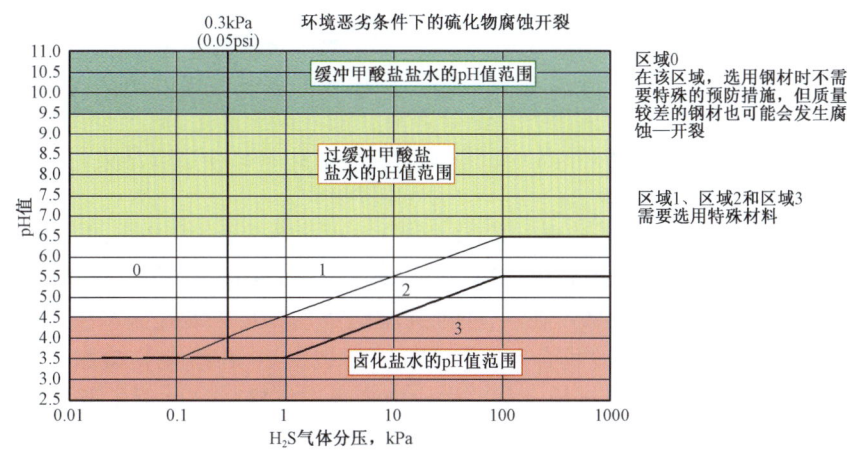

图6-4-1　碳钢和低合金钢在室温在环境恶劣条件下的硫化物腐蚀开裂区域

2. 在含硫化氢环境中耐腐蚀合金的开裂

美国腐蚀工程师协会工业标准中 MR 0175/ISO 151516-3 给出了在含硫化氢的油气生产环境中耐腐蚀合金钢应用界限的更详细的资料。下面的资料是关于合金钢开裂重要机理的探讨。

(1) 马氏体不锈钢的硫化物应力开裂。

诸如标准的13Cr和改进型13Cr等马氏体不锈钢在含硫化氢介质中的损坏也属于硫化物应力开裂机理。石油工业界为更广泛地使用合金钢,制定了硫化氢分压极限,即在pH值不低于3.5的情况下,应用环境的硫化氢分压不得超过10kPa。马氏体不锈钢在较高的pH值下和(或)较高的温度下可以接受较高含量的硫化氢,而且可以绘制出适用于这些合金的、类似于图6-4-1的曲线图。

就马氏体不锈钢的硫化物应力开裂来说,pH值可能是重要参数,这就说明其在不同类型的盐水中的敏感程度与碳钢和低合金钢类似。

(2) 其他耐腐蚀合金的应力腐蚀开裂。

奥氏体不锈钢和双相不锈钢的应力腐蚀开裂与温度、硫化氢分压和氯离子浓度的依赖关系是很复杂的。对于镍基合金来说,氯离子浓度的重要性明显要比其他参数低一些。pH值对所有合金开裂的作用均不是很清楚,但很多合金对氢硫化物引起的开裂更敏感。

与卤族盐水相比,氯离子含量相对较低的缓冲甲酸盐盐水能使部分合金钢在硫化氢存在的情况下降低应力腐蚀开裂的敏感性。

室内试验数据在前面已有叙述,在甲酸盐盐水中很少或没有应力腐蚀开裂的迹象。

(3) 英国工业服务局腐蚀与保护中心的高温试验。

英国工业服务局腐蚀与保护中心对在高温下(160℃),浸泡在密度为$1.7g/cm^3$的缓冲甲酸钾/甲酸铯盐水中的耐腐蚀合金钢的应力腐蚀开裂进行了试验[13]。

与 Hydro 公司研究中心以前所采用的试验程序一样,试验时采用了"U 形弯曲、C 环和预应力加载"法。还用密度为 1.7g/cm³ 的溴化钙盐水进行了对比试验。任何盐水都没有添加除氧剂和缓蚀剂。试验是在 160℃ 下进行的,试验周期为 1 个月。试验是在哈氏合金高压釜中进行的,在釜的顶部空间用二氧化碳施加 1MPa 的压力,并用硫化氢施加 10kPa 的压力。耐腐蚀合金的试样包括超级 13Cr(2Mo)、22Cr 双相不锈钢、25Cr 高级双相不锈钢和 718 合金试样,每种合金使用 3 个平行试片。金属试样加载应力低于屈服强度。除 U 形弯曲试样外,每种材料还增加了无应力加载的试片用以评价吸氢对拉伸性能的影响。在试样放入釜中后,分 5 次用二氧化碳对试验釜施加 1MPa 的压力。试验溶液在加入高压釜之前,至少用氮气除氧 12h。在充入试验气体混合物之前,用 30min 时间往釜中充二氧化碳。在试验结束时,对开裂试样用光学显微镜对其横截面进行检查。

在试验期间,甲酸盐盐水(未稀释)的 pH 值由 11.9 下降到 7.60,这说明达到上缓冲限含量的碳酸钙/碳酸氢盐缓冲剂被中和掉。溴化物盐水(未稀释)的 pH 值从 3.41 下降到 3.30。

表 6-4-1 列出了试验结果。在 4 周的试验结束时,在甲酸盐盐水中只有超级 13Cr(2Mo)试样出现开裂(诱导期,横截面上有 0.11mm 的裂纹)。在溴化物盐水中,所有的超级 13Cr(2Mo)试样和一个 718 合金试样开裂。无应力加载的试样从试验釜中取出后,6h 内进行拉伸试验,力图把吸氢量的损失控制为最低。在测试前,试样在清洁和加温后暂时存放在液氮中。进行吸氢量测定的试样要冲洗干净并通过真空热萃取进行分析。拉伸试验和吸氢量测定结果列于表 6-4-2 中。吸氢量是将钢材浸泡在密度为 1.7g/cm³ 溴化物盐水以及密度为 1.7g/cm³ 的甲酸钾/甲酸铯盐水中,在 160℃,p_{CO_2} = 1MPa 和 p_{H_2S} = 10kPa 条件下,30 天后测得的数据。拉伸试验数据为两次测定的平均值。吸氢量则是单次测定结果。

表 6-4-1 英国工业服务局腐蚀与保护中心在 160℃ 下为期 30 天的试验结果

试 样		测试结果(应力腐蚀开裂)		备注
		$CaBr_2$	甲酸铯/甲酸钾	
超级 13Cr(2Mo)	SM13CRS-110ksi/UNS S41426	3/3	3/3	甲酸铯/甲酸钾:横截面发现 0.11mm 的裂纹
22Cr	EN1.4462/UNS S31803	无	无	
25Cr	EN 1.4410/UNS S32760	无	无	
718 合金	UNS N07718	1/3	无	

表 6-4-2 英国工业服务局腐蚀与保护中心在室温下的拉伸试验数据(EN10002-1)和吸氢量数据

试样	屈服强度 $R_{p0.2}$ 初始值,%		抗拉强度 初始值,%		伸长率 初始值,%		吸氢量 mg/L	
	$CaBr_2$	甲酸铯/甲酸钾	$CaBr_2$	甲酸铯/甲酸钾	$CaBr_2$	甲酸铯/甲酸钾	$CaBr_2$	甲酸铯/甲酸钾
超级 13Cr(2Mo)	100	100	101	99	99	100	0.9	1.0
22Cr	105	95	102	92	101	95	3.1	3.2
25Cr	107	95	106	94	88	99	2.4	6.8
718 合金	112	94	106	97	96	97	6.0	4.8

部分浸泡在含二氧化碳和硫化氢两种盐水中的试样,其吸氢量可能略有上升。718合金具有异常高的屈服强度,在溴化钙盐水中没有受到氢脆的严重影响。

(4)挪威国家石油公司的材料防腐研究中心进行的高温试验。

挪威国家石油公司的材料防腐研究中心在密度为1.94g/cm³甲酸铯/甲酸钾盐水中,在160℃温度下和p_{CO_2}=4MPa条件下,对超级13Cr(2Mo)和718合金,浸泡在二氧化碳和硫化氢中进行的四点弯曲试验。

在试验中,充入的酸性气体足以使pH值下降到下缓冲限。表6-4-3列出了这些试验的结果和仅用二氧化碳的试验结果。添加了硫化氢后,在1个月的试验周期中没有引起超级13Cr(2Mo)开裂。在挪威国家石油公司的材料腐蚀研究中心的四点弯曲试验中硫化氢分压p_{H_2S}=3kPa/0.44psi。

表6-4-3 材料防腐研究中心对超级13Cr(2Mo)和718合金钢所做的四点弯曲试验

钻井液	H_2S kPa	测试位置	超级13Cr(2Mo)		718合金钢	
			点蚀	应力腐蚀开裂	点蚀	应力腐蚀开裂
1个月						
甲酸铯/甲酸钾+20g/L Cl⁻	3	侵入液/气相界面	无	无	无	无
甲酸铯/甲酸钾+65g/L Cl⁻		侵入液/气相界面	无	无	无	无
甲酸铯/甲酸钾+75g/L Cl⁻	3	侵入液/气相界面	无	无	无	无

(5)英国工业服务局腐蚀与保护中心进行的低温试验。

英国工业服务局腐蚀与保护中心测试了耐腐蚀合金钢浸泡在密度1.7g/cm³的溴化钙盐水和密度为1.7g/cm³缓冲的甲酸钾/甲酸铯盐水之中,在低温下(40℃)进行了30天试验的应力腐蚀开裂情况。该试验使用了"U形弯曲、C环和预应力加载"法。两种盐水都未添加除氧剂和缓蚀剂。试验是在哈氏合金高压釜中进行的,在釜的顶部空间用二氧化碳施加1MPa的压力,并用硫化氢施加10kPa的压力。耐腐蚀合金的试样包括超级13Cr(2Mo)、22Cr双相不锈钢、25Cr高级双相不锈钢和718合金试样,每种合金使用3个平行试片。金属试样加载应力超过屈服强度。除U形弯曲试样外,每种材料还增加了无应力加载的试片用以评价吸氢对拉伸性能的影响。在试样放入釜中后,分5次用二氧化碳对试验釜施加1MPa的压力。试验溶液在加入高压釜之前,至少用氮气除氧12h。在充入试验气体混合物之前,用30min时间往釜中充二氧化碳。在试验结束时,对开裂试样用光学显微镜对其横截面进行检查。

在试验期间,缓冲甲酸盐盐水(未稀释)的pH值由11.9下降到7.63。这说明达到上缓冲限含量的碳酸盐/碳酸氢盐缓冲剂被中和掉。溴化物盐水(未稀释)的pH值从3.41小幅度增加到3.65。

表6-4-4列出了试验结果。在4周的试验结束时,在甲酸盐盐水中的任何试样上都没有观察到开裂的迹象。在溴化物盐水中,所有的超级13Cr(2Mo)的试样都有开裂的迹象。

无应力加载的试样从试验釜中取出后,6h内进行拉伸试验,力图把吸氢量的损失控制为最低。在测试前,试样在清洁和加温后暂时存放在液氮中。进行吸氢量测定的试样要冲洗干净并通过真空热萃取进行分析。拉伸试验和吸氢量测定结果列于表6-4-5中。拉伸试验数据为两次测定的平均值。吸氢量则是单次测定结果。部分浸泡在含二氧化碳和硫化氢两种盐水中的试样,氢含量可能略有上升。但是没有受到氢脆的严重影响。

表6-4-4 英国工业服务局腐蚀与保护中心进行的1个月的应力腐蚀开裂试验

实验样品		测试结果(应力腐蚀开裂)		备注
		$CaBr_2$	甲酸铯/甲酸钾	
超级13Cr(2Mo)	SM 13CRS-110ksi /UNS S41426	3/3	无	$CaBr_2$:在横截面开裂1.8mm
22Cr	EN 1.4462/UNS S31803	无	无	
25Cr	EN 1.4410/UNS S32760	无	无	
718合金	UNS N07718	无	无	

表6-4-5 英国工业服务局腐蚀与保护中心室温下的拉伸试验数据(EN10002-1)和含氢量测定数据

试样	屈服强度$R_{P0.2}$初始值 %		抗拉强度初始值 %		伸长率初始值 %		吸氢量 mg/L	
	$CaBr_2$	甲酸铯/甲酸钾	$CaBr_2$	甲酸铯/甲酸钾	$CaBr_2$	甲酸铯/甲酸钾	$CaBr_2$	甲酸铯/甲酸钾
超级13Cr(2Mo)	100	102	101	99	93	98	1.3	1.0
22Cr	104	109	101	104	93	92	1.2	1.7
25Cr	102	104	103	105	96	92	1.3	1.4
718合金	104	107	106	108	96	103	3.0	2.7

三、在甲酸盐盐水中使用硫化氢清除剂

当用甲酸盐盐水作为钻井液时,通常添加碳酸盐和碳酸氢盐以便有效地防止硫化氢造成腐蚀。碱性pH值有助于推动化学平衡式[式(6-4-2)]从硫化氢(水溶液)向生成氢硫化物(HS^-)的方向发展。

碳酸盐/碳酸氢盐缓冲剂的缓冲能力是巨大的,在盐水的pH值下降之前,大量的酸性气被转化为HCO_3^{2-}和HS^-。在现场使用期间,缓冲甲酸盐盐水因二氧化碳气体侵入量大到中和其缓冲能力的可能性是很低的,但从上文中可看出,这将导致耐腐蚀合金钢损失部分韧性,但添加硫化氢清除剂将是有效的,因为避免了硫化氢导致的pH值降低并减少了溶解在甲酸盐盐水中能促进吸氢的氢硫根。

添加硫化氢清除剂的效益超过了单独使用缓冲剂,因为硫化氢清除剂与硫化物捆绑在一起使化学平衡不能发生变化。另外,使用硫化氢清除剂有助于清除甲酸盐盐水中的氢硫化物。

一种无锌的铁基硫化氢清除剂(Ironite Sponge®)已在甲酸盐中进行了试验,试验表明,该硫化氢清除剂在清除硫化氢方面有一定效果。但Ironite Sponge®是固态的,限制了其在完井盐水中的使用。

另一种与高浓度甲酸盐盐水配伍的铁基硫化氢清除剂是葡萄糖酸铁[14],这是一种在高pH值下可以溶于水的二价铁复合物。除无固相外,这种硫化氢清除剂与硫化物反应非常迅速。在密度为1.7g/cm³甲酸铯盐水中(pH值为11)对8.5kg/m³葡萄糖酸铁进行了试验。硫化氢清除剂与甲酸盐盐水是配伍的;硫化氢清除剂在5min内完全溶解,而盐水的pH值没发生任何变化。

第三种与甲酸盐盐水配伍的铁基硫化氢清除剂是草酸亚铁。但还需要对这种硫化氢清除

剂做配伍性试验。

预期与甲酸盐配伍的另一组无锌硫化氢清除剂是亲电子有机抑制剂,它可以形成有机硫化合物。这些硫化氢清除剂的优点是当其与硫化氢反应时不会形成任何固相。也需要对这些硫化氢清除剂做配伍性试验。

第五节　被氧污染的甲酸盐盐水的腐蚀性

在腐蚀反应中作为氧化剂的氧是腐蚀的根源。高浓度的甲酸盐盐水有助于防止氧对金属造成腐蚀,其原因是:

(1)氧在甲酸盐盐水中的溶解度低。在井口温度和压力下,在低含盐量的水溶液中氧的溶解度约为9mg/L,在高含盐量的甲酸盐盐水中当温度上升时氧的溶解度下降,如图6-5-1所示。

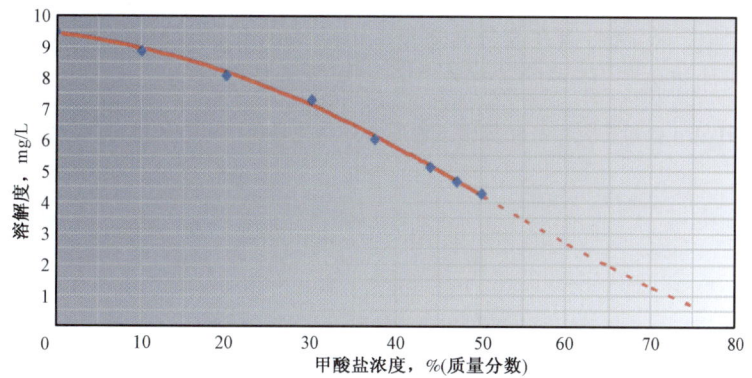

图6-5-1　氧在21℃(70℉)时在甲酸钾盐水中的溶解度

(2)甲酸盐盐水是抗氧化剂。甲酸根是一种强还原剂、抗氧化剂和自由基清除剂。高密度甲酸盐盐水中存在大量的甲酸根离子可以与氧气反应。

卤族盐水没有抗氧化性。因此,如果不清除卤族盐水钻井液和完井液中的氧,那么将造成地下油井设备和管材的严重腐蚀。为此,必须在卤族盐水中添加除氧剂。在除氧剂被耗尽或降解前这些除氧剂通常十分有效,在除氧剂耗尽时氧的进一步污染将造成复杂情况。然而,标准的氢硫化物除氧剂特别难溶于溴化钙盐水,因为这种除氧剂形成了固相的二硫化钙。近期一口油井管材的损坏就是因在环空压力释放作业期间氧进入氯化钙压井液所造成的[15]。在这种情况下,盐水中的除氧剂明显不能清除新侵入的氧。

在现场,被氧污染的以及没有添加除氧剂的高浓度甲酸盐盐水绝不会引起点蚀和应力腐蚀开裂。用这些盐水所做的室内试验证明,甲酸盐盐水的性能超过了卤族盐水。

一、氧对应力腐蚀开裂的影响

Hydro公司研究中心、波斯格伦公司、英国工业服务局腐蚀与保护中心和挪威国家石油公司(材料防腐研究中心中心)经过广泛的试验发现,如果甲酸盐盐水被氧污染,可使合金钢发生应力腐蚀开裂。

1. Hydro 公司研究中心的试验

Hydro 公司研究中心和波斯格伦公司对耐腐蚀合金钢浸泡在密度为 1.7g/cm³ 甲酸盐盐水后的应力腐蚀开裂进行了试验。试验时使用了"U 形弯管、C 形环和预应力屈服"法。为了对比,试验时还使用了密度为 1.7g/cm³ 的溴化钙盐水,同时添加了 1% 的氯离子。另外,还用被 0.3% 氯离子污染的甲酸盐盐水和没有添加氯离子的溴化物盐水进行了试验。任何一种盐水都没有添加除氧剂和缓蚀剂。试验是在 160℃ 下进行的,试验周期为 3 个月。试验时用氮在反应釜的顶部空间施加 1MPa 的压力和用氧在顶部空间施加 20kPa 的压力。试验的耐腐蚀合金包括改进型 13Cr(1Mo) 钢、22Cr 双相不锈钢和高级 25Cr 双相不锈钢,每种材料 3 个平行试样。金属试样施加的应力超过了屈服强度。在第一个月和第二个月后用光学显微镜对所有的试样进行检查。在试验结束时,对开裂试样用光学显微镜对其横截面进行检查。试验结果列于表 6-5-1,在第一个月结束时,浸泡在被氯离子污染的甲酸盐盐水中的金属试样没有出现应力腐蚀开裂的迹象。而在被氯离子污染和没被氯离子污染的溴化物盐水中的金属试样中,改进型 13Cr(1Mo) 和 22Cr 在仅仅一个月后都已经开裂。3 个月后,在氯污染的甲酸盐盐水中,22Cr 和 25Cr 均没有开裂,但在部分改进型 13Cr(1Mo) 钢的试样萌生了裂纹。在溴化物盐水中,尽管没有添加氯离子,所有的试样在 2 个月后均发生了开裂。

表 6-5-1 Hydro 公司研究中心和英国工业服务局腐蚀与保护中心所进行的应力腐蚀开裂试验

试样		实验结果(应力腐蚀开裂)				
		溴化钙		甲酸盐		
		未加 Cl⁻	加 1% Cl⁻	未加 Cl⁻	加 0.3% Cl⁻	加 1% Cl⁻
1 个月						
改进型 13Cr(1Mo)	LC80-130M	3/3	3/3	—	无	无
22Cr	EN 1.4462		1/3		无	无
25Cr	EN 1.4410	无	无		无	无
2 个月						
改进型 13Cr(1Mo)	LC80-130M	3/3	3/3	—		2/3
22Cr	EN 1.4462	3/3	3/3		无	无
25Cr	EN 1.4410	1/3	1/3		无	无
3 个月						
改进型 13Cr(1Mo)	LC80-130M	3/3	3/3	3/3	2/3	2/3
超级 13Cr(2Mo)	SM13CRS-110ksi	—	—	3/3	—	—
22Cr	EN 1.4462	3/3	3/3	无	无	无
25Cr	EN 1.4410	2/3	2/3	无	无	无

注:在第 1 和第 2 个月的开裂情况是根据目测或在光学显微镜下的测量。

2. 英国工业服务局腐蚀与保护中心的试验

英国工业服务局腐蚀与保护中心在 160℃ 下对耐腐蚀合金钢在被氯离子污染的溴化钙盐水中做了一些附加的短期试验,以便查明在氧存在的条件下(用氮施加 1MPa 的压力;用氧施加 20kPa 的压力)金属的开裂有多快。试验时使用了与 Hydro 公司研究中心完全相同的方法。

试验结果列于表 6-5-2。很明显,浸泡在被氯离子(和氧)污染的溴化物盐水中的改进型 13Cr(1Mo)和 22Cr 双相不锈钢试样在 7 天内发生开裂。25Cr 双相不锈钢在被污染的溴化物盐水中能更好地抗开裂,但是 Hydro 公司研究中心以前的试验结果表明,在 2 个月后最终还是发生了开裂。

英国工业服务局腐蚀与保护中心还在被氧污染而没被氯离子污染的甲酸盐盐水中进行了长期(3 个月)的重复性试验。试验结果与 Hydro 公司研究中心以及波斯格伦公司的长期试验结果一起列于表 6-5-2。表中的试验结果表明,Hydro 公司研究中心发现的开裂不可能与氯离子污染有关。由于在被二氧化碳污染的甲酸盐盐水中所做的同一试验中没有观察到类似的开裂,所以氧的污染可能是开裂的原因。

表 6-5-2　短期应力腐蚀开裂试验

试　样		测试结果(应力腐蚀开裂)	
		溴化钙	甲酸盐
		加入 1% Cl^-	加入 1% Cl^-
1 周			
改进型 13Cr(1Mo)	LC80-130M	1/3	无
22Cr	EN 1.4462	1/3	无
25Cr	EN 1.4410	无	无
2 周			
改进型 13Cr(1Mo)	LC80-130M	3/3	无
22Cr	EN 1.4462	3/3	无
25Cr	EN 1.4410	无	无

注:(1)试验条件是密度为 1.7 g/cm³ 被 1% 氯离子污染的溴化物和甲酸盐盐水,在氧存在的条件下,温度 160℃,p_{N_2} = 1MPa 和 p_{O_2} = 20kPa。
(2)溴化物盐水试验是英国工业服务局腐蚀与保护中心进行的而甲酸盐盐水试验是 Hydro 公司的研究中心进行的。
(3)在第 1 和第 2 个月的开裂情况是根据目测和在光学显微镜下的测量。

3. 挪威国家石油公司材料腐蚀研究中心做的试验

挪威国家石油公司材料腐蚀研究中心使用四点弯曲试验评价了超级 13Cr(2Mo)和 718 合金在密度为 1.95g/cm³ 的缓冲甲酸铯盐水中以及在反应釜顶部空间存在部分氧的条件下对应力腐蚀开裂的敏感性。试验温度为 160℃,反应釜顶部空间的压力为 0.75MPa。氧的分压是比较低的。试验周期为 1 个月。一种盐水用 3g/L 的氯离子污染,而其他的盐水用氯化钠(85g/L 的氯离子)饱和。用 718 合金和 4 种不同钢级的超级 13Cr(2Mo)进行了试验。所有试样都没有出现点蚀和应力腐蚀开裂的迹象。结果见表 6-5-3。

表 6-5-3　材料腐蚀研究中心进行的四点弯曲试验

钻井液	超级 13Cr(2Mo)、718 合金	
	点蚀	应力腐蚀开裂
甲酸铯 + 3g/L Cl^-	无	无
甲酸铯 + 87g/L Cl^-	无	无

二、在甲酸盐盐水中使用除氧剂

由于高浓度甲酸盐盐水具有很强的抗氧化性,不需要从高密度甲酸盐盐水中清除溶解氧。在现场使用前,添加除氧剂不是一种常规做法。当在甲酸盐盐水和溴化物盐水中发生应力腐蚀开裂时,观察到的巨大差别支持了甲酸盐盐水具有抗氧化性的事实。改进型13Cr浸泡在高温下3个月后观察到了裂纹的萌生,目前尚未得知是否可通过添加除氧剂来避免开裂。如果改进型13Cr长期浸泡在高温的甲酸盐盐水中,在没有试验证据之前,是不能添加除氧剂的。

低密度甲酸盐盐水的水含量更高,可能不具备高密度盐水那样的防腐性能。最近的试验表明,在密度为1.06g/cm^{3}的甲酸钾盐水中因点蚀而使1%Cr和3%Cr钢发生了严重的腐蚀[16]。添加除氧剂可能会为这种稀盐水带来好处。

推荐抗坏血酸钠用作甲酸盐盐水的有效除氧剂。

第六节 金属材料在甲酸盐盐水中的氢脆

一、氢脆

金属材料的氢脆是金属吸氢的结果。金属的氢容量随温度的上升而增加,以致在高温下要吸收更多的氢才能达到低温下少量吸氢就可达到的氢脆水平。

金属材料浸泡在井下高温的盐水中时,在某些条件下会发生吸氢。特别是如碳钢和低合金钢等部分材料在高温下吸收了大量的氢,当从井中起出时温度迅速降低而可能导致氢脆的发生。

对碳钢和低合金钢来说,氢脆可能是因在低温下,由于存在一种"吸氢催化剂"而使氢大量进入钢材的结果。在温度高于150℃时,碳钢和低合金钢不会发生氢脆,其原因是氢在钢里的迁移速度很高,允许氢从钢材中逸出。

13Cr合金钢等马氏体不锈钢的情况似乎与碳钢和低合金钢相似。

对其他耐腐蚀合金钢来说,情况还不太清楚。例如,对镍基合金来说,在现场所使用的温度内都可能发生部分吸氢,在一组给定条件下,吸氢量是随温度上升而增加的。合金中氢的浓度越高,发生氢脆和丧失韧性的可能性就越大。

最近从油井中回收了用718合金制造的设备,发现已发生了氢脆。718合金通常用来制造高温高压井的封隔器和油管/尾管悬挂器,虽然检查期间没有发现新的证据证明在盐水中使用会发生损坏,但是石油工业界还是提高了这种对氢脆敏感的材料的关注程度。

总而言之,专用材料对氢脆的敏感度取决于氢吸收速度、迁移速度以及材料可能发生损坏时氢浓度的极限值。在所有的因素中温度是最重要的。

实际上,氢脆损坏在现场是不常见的,其理由:

(1)氢在金属材料表面的活度不足以超过在现场使用的温度范围内发生严重氢脆的吸氢极限值;

(2)设备浸泡的时间不够长;

(3)耐腐蚀合金属惰性金属,这样就使腐蚀速率很低。因此氢的逸出量很低。

二、氢的来源

氢可能来源于：

（1）腐蚀过程产生的原子氢。腐蚀过程产生的原子氢是扩散到合金中最通常的氢来源。硫离子抑制了原子氢生成氢分子的反应，这就进一步增加了扩散性原子氢的数量。

（2）电偶腐蚀产生的氢。由于耐腐蚀合金与更活泼的金属材料直接连接，导致了电偶腐蚀，而作为阴极区的耐腐蚀合金表面出现析氢反应。

无论是在室内还是现场，都观察到浸泡在包括甲酸盐盐水在内的数种盐水体系中的718合金钢发生析氢。718合金主要用来制造封隔器和尾管/油管悬挂器，而这种材料通常与其他金属发生电连接，通常会促使碳钢发生电偶腐蚀。在任何已知的溶液中，电偶腐蚀将具有提高氢脆的趋势。

（3）有机酸的催化分解产生的氢。

三、甲酸盐的催化分解只是一种实验室现象

1. 甲酸盐的催化分解机理

科技文献中有大量甲酸盐和甲酸在高温下分解成氢气和其他产物的试验证据。最常引用的两种分解机理是：

$$HCOO^-(aq) + H_2O \xrightleftharpoons{\text{催化剂}} 2HCO_3^-(aq) + H_2(g) \quad (6-6-1)$$

$$HCOOH \xrightleftharpoons{\text{催化剂}} CO_2 + H_2(g) \quad (6-6-2)$$

这两种反应都生成氢气。导致生成碳酸氢根离子和氢气的式（6-6-1），是碱性甲酸盐溶液加热到高温时最常出现的情况。式（6-6-2）的反应需要甲酸的存在，而在酸性甲酸盐溶液中最可能出现这种反应。由于缓冲甲酸盐几乎始终是碱性的，虽然存在大量的酸性气体侵入后出现pH值为6~6.5的酸性状态，但这样的反应不会成为主要反应。这两种分解反应都可以被金属表面催化。镍是油田管材中普遍使用的一种合金成分，据了解镍是甲酸盐分解的良好催化剂。

室内试验数据证明甲酸盐分解会逸出氢气。文献 SPE 97593《Corrosion and Environmental Cracking Evaluation High Density Brines for Use in HPHT Fields》[7]一文中，阐述了在室内环境中甲酸盐和甲酸的催化分解是耐蚀合金（如718合金）吸氢的来源。

2. 现场应用没有发现甲酸盐分解而产生的氢

虽然室内试验充分描述了缓冲甲酸盐催化分解的情况，但是在现场不可能发生析氢。其证据：

甲酸盐盐水已在150多口高温高压井的作业中长时间应用。在道达尔公司位于北海的埃尔金和富兰克林油田的压井期间，在温度接近200℃的条件下，缓冲甲酸盐盐水在井下滞留了450天。尽管用特制的设备密切监视，但是无论是在作业期间，还是在作业后都没有产生气态或可溶性的甲酸盐分解物。同样，在莫比尔湾的一口油井的完井作业期间，在温度为216℃的条件下，缓冲甲酸铯盐水在井下滞留了20天，没有监测到甲酸盐的分解物。事实上，自1996年以来，在用缓冲甲酸盐钻井和（或）完井的150多口高压高温井中没有关于甲酸盐分解的

报道。

在莫比尔湾一口井的完井期间,当时甲酸盐盐水浸泡在高达215℃的温度下(压力为70MPa)。甲酸盐盐水在井下滞留了16天,在恢复作业时,没有发生氢气从甲酸盐盐水中逸出的情况。

道达尔公司的埃尔金和富兰克林油田位于北海的中央地带,是道达尔公司在世界其他地方没有遇到的最大的高温高压油田。储层气中含4%的二氧化碳和20~50mg/L的硫化氢。开发井的初始井底静温约为204℃,而压力约为110MPa。

1999年,道达尔公司开始在埃尔金油田钻G1井和G3井,两口井在抑制性海水中用25Cr油管完井。钻井时使用的是合成基钻井液。在压井前这两口井约生产了1天。

G1井:该井最初的关井原因是油气液面高度在地面控制的井下安全阀以下。由于产层封隔器漏失,而用甲酸铯盐水压井。当浸泡在甲酸铯盐水中21天后,把油管割断并回收,把封隔器磨铣掉,并填水泥封井。

G3井:该井最初的关井原因是油气液面高度在地面控制的井下安全阀以下。之后从井底到3900m用合成基钻井液压井,而从3900m到井口用甲酸铯盐水压井。当这些流体浸泡在井中15个月后,进行了修井并回收了油管。

在此之前,道达尔公司用缓冲的甲酸铯盐水所做的低温室内试验表明,缓冲剂被大量酸性气体中和。道达尔公司发现,在温度高于170℃时,这种盐水会发生严重的催化分解并释放出氢气。室内试验表明,在这种温度下,25Cr是甲酸盐分解的强催化剂,而根据这一理论,25Cr油管会发生吸氢。

当油管回收后,没有检测出含氢量的增加。在埃尔金油田的这两口井中,甲酸铯盐水浸泡在高达204℃的温度下,部分达到了甲酸盐分解以及可能引起吸氢和25Cr油管氢脆的条件。因此在整个浸泡期间,在两口井上安装了氢气探测器,但从未探测到氢气。在从G1井和G3井中回收了油管之后,对两组25Cr油管沿其长度的几个点进行了氢含量的分析。浸泡在甲酸铯盐水中的油管的氢含量为2.15~3.92mg/L,略高于在25Cr油管制造商规定的氢含量(1.5~3.5mg/L)。相比之下,浸泡在合成基钻井液中的油管的含氢量要高得多,高达7.23mg/L。博迪科特公司对两组油管的独立力学试验结论是,浸泡在甲酸铯盐水中的油管机械性能仍然在标准范围内,可以继续在高温高压井中使用。

7年间,甲酸铯盐水在埃尔金和富兰克林油田另外8口中作为修井液、完井液、连续管修井液、压井液和射孔液全部取得成功。在后来的G5井中,回收了在204℃下滞留在封隔器下面长达9个月的甲酸铯盐水,并对回收的盐水进行了全面的分析。分析结果表明,盐水没有分解的迹象,而在盐水中发现了低含量的可溶性氯和铁,说明腐蚀程度是很低的。

在现场应用时为什么无法确定甲酸盐分解的合理解释是,甲酸盐分解后,井眼中氢气分压可能上升到使甲酸盐分解反应平衡式向生成氢的反方向移动,抑制了甲酸盐的进一步分解。相反,多数室内试验是在低压下,用顶部空间充满气体的高压釜进行的(典型的氮气、空气或二氧化碳)。在这些人工条件下,在氢达到足够的分压之前,甲酸盐将更彻底地分解。使高压釜内产生较高分压的一种方法是在釜内制造一个高压的纯氢气顶。

Hydro公司研究中心和挪威的波斯格伦公司已经做了这样的试验。他们使用35MPa的氢气顶来模拟是否在井底适当的深度内发生分解时,立刻就会产生氢气。试验时使用了高pH

值的缓冲甲酸盐盐水,但缓冲剂已经被二氧化碳中和,因而,pH 值有下降到最低的可能(6~6.5)。在反应釜中存在较高的氢气分压和大幅度提高温度极限值的两种情况下,甲酸盐开始分解。实际上,所报道的甲酸盐产生催化分解的温度极限值已上升到盐水开始发生整体分解的水平。

当从室内环境进入现场环境时,需要考虑的另一个因素是,在使用的管材上可能形成很薄的腐蚀产物沉积层,或金属表面上存在抑制催化作用的活性物质,从而减缓或阻止甲酸盐发生分解。

第七节 甲酸盐盐水对国内油田高温高压井所用管材的腐蚀

一、甲酸盐盐水对中海油某油田使用标准碳钢油管的腐蚀实验

北京石大胡杨石油科技发展有限公司委托卡博特种液体公司对中海油某油田高温高压井所用的碳钢油管进行试验。试验比较了甲酸铯/甲酸钾盐水、磷酸盐盐水与聚磷酸盐盐水的性能(磷酸盐盐水与聚磷酸盐盐水是卡博特公司取自国外的产品)。

试验温度为180℃,周期为30天,并对比有或无 CO_2 侵入的试验结果。

试验结论为甲酸盐与碳钢管材完全配伍,它对钢材的腐蚀速率约为 0.0104mm/a。测试的其他两种磷酸盐溶液对钢材的腐蚀速率约为 3.708mm/a,这比甲酸盐要大得多。浸泡于甲酸盐盐水中的试样发生局部腐蚀的数量并不明显,制备试样时留下的打磨痕迹在进行 SEM 观察时仍然清晰可见。浸泡于两种磷酸盐中的试样发生了局部腐蚀。一种磷酸盐溶液在试验时形成了大量的绿色黏稠的"污泥"细颗粒。另一种磷酸盐在钢材浸泡前后都发生了结晶。

测得的甲酸盐对钢材的腐蚀速率要比磷酸盐低约350倍。

1. 液体样品分析

测试了以下3种液体样品:

(1)密度为 $1.8 g/cm^3$ 的甲酸铯/甲酸钾混合溶液,用 17.81g/L 的 K_2CO_3 和 10.69g/L $KHCO_3$ 标准缓冲剂进行缓冲。

(2)密度为 $1.73g/cm^3$ 磷酸盐溶液。

(3)密度为 $1.8/cm^3$ 聚磷酸盐溶液。

分析了甲酸铯、甲酸钾、磷酸盐和聚磷酸盐等样品组分,见表6-7-1。

表6-7-1 磷酸盐和典型甲酸盐样品的元素分析

分析元素	甲酸铯盐水 mg/L	甲酸钾盐水(德国 oxea 公司),mg/L	聚磷酸盐 mg/L	磷酸盐粉末 mg/kg	磷酸盐1-2粉末 mg/kg
Al	1	0.36	<1	4	7.65
B	<20	1.3303	<20	15	<1.7
Ba	0.39	0.3648	0.78	21.49	12.25
Ca	<0.6	0.9484	4.3	74.3	53.83
Fe	0.05	1.38	1.86	111.9	25.77

续表

分析元素	甲酸铯盐水 mg/L	甲酸钾盐水(德国 oxea 公司),mg/L	聚磷酸盐 mg/L	磷酸盐粉末 mg/kg	磷酸盐1-2粉末 mg/kg
K	1721	518954	347900	373700	NA
Li	190.8	0.1658	1.4	<0.04	NA
Mg	<2	<0.0266	3	16.5	11.93
Na	6702	1887.4	1543	11371	5321.6
P	<2	4.601	188900	155900	NA
Rb	5116	<80	<80	NA	NA
S	97	<5	8	223	<0.5
Si	140	6.745	13	50	34.34
Sr	<0.2	<0.1064	<0.2	<0.4	1.16
As	0.44	<0.02	<0.2	27.92	28.36
Cd	0.014	<0.0009	<0.009	<0.0009	<0.15
Cr	0.012	0.057	0.19	9310	NA
Cs	1168000	58.5	<4	<0.4	NA
Cu	<0.004	1.1894	<0.04	0.272	NA
Hg	0.01	0.0736	<0.1	0.02	<0.38
Mn	<0.01	0.5478	2.2	5.16	NA
Mo	1.11	2.318	<0.2	0.22	NA
Ni	<0.002	0.1712	0.79	1.062	2.27
Pb	<0.003	<0.00798	<0.03	0.146	NA
Rb	NA	63.23	NA	86.97	2.47
Se	0.18	<0.2594	<0.9	<0.009	NA
Tl	0.7	<0.2661	3	1.2	NA
Zn	0.69	1.7544	0.31	0.494	NA
Cl	1826	<10	NA	26770	2800

2. 试验步骤和仪器

试验是在 350mL 的 316 不锈钢压力容器中进行的。该容器带有一个有聚四氟乙烯内衬。这使得在试验时液体样品不会浸泡于顶部气体或高压釜表面。

试验所用的材料为 JFE-95S,碳钢。

将该碳钢管材加工成 22.18mm×22.18mm×5.0mm 的块状样品,总表面积为 1427mm^2。

总共进行了6组试验,每组试验包含 175mL 的试验液体和两块金属样品。这6组试验为:

(1)甲酸铯/甲酸钾盐水(样品 A),通入 N_2 3~4min 以驱除溶液中的氧。
(2)甲酸铯/甲酸钾盐水(样品 A),通入 CO_2 3~4min,以模拟酸性气体入侵的情况。
(3)磷酸盐溶液(样品 B),通入 N_2 3~4min 以驱除溶液中的氧。
(4)磷酸盐溶液(样品 B),通入 CO_2 3~4min,以模拟酸性气体入侵的情况。
(5)聚磷酸盐溶液(样品 C),通入 N_2 3~4min 以驱除溶液中的氧。
(6)聚磷酸盐溶液(样品 C),通入 CO_2 3~4min,以模拟酸性气体入侵的情况。

用相应的纯净气体将试验容器加压到约 0.69~1.38MPa,在 180℃的烘箱中静置 30 天。试验完成之后,将样品清洁干净。接着将样品送往 Intertek Capcis 公司进行观察分析,包括 SEM 分析。

3. 试验结果

1)液体性质

浸泡于碳钢的样品和 CO_2 之前与之后的溶液的性质见表 6-7-2。所有溶液的 pH 值都没有出现明显下降的情况,表明向溶液中通入 CO_2 不会破坏溶液的缓冲能力。与甲酸盐相比,两种磷酸盐溶液的密度都下降了。在 180℃条件下维持 30 天,甲酸铯/甲酸钾盐水(样品 A)的性质没有受到影响(图 6-7-1)。

表 6-7-2 试验观察到的液体状况

编号	试验介质	密度,g/cm³		pH 值		外观描述	
		前	后	前	后	前	后
1	甲酸铯/甲酸钾盐水	1.81	1.80	10.01	9.96	清洁,无色	深棕色/绿色。样品底部出现黑色固体
2	甲酸铯/甲酸钾盐水 + CO_2	1.81	1.81	10.01	9.78	清洁,无色	黑色液体
3	磷酸盐溶液	1.73	1.75	9.50	10.46	黏稠,黄色/棕色	明亮的绿色黏稠液体。底部出现暗绿色的"污泥"
4	磷酸盐溶液 + CO_2	1.73	1.72	9.50	10.23	黏稠,黄色/棕色	明亮的绿色黏稠液体。底部出现暗绿色的"污泥"
5	聚磷酸盐溶液	1.83	1.83	9.32	10.00	清洁,无色,结晶的液体	含有固体颗粒的绿色厚光泽液体,样品底部出现厚厚的"污泥"
6	聚磷酸盐溶液 + CO_2	1.83	1.81	9.32	9.95	清洁,无色,结晶的液体	含有固体颗粒的绿色厚光泽液体,样品底部出现厚厚的"污泥"

注:(1)根据美国材料试验学会(ASTM)标准 G1-03"腐蚀性试验的样品制备、清洁和评价的规范操作"进行。
(2)甲酸盐的 pH 值是用蒸馏水按 1:9 的比例稀释后测得的。其他盐水的 pH 值是在纯溶液中测得的。

在样品磷酸盐 1 溶液中,试验容器底部形成暗绿色黏稠"污泥"颗粒(图 6-7-2)。在磷酸盐 2 溶液中,试验容器底部出现黏稠的胶状固体。在甲酸盐中,在试验 1 的试验容器的底部只出现少量固体。

图6-7-1 单独甲酸铯/甲酸钾盐水在180℃下热滚30天

图6-7-2 浸泡于碳钢的磷酸盐1溶液,在180℃下热滚30天后,出现黏稠的凝胶和碎片

2) 目测和扫描电镜分析

图6-7-3至图6-7-5的是浸泡试验之后的试样宏观形貌。浸泡于甲酸盐中的试样表面覆盖了一层黑色碳酸亚铁保护层。浸泡于两种磷酸盐溶液的试样表面并未出现保护层。试样出现严重的腐蚀。SEM(扫描电子显微镜)分析(图6-7-6)由In-tertek Capcis公司进行。观察到了下列现象:

图6-7-3 浸泡试验后甲酸盐试样A宏观形貌(试样表面出现黑色碳酸亚铁保护层)

(1) 1号试验和2号试验甲酸铯/甲酸钾盐水。制备碳钢试样时的打磨痕迹仍然清晰可见,表明腐蚀程度非常低。腐蚀只发生在孤立的小坑中。这些小坑是由最初在试样表面的打磨痕迹发展而来的。

(2) 3号试验和4号试验磷酸盐溶液(现场取样)。试样表面无明显的打磨痕迹。大量的轻度点蚀连接在一起,使表面出现一个"酒窝"。

(3) 5号试验和6号试验磷酸盐溶液(实验室样品)。试样表面遍布点蚀。大部分的点蚀都是独立的,并且仅覆盖在金属表面,但是在某些情况下,点蚀会向金属内部延伸。

图6-7-4 浸泡试验后磷酸盐溶液试样B宏观形貌(表面发生腐蚀)

图6-7-5 浸泡试验后磷酸盐溶液试样C宏观形貌(表面发生腐蚀)

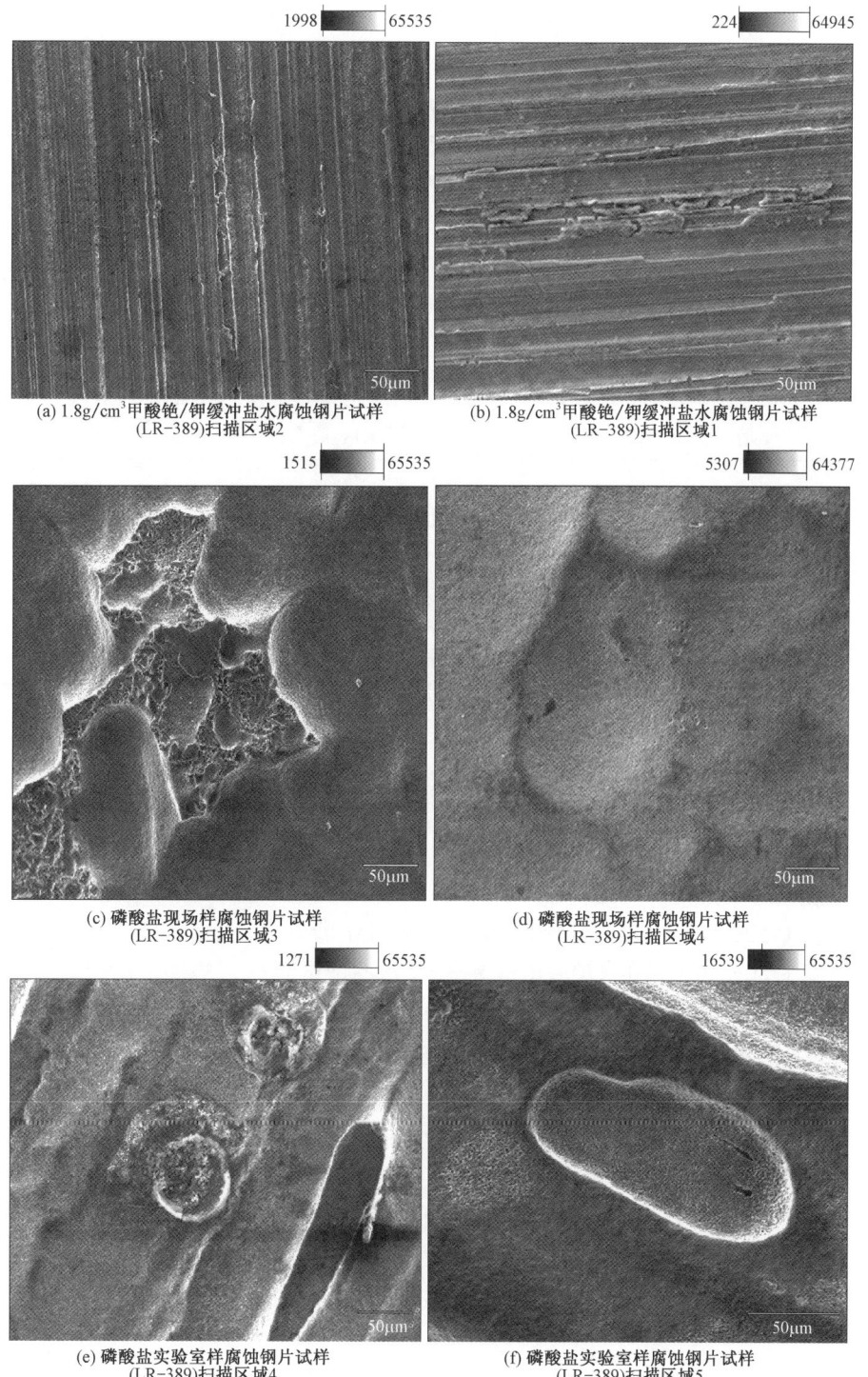

图 6-7-6 腐蚀挂片表面清洁后的扫描电子显微镜图像

3）腐蚀速率

表 6-7-3 列出了上述试验的腐蚀速率计算结果。甲酸盐中的平均腐蚀速率比磷酸盐中的要低约 350 倍。CO_2 的侵入使所有盐水的腐蚀速率比侵入前都增大约 10%。

表 6-7-3 样品的腐蚀速率

试验编号	试验描述	腐蚀速率，mm/a		
		试样 1	试样 2	平均值
1	甲酸铯/甲酸钾盐水（样品 A）	0.0038	0.0167	0.010
2	甲酸铯/甲酸钾盐水（样品 A）+ CO_2	0.0107	0.0110	0.011
3	磷酸盐溶液（样品 B）	3.3750	3.2952	3.335
4	磷酸盐溶液（样品 B）+ CO_2	3.8404	3.5519	3.692
5	聚磷酸盐溶液（样品 C）	2.9207	4.5983	3.759
6	聚磷酸盐溶液（样品 C）+ CO_2	3.9915	4.1496	4.070

二、甲酸盐盐水对 TP140、BG13Cr、JFE13Cr 油管腐蚀实验

1. 液体样品分析

采用 X 射线荧光光谱仪分析了国内不同厂家生产的甲酸钾（样品 A、样品 B、样品 C、样品 D、样品 E）和卡博特公司提供的甲酸钾、甲酸铯（样品 F、样品 G）中的元素含量。结果发现，国内厂家生产的甲酸钾均含 Cl 元素，卡博特公司提供的甲酸钾、甲酸铯盐水未检出 Cl 元素。实验数据详见表 6-7-4。

2. 北京石大胡杨石油科技发展有限公司进行的腐蚀试验

腐蚀试验采用失重法，测试了塔里木油田管材常用的 TP140、BG13Cr 和 JFE13Cr 钢材分别在甲酸钾和甲酸铯盐水中的均匀腐蚀速率，所有腐蚀试验均在 10.0~11.0MPa 压力下进行。试验条件如下：

（1）密度 1.50g/cm³，温度 170℃甲酸钾盐水腐蚀试验；

（2）密度 1.80g/cm³，温度 170℃甲酸钾/铯盐水腐蚀试验；

（3）密度 2.20g/cm³，温度 170℃甲酸铯盐水腐蚀试验；

（4）密度 1.80g/cm³，温度 190℃甲酸钾/铯盐水腐蚀试验。

1）试验方法和仪器

试验方法参照 JB/T 7901—2001《金属材料实验室均匀腐蚀全浸试验方法》、SY/T 5273—2014《油田注水缓蚀剂评定方法》进行试验，腐蚀实验仪器采用高温高压釜，腐蚀性评价根据 Q/SY-TGRC 35—2012《中国石油集团石油管工程技术研究院企业标准》进行。

腐蚀试验仪器为湖北创联石油科技有限公司生产井的型号为 CGF-Ⅱ高温高压静态腐蚀仪，通过失重法测量腐蚀速率。CGF-Ⅱ高温高压静态腐蚀仪技术参数如下：

（1）工作压力:0~30MPa；

（2）工作温度:0~250℃；

（3）挂片数量:6 片/次；

（4）釜体体积:2L（有效容积）。

第六章 甲酸盐盐水对金属性能的影响

表 6-7-4 甲酸盐元素分析

样品	CHO₂	Na	P	S	Cl	K	Ca	Fe	Rb	Y	Rh	Cs	合计	康普顿散射	瑞利散射
A		0.1KCps		2.0KCps	0.1KCps	277.2KCps		0.1KCps						2.66	1.54
	89.7%	0.188%		0.0726%	0.00384%	10.0%		0.00217%					100.00%		
B		0.1KCps	0.1KCps	1.0KCps		272.8KCps		0.1KCps	1.4KCps	0.5KCps				2.79	1.61
	90.0%	0.179%	0.00397%	0.0346%		9.79%		0.00229%	0.00257%	0.00830%			100.00%		
C		0.1KCps	0.0KCps	1.1KCps		274.1KCps		0.1KCps	0.4KCps					2.61	1.61
	90.0%	0.0960%	0.000945%	0.0413%		9.82%		0.00279%	0.000732%				100.00%		
D		0.1KCps	0.1KCps	1.8KCps	0.2KCps	245.1KCps	0.1KCps	0.1KCps	2.1KCps	0.5KCps				2.17	1.94
	91.1%	0.199%	0.00542%	0.0655%	0.00976%	8.64%	0.00338%	0.00218%	0.00353%	0.000814%			100.00%		
E		0.1KCps		0.9KCps	0.2KCps	272.5KCps		0.1KCps		0.4KCps				2.74	1.59
	90.1%	0.122%		0.0309%	0.0106%	9.76%		0.00255%		0.000729%			100.00%		
F		0.0KCps				264.9KCps			0.7KCps					2.15	1.58
	90.4%	0.0397%				9.59%		0.00198%	0.00123%				100.00%		
G		0.1KCps				0.3KCps			14.1KCps	3.5KCps	1.0KCps	65.7KCps		14.85	1.35
	95.8%	0.104%				0.0115%			0.0265%	0.00610%	0.0312%	3.98%	100.00%		

注:(1) A—A公司;B—B公司;C—C公司;D—D公司;E,F—卡博特公司甲酸钾;G—卡博特公司甲酸铯。
(2) KCps 表示计数率。

不同密度甲酸盐盐水配方见表 6-7-5。为了提供碱性 pH 值以及防止因酸性气体或地层气体侵入盐水时造成 pH 值波动,对各组甲酸盐盐水加入了缓冲剂。

表 6-7-5 腐蚀实验甲酸盐盐水配方

密度,g/cm³	盐水组成	pH 值
1.50	2000mL 甲酸钾(密度 1.50) + 17g 碳酸钾 + 11.5g 碳酸氢钾	9
1.80	2000mL 甲酸钾/甲酸铯(密度 1.80) + 10g 碳酸钾 + 6.8g 碳酸氢钾	9
2.20	2000mL 甲酸铯(密度 2.20)	9

注:pH 值为腐蚀实验前的值;卡博特公司甲酸铯溶液含碳酸钾与碳酸氢钾缓冲剂,无需另加。

将 3 种管材加工成尺寸为 50mm×10mm×3.0mm 的试片,腐蚀试验前将挂片称重得到初始质量 W_0。试验开始时通入氮气 2h 以除掉溶液中的氧,然后用氮气加压至 10.0~11.0MPa,将挂片在甲酸盐盐水中一定温度下浸泡 30 天。试验结束之后,将试样取出。采用化学法清洗试样,具体操作参照 Q/SY-TGRC 35—2012《中国石油集团石油管工程技术研究院企业标准》进行。化学清洗腐蚀挂片所用的试剂与清洗方法见表 6-7-6。

表 6-7-6 腐蚀挂片化学清洗所用试剂与清洗方法

试片种类	碳钢(TP140)	不锈钢(BG13Cr、JFE13Cr)
清洗液	105mL 硝酸(分析纯), 2.0g 苯胺(分析纯), 2.0g 六亚甲基四胺(分析纯), 2.0g 硫氰酸钾(分析纯), 加蒸馏水或去离子水配制成 1000mL 溶液	100mL 硝酸(HNO₃,密度 1.42g/mL), 加蒸馏水配制成 1000mL 溶液
温度,℃	20~25	60
时间,min	5~10	20
备注	同时用软毛刷清洗	

将挂片清洗后称重得到腐蚀后的质量 W,通过测量损失的重量来确定腐蚀速率,腐蚀速率用如下公式计算:

$$v_a = C \times \frac{W_0 - W}{\rho A t} \qquad (6-7-1)$$

式中 v_a——年腐蚀速率,mm/a;

C——按一年 365 天计算的换算因子,其值为 8.76×10^4;

W_0——金属试片腐蚀前的质量,g;

W——金属试片腐蚀后的质量,g;

ρ——金属材料的密度,g/cm³;

A——金属试片的表面积,cm²;

t——腐蚀试验时间,h。

注:如果挂片酸洗,需要以空白试验酸洗校正,即刨除空白试酸洗前后样质量差才为挂片腐蚀质量差。

2）试验结果分析

钢材在缓冲甲酸盐盐水中腐蚀后，其表面形成碳酸亚铁保护膜，防止了钢材的进一步的腐蚀。

（1）在密度1.50g/cm³和温度170℃甲酸钾盐水中的腐蚀试验。

分别对TP140,BG-13Cr和JFE-13Cr钢材腐蚀挂片进行目测分析。各试样腐蚀前后宏观外貌图如图6-7-7至图6-7-9所示。从图中可以看出，浸泡在1.50g/cm³甲酸钾盐水中170℃条件下30天后，碳钢TP140表面生成一层致密的黑色碳酸亚铁保护膜，不锈钢BG-13Cr和JFE13Cr则光亮如新。3组挂片表面均无局部腐蚀坑。TP140,BG-13Cr和JFE-13Cr钢材1.50g/cm³甲酸钾在170℃条件下的均匀腐蚀速率数据见表6-7-7。依据NACE RP-0775:2005标准判定，碳钢TP140发生了中度腐蚀，不锈钢BG-13Cr和JFE-13Cr为轻度腐蚀。

 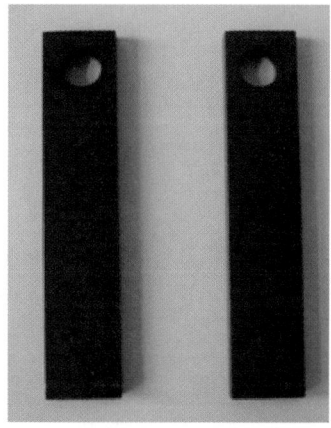

(a) 浸泡前　　　　　　　　　(b) 浸泡后

图6-7-7　TP140钢材在甲酸钾完井液浸泡前后的宏观腐蚀形貌

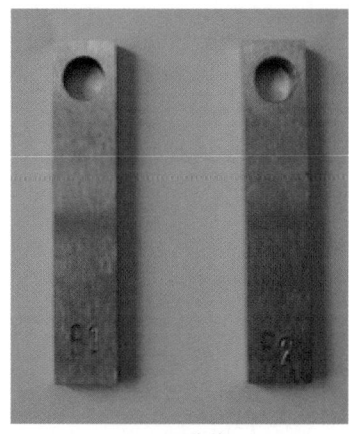 

(a) 浸泡前　　　　　　　　　(b) 浸泡后

图6-7-8　BG-13Cr钢材在甲酸钾完井液浸泡前后的宏观腐蚀形貌

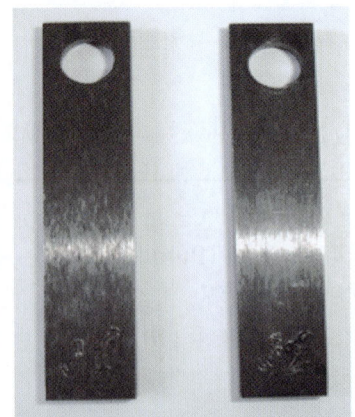

(a) 浸泡前　　　　　　　　(b) 浸泡后

图 6 – 7 – 9　JFE – 13Cr 钢材在甲酸钾完井液浸泡前后的宏观腐蚀形貌

表 6 – 7 – 7　TP140,BG – 13Cr 和 JFE – 13Cr 钢材在 1.50g/cm³ 甲酸钾 170℃条件下的均匀腐蚀速率

编号	腐蚀失重,g	腐蚀速率,mm/a	平均腐蚀速率,mm/a	腐蚀程度
1#TP140	0.0637	0.0725	0.0818	中度腐蚀 (0.025 ~ 0.125mm/a)
2#TP140	0.0803	0.0910		
1#BG – 13Cr	0.0027	0.0031	0.0022	轻度腐蚀 (<0.025mm/a)
2#BG – 13Cr	0.0011	0.0013		
1#JFE – 13Cr	0.0021	0.0024	0.0020	轻度腐蚀 (<0.025mm/a)
2#JFE – 13Cr	0.0015	0.0017		

(2)在密度 1.80g/cm³ 和温度 170℃甲酸钾/甲酸铯盐水中的腐蚀试验。

TP140,BG – 13Cr 和 JFE – 13Cr 钢材在密度 1.80g/cm³ 温度 170℃甲酸钾/甲酸铯混合盐水中的腐蚀前后宏观外貌图如图 6 – 7 – 10 至图 6 – 7 – 12 所示,腐蚀试验结果见表 6 – 7 – 8。

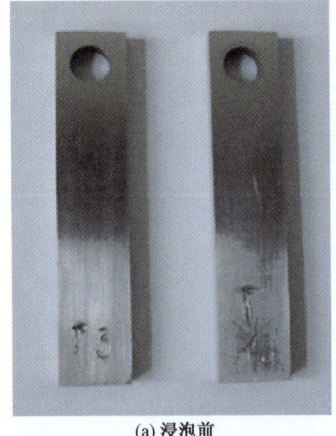

(a) 浸泡前　　　　　　　　(b) 浸泡后

图 6 – 7 – 10　TP140 钢材在甲酸钾/甲酸铯完井液浸泡前后的宏观腐蚀形貌

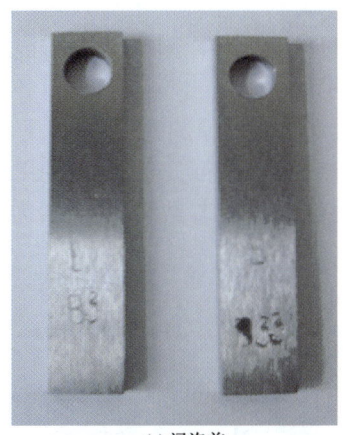 

(a) 浸泡前　　　　　　　　　　(b) 浸泡后

图 6-7-11　BG-13Cr 钢材在甲酸钾/甲酸铯完井液浸泡前后的宏观腐蚀形貌

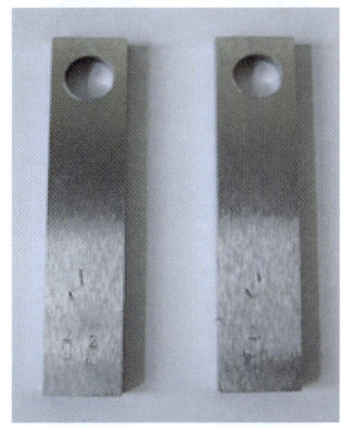 

(a) 浸泡前　　　　　　　　　　(b) 浸泡后

图 6-7-12　JFE-13Cr 钢材在甲酸钾/甲酸铯完井液浸泡前后的宏观腐蚀形貌

表 6-7-8　TP140,BG-13Cr 和 JFE-13Cr 钢材在 1.80g/cm³ 甲酸钾/甲酸铯盐水中 170℃条件下的均匀腐蚀速率

编号	腐蚀失重,g	腐蚀速率,mm/a	平均腐蚀速率,mm/a	腐蚀程度
1#TP140	0.0303	0.0345	0.0306	中度腐蚀 (0.025~0.125mm/a)
2#TP140	0.0235	0.0268		
1#BG-13Cr	0.0042	0.0049	0.0052	轻度腐蚀 (<0.025mm/a)
2#BG-13Cr	0.0048	0.0056		
1#JFE-13Cr	0.0019	0.0022	0.0032	轻度腐蚀 (<0.025mm/a)
2#JFE-13Cr	0.0036	0.0042		

TP140,BG-13Cr 和 JFE-13Cr 试样在 170℃条件下浸泡 30 天后,3 组挂片都发生了均匀腐蚀,表面无局部腐蚀坑,TP140,BG-13Cr 和 JFE-13Cr 钢材挂片表面都覆盖了一层黑色的

碳酸亚铁保护膜。据 NACE RP – 0775：2005 对腐蚀程度进行判定。TP140 钢材挂片在甲酸钾/甲酸铯混合盐水中腐蚀程度为中度腐蚀，BG – 13Cr 和 JFE – 13Cr 钢材挂片在甲酸钾/甲酸铯混合盐水中腐蚀程度为轻度腐蚀。

（3）在密度 2.20g/cm³ 和温度 170℃ 甲酸盐盐水中的腐蚀试验。

TP140，BG – 13Cr 和 JFE – 13Cr 钢材在密度 2.20g/cm³ 和温度 170℃ 的甲酸铯盐水中腐蚀前后宏观外貌图如图 6 – 7 – 13 至图 6 – 7 – 15 所示，腐蚀试验结果见表 6 – 7 – 9。

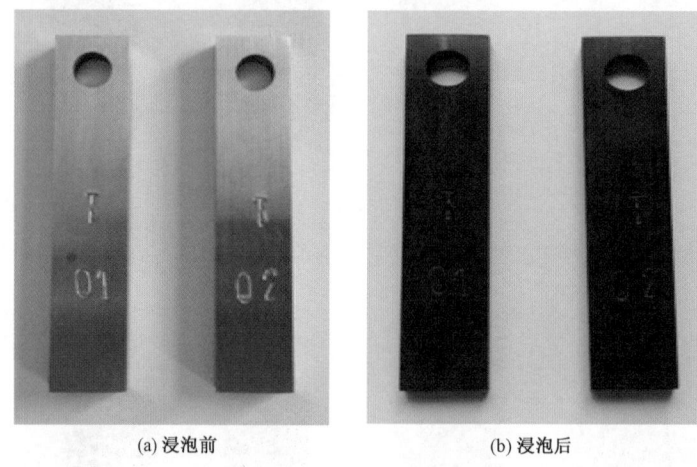

(a) 浸泡前　　　　　　(b) 浸泡后

图 6 – 7 – 13　TP140 钢材在甲酸钾/甲酸铯完井液浸泡前后的宏观腐蚀形貌

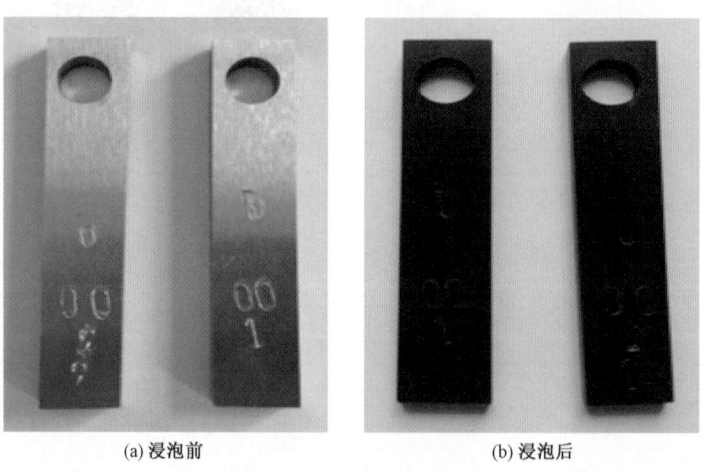

(a) 浸泡前　　　　　　(b) 浸泡后

图 6 – 7 – 14　BG – 13Cr 钢材在甲酸钾/甲酸铯完井液浸泡前后的宏观腐蚀形貌

TP140，BG – 13Cr 和 JFE – 13Cr 试样在 170℃ 条件下浸泡 30 天腐蚀后，3 组挂片都发生了均匀腐蚀，表面无局部腐蚀坑，TP140，BG – 13Cr 和 JFE – 13Cr 钢材挂片表面都覆盖了一层黑色的碳酸亚铁保护膜。据 NACE RP – 0775：2005 标准对腐蚀程度进行判定。TP140 钢材挂片在甲酸铯盐水中腐蚀程度为中度腐蚀，BG13Cr 和 JFE13Cr 钢材挂片在甲酸铯盐水中腐蚀程度为轻度腐蚀。

(a) 浸泡前

(b) 浸泡后

图 6-7-15　JFE-13Cr 钢材在甲酸钾/甲酸铯完井液浸泡前后的宏观腐蚀形貌

表 6-7-9　TP140,BG-13Cr 和 JFE-13Cr 钢材在 2.20g/cm³ 甲酸铯盐水中 170℃条件下的均匀腐蚀速率

编号	腐蚀失重,g	腐蚀速率,mm/a	平均腐蚀速率,mm/a	腐蚀程度
1#TP140	0.0379	0.0428	0.0440	中度腐蚀 (0.025~0.125mm/a)
2#TP140	0.0400	0.0452		
1#BG-13Cr	0.0043	0.0050	0.0040	轻度腐蚀 (<0.025mm/a)
2#BG-13Cr	0.0026	0.0031		
1#JFE-13Cr	0.0048	0.0055	0.0054	轻度腐蚀 (<0.025mm/a)
2#JFE-13Cr	0.0047	0.0053		

（4）在密度 1.80g/cm³ 和温度 190℃甲酸盐盐水中的腐蚀试验。

TP140,BG-13Cr 和 JFE-13Cr 钢材在密度 1.80g/cm³、温度 190℃的甲酸铯盐水中腐蚀前后宏观外貌图如图 6-7-16 所示,腐蚀试验结果见表 6-7-10。

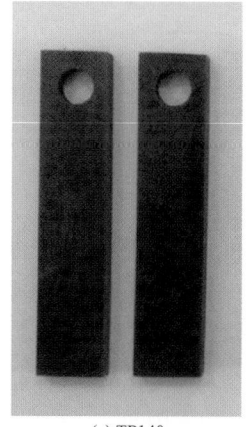
(a) TP140

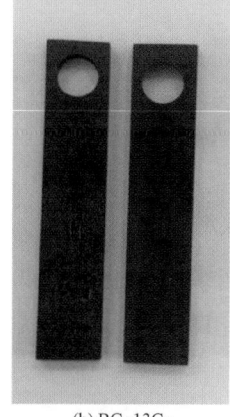
(b) BG-13Cr

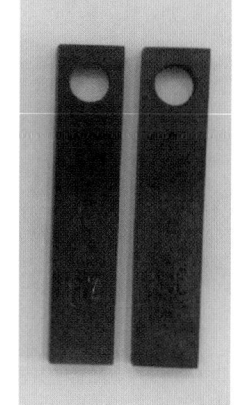
(c) JFE-13Cr

图 6-7-16　TP140,BG-13Cr 和 JFE-13Cr(从左至右)钢材在甲酸钾/甲酸铯完井液后的宏观腐蚀形貌

表 6－7－10　TP140,BG－13Cr 和 JFE－13Cr 钢材在 1.80g/cm³ 甲酸钾/甲酸铯盐水中190℃条件下的均匀腐蚀速率

编号	腐蚀失重,g	腐蚀速率,mm/a	平均腐蚀速率,mm/a	腐蚀程度
1#TP140	0.1695	0.193	0.191	严重腐蚀
2#TP140	0.1662	0.189		(0.125~0.255mm/a)
1#BG－13Cr	0.1223	0.142	0.146	中度腐蚀
2#BG－13Cr	0.1294	0.150		(0.025~0.125mm/a)
1#JFE－13Cr	0.0843	0.097	0.102	中度腐蚀
2#JFE－13Cr	0.0914	0.106		(<0.025mm/a)

TP140,BG－13Cr 和 JFE－13Cr 试样在 190℃条件下浸泡 30 天腐蚀后,3 组挂片都发生了均匀腐蚀,表面无局部腐蚀坑,TP140,BG－13Cr 和 JFE－13Cr 钢材挂片表面都覆盖了一层黑色的碳酸亚铁保护膜。据 NACE RP－0775:2005 标准对腐蚀程度进行判定。TP140,BG－13Cr 和 JFE－13Cr 钢材挂片在甲酸铯盐水中腐蚀程度为中度腐蚀。

3 种钢材在不同密度盐水中的均匀腐蚀速率比较如图 6－7－17 所示。总体而言,3 种金属在甲酸盐盐水中的耐腐蚀性能良好,3 组挂片表面均未出现局部腐蚀坑,仅有金属发生均匀腐蚀。发生均匀腐蚀的挂片,均在表面形成了一层致密的碳酸亚铁保护膜。本项目测定条件下,碳钢 TP140 在甲酸盐盐水中的均匀腐蚀速率均大于不锈钢 BG－13Cr 和 JFE－13Cr 的腐蚀速率。前者在各试验条件下均为中度腐蚀,后者均为轻度腐蚀。

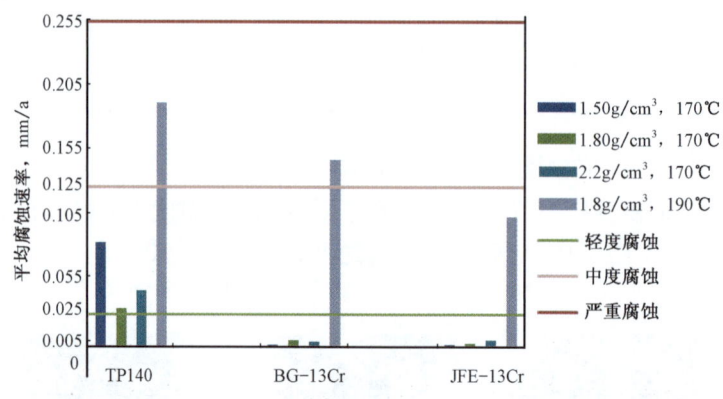

图 6－7－17　3 种钢材在不同密度盐水中的均匀腐蚀速率比较

3. 卡博特公司腐蚀试验

北京石大胡杨石油科技发展有限公司委托卡博特公司使用失重法对塔里木油田两种油管材料(BG－13Cr 和 JFE－13Cr)和一种套管材料(TP140)分别在两个甲酸盐盐水和磷酸氢钾盐水(来自国外)中进行了腐蚀试验。套管材料在 170℃/338°F 测试,油管材料在 190℃测试,试验时间为 30 天。试验结果表明,甲酸盐与油管和套管材料配伍,表现出非常低的腐蚀速率,在 0.001mm/a 数量级,在磷酸盐盐水中腐蚀速率显著提高,在 0.01mm/a 数量级,后者较前者高约 10 倍。

1) 流体样品

3 种流体样品进行了测试：

（1）甲酸铯盐水。2.203g/cm³ 甲酸铯盐水 + 17.81g/L K_2CO_3 和 10.69g/L $KHCO_3$ 标准缓冲液；

（2）甲酸铯/钾混合盐水。1.806g/cm³ 甲酸铯/钾混合盐水 + 17.81g/L K_2CO_3 和 10.69g/L $KHCO_3$ 标准缓冲液

（3）磷酸氢二钾盐水。1.632g/cm³ 分析纯磷酸氢钾溶解在去离子水中制备。

2) 测试程序

参照本节第一部分。

3) 腐蚀速率

浸泡于碳钢样品和 CO_2 之前与之后的溶液的性质见表 6-7-11。所有溶液的 pH 值都没有出现明显下降的情况。

表 6-7-11 腐蚀试验前后盐水的性质

编号	介质	试样材质	密度, g/cm³		pH 值①		外观描述	
			前	后	前	后	前	后
1	甲酸铯	BG-13Cr	2.203	2.272	10.25	10.18	清洁,无色	灰色液体。样品周围和试样底部有黑色固体
2	甲酸铯/钾	BG-13Cr	1.806	1.806	10.20	10.04	清洁,无色	灰色液体,样品周围和试样底部有黑色固体(少于试样1)
3	磷酸盐	BG-13Cr	1.632	1.646	9.65	8.54	黏稠,棕黄色	绿色光泽黏稠液体,底部有深绿色污泥
4	甲酸铯	JFE-13Cr	2.203	2.257	10.25	10.18	清洁,无色	灰色液体,样品周围和试样底部有黑色固体
5	甲酸铯/钾	JFE-13Cr	1.806	1.805	10.20	10.04	清洁,无色	灰色液体,样品周围和试样底部有黑色固体(少于试样4)
6	磷酸盐	JFE-13Cr	1.632	1.637	9.65	8.54	黏稠,棕黄色	绿色光泽黏稠液体,底部有深绿色污泥
7	甲酸铯	TP140	2.203	2.202	10.25	9.82	清洁,无色	灰色液体,样品周围和试样底部有黑色固体
8	甲酸铯/钾	TP140	1.806	1.804	10.20	10.07	清洁,无色	灰色液体,样品周围和试样底部有黑色固体(少于试样1)
9	磷酸盐	TP140	1.632	1.635	9.65	8.45	黏稠,棕黄色	绿色光泽黏稠液体,底部有深绿色污泥

① 甲酸盐的 pH 值是用蒸馏水按 1:9 的比例稀释后测得的。其他盐水的 pH 值是在纯溶液中测得的。

表 6-7-12 列出了由试片失重而计算出的腐蚀速率。可以看出,所有试片在磷酸盐中的腐蚀速率要比在甲酸盐中的高出许多,达到 1~2 个数量级。图 6-7-18 所示为甲酸铯/甲酸钾盐水（样品 A）的性质。

表 6-7-12　由试片失重计算的腐蚀速率

编号#	盐水	测试金属	腐蚀速率,mm/a	测试温度,℃
1	甲酸铯	BG-13Cr	0.005	170
2	甲酸铯/甲酸钾	BG-13Cr	0.005	170
3	磷酸盐	BG-13Cr	0.03	170
4	甲酸铯	JFE-13Cr	0.005	170
5	甲酸铯/甲酸钾	JFE-13Cr	0.005	170
6	磷酸盐	JFE-13Cr	0.04	170
7	甲酸铯	TP140	0.01	190
8	甲酸铯/甲酸钾	TP140	0.004	190
9	磷酸盐	TP140	0.18	190

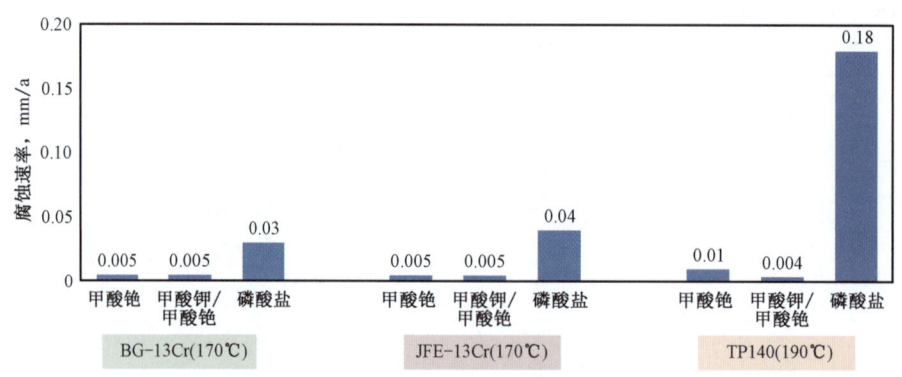

图 6-7-18　甲酸铯/甲酸钾盐水(样品 A)的性质

第八节　甲酸盐盐水腐蚀室内试验与现场防腐蚀注意事项

正确地配制甲酸盐盐水不会在现场造成腐蚀问题,而且在真实的井下条件下进行试验时也不会出现室内试验时发生的问题。下面分别论述甲酸盐盐水腐蚀室内试验与现场防止金属腐蚀注意事项。

一、甲酸盐盐水进行室内试验时注意事项

甲酸盐盐水对室内试验环境比其他油田用盐水敏感得多。某些标准的腐蚀试验程序提供的不真实条件和使用过程中产生的假象的误导下,造成多年来甲酸盐盐水腐蚀性研究的结论一直是错误的。卡博特公司通过多年的研究,得出甲酸盐盐水进行室内试验时有以下注意事项:

(1)在配方中始终包括适当剂量的碳酸盐/碳酸氢盐缓冲剂。

虽然腐蚀试验有时是在较高含量的缓冲剂完全被中和的条件下做的(即在试验釜的顶部空间存在大量的二氧化碳),但决不能离开缓冲剂。其原因是,缓冲剂不单单是起 pH 值稳定剂作用的,它还对在这些条件下所形成碳酸亚铁保护膜的质量起作用。

(2)使用真实的流体体积与金属表面积比。

当用浸泡在酸性气体中的甲酸盐盐水对碳钢和标准的13Cr钢进行室内试验时,使用在套管井中普遍使用的 $2\sim 4mL/cm^2$ 的真实体积与表面积比是危险的。如果比率大到不真实的程度,那么在碳酸亚铁保护膜形成之前将产生严重腐蚀。如果用金属失重在短期内测量腐蚀速率,将得到失真和错误的结果。不需要使用高流体体积与金属表面积比,除非所试验的金属是用来做电缆的。

(3)避免进行短期失重测量。

尽管在室内试验时使用了真实流体体积与金属表面积比,浸泡在含大量酸性气体的甲酸盐盐水中的金属在形成保护膜的同时,腐蚀速率将出现一个初始峰值。如果随时间进行线性外推,在这种条件下,碳钢和标准13Cr钢试样的短期失重测量值将产生一个易误解的高表观腐蚀速率。推荐用连续线性极化电阻对失重进行校准。线性极化电阻的测量值应该是连续的,除非保护膜已经形成而且腐蚀速率已达到恒定值。形成保护膜所需要的时间取决于温度和金属类型。如果使用失重测量值,推荐使用最少为30天试验周期的最小测量值。如果使用这种方法测得了不真实的高腐蚀速率,那么在长的时间周期内进行重新测量或使用线性极化电阻法(对失重进行校准)。

(4)绝不能使用硼钛酸盐(例如派拉克斯玻璃)玻璃容器进行甲酸盐腐蚀试验。

硼钛酸盐玻璃在甲酸盐的作用下释放出腐蚀化学剂。这些腐蚀性物质将造成不真实的高腐蚀速率,从而不能模拟现场环境将要发生的问题。

(5)绝不能在高浓度甲酸盐盐水中使用缓蚀剂。

腐蚀剂妨碍了金属在甲酸盐盐水中形成天然的保护膜并可能引起局部腐蚀和点蚀。

(6)要知道室内试验时使用气体充满顶部空间的反应釜不能模拟井下条件。

由于甲酸盐强大的pH值缓冲作用,为了中和达到上缓冲限含量的缓冲剂和引发期二氧化碳腐蚀,必须往试验釜内充入大量的二氧化碳。对所报道的多数腐蚀速率进行了测量,测量是金属浸泡在由二氧化碳在顶部空间造成的分压(即1MPa)大到足以使pH值降低到下缓冲限水平之后进行的。重要的是要记住,实验室环境代表的是绝对恶劣的实际条件,模拟的是大量二氧化碳持续地侵入井眼。而实际上经常发生的情况是,较高含量的缓冲剂没有被中和,而油井中的实际腐蚀速率更接近于用不含二氧化碳中的甲酸盐盐水的腐蚀试验所获得的腐蚀速率。对于卤族盐水来说情况就不是这样,即便是有少量二氧化碳侵入就足以诱发生成碳酸并开始产生二氧化碳腐蚀。存在不实际的气帽也可能引起甲酸盐的催化分解,这种情况在室内试验时经常遇到,而在现场是不会发生的。

二、现场使用甲酸盐盐水时的注意事项

正确地使用缓冲甲酸盐盐水将可以避免在高温高压井中发生腐蚀问题。现场使用应注意以下事项:

(1)不应在甲酸盐盐水中使用缓蚀剂。

缓冲甲酸盐盐水对碳钢和耐腐蚀合金钢具有天然的保护作用。在甲酸盐盐水中添加缓蚀剂没有任何必要,不仅会增加成本,还可能引起局部腐蚀。

在缓冲甲酸盐盐水被大量的二氧化碳侵入,达到缓冲下限pH值的情况下,没有缓蚀剂反而能够使碳酸亚铁保护膜最快地形成,从而能够更好地防止二氧化碳造成的腐蚀。而缓冲体

系起作用时,整个溶液的pH值维持在弱碱性环境,腐蚀速率很低,不需要采用任何方法做进一步的防护。

为了抑制甲酸盐的催化分解曾经推荐使用含有硫氰酸盐的缓蚀剂,但是,含硫缓蚀剂在高温和无锌环境中会引起敏感金属的开裂。在实际的井下条件下,甲酸盐是不会发生催化分解的,同时基于上述开裂的风险,不应使用含有硫氰酸盐的缓蚀剂。

(2)使用碳钢和13Cr电缆要小心。

在使用电缆时,如果发生大量二氧化碳侵入(侵入量大到足以破坏缓冲体系使pH值降低到下缓冲限),可能会引发严重的二氧化碳腐蚀。原因之一是电缆金属的表面积与盐水体积之比非常低,因而在碳酸亚铁保护膜在电缆表面形成之前可能会发生严重腐蚀。因此,如果存在二氧化碳大量侵入的风险且没有相应对策时,不推荐在甲酸盐盐水中使用碳钢和13Cr材质的电缆。还要小心的是,如果采用的金属表面积与流体体积比不符合实际情况,室内试验结果可能是错误的。

(3)一定要使用缓冲剂。

如果使用了未添加缓冲剂的甲酸盐盐水,应注意二氧化碳侵入所造成的后果。在这种情况下,甲酸盐盐水的腐蚀风险将与卤族盐水相似。因为在仅有少量二氧化碳侵入后即开始发生腐蚀,而保护膜的形成速度却很慢且不致密[17]。

(4)甲酸盐盐水与镀锌钢材不匹配。

甲酸盐盐水在高温下会腐蚀镀锌钢材。甲酸盐盐水会腐蚀钢材表面的锌,而使用碳酸盐/碳酸氢盐缓冲剂并不能使其减缓。幸运的是,井下设备或管材通常不用镀锌钢材来制造。

第九节 甲酸盐盐水现场使用情况

一、甲酸盐盐水在高温高压井的使用情况

10多年来,甲酸盐盐水已经在150多口井底温度高达216℃、压力最高达到117MPa的高温高压井中应用。自从在第一口高温高压井中使用以来,当按照本书所介绍的指南使用时,从来没有发生甲酸盐盐水引起的腐蚀事故。表6-9-1中给出了现场部分井的使用情况。

表6-9-1 甲酸盐盐水在高温高压油田的现场使用情况

项目		BP公司 Rhum 油田3/29a	壳牌公司某海上油田	马拉松公司布莱马油田	BP公司戴维尼克	道达尔公司埃尔金/富兰克林油田	挪威国家石油公司呼尔杰油田
井号		3	6	1	1	10	6
烃类		伴生气	伴生气	伴生气	伴生气	伴生气	伴生气
最高温度	℃	149	182	135	146	204	149
	℉	300	360	275	295	400	300
完井材料		CRA	S13Cr	25Cr	13Cr	13Cr	25Cr	S13Cr
尾管材料		CRA	S13Cr	25Cr	22Cr	VM110	P110	S13Cr

第六章 甲酸盐盐水对金属性能的影响

续表

项目		BP 公司 Rhum 油田 3/29a	壳牌公司某海上油田	马拉松公司布莱马油田	BP 公司戴维尼克	道达尔公司埃尔金/富兰克林油田	挪威国家石油公司呼尔杰油田
封隔器材料	CRA	718	718	718	718	718	718
盐水密度, g/cm³		2.00~2.20	2.05~2.20	1.80~1.85	1.60~1.65	2.10~2.20	1.85~1.95
储层压力	MPa	84.8	105.6	74.4	72.4	115.3	67.5
	psi	12300	15320	10800	10500	16720	9790
CO_2 含量, %		5	3	6.5	3.5	4	4
H_2S 含量, mg/L		5~10	20	2.5	5	20~50	10~14
浸泡时间, d		250	65	7	90	365×1.6	45
用途		射孔、完井、修井	压井、连续管作业、修井、射孔	修井、射孔	钻井、完井	修井、完井、连续管作业、压井、射孔	钻井、完井、下筛管

项目		挪威国家石油公司 Kvitebjørn 油田	挪威国家石油公司 Kristin 油田	BP 公司高岛油田 A-5	德文西方喀麦隆 165 A-7, A-8	德文西方喀麦隆 165 575 A-3	瓦尔特油气石油公司 O&G 莫比尔湾 862
井号		7 号井	7 号井	1	1	1	1
碳氢化合物		伴生气	伴生气	天然气	伴生气	天然气	天然气
最高温度	℃	155	171	163	149	135	216
	℉	311	340	325	300	275	420
完井材料	CRA	S13Cr	S13Cr	S13Cr	13Cr	13Cr	G-3
尾管材料	CRA	13Cr	S13Cr	S13Cr	13Cr	13Cr	G-3
封隔器材料	718	718	718	718	718	718	G-3
盐水密度, g/cm³		2.00~2.06	2.09~2.13	2.11	1.03	1.14	2.11（封隔器 1.49）
储层压力	MPa	81	90	99	80	74	129
	psi	11700	13000	14359	11650	10731	18767
CO_2 含量, %		2~3	3.5	5	3	3	10
H_2S 含量, mg/L		10（最大）	12~17	12	5	5	100
浸泡时间, d		57	57	4, 365×3（在封隔器中）	365×(2~1.3)（在封隔器中）	365×1.4（在封隔器中）	20, 365×1.5（在封隔器中）
用途		钻完井、下筛管、尾管	钻完井、下筛管	压井、完井、下封隔器	下封隔器	下封隔器	压井、完井、下封隔器

二、现场使用甲酸盐盐水措施不当而引发腐蚀的实例及教训

1. 电缆损坏 1

随着镀锌电缆在甲酸盐盐水中的使用,已有了镀锌电缆在甲酸盐盐水中损坏的报道。损坏分析的结论是缆线周围的镀锌层已被腐蚀掉而镀锌层下面的碳钢基体浸泡在硫化氢溶液中,因而局部位置发生了点蚀。

与卤族盐水相比,缓冲甲酸盐盐水与浸泡在大量酸性气体中的碳钢配伍。然而,这仅仅适用于流体体积与金属表面积比较低的情况,而不适用于电缆。

2. 电缆损坏 2

Hydro 公司在北海的一口伴生气井的重新完井期间,碳钢电缆发生了腐蚀损坏。碳钢电缆浸泡在超级 13Cr(2Mo) 油管内温度为 131℃ 的甲酸盐盐水中。盐水被大量的二氧化碳侵入,由于缺少缓冲剂盐水被酸化。损坏分析结论是,发生了严重腐蚀,而且电线的颜色已经变黑,黑色可能是碳酸亚铁保护膜的颜色,严重腐蚀必须在碳酸亚铁保护膜形成之前发生。由于缺乏碳酸盐(没有缓冲剂)以及液体体积与金属表面积比等因素的影响,保护膜的形成速度缓慢。

此次事故的教训:

(1) 应始终保持甲酸盐盐水的缓冲能力。在这种情况下,如果盐水中添加了缓冲剂,酸性气体侵入量将不可能大到降低盐水的 pH 值,而且电缆也不会被腐蚀。在酸性气体的侵入量大到足以破坏缓冲体系的情况下,大量的碳酸盐将通过防止进一步酸化起到抑制腐蚀的作用,而且有助于加快碳酸亚铁保护膜的形成。

(2) 要小心对待甲酸盐盐水中的碳钢和 13Cr 电缆。由于在电缆作业中普遍出现较高的液体体积与金属表面积比,如果估计会发生大量的酸性气体侵入,要小心对待。在体积与表面积比较高的情况下,在保护膜形成前,即便是缓冲甲酸盐盐水也可能发生严重的腐蚀。

3. 使用硫氰酸盐缓蚀剂而引发的腐蚀

在巴西的一口井中,在甲酸盐压井液中添加了硫氰酸盐,造成 22Cr 双相不锈钢油管损坏。在甲酸盐压井液中,含硫缓蚀剂的热降解会造成管柱的点蚀,这些点蚀坑加剧了应力集中,可能引起管件的脆性断裂。就像在卤族盐水中一样,硫氰酸盐在高温下的热分解引起耐腐蚀合金的环境开裂。甲酸盐盐水不应使用硫氰酸盐和其他的缓蚀剂。

4. 使用未缓冲甲酸盐盐水引发的腐蚀

据报道,在 1996—2000 年期间,德国莫比尔公司在德国北部的高温高压气田用未缓冲的甲酸钠/甲酸钾钻井液打开油层,共实施了 15 口井。这批井的井底静温约为 150℃。3 年来,莫比尔公司用甲酸盐盐水钻高温高压气井没有发生过复杂情况,但 1999 年,在该油田的泽合林根 Z7 井发生井涌时,气体分析表明,在未缓冲甲酸盐盐水中存在一定含量的氢气。当时认为,氢气来源于甲酸的分解,因井涌使含大量二氧化碳的气体侵入井眼,而在低 pH 值下的化学平衡促使甲酸盐盐水解生成了甲酸根离子。在添加了碳酸钾后,pH 值上升并在压井液中产生了一些 pH 值缓冲剂,确认盐水不会进一步释放氢气。

Hydro 公司研究中心进行了在实际的氢气分压下甲酸盐的分解试验,由此产生了新的认识。目前,我们可以完全肯定泽合林根井中生成氢气的原因并不是甲酸的分解(最高温度为

150℃)。在二氧化碳侵入期间,未缓冲甲酸盐盐水在静态条件下会产生低的 pH 值,这时在泽合林根井中看到的更可能是其他反应(如腐蚀或聚合物降解)产生的氢气。没有采用添加碳酸盐/碳酸氢盐缓冲剂来防腐,腐蚀速率将随着酸性气体侵入量的增加而增大。

不考虑在井中生成氢的实际原因,通过添加适量的缓冲剂,氢气将不再产生。在初始阶段通过添加适量的缓冲剂,在酸性气体侵入时 pH 值不可能下降。在任何情况下,缓冲剂都可以防止 pH 值下降到 6~6.5。通过缓冲维持适当的 pH 值,可以把因为酸水解而导致的生物聚合物降解控制到最低程度,而与缓冲甲酸盐盐水相比,随着酸性气体的侵入,甲酸的形成量也将大幅度地降低。

5. 封隔器损坏不是使用甲酸铯盐水造成的

2000 年,从道达尔公司北海的埃尔金 3 井中取出了一个带有制造缺陷的 SAB3 封隔器,在井口检查时发现 718 合金组件有开裂的迹象。

SAB3 封隔器在投用不久就失去密封功能而在数周内开始了修井作业。封隔器的制造商错误地认为完井作业使用的甲酸铯盐水是造成开裂的原因。

道达尔公司对事故进行了调查,结论是开裂不是甲酸铯盐水引起的:

(1)FB3 封隔器在纯净甲酸铯盐水中成功地坐封和试压。

(2)在井底循环期间,氢探测仪显示只有痕量的氢(0.012%~0.030%)。基于此得出的结论是,没有任何甲酸盐分解的证据,不存在腐蚀或腐蚀的程度极低。在全过程中监测了 pH 值,而 pH 值始终在 9.5~10.0 范围内。

(3)然后用甲酸盐盐水和一个完整的 SAB3 封隔器进行完井作业。一旦 FB3 封隔器到达了特定的位置,管柱从悬挂器处被隔开,而首先替入甲酸钾盐水,然后替入添加了硫氰酸钠的水(在此之前,在流动回路中使用甲酸铯盐水成功地进行了试验以便检验在高温高压条件下循环盐水而不损坏 SAB3 封隔器的可行性——下封隔器以后的密封能力)。

(4)SAB3 封隔器投用不久就失去密封功能而导致在数周内就开始了修井作业。在压井作业期间,再一次替入甲酸盐盐水。SAB3 封隔器浸泡在甲酸铯盐水中总共不超过 2d。

道达尔公司认为,封隔器开裂是由硫氰酸盐引起的。众所周知,硫氰酸盐会在高温下分解释放硫化氢并造成高温高压井中的耐腐蚀合金开裂。在过去的 6 年中,718 合金材质制造的类似封隔器在以后打的 8 口井中,在相似的条件下已浸泡在甲酸铯盐水中,但在压井液中没有添加硫氰酸钠。

三、甲酸铯盐水与溴化锌盐水的腐蚀对比

表 6-9-2 给出了在高密度甲酸盐盐水及溴化锌和溴化钙盐水混合物中的碳钢,在 204℃温度下试验的结果,两种盐水的密度皆为 2.18g/cm³。

表 6-9-2 在 204℃时,碳钢(P110)产生的均匀腐蚀速率和局部腐蚀速率

试验流体	均匀腐蚀速率		最大点蚀速率	
	mm/a	mil/a	mm/a	mil/a
CaBr₂/ZnBr₂ 未加缓蚀剂	0.84	33	7.72	304
CaBr₂/ZnBr₂ 添加缓蚀剂	0.66	26	13.1	517
甲酸铯盐水	0.008	0.3		

表 6-9-2 中的试验是在 100mL 的碳钢高压容器中进行的。容器壁的腐蚀程度是浸泡在盐水中 12 天后通过测量容器的质量损失来确定的。可看出，$CaBr_2/ZnBr_2$ 盐水在液相和蒸汽的界面处促成了严重的局部腐蚀。在含有缓蚀剂的情况下，或多或少地降低了均匀腐蚀速率，但发生了更严重的局部腐蚀。碳钢的质量损失比未加缓蚀剂的甲酸盐盐水高 100 倍，而在溴化物盐水中，金属的局部腐蚀深度要比在甲酸盐盐水中的腐蚀深度约高 1000 倍。在甲酸盐盐水中没有发现严重的局部腐蚀或点蚀，而只遇到可以忽略的均匀腐蚀。

试验中，监测到在高压釜的顶部空间形成压力，而试验表明，溴化物盐水在 204℃ 高温下所产生的压力要比甲酸盐盐水在同样温度下所产生的压力高。卤化物盐水中所形成的压力，是因为氢气的形成而引起的。

参 考 文 献

[1] NACE MR 0175/ISO 15156-3 Petroleum and natural gas industries – Materials for use in H2S containing environments in oil and gas production" – Part 3: "Cracking – resistant CRAs (corrosion – resistant alloys) and other alloys".

[2] Craig B, Webre C M. Stress Corrosion Cracking Corrosion Resistant Alloys in Brine Packer Fluids[R]. SPE 93785, 2005.

[3] NACE 04357:2004 CO_2 Corrosion Steel in Formate Brines for Well Applications[S].

[4] Leth – Olsen H. CO_2 Corrosion in Bromide and Formate Well Completion Brines[R]SPE 95072, 2005.

[5] Downs J D, et al. Inhibition CO_2 Corrosion by Formate Fluids in High Temperature Environments[C]. Proceedings ˚F the RSC Chemistry in the Oil Industry IX Symposium Manchester UK, 2005.

[6] Piccolo E L, Scoppio L, Nice P I. Corrosion and Environmental Cracking Evaluation High Density Brines for Use in HPHT Fields[R]. SPE 97593, 2005.

[7] NACE 04113 2004 Corrosion and Environmental Cracking Testing a High – Density Brine for HPHT Field Application[S].

[8] Downs J D, Leth – Olsen H. Effect Environmental Contamination the Susceptibility Corrosion Resistant Alloys to Stress Corrosion Cracking in High – Density Completion Brines[R]. SPE 100438, 2006.

[9] Stevens R, et al. Oilfield Environment – Induced Stress Corrosion Cracking CRAs in Completion Brines[R]. SPE 90188, 2004.

[10] NACE 02067:2002 Stress Corrosion Cracking a Cold Worked 22Cr Duplex Stainless Steel Production Tubing in a High Density Clear Brine $CaCl_2$ Packer Fluid[S].

[11] NACE Standard MR 0175 /ISO 15156 – 2:2003 Petroleum and Natural Gas Industries – Materials for use in H_2S Containing Environments in Oil and Gas Production" – Part 2 Cracking – resistant Carbon and Low Alloy Steels and the Use Cast Irons[S].

[12] Davidson E, Hall J. An Environmentally Friendly Highly effective Hydrogen Sulphide Scavenger for Drilling Fluids[R]. SPE 84313, 2003.

[13] Mowat D E. Erskine Field HPHT Workover and Tubing Corrosion Failure Investigation[R] SPE/IDAC 67779, 2001.

[14] NACE 06134:2006. Corrosion Problem and its Countermeasure 3% Production Tubing in NaCl Completion Brine on the Statfjord Field[S].

[15] Glass A W. High Pressure High Temperature Developments in the United Kingdom Continental Shelf[R]. Research Report 409by Highoose Limited for the Health and Safety Executive, 2005.

[16] Ke M, Qu Q. Thermal Decomposition ˚F Thiocyanate Corrosion Inhibitors: A Potential Problem for Successful

Well Completions[R]. SPE 98302,2006.
[17] Messler D,et al. A Potassium Formate Milling Fluid Breaks the 400° Fahrenheit barrier in Deep Tuscaloosa Coiled Tubing Clean – out[R]. SPE 86503,2004.

第七章 甲酸盐盐水对泥页岩井壁稳定性的影响

泥页岩地层井壁稳定性问题一直是影响钻进时效的主要因素之一。通常情况下,如果选用的钻井液体系不能够有效抑制泥页岩地层井壁失稳,将会大大影响钻进的效率,甚至引起严重的井下复杂情况。而根据工程实践,甲酸盐钻井液具有良好的保持泥页岩井壁稳定的特性,为了更好地指导甲酸盐盐水的应用,本章将从泥页岩井壁失稳机理、甲酸盐盐水稳定泥页岩作用机理以及甲酸盐盐水实验及现场应用等方面展开论述。

第一节 泥页岩井壁失稳机理

井壁失稳是泥页岩地层钻井工程中常遇到的井下复杂情况之一,严重影响地质资料的录取、钻井速度、质量及成本[1]。原始泥页岩处于一定的埋深,受到原始地应力及孔隙压力的作用。当泥页岩地层被钻开后,泥页岩就暴露于改变的应力环境中,地层原始平衡状态被破坏。如果改变后的应力环境超过了泥页岩地层本身的强度,则泥页岩会失去稳定,进而造成不同类型的井下复杂情况。为了防止泥页岩失稳,需要重新建立泥页岩应力与强度之间的平衡状态。

影响地层有效应力的因素主要包括井筒压力、孔隙压力、原始地应力、井眼轨迹以及井斜角等。井壁任意一点的有效应力主要由3个主应力组成:沿井径方向的径向应力、沿井眼周向的周向应力(切向方向)以及与井眼轨迹平行的轴向应力。为了防止井壁发生剪切破坏,剪切应力状态(由应力分量差异引起)不应超过剪切强度包络线。

力学因素引起的井壁失稳问题可以通过重新建立应力—地层强度平衡来解决,比如调整钻井液密度、控制钻井液当量循环密度等。而化学因素引起的井壁失稳问题,与力学因素不同,通常与地层钻开的时间长短相关。化学因素引起的井壁失稳问题可以通过选择恰当的钻井液类型、向钻井液中添加适当的处理剂来减缓泥页岩与钻井液的相互反应来解决。如果钻井液类型或者处理剂选择得当,甚至能够使得泥页岩中流体流向井筒,降低近井壁地带孔隙压力,防止泥页岩强度下降[2]。

一、泥页岩地层井壁失稳—渗透理论

泥页岩地层井壁失稳主要与泥页岩本身特点有关。泥页岩是具有大量泥质含量的细颗粒沉积岩,因大量泥质含量的存在,因此其与水接触便会存在水化与膨胀等问题,从而导致岩石强度降低[3]。

控制泥页岩的膨胀压力,可以防止泥页岩井壁发生失稳,而泥页岩的膨胀压力与泥页岩所接触流体中水及离子的运移相关。针对泥页岩遇水膨胀的机理,主要有渗透理论、膨胀压力理论以及有效应力理论等。

渗透理论:确定岩层总有效孔隙压力是确定真实有效应力的关键。对于泥页岩,确定有效孔隙压力非常困难,这是因为这类岩层通常具有低渗透率,但却表现出较强的渗透吸力,通常被认为是负的化学孔隙压力。水化学势理论显示,泥页岩中的水处于化学拉应力状态(相对

于大气压力),通常看作是负孔隙压力。

为了量化孔隙流体的渗透压力,需要进行一定的测量及计算。逸度($\bar{f_i}$)是表述流体摩尔自由能的一种方式,是与系统(u_i)化学势相关的衡量水逃逸趋势的指标。

$$u_i = RT \cdot \ln \bar{f_i} + B(T) \qquad (7-1-1)$$

式中 R——气体常数;

T——绝对温度;

$B(T)$——特定物质在给定温度条件下的常数。

在一定温度条件下,岩石中水的额外化学势能可由岩石中水的化学势能(u)减去水在标准状态下的化学势能(u_0):

$$u - u_0 = RT\ln \bar{f} + B(T) - [RT\ln \bar{f_0} + B(T)] = RT\ln \frac{\bar{f}}{\bar{f_0}} \qquad (7-1-2)$$

对于实际应用,逸度比$\bar{f}/\bar{f_0}$可由蒸汽压比p/p_0代替,其中p表示岩石中水的蒸汽压,p_0表示水处于标准状态下的蒸汽压力。因此式(7-1-2)变为:

$$u - u_0 = RT\ln \frac{p}{p_0} \qquad (7-1-3)$$

假设流体不可压缩,其渗透压势能($p\pi$)与化学势能$u-u_0$有如下关系:

$$u - u_0 = \bar{V}p\pi \qquad (7-1-4)$$

式中 $\bar{V}$——水的偏摩尔体积。

根据式(7-1-4)可知:

$$\bar{V}p\pi = RT\ln \frac{p}{p_0}$$

或

$$p\pi = \frac{RT}{\bar{V}}\ln \frac{p}{p_0} \qquad (7-1-5)$$

根据式(7-1-5)即可计算得出泥页岩中水的理论渗透压势能($p\pi$)。需要指出的是,该式成立的基础是存在一个较理想的膜(能够阻止离子通过)。式(7-1-5)显示,如果岩石中液体相对蒸汽压小于1.0,则渗透压力势能为负,大小与相对蒸汽压成对数关系。该压力即认为与吸入压力相等。

二、泥页岩地层井壁失稳—膨胀压力理论

假设存在一个两相的闭合系统,其中一相为纯水,另一相为湿润的泥页岩(水活度小于1)。假设纯水与泥页岩由一个刚性膜(只允许水通过)分隔。如果纯水与泥页岩的温度和压力均相同,那么由于水活度的不同,会存在水透过膜向泥页岩运移的趋势。为了建立平衡,需要逐步加大泥页岩的侧向应力,使得泥页岩中水的偏摩尔自由能要与纯水中的偏摩尔自由能相等。建立平衡需要的侧向应力的大小与渗透压力势能相等。根据定义,泥页岩中水的活

度为:

$$u - u_0 = RT\ln(a_W) \qquad (7-1-6)$$

式(7-1-6)与式(7-1-3)和式(7-1-4)联合可得:

$$p\pi = \frac{RT}{V}\ln(a_W) = \frac{RT}{V}\ln\frac{p}{p_0} \qquad (7-1-7)$$

由此:

$$a_W = \frac{p}{p_0} \qquad (7-1-8)$$

泥页岩中水由于离子以及带有电荷黏土的存在而处于较低的势能状态,而纯水具有较高的势能,泥页岩中的蒸汽压就小于纯水中的蒸汽压。因此 p_0 大于 p,渗透压势能为负,表现为泥页岩与任何纯水接触均表现为水吸入。

对于两相的闭合系统,如果一相为钻井液,另外一相为含有饱和水的泥页岩,则泥页岩渗透压力势能 $p\pi$ 可由式(7-1-7)表达为:

$$p\pi = \frac{RT}{V}\ln\frac{a_W}{a_{df}} \qquad (7-1-9)$$

式中 a_{df}——钻井液活度;
a_W——泥页岩中水的活度。

式(7-1-9)可用于计算泥页岩与不同活度钻井液接触时的渗透压力。

三、泥页岩地层井壁失稳—有效应力理论

根据太沙基有效应力理论可知:

(1)增加材料外部静水压力引起的材料体积变化,与降低相同数量材料内孔隙压力引起的体积变化相同;

(2)抗剪强度只与正应力与孔隙压力之间的差值有关。也就是说,决定岩石是否失稳的因素是有效应力,而不是总应力。

有效正应力($\overline{\sigma}$)等于总正应力(σ)减去孔隙水压力(p_h)。

$$\overline{\sigma} = \sigma - p_h \qquad (7-1-10)$$

太沙基有效应力公式未考虑渗透压势能,而对于含有黏土矿物的地层,需要引进渗透压势能($p\pi$),因此总有效孔隙压力可以表示为:

$$p_T = p_h + p_\pi \qquad (7-1-11)$$

因此,当计算含有黏土矿物地层的有效应力时,式(7-1-10)变为:

$$\overline{\sigma} = \sigma - p_h - \frac{RT}{V}\ln\frac{p}{p_0} \qquad (7-1-12)$$

考虑到岩石颗粒接触面无孔隙水压力作用,比奥引入系数 α(Biot 系数),因此式(7-1-

12)变为:

$$\overline{\sigma} = \sigma - \alpha\left(p_h + \frac{RT}{V}\ln\frac{p}{p_0}\right) \quad (7-1-13)$$

对于泥页岩,α 通常大于 0.95。

反射系数:根据上述理论及公式可知,理论渗透压力需要一个理想的膜(能够严格限制离子进出泥页岩)存在。而对于水基钻井液,不存在这样理想的膜,钻井液中的水与离子均会进入泥页岩。因此,实际膨胀压力要小于理论值。

实际膨胀压力与理论膨胀压力的比值能够体现膜效率,弗里茨(Fritz)定义该比值为反射系数。该系数可以用来对比不同钻井液类型进入泥页岩的相对难易程度[4]。

通常,泥页岩的孔隙细小,具有较低的孔隙度和渗透率,细小的孔隙表面因为黏土负电荷的存在,使得泥页岩具有膜的特性。当泥页岩暴露于钻井液时,滤液中的阳离子与阴离子因受到排斥而无法进入地层,而不带电荷的水则可以自由地进入泥页岩孔隙,从而导致泥岩膨胀,形成泥页岩内部应力,应力的形成则会进一步导致泥页岩的破碎、坍塌。上述膨胀—坍塌的过程不断进行,从而使得井径不断扩大。通过控制钻井液中的化学势,可以解决泥页岩地层井壁失稳的问题,其主要原理便是控制滤液中水的活度。通过控制滤液中水的活度,可以减少水通过渗透作用向地层的渗透,从而减少泥页岩地层膨胀、坍塌等情况的发生,维持井壁的稳定性。该解决方法相比在泥页岩地层使用油基钻井液既经济又环保。然而,通过该方法控制井壁稳定的一个主要困难便是泥页岩的膜效应。

钻井液滤液侵入泥页岩主要受驱动力以及液流侵入阻力影响。驱动力主要由两部分组成:水力压力梯度和化学势能梯度。对于水力压力梯度因素,可以通过调整钻井液密度来控制,而对于化学势能梯度,可通过调整钻井液化学组分来控制。液流侵入阻力与钻井液滤液物理性质(附着力和黏度)、泥页岩本身特性有关。驱动力与流动阻力的平衡是控制泥页岩井壁稳定的关键,可以通过控制钻井液物理—化学性质而实现[3]。

四、泥页岩地层井壁失稳的主要表现

根据上述理论,结合钻井实际过程中的表现,泥页岩失稳主要可以归纳为以下 3 种方式:(1)井壁失稳;(2)钻屑分解;(3)钻头泥包。

1. 井壁失稳

井壁失稳的实质是力学不稳定。当井壁岩石所受的应力超过其本身的强度时,就会发生井壁失稳。其原因十分复杂,主要可以归纳为力学因素、物理化学因素和工程技术措施等 3 个方面,但后两个因素最终均因影响井壁应力分布和井壁岩石的力学性能而造成井壁失稳。在钻井过程中保持井壁处于力学稳定的必要条件是钻井液密度必须大于地层坍塌压力对应的当量钻井液密度,并小于地层破碎压力对应的当量钻井液密度。因此说,选择合适的钻井液密度,是稳定井壁的前提。

传统的泥页岩抑制剂不能解决由钻井液滤液入侵导致压力入侵进而所造成的井壁失稳问题。这是因为,抑制性处理剂(离子)侵入井壁周围泥页岩层的速度远远低于压力的侵入速度。对于低渗透性泥页岩,孔隙压力的侵入速度预计将超过离子扩散速度 1~2 个数量级[1]。因此,由滤液达西流动引起的井壁失稳问题,只能通过阻断或减缓滤液入侵速率而缓解,如提高滤液的黏度、通过渗透压作用使液体回流[1,5]、降低泥页岩渗透率(封堵孔隙)等,在实际作业中,经常结合使用上述方法。

2. 钻屑分解

钻屑被从基岩切削下来进入钻井液后,其所受的原始应力即被钻井液压力取代。单一径向压力作用于钻屑,有如下表达式：

$$\sigma_r^{eff} = p_{mud} - p_{pore} - p_{swelling} \qquad (7-1-14)$$

式中 σ_r^{eff}——径向有效应力,Pa;

p_{mud}——钻井液压力,Pa;

p_{pore}——孔隙压力,Pa;

$p_{swelling}$——膨胀压力,Pa。

当钻井液压力大于孔隙压力与膨胀压力之和时,作用于钻屑的压力表现为压应力,但当孔隙压力与膨胀压力之和大于钻井液压力时,就会表现出拉应力。如果拉应力超过泥页岩本身的抗拉强度,钻屑内部薄弱部位就会出现局部失稳。

通常情况下,钻井液压力能够控制刚刚钻下的钻屑不失稳、分散,但钻屑随着循环不断向上运移,钻井液压力逐渐下降,钻屑所处的外围压力逐步降低;随着钻井液中的水不断侵入钻屑,其内部胶结力逐步消失,直至钻屑水化、分散。

可以通过向钻井液中添加泥页岩抑制剂或者包被剂等手段来提高钻屑的稳定性,比如添加一些高相对分子质量聚合物(如 PHPA 等),也可以通过提高滤液黏度、封堵孔隙或诱发孔隙流体渗透回流而阻止水侵入,保持钻屑稳定。

3. 钻头泥包

钻头泥包是由于在易吸水膨胀的泥页岩地层中钻进时,由于环空返速过低,钻井液黏度高及滤失量大,吸水膨胀的岩屑黏附在钻头上,没能及时被上返的钻井液所清洗而造成的。在上提钻具的过程中,容易因钻头泥包而引起卡钻。

防止钻头泥包卡钻可采取以下措施：(1)选用合适的环空返速,及时携带岩屑；(2)依据地层的特性,选用抑制性强的钻井液；(3)在钻井液中加入钻头防泥包剂,改善钻井液的润滑性能,降低岩屑在钻头上的黏附力等。

第二节 甲酸盐盐水稳定泥页岩的作用机理

井壁失稳问题主要发生在使用水基钻井液的作业过程中。为了防止或减轻井壁失稳问题的发生,水基钻井液中往往会添加一系列泥页岩抑制剂,但这些处理剂多少都存在一定的局限性。

在目前常见的水基钻井液类型中,甲酸钾和甲酸铯盐水的泥页岩抑制效果最好。这是因为,甲酸盐盐水本身具有稳定泥页岩的特性,且这种特性不会随使用时间的推移而下降,这点是其他类型的水基钻完井液(通过处理剂来抑制泥页岩失稳)所不具备的。

以甲酸盐为基液而形成的新型低固相钻完井液是 20 世纪 90 年代为适应多种钻井完井新

技术发展要求逐步研究开发形成的。甲酸盐钻(完)井液常选用的甲酸盐有 NaCOOH、KCOOH 和 CsCOOH,它们都可以由甲酸(HCOOH)与碱金属氢氧化物相互作用而成。甲酸盐的防塌机理有4点:(1)电荷中和,甲酸盐溶液中离子浓度高,压缩黏土胶体颗粒双电层能力强,使黏土负电性大大减弱,水化膨胀能力降低;(2)低活度、饱和甲酸盐溶液自由水较少,水活度非常低的高浓度甲酸盐溶液产生的高渗透压差,阻止压力传递到泥页岩中,从而抑制泥页岩水化膨胀、分散;(3)甲酸盐溶液黏度高,使水不易进入;(4)K^+ 和 Cs^+ 阳离子置换蒙脱土中的钠离子形成不易膨胀分散的稳定结构。甲酸盐钻(完)井液具有很多优良特性:可以随意调节密度以适应各种实际的需要(1.00~2.37);具有很好的高温稳定性和极强的抑制性;与其他常用钻完井液处理剂和储层流体具有良好的配伍性;对钻完井设备的腐蚀性较低;无毒易降解,对环境无污染;有较好的流动特性;很大程度地降低了摩阻压力损失,有利于提高钻速[6]。

甲酸盐盐水,尤其是甲酸钾和甲酸铯盐水,具有如下特性:(1)盐水(滤液)黏度高;(2)渗透作用高;(3)存在抑制性阳离子(K^+,Cs^+);(4)含有甲酸根阴离子。这些特性能够缓解和减轻上述泥页岩失稳问题。

一、盐水(滤液)黏度高——提高井壁和钻屑的稳定性

根据达西定律,多孔介质中流体的流速与其黏度成反比。因此,提升滤液黏度,可以减缓滤液进入泥页岩,从而延缓井壁周围孔隙压力升高,进而提高泥页岩稳定性。

通过增加流体黏度可以减缓流体侵入泥页岩。因为侵入泥页岩的是流体滤液,而不是流体本身,因此钻井液滤液的黏度至关重要。生物聚合物或者膨润土都能够大幅提高流体本身的黏度,但流体滤液本身的黏度仍然与水接近。低相对分子质量的增黏剂通常能很容易地进入泥页岩孔隙,增加侵入地层滤液的黏度。典型高效增黏剂如高浓度低聚糖等,一定浓度的盐水以及高浓度低相对分子质量聚合物溶液等。

35%浓度的 $CaCl_2$、76%浓度的 KCOOH、10%浓度以及25%浓度的糖浆的压力传递实验具有代表性的结果如图7-2-1至图7-2-4所示。观测得到的黏液压力剖面与计算得到的压力剖面吻合的非常好。随着黏度增加,压力传递减缓,井眼保持稳定的时间增加。

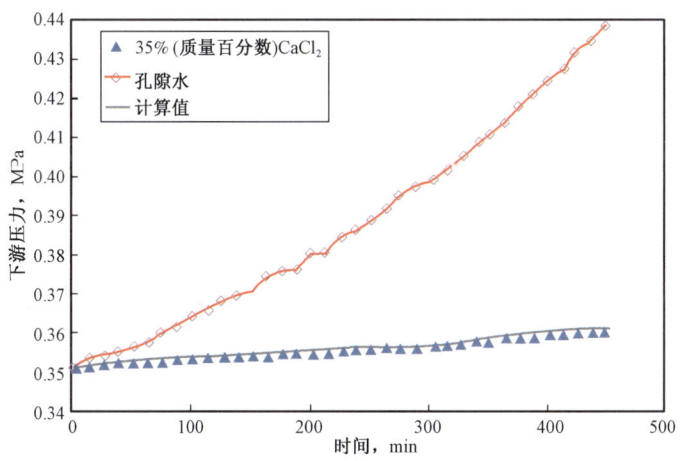

图7-2-1　35%浓度的 $CaCl_2$ 溶液压力传递结果(μ = 5.3cP)

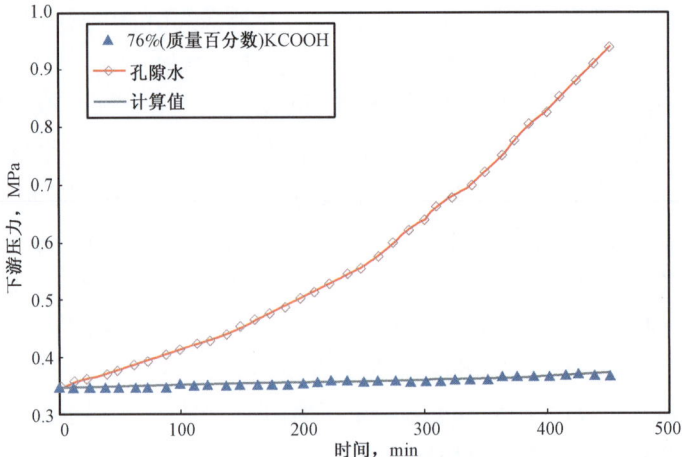

图7-2-2 76%浓度的KCOOH溶液压力传递结果($\mu=17.4cP$)

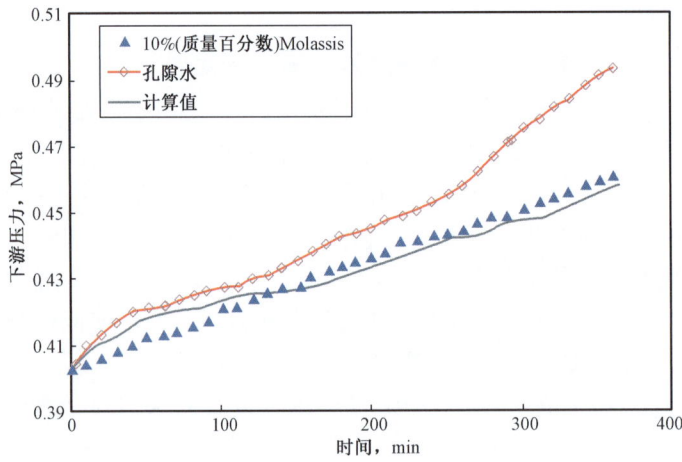

图7-2-3 10%浓度的Molassis溶液压力传递结果($\mu=1.5cP$)

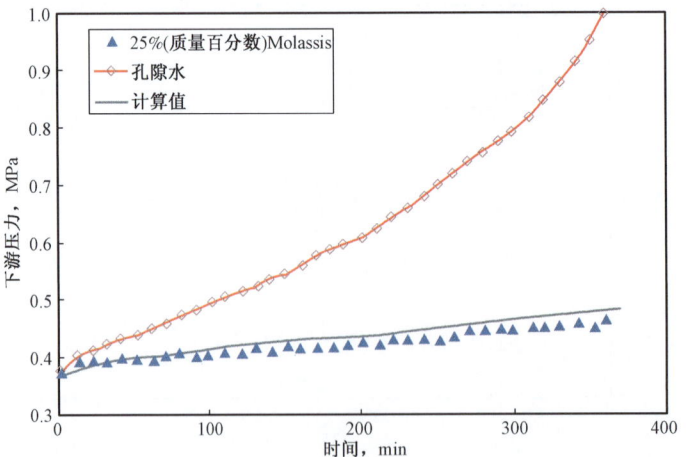

图7-2-4 25%浓度的Molassis溶液压力传递结果($\mu=4.1cP$)

需要注意的是,对于 KCl 一类的盐水溶液,压力的传递速率并没有随着浓度的增加而降低,如图 7-2-5 所示,甚至在达到饱和的条件下,这类盐水溶液的黏度也接近于水的黏度(表 7-2-1)。尽管 KCl 作为一种良好的泥页岩水化和膨胀抑制剂,但其不能够有效阻止流体及其压力侵入泥页岩,以及因此而引起的地层失稳。

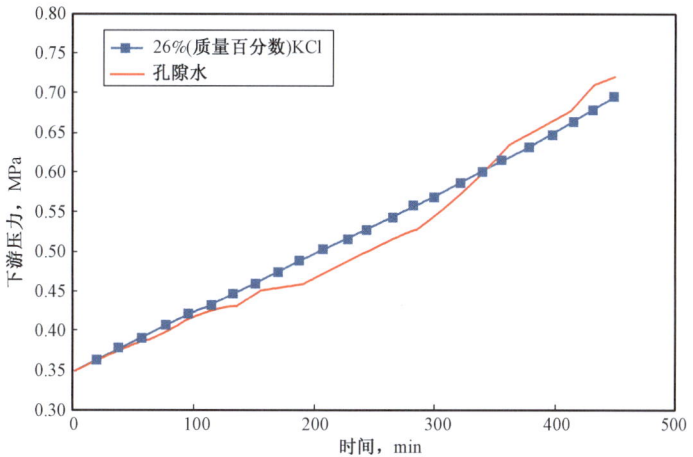

图 7-2-5 26% 浓度的 KCl 溶液压力传递结果($\mu = 1.06$cP)

表 7-2-1 低相对分子质量增黏剂以及 KCl 溶液测量黏度与水的对比

处理剂浓度 %(质量分数)	不同增黏剂黏度与水黏度的比值							
	$CaCl_2$ (20℃)	$MgCl_2$ (20℃)	NaCOOH (25℃)	KCOOH (25℃)	Glucose (20℃)	Sucrose (20℃)	Glycerol (20℃)	KCl (20℃)
5	1.16	1.24	1.13	1.16	1.14	1.14	1.13	0.99
10	1.32	1.57	1.46	1.19	1.33	1.33	1.29	0.99
15	1.56	2.07	1.71	1.26	1.56	1.59	1.48	1
20	1.93	2.86	2.06	1.36	1.9	1.94	1.73	1.01
25	2.5	4.27	2.52	1.46	2.33	2.43	2.05	1.05
30	3.46	7	3.46	1.6	2.94	3.18	2.41	—
40	8.98	—	6.26	1.99	5.48	6.15	3.65	—
50	—	—	—	2.67	11.9	15.4	5.95	—
60	—	—	—	3.74	37.5	58.5	8.33	—
70	—	—	—	8.82	—	48.1	—	—

相比而言,甲酸盐盐水的黏度就高得多。高浓度甲酸钾和甲酸铯盐水的黏度是水的 5~12 倍,因此,这两种甲酸盐盐水侵入泥页岩的流速要远远低于普通水基钻井液的侵入速度,从而减缓压力传递,提高井壁及钻屑的稳定性。这一影响,在含有微裂缝的泥页岩层(即膜效率为0)更为明显[13]。

二、渗透效应——提高井壁和钻屑的稳定性

水在不同化学势下进出泥页岩与溶液透过半透膜的渗透作用相似。渗透作用是溶液由含有低浓度溶解物通过渗透膜(只能渗透溶液,不能渗透溶解物)向具有高浓度溶解物溶液流动的过程。阻止溶液通过半透膜由低浓度渗透到高浓度所需要的压力被称作为渗透压力。对于泥页岩这种非理想的类似于半透膜的情形,渗透过程具有多种流动形态。造成渗透的牵引力主要有:(1)化学势;(2)电位差;(3)压力差;(4)温度差。溶液以及溶解物在泥页岩中的流动可以表示为:

$$J_v = L_p \Delta p + L_{pd} \Delta \pi \tag{7-2-1}$$

$$J_d = L_{dp} \Delta p + L_d \Delta \pi \tag{7-2-2}$$

式中 J_v——透过泥页岩半透膜的流体体积;
　　J_d——扩散流动,衡量盐与水相对速率;
　　Δp——静水压力差值;
　　$\Delta \pi$——由化学势引起的渗透压力;
　　L_p——水力学渗透系数,与传统渗透率系数有关;
　　L_d——溶液溶解系数;
　　L_{pd}——渗透流动系数;
　　L_{dp}——超滤系数。

根据 Onsagar 交互定律,L_{pd} 与 L_{dp} 相同,因此只有 3 个独立系数用来描述该流动系统。

在平衡条件下,式(7-2-1)为 0,可得到:

$$\frac{\Delta p}{\Delta \pi} = -\frac{L_{pd}}{L_p} = \sigma \tag{7-2-3}$$

式中 σ——半透膜反射系数。

理想的半透膜的反射系数为 1,代表没有溶解物透过半透膜。对于泥页岩这种不完全的半透膜来说,反射系数通常介于 0 和 1 之间。

理论渗透压力 $\Delta \pi$ 可由式(7-2-4)确定:

$$\Delta \pi = \frac{RT}{V_w} \ln \frac{a_1}{a_2} \tag{7-2-4}$$

式中 R——气体常数;
　　T——温度;
　　V_w——水在半透膜任意一边的平均偏质量摩尔体积;
　　a_1, a_2——在不同溶液中的水活度[3]。

如果钻(完)井液与孔隙流体之间的化学势失去平衡,则可以通过渗透作用回流来补充液体压力侵入。渗透回流作用常伴随着水活度的改变。需要注意的是,渗透回流机理仅适用于未经破坏的,低渗透泥页岩。而对于那些具有裂缝(如高脆性泥页岩,高应力地区)的泥页岩,低活度的水基钻井液的渗透回流对保持井壁稳定作用不大。

高浓度盐水(比如 KCOOH 盐水)就同时具备滤液黏度高、水活度低等特点。这种特点能够促使近井壁地带产生较低的孔隙压力,降低水含量,增强井壁稳定性。

试验表明,完好的富含泥页岩的低渗透性黏土基质可以作为非理想或说部分"漏失"的半透膜,存在渗透效应[3]。钻井液滤液侵入泥页岩后的达西流动能够被从泥页岩流入井眼的渗透性回流所补偿。渗透回流的多少与泥页岩类型及钻井液的水活度有关。高浓度甲酸钾、甲酸铯及其混合盐水具有非常低的水活度(约0.3),其渗透性回流能够降低孔隙压力和泥页岩水分含量,而增强井壁稳定性[8]。Van Oort E[1]和 Chenevert[4,7]对高浓度甲酸盐盐水的该渗透特性进行了详细阐述。

三、K^+ 和 Cs^+ 阳离子——提高钻屑的稳定性

钾离子(K^+)具有抑制特定类型泥页岩(如蒙脱石型泥页岩等)的水化膨胀的作用。而实验研究也已证实,铯离子(Cs^+)具有和钾离子同样的抑制泥页岩膨胀的作用。因此,甲酸钾和甲酸铯盐水本身就具有膨胀抑制性,无需额外的抑制剂。钠离子没有膨胀抑制性,因此,在活性泥页岩地层钻井时,不应单独使用甲酸钠类型,而应使用甲酸钾或甲酸钾/甲酸钠混合类型。

四、甲酸根离子——提高钻屑的稳定性

大量的室内测试及现场试验证明[6,7],甲酸根离子本身即具有膨胀抑制性。

第三节 甲酸盐盐水稳定泥页岩的实验研究

泥页岩稳定性的实验通常有3种方式:压力传递测试法、泥页岩膨胀测试法以及泥页岩分散测试法。其中,压力传递测试法需要先进的设备以及高质量的岩心试样,且只有在正确的压力渗透测试条件下才能用来评价钻井液的井壁稳定能力。而泥页岩膨胀测试法和泥页岩分散测试法相对比较简单,无需泥页岩试样处于围压状态,也不需要对泥页岩试样施加压差,因此这两种方法更能有效预测钻屑在环空内上返过程中的水化分散情况。

一、甲酸盐压力传递测试

压力传递测试使用无微裂纹的、保存完好的泥页岩作为试样,在模拟过程中根据井下情况施加围压,通过监测泥页岩试样内部的压力情况来预测井壁稳定情况,是模拟井壁在井下状况的理想实验方法[1]。

压力传递测试的原理[8]为(图7-3-1):泥页岩岩心试样两端分别与不同的流体接触。下游的容器内盛有泥页岩孔隙流体,而上游的容器内盛有孔隙流体或钻井液。测试之前,首先使试样在特定的围压、温度以及孔隙压力下达到平衡(使孔隙压力达到平衡的方法是对上下游的容器预先施加同样的压力,即孔隙压力值)。测试开始时,首先升高上游容器的压力,随后测量下游容器内

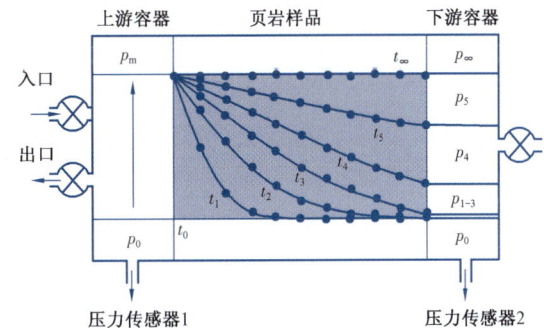

图7-3-1 压力传递试验装置及压力随时间变化示意图[8]

的压力变化,而下游压力的变化就代表了泥页岩孔隙压力的变化。

由于泥页岩试样渗透率各不相同,第一次实验时,首先在上下游两个容器内均使用孔隙流体,以便测得岩样渗透率的值,然后再在上游容器中换用不同的待测流体进行试验。

利用井下模拟实验装置(DSC[9])对72%(质量百分数)的甲酸钾盐水在低渗透性 Eocene 泥页岩中开展了压力传递测试[3,10],同时还测试了其他3种钻井液。具体测试条件如下:$p_{轴向}=26.5\text{MPa}$,$p_{径向}=19.0\text{MPa}$,$p_{泥浆}=17.5\text{MPa}$,$p_{孔隙}=13.0\text{MPa}$,$T=77℃$。泥页岩试样两侧的压力差(过平衡量)为4.5MPa(压力差 $=p_{泥浆}-p_{孔隙}$)。

压力传递测试结果见表7-3-1。所测试的4种液体的孔隙压力的变化情况如图7-3-2所示。

表7-3-1 DSC 试验结果[3]

钻井液	水活度	$p_{孔隙}$变化 MPa	泥页岩破裂时 $p_{钻井液}$ MPa	含水量,%				泥页岩水活度			
				井壁处	¼~1in	1~2in	岩样深处	井壁处	¼~1in	1~2in	岩样深处
海水/木质素磺酸盐	0.88	+2.2	12.4	11.3	10.8	10.7	10.3	0.87	0.85	0.85	0.84
KCl/聚合物	0.93	+1.8	12.4	11.1	11.0	10.6	10.2	0.93	0.90	0.88	0.84
25% $CaCl_2$油基	0.73	-1.7	6.2	9.9	10.0	10.0	10.2	0.76	0.83	0.84	0.84
72% KCOOH	0.38	-2.2	5.5	7.4	9.2	10.1	10.4	0.78	0.80	0.85	0.86

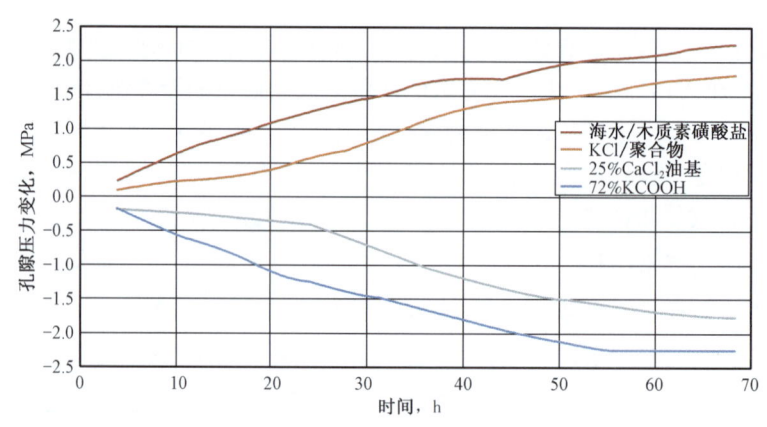

图7-3-2 DSC 试验中的孔隙压力变化[3]

试验结果表明,使用海水/木质素磺酸盐和 KCl/PHPA 钻井液作为测试流体条件下,流体循环72h 测试结果显示,孔隙压力增加量较大。说明测试流体的侵入及压力导致了岩样的失稳,岩样出现了水化及软化。而使用 IOEM(油基钻井液)和甲酸钾盐水作为测试流体的结果显示,孔隙压力降低,尤其是以甲酸钾盐水作为测试流体的孔隙压力降低幅度较大(降低约2.2MPa),说明岩样出现了脱水,泥页岩强度得到增加。

甲酸钾盐水 DSC 测试结果显示,其在膜效率为0.05的 Eocene 泥页岩中的有效渗透压约为7.5MPa,而水力过平衡压力 Δp 为4.5MPa,这就使得孔隙水发生渗透性回流、孔隙压力降低,从而泥页岩的稳定性提高。高浓度甲酸钠和甲酸铯盐水的 DSC 实验结果类似[10]。

二、甲酸盐抑制泥页岩分散性实验

1. 伦敦黏土分散性实验

FracTech 使用伦敦黏土,对 3 种钻井液类型进行了 16h 的分散性测试[11],以比较其泥页岩稳定性能。测试的 3 种钻井液类型分别为:密度为 1.62g/cm³ 的甲酸钾钻井液、密度为 1.62g/cm³ 甲酸铯/甲酸钾钻井液、密度为 1.60g/cm³ 的高性能雾化乙二醇泥页岩钻井液。

将大约 10.0g 粒径为 2~4mm 的伦敦黏土碎屑放入 100mL 钻井液类型中,在 65.6℃下热滚 16h。倒出实验液体与岩样,过 0.5mm 筛,将筛网置于 120℃的烘箱内烘干至恒重。实验中还同时称量出了一份原始土粒试样,烘干后测定其含水量。

计算黏土颗粒的回收率,同时针对原始黏土试样的含水量进行校正:

$$回收率 = \frac{S_2 - S_1}{1 - Y/100 X} \times 100\%$$

式中　X——测试瓶中的泥页岩试样的质量;
　　　Y——泥页岩原始含水量,%;
　　　S_1——空筛子的质量;
　　　S_2——筛子 + 回收的干燥后泥页岩试样的质量。

分散性测试结果见表 7 – 3 – 2。泥页岩在甲酸盐盐水中的分散率为 1%~2%,在雾化乙二醇钻井液中的分散率为 7%。

表 7 – 3 – 2　FracTech 公司报告的伦敦黏土在三种钻井液中的分散性试验结果[11]

钻井液类型	泥页岩回收率,%	分散率,%
1.62g/cm³ 甲酸钾	99	1
1.62g/cm³ 的甲酸铯/甲酸钾	98	2
1.60g/cm³ 的浊化乙二醇	93	7

2. 冀东油田 NP101 井(2405~2409m)、高 49 – 29 井(3200m)泥岩分散性实验

1)实验方法

依据将配好的不同密度甲酸铯/甲酸钾溶液 350mL 放入罐中,分别称取过 4~10 目筛的岩屑 50g 的加入罐中,在 80℃下热滚 16h。

将热滚后的样品过 100 目筛,筛出的岩屑放入烘箱。在 105℃下烘 4h,在室温下养护 24h 后称重为 m_1,一次回收率 = ($m_1 \times 100/50$)%。

将一次回收率的岩样放到装有 350mL 清水的罐中,在 80℃的滚子炉内热滚 2h 后取出,过 100 目筛,将其在 105℃下烘干 4h,室温下养护 24h 后称重为 m_2,二次回收率 = ($m_2 \times 100/50$)%。

2)分散性实验

实验采用不同密度甲酸铯/甲酸钾盐水,对冀东油田 NP101 井(2405~2409m)、高 49 – 29 井(3200m)岩心进行分散性实验。所采用岩心的矿物组分见表 7 – 3 – 3 与表 7 – 3 – 4。

表 7-3-3　分散实验所用泥岩黏土矿物组分

井号	井段 m	层位	岩性	黏土矿物相对含量,%						混层中蒙皂石(S)的含量,%	
				S	I/S	I	K	C	C/S	I/S	C/S
NP101	2405～2409	Ng	泥岩	—	83	6	6	5	—	75	—

表 7-3-4　分散实验所用泥岩非黏土矿物组分

井号	井段 m	层位	岩性	非矿物种类和含量,%					黏土矿物 %
				石英	钾长石	斜长石	方解石	白云石	
NP101	2405～2409	Ng	泥岩	25.7	1.9	—	3.4	6.9	62.1

泥页岩分散性实验结果见表 7-3-5 和表 7-3-6 以及图 7-3-3、图 7-3-4 和图 7-3-5。从上述图表中数据得出以下认识：随着甲酸铯盐水密度增到 1.04g/cm³，岩心的回收率显著增加。继续提高甲酸铯盐水密度，岩心的回收率继续缓慢增加；密度为 1.6～1.7g/cm³ 时，回收率达到最大。

表 7-3-5　NP101 井（2405～2409m）泥岩在不同密度的甲酸铯/甲酸钾盐水中回收率

甲酸铯密度 g/cm³	一次烘干后质量 g	二次烘干后质量 g	一次回收率 %	二次回收率 %
清水	0.5	0	1.7	0
1.04	22.7	22.1	75.7	73.7
1.07	22.3	21.5	74.3	71.7
1.50	28.0	26.1	93.3	87.0
1.60	29.6	26.5	98.7	88.3
1.70	29.0	23.7	96.7	79.0
1.80	24.5	18.9	81.7	63.0

表 7-3-6　高 49-29 井 3200m 泥岩在不同密度的甲酸铯盐水中回收率

甲酸铯密度 g/cm³	一次烘干后质量 g	二次烘干后质量 g	一次回收率 %	二次回收率 %
1.0	2.4	0	8.0	0
1.04	20.9	20.2	69.7	67.3
1.07	21.8	21.2	72.7	70.7
1.50	25.0	24.3	83.3	81.0
1.60	26.8	24.5	89.3	81.7
1.70	25.3	22	84.3	73.3
1.80	23.6	21.4	78.7	71.3

如图 7-3-5 所示，岩心颗粒回收后不分散，颗粒表面非常干净，表明甲酸铯/甲酸钾都能对岩心起到较好的抑制分散作用。

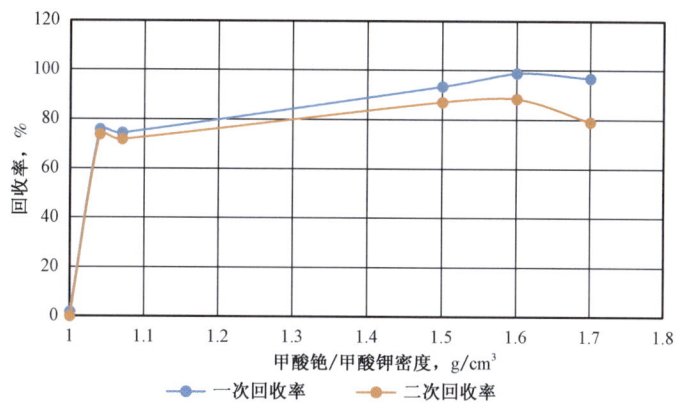

图7-3-3　NP101井(2405~2409m)泥岩在不同密度的甲酸铯/甲酸钾中回收率

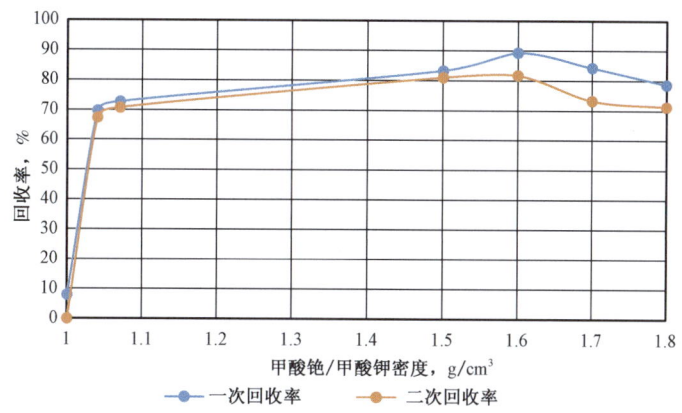

图7-3-4　高49-29井3200m泥岩在不同密度的甲酸铯/甲酸钾中回收率

图7-3-5　NP101井泥岩回收率实验后回收的岩心样品

三、泥页岩的线性膨胀性实验

1. 伦敦黏土线性膨胀性实验

1）泥页岩线性膨胀实验程序

实验设备如图7-3-6和图7-3-7所示。将断面为矩形的岩心塞放入玻璃测筒中，LVDT（位移传感器）与样品顶端紧密接触，以测量岩心塞轴向膨胀程度。钻井液装入含油浴的测试容器中，将钻井液加热到65.6℃，用蠕动泵使钻井液在测试容器中进行循环。

（1）将油浴温度设定为65.6°C，油浴在玻璃容器中进行循环。800mL的测试流体在油浴中加热约30min以达到测试温度。

（2）测试前检查以保证清洁和干燥，仪器的玻璃和金属基座相互分离。两边的密封衬垫涂上真空油脂，放在金属基座上。

（3）用游标卡尺量取岩心塞的长度和直径，刮除岩心塞侧面，以留出新的表面。

（4）将岩心塞垂直放入测试器中。玻璃容器部分放置在底座或内垫上，用固定夹或固定翼螺母固定。

（5）LVDT的插入容器顶部，调整高度保证电压表读数为零，拧紧固定螺栓。

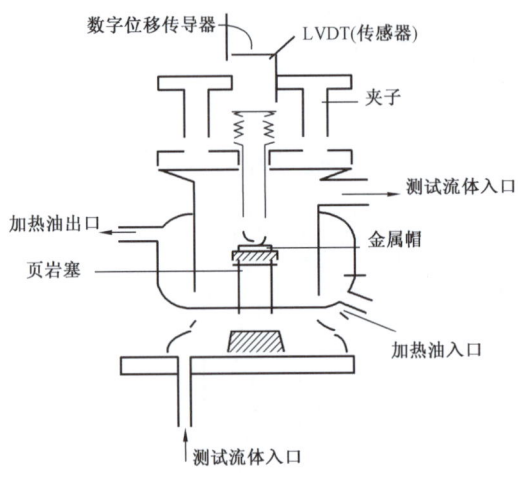

图7-3-6 泥页岩膨胀实验原理示意图

（6）岩心塞在内部气体温度升高的情况下平衡15min。增加的长度通过数据采集系统记录。

（7）将蠕动泵管放入测试液中，确保流体在测试杯中循环。记录最初的5min基线数据。基础数据记录好之后，设定蠕动泵的速度为0~5cm^3/min，液体开始循环。流体与岩心塞接触时开始计时。测试过程中记录油浴的温度。

（8）测试120h的位移数据。

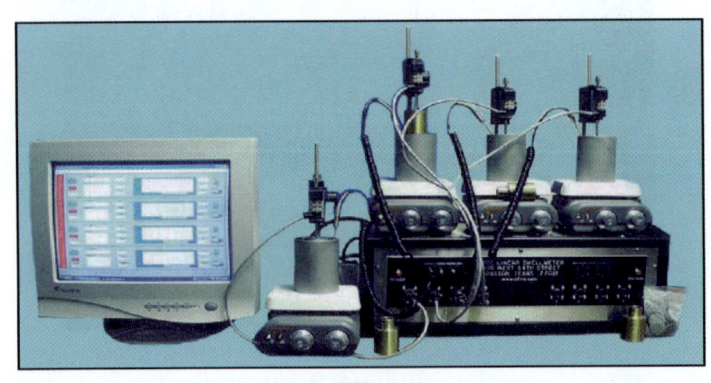

图7-3-7 动态线性膨胀测试仪及压实机

2) 轴向膨胀率实验

使用伦敦黏土,对3种钻井液类型(密度为1.62g/cm³的甲酸钾钻井液、密度为1.62g/cm³的甲酸铯/甲酸钾钻井液、密度为1.60g/cm³的高性能浊化乙二醇钻井液)进行了16h的线性膨胀测试[11],以比较其泥页岩稳定性能,同时增加测试黏土在4%的氯化钾盐水中的膨胀性,作为对比基准。

将3种钻井液类型在65.6℃下热滚16h后开展线性膨胀测试。将岩样加热到测试温度65.6℃,稳定15min,然后让钻井液以5mL/min的流量循环通过长度为20mm的长方形伦敦黏土人造岩样。试样轴向伸长量或收缩量通过放置在岩样顶部的位移传感器进行测量。

图7-3-8出示了岩样在4种流体中测得的膨胀量随时间的变化关系。在基准液4%氯化钾盐水中,岩样表现出了相当高的早期线性膨胀率,2h内即达18%,然后保持在这个水平。与雾化乙二醇钻井液类型相比,两种甲酸盐盐水中岩样的线性膨胀率均明显降低,说明两种甲酸盐盐水具有更好的泥页岩抑制作用。

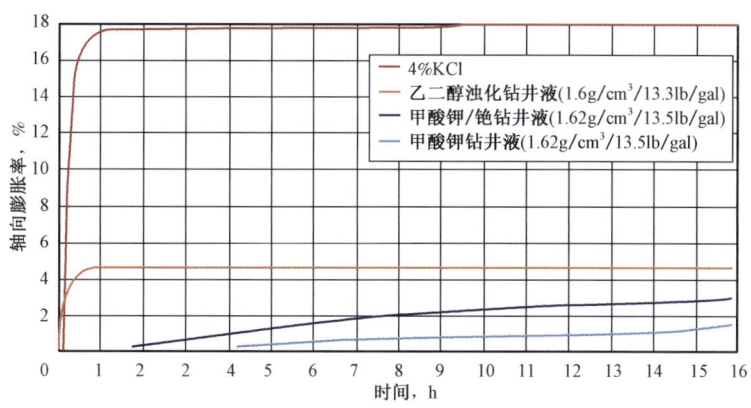

图7-3-8 65.6℃下4种钻井液类型的16h泥页岩轴向膨胀率

2. 湛江YC26-1-1井(4623.81-4672.58m)岩心泥岩线性膨胀性实验

甲酸铯抑制湛江油田YC26-1-1井,4623.81-4672.58m泥岩线性膨胀率实验结果见表7-3-7。从表中数据看出,随着甲酸铯/钾溶液密度的增大,膨胀率下降。

表7-3-7 湛江YC26-1-1井(4623.81-4672.58m)泥岩线性膨胀性实验

时间 h	膨胀率,%				
	$\rho=1.0g/cm^3$ 清水	$\rho=1.8g/cm^3$ 甲酸铯/甲酸钾盐水	$\rho=1.9g/cm^3$ 甲酸铯/甲酸钾盐水	$\rho=2.0g/cm^3$ 甲酸铯/甲酸钾盐水	$\rho=2.2g/cm^3$ 甲酸铯/甲酸钾盐水
2	8.41	5.64	4.86	4.46	3.47
4	8.29	5.91	4.99	4.95	3.47
8	8.15	5.94	5.05	5.00	3.65
16	8.01	5.97	5.25	5.07	3.65

第四节　使用甲酸盐稳定泥页岩的现场实例

已有大量使用甲酸盐钻(完)井液成功完成泥页岩地层钻进的实例,实际应用效果证实,甲酸盐钻(完)井液具有良好的稳定泥页岩的能力。

一、甲酸盐钻井液在意大利南部的应用

在意大利南部的11口井强塑性泥页岩地层的钻井过程应用了甲酸钾和醋酸钾钻井液[8],所使用的新型钻井液类型仅含2%~4%的钾盐,而与传统的氯化钾聚合物钻井液进行比较:

(1)机械钻速由6m/h提高到12m/h,机械钻速明显提高;

(2)每1000m进尺处理钻头泥包和岩屑堵塞环空问题所浪费时间减少了77%;

(3)划眼所浪费时间减少了68%,明显减少了井下复杂情况的发生。

除此之外,钻进过程中每单位井眼容积所使用的钻井液量降低了14%,配合加强钻井液排放管理措施,使得每单位井眼容积产生的废弃物量减少了60%。

二、甲酸盐钻井液在巴伦支海的应用

利用密度为$1.30g/cm^3$的甲酸钾/甲酸钠钻井液完成了巴伦支海两口探井(Goliath井和Gamma井)泥页岩层的钻探[11]。其中在Goliath井的应用显示,使用甲酸钾钻井液相比该区域使用乙二醇类型钻井液对泥页岩具有更好的抑制性。而Gamma井则使用回收利用的甲酸盐钻井液完成,该井产生的钻屑与使用油基钻井液产生的钻屑质量相当,且接近完钻时的钻井液仍具有非常好的流变性,固相含量仅为5%。

三、甲酸盐钻井液在Kvitebjørn油田和Valemon油田的应用

Kvitebjørn油田储层主要为大套交替性(50%/50%泥页岩和砂岩)高温高压泥页岩,采用大斜度定向井开发[12],使用密度为$2.015g/cm^3$的甲酸铯/甲酸钾盐水钻开储层。钻进过程无井眼冲蚀现象发生。Ness储层的测井曲线以及Draupne泥页岩盖层的测井曲线如图7-4-1和图7-4-2所示。由测井曲线可以看出,在Kvitebjørn和Valemon油田,即使裸眼在甲酸铯/甲酸钾盐水中浸泡数周后,储层或上覆岩层井眼尺寸超过9.5in的情况非常少见。

四、甲酸盐钻井液在加拿大阿尔伯达省的应用

利用甲酸盐/生物聚合物钻井液完成了加拿大阿尔伯达省约200余口井的钻完井作业。相比区域内利用其他类型钻井液完成的井,甲酸盐/生物聚合物钻井液大大改善该区域钻井作业表现[6],大大缩短了钻井作业周期,并且也提升了油井产量。另有经验表明,使用氯化钾或硫酸钾来提供类似或较高浓度的钾离子,并不能提供这种稳定作用,这说明起稳定作用的不仅是钾离子,甲酸根阴离子也有稳定作用。

五、无机盐在甲酸盐盐水中的使用

自1993年以来,已有数百口井中使用了甲酸钾和甲酸铯盐水,这些井钻遇的地层既有易发生复杂情况的泥页岩层段,也有含泥页岩夹层的储层段。大量的实际应用表明,甲酸盐盐水能够降低泥页岩地层井壁坍塌以及钻屑分散的风险,因此,在甲酸盐盐水中没有必要使用泥页岩稳定剂。

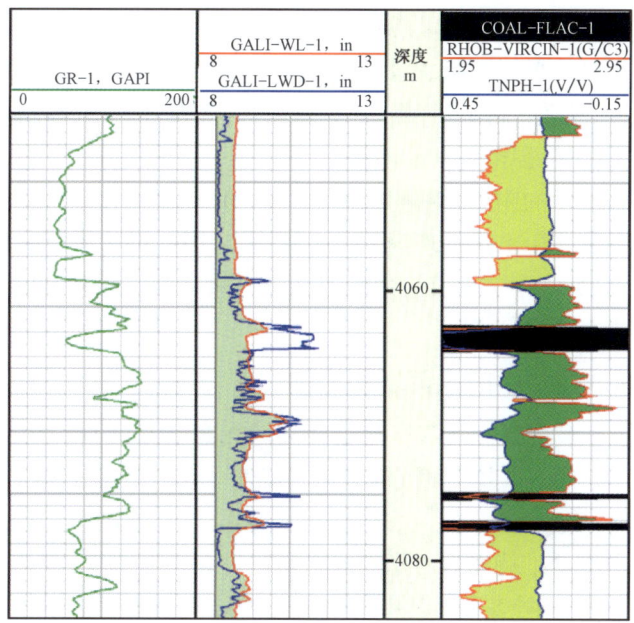

图 7-4-1 Kvitebjørn 油田 A-11 井 Ness 油层井径曲线对比

说明:超声波井径随钻测井(CALI_LWD)10 之天后进行机械井径测井(CALI_WL)井径。
Ness 储层含有泥页岩和煤夹层

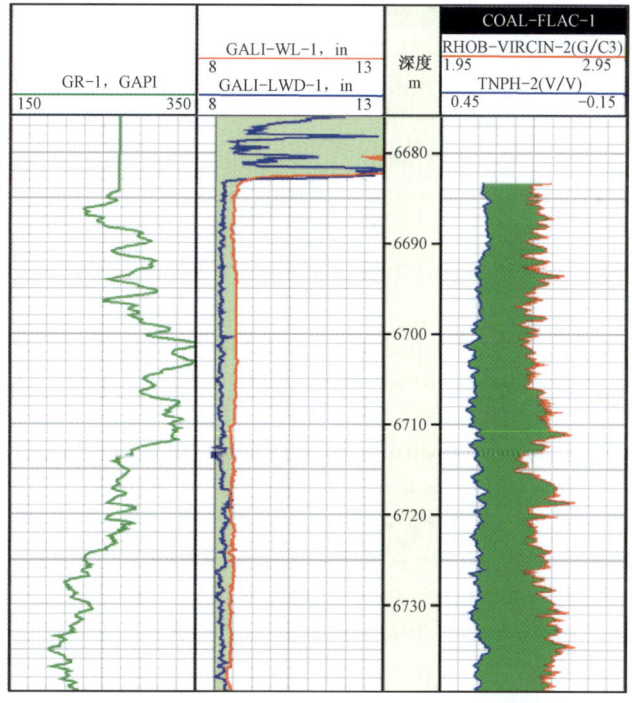

图 7-4-2 Viking 组泥页岩盖层井径曲线对比

说明:超声波井径随钻测井(CALI_LWD)30 之天后进行机械井径测井(CALI_WL);
测井段从 Viking 组泥页岩延伸至井底部的小直径井眼中(6683m);该井的井斜角为 63°

可以添加到钻(完)井液中以提高其泥页岩稳定能力的一类化学剂是盐类。盐类可以提供阳离子,进而能够抑制泥页岩膨胀、增加类型的黏度、降低水活度以促进渗透性回流。已知的能够稳定泥页岩的盐类有:氯化钾、氯化钠、氯化钙、氯化锌、氯化镁、溴化镁、溴化锌、甲酸钠、甲酸钾、甲酸铯、醋酸钠、醋酸钾和醋酸铯。

然而,单价甲酸盐盐水的阴离子和阳离子具有强的膨胀抑制性、高的滤液黏度和非常低的水活度,因此其本身就能产生上述处理剂所产生的效果,因此将其他盐作为稳定剂加入甲酸盐钻井液中并不能提升钻井液稳定泥页岩的能力,反而可能会促使钻井液的其他性能变差,如对储层的相容性,增加类型的腐蚀性。

六、低密度甲酸盐盐水中的泥页岩稳定性

低密度甲酸盐盐水不具有与高浓度盐水同等的泥页岩稳定性,这是由于甲酸盐盐水稀释后,盐水的黏度降低,水的活度升高,渗透效应自然减弱,其抑制泥页岩的性能也相应地减弱。

根据本章内容,甲酸盐维持泥页岩稳定的主要机理在于其黏度、渗透效应、存在抑制性阳离子(K^+、Cs^+)以及甲酸根阴离子。其中盐水的黏度以及渗透效应本身与溶液的浓度有关,如果甲酸盐盐水被水稀释,那么盐水的黏度下降,水的活度提高,而水活度的升高又会影响渗透效应,减弱甲酸盐的渗透效应。因此,根据分析,低密度的甲酸盐盐水维持泥页岩稳定性的能力势必要弱于高浓度盐水。

根据资料显示,对于低浓度的甲酸盐来说,低浓度的甲酸钾盐水比相同摩尔浓度的其他钾盐抑制性强。同时,甲酸钠和甲酸钾混合盐水与单一甲酸钾盐水相比,前者对泥页岩的抑制效果更好。另外,常见的泥页岩稳定剂,可能会因为低浓度甲酸盐盐水维持泥页岩稳定性的效果变差,而产生相对明显的维持泥页岩稳定的效果。

参 考 文 献

[1] Van Oort E. On the Physical and Chemical Stability of Shales[J]. Journal of Petroleum Science and Engineering,2003 (38) :213 – 235.

[2] Manohar Lal. Shale Stability:Drilling Fluid Interaction and Shale Strength[R]. SPE 54356,1999.

[3] Zeynaly – Andabily E M. Management of Wellbore Instability in Shales by Controlling the Physical – chemical Properties of Muds[R]. IADC/SPE 36396,1996.

[4] Chenevert M,Pernot V. Control of Swelling Pressures Using Inhibitive Water Based Muds[R]. SPE 49263,1998.

[5] Van Oort E. Physico – Chemical Stabilization of Shales[R]. SPE 37263,1997.

[6] 王森,陈乔,等. 泥页岩地层水基钻井液研究进展[J]. 科学技术与工程,2013,13(16):4597 – 4600.

[7] Chenevert M E. Drilling Fluid Optimization in Shales. Swelling Pressure and Compressive Strength of Shale[R]. topical report prepared for Gas Research Institute Contract No. 5093 – 210 – 2898,1998.

[8] Gallino G,Guameri A,Maglione R,et al. New Formulations of Potassium Acetate and Potassium Formate Polymer Muds Greatly Improved Drilling and Waste Disposal Operations in South Italy[R]. SPE 37471,1997.

[9] Simpson J P,Dearing H L,Sallburry D P. Downhole Simulation Cell Shows Unexpected Effects of Shale Hydration on Borehole Wall[J]. SPE Drilling Engineering,1989(3):24 – 30.

[10] Howard S K,Houben R J H,Oort E,et al. Report # SIEP 96 – 5091 Formate Drilling and Completion Fluids – Technical Manual[R]. Shell International Exploration and Production,1996.

[11] Zuvo M, Askø A. Drilling Technology: Na/K Formulate Brine used as Drilling Fluid in Sensitive Barents Sea Wells[J]. Offshore, 2001, 61(8):64.

[12] Berg P C, Pedersen E S, Lauritsen Behjat N, et al. Drilling, Completion, and Openhole Formation Evaluation of High – Angle Wells in High – Density Cesium Formate Brine: The Kvitebjørn Experience, 2004 – 2006[R]. SPE 105733, 2007.

[13] van Oort E. A Novel Technique for the Investigation of Drilling Fluid Induced Borehole Instability in Shales [R]. SPE 28064, 1994.

第八章　甲酸盐对储层渗透率的影响

20世纪70年代,以卤族盐水为主的低固相储层钻井液以及完井液的使用,大大降低了储层的伤害,使得采用裸眼完井的水平井产能得以较大程度提高。然而,这种盐水并不适用于所有情况。例如,高密度溴化物盐水钻井液中所含的二价阳离子与敏感性储层(地层水中含有可溶性SO_4^{2-}或HCO_3^-的储层,或气相中含H_2S的储层)不相容,因此不能利用该种盐水作为储层钻井液。

而甲酸盐盐水不同于溴化物盐水,它与各种类型的储层均相容[1-4]。壳牌公司和莫比尔公司最早证明低固相甲酸盐可以作为钻井液与完井液使用[5,6]。目前,以甲酸钠和甲酸钾为基础的盐水,已经作为钻开储层的钻井液和完井液(密度在1.6g/cm³以内)广泛应用[7,8]。

第一节　地层伤害机理及甲酸盐的应用

一、流体间的不相容性

钻井液或完井液的滤液与地层流体发生反应,结垢或形成不溶性沉淀物、沥青污泥或者稳定的乳化物[9]。

甲酸盐盐水中不含有与地层流体发生反应的物质:(1)碱性金属阳离子和甲酸盐的阴离子都是一价离子,并且都是可溶的,所以与甲酸盐产生的任何沉淀物都是可被水溶解的;(2)在任何储层条件下,地层水中的二价阳离子的含量不足以与甲酸盐盐水形成沉淀;(3)甲酸盐盐水中没有表面活性剂以及多价阴离子,因此不能生成稳定的乳化物或不溶于水的结垢。

二、岩石与侵入流体不相容

造成这种伤害的主要机理是:侵入岩层的水基滤液与岩层孔隙中的敏感性黏土发生反应,导致岩层孔隙中细颗粒移动,堵塞孔喉,进而降低了近井眼地带的渗透率。

而甲酸盐盐水因水活度很低,并且含有膨胀抑制剂(钾、铯和甲酸等离子),其含盐量绝大多数情况下高于地层水含盐量,不会导致岩石孔隙中蒙脱石黏土与其接触时发生膨胀和破裂,因此甲酸盐盐水具有较强的稳定页岩的能力,不会造成页岩这类地层的伤害。

三、固相侵入

在使用含有重晶石等加重材料的钻井液钻开油层过程中,钻井液中固相的侵入是造成地层伤害的主要原因[10]。悬浮在钻井液或完井液中的固相在地层孔道内运移过程中,固相永久停留在地层的孔喉中,堵塞孔喉,从而大幅降低地层的渗透率。

甲酸盐盐水作为钻井液或者完井液,能够不使用诸如重晶石等加重材料,而满足各种密度的需求。而当需要使用固相颗粒作为滤饼或桥堵剂时,可以通过选择能把地层伤害降为最低的材料,比如向甲酸盐盐水中添加一定颗粒尺寸的碳酸钙。用碳酸钙作为桥堵材料的优点是可以选择大小与孔喉相适应的颗粒,且形成的滤饼容易清除。

与其他高密度盐水相比(氯化钙、溴化钙和溴化锌),甲酸盐盐水的优点是在高温下与聚合物相容,能够允许用来配置适用于各种条件的无固相打开油层钻井液。

四、相圈闭和水锁

油或水的滤液侵入并永久被圈闭在近井眼区域,这些被圈闭的流体能够在很大程度上降低储层对烃类的相对渗透率[11]。

通过对比随钻测井数据与电缆测井数据(甲酸盐盐水完钻)可知,甲酸盐的滤液是运动的,它能够从低渗透气层的近井眼地带很快消失[12]。

五、对化学吸附和润湿性的影响

为了改善流体特性和减轻钻井液性能上的不足,常规钻井液和完井液可能含表面活性化学剂(即乳化剂、油润剂和防腐剂)。储层岩石对化学剂的吸附,可能会改变岩石的润湿性,从而影响岩石对烃类的渗透率。甲酸盐盐水本身没有表面活性而且也不含表面活性剂,不会改变储层岩石的润湿性。

六、生物活性

储层中微生物活性的提高会导致储层对烃类渗透率下降。

常规钻井液中通常含有能促进微生物生长的营养物,在钻井和完井作业过程中,可能会强化储层中现存天然微生物的活性或者将新的微生物引入储层。而甲酸盐盐水具有较低的活性,特别是在密度高于 $1.05g/cm^3$ 的情况下具有生物降解和杀生物特性。正是由于这两种特性,不管是在井口或井下,甲酸盐盐水均不会发生生物降解或支持任何形式的微生物生长。

第二节 用甲酸盐进行注入实验的储层条件

该注入实验的目的是通过测定钻(完)井液、修井液、增产作业液等外来流体侵入井眼周围储层岩石前后烃类渗透率的变化来评价工作液对储层的伤害程度。实验在尽可能接近储层压力和温度的条件下进行,采用模拟储层流体和气体来驱替岩样。驱替至滤液流出,将岩样取出并刮除滤饼后,测量岩样对特殊烃类的相对渗透率。

一、甲酸盐实验——人为错误和误区

岩心注入实验是获取流体在井眼周围可能造成地层伤害的有效手段。尽可能地模拟储层条件,是该实验的关键。然而,在实验室中试图模拟井眼产出过程是十分困难的;另外,在注入试验中不能精确地重复实际储层环境,这就可能导致产生完全错误的结果和结论。

根据 Byrne 等[13]介绍的关于甲酸盐盐水注入实验可以发现,下述错误和误导性的实验过程和结果会导致实验的人为错误和误区。

1. 注入干气

很多早期利用甲酸盐盐水进行的岩心注入实验是使用干氮气来模拟储层气体的,实验的结果表明,甲酸盐盐水的滞留是渗透率下降的主要原因[13]。然而,这些实验存在明显的人为错误,从而结论也是错误的。

实际上,在这种实验条件下,岩心的渗透率伤害问题是因未饱和气体的水蒸发导致的。众

所周知,在自然环境中,天然气与液态水相处于热平衡状态,而在储层条件下会被水蒸气饱和。在高温高压条件下,使用含高盐量的地层水和用高密度钻井液/完井液滤液进行注入岩心注入实验,难以始终保持注入液的气体饱和状态。当有干气体通过时,这些盐水的含盐量已接近饱和水平,极易由于脱水而出现黏度大幅度上升和结晶现象,从而引起岩心渗透率伤害。

为了观察上述未饱和气体的水蒸发现象,卡博特公司做了用干氮气穿过甲酸钾盐水的简单试验。把密度为2.20g/cm³的甲酸铯试样加热到60℃并用干氮气净化。测得盐水的密度与净化时间呈函数关系,试验结果如图8-2-1所示。从图中可以看出,温度上升后,甲酸铯盐水的密度因干气脱水而大幅度增加。

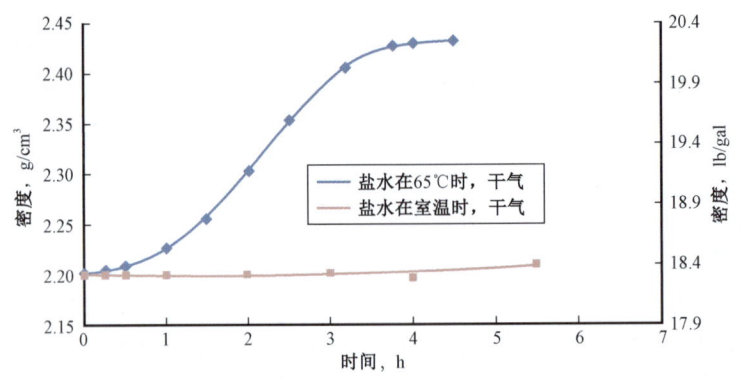

图8-2-1 密度为2.20g/cm³的甲酸铯盐水的密度与氮气净化时间函数关系曲线

唐斯等做了更为复杂的实验研究,即在不同温度和压力条件下,用加湿气体驱替暴露在高密度甲酸铯盐水中的北海储层岩心,观察渗透率的变化情况。实验结果表明,与在室温和高压下加湿气相的实验相比,200℃温度下的气相渗透率恢复值更高。氮气的平衡水含量与压力和温度呈函数关系可以解释该差别,见表8-2-1。可以看出,在室温下,用水饱和高压气比同样气体比在200℃下的含水约低400倍。这就意味着,在室温下饱和的气体,在注入期间,在高压高温条件下穿过盐水饱和的岩心时,会获得很多水。这一发现强调了在高压高温岩心注入试验中使用的任何气体都要在试验温度和压力下进行全饱和的重要性。

表8-2-1 通氮气平衡状态下水含量与压力和温度呈函数关系

气压,MPa	平衡状态水含量,mg/L				
	20℃	75℃	125℃	175℃	200℃
0.1	23165	381987	—	—	—
0.69	3479	56997	342427	—	—
3.45	768	12145	71895	275272	476445
6.89	432	6543	37914	143983	250102
13.79	267	3743	20865	77429	133911
20.68	212	2803	15125	55984	94429
34.47	185	2324	10415	36631	62114
55.16	—	—	—	25799	43125

2. 重力排放

根据随钻测井数据以及用甲酸铯盐水钻井后的电缆测井数据可知,甲酸盐盐水滤液在天然气储层中是移动的,并且随着时间的推移逐渐被气体取代,据认为这是重力排放的作用。然而,在采用5cm的岩心进行室内注入实验时,却很难模拟该重力排放作用,从而在显微镜下观察时,会发现在注气井对岩心清洁后有甲酸盐盐水残留在岩心中的迹象。这对于实验结果会有一定的负面作用。

3. 使用不切实际的气相

用气层岩心进行渗透率恢复值实验时,应该使用与储层实际一致的气体组分。如果储层中含有二氧化碳和硫化氢,则实验用的气体组分应含有二氧化碳和硫化氢。在酸性气中,这些组分的存在和缺失会对渗透率恢复值的试验结果产生很大的影响。

例如,甲酸盐盐水中可能含有可溶性铯、可溶性钾或添加到钻井液中作为 pH 值缓冲剂的可溶性碳酸盐。当这种甲酸盐盐水与含有大量可溶性钙的储层水混合时,会在缓冲的甲酸盐盐水中形成碳酸钙沉淀,这一现象在岩心注入实验时很难发现。这种情况下,应该考虑减少钻井液中可溶碳酸盐的添加量。

4. 注入的持续时间

现场观察了北海一口高温高压井使用甲酸盐盐水在裸眼井段钻井和完井的情况。在试井期间逐渐放大油嘴,气体最初以指进的方式流向通道,所以完全清洁是耗时的,该井完成清井共计花费7h。完全清洁是指实现稳定的井口压力、稳定的烃类产量以及不会进一步产出盐水。该气井的清井情况见表8-2-2,在井口测量的最终的气产量或在稳定状态下的产量约为每平方厘米井筒表面积、每分钟0.5L。

表8-2-2 取自用甲酸铯盐水钻井和筛管裸眼完井的北海高温高压井的生产初始数据

时间,h	水马力,MPa	伴生油,m³/d	水,m³/d	气,m³/d	Roxar,MPa	气油比	备注
0	24.7	—	—	—	—	—	—
2	28.6	0	630	0	66.0	—	放大油嘴且不加载
4.5	50.8	537	0	0.9×10^6	66.0	—	关闭 30min
5	51.1	623	258	1.5×10^6	66.0	—	—
6	52.0	660	10	1.4×10^6	66.0	2181	—
7	52.0	632	0	1.4×10^6	66.0	2278	—
8	52.1	608	0	1.4×10^6	66.0	2366	—
9	52.1	618	0	1.4×10^6	66.0	2330	—
10	52.1	639	0	1.4×10^6	66.0	2253	—
11	52.1	615	0	1.4×10^6	66.0	2340	—

考虑到清洁时间,在室内岩心注入实验中为了达到最有效的清洁效果,可以预测最高气体流量,否则可能导致盐水清洁不完全,高的残余水饱和度岩心对气和伴生油呈现较低的渗透率恢复值。

二、怎样用甲酸盐盐水或钻井液进行岩心注入实验

用甲酸盐盐水对气层岩心进行岩心注入实验的推荐方法如图 8-2-2 所示。在进行岩心注入实验室,有以下几个问题需要确认:

(1)是否使用了实际储层岩心?每块岩心都拥有独特的矿物组分、水和气体的化学特性,这些特性决定了岩心与侵入滤液间的相互作用。

(2)岩心是否经过适当的清洁,并用模拟储层水使其恢复残余水饱和度?

(3)实验用水的组分是否与早期从探井和评价井所取的水样一致?

(4)实验前,岩心在储层条件下是否平衡?

(5)在储层条件下测得的岩心对气相和水相的原始渗透率是否接近于储层对烃类的渗透率?气体的加湿是否在高压高温下进行?测得的恢复渗透率值是否在低的气产量下进行?

(6)(完井盐水)为产生冲刷带,岩心是否在动态和静态条件利用实际(滤液)钻井液进行过预冲刷?

(7)在真实的过平衡压力下,实验液是否在数小时循环通过岩心表面?

(8)实验流体在平衡或密闭情况下脱离静态,在储层条件下是否有足够时间以允许流体的水热化学特性去工作?

(9)岩心承受实际注入程序,并有模拟现场放大油嘴作业的过程吗?

(10)各种注入压力下产生回流的气、液,是否是在达到稳定状态才停止?

(11)岩心是否在最大注入压力下的流量维持数小时,以使岩心返回到残余水饱和程度?

(12)岩心的渗透率恢复值是否在流量下测量?在储层条件下,岩心的初始渗透率是否利用同样的气体和液体来测量?

(13)如果储层中含有二氧化碳,试验气体是否大体上含有同样浓度的二氧化碳?

如果对于上述问题的答案是"不",那么说明实验不是在真实条件下完成的,所产生的用来预测建井液与储层间相互作用的实验结果也是不可信的,不能用于指导实践。

三、室内用甲酸盐盐水和气进行岩心注入试验预测地层伤害的推荐试验方法

1. 推荐试验方法

(1)选择适宜的储层岩心试样,并通过 X 射线轴向分层造影扫描等方法确定最佳岩心柱。

(2)使用清洁的矿物油作为润滑剂钻取岩心柱。

(3)在温和条件下用溶剂清洁岩心柱。

(4)测量岩心的初始渗透率并为试验选择适宜的岩心柱。

(5)进行干燥和低温扫描电子显微镜扫描以确定岩心试样的初始情况。

(6)制备合成的储层盐水,合成盐水要与来自储层水样的组分一致。

(7)制备和加湿与储层气一样的气体并保证这些气体在储层条件下加湿。

(8)制备岩心试样时,在 40℃的温度下离心 24h,用湿氮气使岩心试样达到残余地层水饱和。

(9)确定在常压、常温和低流量下岩心柱对湿氮气的有效渗透率。

(10)把岩心试样放入岩心夹持器并加压到上覆地层条件。

(11)使系统压力高达试验(即储层)条件并允许系统达到平衡。

(12)在储层压力和温度下,确定地层到井壁方向对湿氮气的有效渗透率。

(13)以过平衡压力循环试验流体(盐水和钻井液)使其穿过岩心试样所钻孔眼表面或以设定的流量注入10~20个孔隙体积的盐水(从井眼到地层方向),所有的步骤都是在储层条件下进行的。记录穿过岩心的压差与时间的函数关系。在滤液失水达到10个孔隙体积时,停止循环并留下岩心试样在试验压力和温度下至少以静态浸泡48h。

(14)孔眼表面会产生注入压力,并逐步把压力增加到在现场清洁井眼使用的最高压力,包括地层到井眼方向用来清洁岩心的气流。尽可能模拟在生产启动阶段使用的注入加速方法并使用在试验条件下有代表性的湿气。维持各阶段的注入压力直至穿过岩心的气流达到稳定为止。记录各阶段的气流量。保证岩心最少要承受最大注入压力2h,以模拟实际试井情况和岩心脱水情况。

(15)如果使用钻井液进行试验,要确定清除滤饼的压力。

(16)确定在储层压力和温度下以及从地层到井眼方向在低流量较低情况下,岩心柱对湿气的有效渗透率。

(17)对岩心夹持器冷却、泄压并取出岩心试样。拍照。

(18)在气体存在的情况下对被残余液饱和的岩心进行离心。

(19)确定岩心柱在常压、常温和低流量下对湿气的有效渗透率。

(20)从岩心柱的一段取样(外端和内段)进行扫描电镜分析(常规和低温)以证实矿物特性的变化、流体分布以及孔隙内黏土的移动。

(21)进行干燥和进行低温扫描电镜以确定岩心柱的最终情况。

2. 注意事项

(1)气体必须在与岩心相同的温度和压力下加湿,否则岩心内部会变干燥并且会引起盐水结晶。在与溴化锌盐水进行对比时,要始终使用与实际情况相同含量的硫化氢气体。如果二氧化碳可以使岩心柱内的化学特性出现差异,应该在试验气体中添加二氧化碳。

(2)如果岩心柱冷却和卸压后仍然存在甲酸盐盐水,会使室内试验出现人为错误。岩心柱冷却后的任何测量值并不代表甲酸盐盐水残存的储层处于何种状态。

第三节 地层水与甲酸盐盐水的相容性试验

地层水通常以氯化钠溶液为主,溶液中含有不定量和少量的 $Ba,Ca,Sr,Mg,Fe,HCO_3,CO_2$ 和 SO_4 等二价溶解质。当钻井液和完井液的滤液侵入到含有地层水的储层时,在孔隙内两种流体间可能发生化学作用而产生沉淀,这取决于其中离子的特性和浓度。根据清除沉淀的难易程度,把沉淀分3组。

水溶性沉淀:当混合溶液中的离子浓度超过其溶解度时会形成该类沉淀,当遇有低含盐量的水时,这些沉淀会再度溶解。如氯化钠、氯化钾和硫酸钾等。

酸溶性沉淀:是指遇到酸可以溶解的二价离子结垢。如碳酸钙、碳酸镁等。

不溶性沉淀:是指不溶于水和酸的二价离子结垢。如硫酸钡和硫酸锶。一旦在储层内形成这种结垢,是很难清除的。

甲酸盐盐水只含有一价离子(阳离子和阴离子),其中阳离子与地层水作用会生成碱金属阳离子钠、钾和铯的盐类,其水溶性很高。室内测试了甲酸盐盐水与含有高浓度二价阴离子的地层水相互作用是否会产生沉淀。实验选取 2.2g/cm³ 的甲酸铯盐水和 1.57g/cm³ 的甲酸钾盐水,分别将两种甲酸盐盐水以不同比率与含有不同数量钙的地层水混合,在 3 种不同的温度下(20℃、90℃和130℃)检测混合液的沉淀迹象。所有的试样都以甲酸钙晶体作晶种以避免过度饱和。实验显示,在 130℃ 下,各种甲酸盐盐水都能够与含有 40000mg/L 钙的地层水完全相容。当含 50000mg/L 钙的地层水以 50∶50 的比率与甲酸盐盐水混合时,发现有少量沉淀。如果地层水的含钙量高到能使高浓度甲酸盐盐水中的甲酸钙发生沉淀,那要通过改变甲酸盐盐水的组分,选择低浓度甲酸盐盐水的设计。

通过上述实验结果可知,当甲酸盐盐水与地层水混合时,几乎是不可能产生沉淀的,那么沉淀物的唯一来源是污染物和添加剂。在甲酸盐钻井液和完井液中普遍使用一种添加剂是 pH 值缓冲剂、碳酸钾复合物。普通浓度的可溶性 pH 值缓冲剂与地层水中的二价阳离子作用可形成碳酸钙或碳酸镁的结垢而沉淀析出。这样的沉淀已在实验室的测试瓶中发现。

然而,在现场通常是不会发生这种结垢的:一方面,碳酸盐结垢始终是酸溶性的,而且很容易通过酸浸进行处理,在数百次的甲酸铯盐水的现场应用中,没有要进行这种处理的需求;另一方面,缓冲剂的浓度是可以调整的,在现场应用中,只有在地层水中含有大量的二氧化碳气体时,才需要添加大量的缓冲剂,如果在这些储层中形成这样的结垢,当储层中的含二氧化碳的气体产出时,这些结垢可能已被溶解。

普遍用来预测盐水发生沉淀和结垢的方法有两种,即使用各种先进的软件以及进行实验室测试。当用于预测甲酸盐时,这两种方法都受到严格地限制,其中可能存在的问题探讨如下。

一、使用先进的软件来预测结垢

当使用软件来预测地层水与甲酸盐盐水混合后是否发生沉淀和结垢问题时,存在下述问题:某些软件的数据库中没有甲酸铯离子的相关数据,通用的解决方法是将甲酸铯看成是仅包含添加剂的水。这样做可能会错误地认为甲酸铯盐水会形成硫化物结垢,因为硫酸钡沉淀在甲酸铯盐水中的溶解度很高,但却不溶于水。实际上,甲酸铯在任何普通的地层水中都不会发生沉淀。即使某些软件适用于甲酸铯环境,仍然会存在上述问题。

卡博特公司研究表明,目前没有一种预测结垢的软件考虑了甲酸盐盐水的溶剂特性或水结构作用,因此,任何甲酸盐结垢的预测都是错误的。甲酸盐是一种溶解硫酸盐功能强大的盐水。例如,甲酸盐盐水与含有一定量的二价硫酸盐离子(SO_4^{2-})的地层水混合,却可以承受大量的钡离子而不会形成 $BaSO_4$ 沉淀。然而,任何预测结垢的软件都是假设硫酸钡在甲酸盐盐水中和水中的溶解度是一样的,结垢预测的结果显然是错误的。

二、用实验室测试瓶预测结垢

在实验室进行储层水相容性检查的普遍做法是,在常压下以不同的比率把完井盐水与地层水混合在一个瓶子中,并观察其是否会出现浑浊和固相沉淀。如果这种试验是用甲酸盐盐水做的,有助于发现以下未预见的困难:

（1）滤出硅酸盐。甲酸盐盐水可以滤出硼硅酸盐玻璃测试瓶中的硅酸盐沉淀，反应的速度完全取决于甲酸盐在溶液中的浓度和测试温度。如果把高浓度的甲酸钾盐水加热到100℃左右，在几个小时内就可观察到硼硅酸盐玻璃瓶内的白色沉淀。但只有在相当高的温度下制造的这种硼硅酸盐玻璃透明瓶适用于这样的液体测试，用砂、石英和其他硅材料制成的玻璃瓶则不会产生这种情况。

（2）温度。除碳酸盐外，盐类沉淀在低温下更易形成。也就是说，在常温下实验室瓶测试中会产生沉淀，并不能预测其在储层温度下会否产生沉淀。碳酸盐沉淀的情况则恰恰相反，在高温下更容易形成结垢。

（3）压力。在低压和常压下，测试压力会引起与低温下测试类似的问题，虽然这种影响并不明显。

第四节　甲酸盐盐水与其他高密度盐水的对比

储层组分与上述油井作业中的滤液完全相容的一个关键条件是，钻井液和完井液所采用的盐水。目前有4种不同级别的盐水可供在建井和增产作业中使用（表8-4-1）。

表8-4-1　用于建井和增产作业的不同盐水类型

盐水类型	化学成分	密度范围，g/cm³
一价卤化物	NaCl，KCl 和 NaBr 以及它们的混合液	1.0~1.5
二价卤化物	$CaCl_2$，$CaBr_2$ 和 $ZnBr_2$ 以及它们的混合液	1.0~2.3
磷酸盐①	K_2HPO_4 和 KH_2PO_4 的混合液	1.0~1.7
甲酸盐	HCOONa，HCOOK 和 HCOOCs 以及它们的混合液	1.0~2.3

① 在中国和印度尼西亚限制使用。

甲酸盐盐水与储层组分的相容性和其他类型盐水各不相同，如下所述。

一、与溴化钙盐水和氯化钙盐水的对比

由溴化钙（$CaBr_2$）和氯化钙（$CaCl_2$）组成的盐水，其密度可达$1.70g/cm^3$。这些盐水含大量的二价钙阳离子（Ca^{2+}）（浓度约高达4.5mol/L）。这些阳离子使盐水与含有碳酸盐、碳酸氢盐和硫酸盐的地层水不相容[15]。

二、与溴化锌盐水对比

溴化锌是唯一一种在市场可以买到的，其密度可以达到与甲酸铯密度一样的盐水。溴化锌盐水为酸性（pH值低于2），是一种有害和主要的海水污染物，在欧洲已经被甲酸铯所代替，但在诸如墨西哥湾地区仍在使用。特别是在储层气含有硫化氢的情况下，溴化锌能造成严重的地层伤害和油管结垢。有研究显示，储层气仅仅含有2mg/L的硫化氢时就会造成地层伤害[16]。图8-4-1所示的是密度为$2.20g/cm^3$的缓冲甲酸铯盐水和密度为$2.27g/cm^3$溴化锌盐水在常温下用0.034MPa的压力充入硫化氢后和搅拌16h后的情况。可以看到，溴化锌溶液已完全转换成不透明的硫化锌沉淀。

图 8-4-1 在室温下向 2.27g/cm³ 的 $ZnBr_2$ 和 2.2g/cm³ 缓冲甲酸铯盐水持续注入 H_2S 气体 16h

三、与磷酸氢钾盐水对比

磷酸氢钾盐水由磷酸氢钾盐水（K_2PHO_4）和磷酸钾（KH_2PO_4）盐水混合而成,磷酸氢钾盐水已经作为完井液和修井液在中国和印度尼西亚使用,其混合密度可达 1.78g/cm³。当这种盐水侵入储层后会造成两种类型的地层伤害：

与含多价阴离子的地层水接触后,会形成不溶性结垢。例如,三价磷酸阴离子与各种含有可溶性钙和铁的地层水反应会形成磷酸三钙〔$Ca_3(PO4)_2$〕、羟磷灰石〔$Ca_5(PO_4)_3 \cdot OH$〕、氢氧化铁〔$Fe(OH)_3$〕和红磷铁矿〔$FePO_4 \cdot 2H_2O$〕。

磷酸盐牢固吸附于矿物表面形成沉淀和可溶性复合盐[17,18]。这种吸附反应的生成物堵塞了孔隙喉道并降低了渗透率。

有文献[19]对比研究了磷酸氢钾盐水与甲酸铯盐水在高温高压条件下的岩心注入实验。实验条件如下：甲酸铯盐水密度为 2.29g/cm³,并用 748.75g/L 的 K_2CO_3 和 449.25g/L 的 $KHCO_3$ 缓冲剂缓冲,pH 值为 10.5;磷酸氢钾盐水密度为 1.64g/cm³,是亚磷酸二氢钾与亚磷酸二氢二钾盐水的混合物,pH 值为 9.23。试验温度为 175℃。实验所用盐水是根据北海一口高压高温井的水样合成的地层盐水（表 8-4-2）。实验用的岩心柱为 Clashach 砂岩,孔隙度约为 10%。

表 8-4-2 用于 Corex 岩心驱替实验的地层水离子组分

组分	Na	K	Ca	Mg	Ba	Fe	Cl	HCO_3
离子浓度,mg/L	31190	300	2300	350	100	10	53500	610

岩心注入实验按照前面章节推荐的方法完成,试验结果见表 8-4-3：暴露在磷酸盐盐水中的岩心,其渗透率下降了 91.6%,而暴露在甲酸盐盐水中的岩心的渗透率则有小幅上升。

表8-4-3　Clashach 砂岩柱在磷酸盐暴露前后的渗透率变化

盐水体系	温度,℃	原始渗透率,mD	最终渗透率,mD	渗透率改变值,%
磷酸盐	175	10.2	0.86	-91.6
甲酸盐	175	23.0	24.8	+7.8

扫描电子显微镜分析和低温扫描电子显微分析表明,暴露在磷酸盐盐水中的岩心柱被磷酸盐结垢堵塞。沉积在岩心柱纵向上的结垢高达 $35\mu m$ (图8-4-2)。

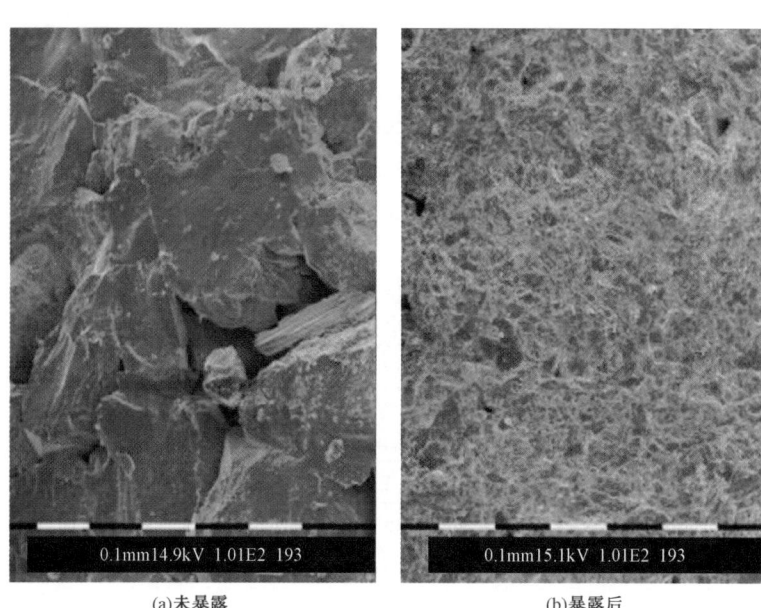

(a)未暴露　　　　　　　　　　　　(b)暴露后

图8-4-2　未暴露和暴露后孔喉的 SEM 图片
暴露于磷酸盐盐水的砂岩颗粒和孔喉被磷酸盐垢覆盖

第五节　甲酸盐盐水钻井液与固相加重钻井液的对比

首先与地层接触的是钻井液。钻井液中含有固相加重材料,其中小的固相颗粒可能在滤饼未形成前侵入储层,造成堵塞。另外,投产时如果钻井液滤饼很难清除,则滤饼本身也可能造成地层伤害。这就是传统水基钻井液和油基钻井液存在的问题之一,即需要用固相来控制密度,但又很少能做到既能控制颗粒尺寸又能控制固相浓度。

甲酸盐盐水钻井液是通过盐水类型和盐水浓度来控制密度的,而唯一需要的固相是用来形成滤饼的。约需要 $43kg/m^3$ 的碳酸钙,而这些碳酸钙是由各种颗粒尺寸碳酸盐的混合物。这种钻井液的滤失量很低。

服务公司提出可以用尺寸为 $1\sim5\mu m$ 微颗粒加重材料来增加钻井液密度。四氧化锰就是一种颗粒尺寸为 $5\mu m$ 的微颗粒加重材料,它能够与甲酸盐相容。英国考莱科斯公司采用标准岩心注入实验,研究了甲酸盐盐水中微尺寸颗粒对地层相容性的影响。实验将两种钻井液进行对比,一种是密度为1.76g/cm³的甲酸钾/甲酸铯钻井液,另一种是用微锰加重到同样密度的甲酸钾钻井液[20]。钻井液的配方和钻井液的性能分别见表8-5-1和表8-5-2。

表8-5-1 用于Corex测试和比较的甲酸盐钻井液配方

基液		HCOOCs/HCOOK 钻井液	含固相加重材料的HCOOK钻井液
HCOOCs(2.20g/cm³),mL		96.8	0
HCOOK(4.570g/cm³),mL		240.0	314.0
处理剂浓度 g/L	K₂CO₃	14.25	14.25
	Flowzan	2.00	2.85
	ExStar HT	9.98	9.98
	Aqua PAC ULV	9.98	9.98
	Baracarb 5	14.25	14.25
	Baracarb 25	7.13	7.13
	Baracarb 50	21.38	21.38
	固相加重材料(5μm)	0	310.65
	总的处理剂	78.95	390.4

表8-5-2 用于Corex测试和比较的甲酸盐钻井液热滚前后钻井液性能

性能		HCOOCs/HCOOK 钻井液		含固相加重材料的HCOOK钻井液	
		热滚前	热滚后(16h,149℃)	热滚前	热滚后(16h,149℃)
密度		—	1.76	—	1.76
pH值		—	10.02	—	10.35
范氏黏度计读数	600r/min	95	83	180	92
	300r/min	59	50	111	58
	200r/min	46	38	92	43
	100r/min	29	23	60	26
	6r/min	7	4	15	4
	3r/min	5	3	11	3
静切力 lbf/100ft²	10s	6	3	14	4
	10min	7	4	52	16
塑性黏度,mPa·s		36	33	69	34
动切力,Pa		23	17	42	24
高温高压滤失量,mL①		—	6.8	—	4.8
瞬时滤失,mL		—	0.2	—	0.2
滤饼厚度,mm		—	1.0	—	1.0

① 3.5MPa,149℃。

岩心注入实验在149℃温度下进行,使用的地层水成分见表8-5-3,是根据北海一口高压高温井取得的地层水样品合成的盐水。岩心柱是选取对气体的绝对渗透率为20~30mD,孔隙度约为10%的Clashach砂岩,砂岩的黏土含量低,而且是高度均质的。

表8-5-3 用于Corex岩心驱替实验的地层水离子组分

组分	Na	K	Ca	Mg	Ba	Fe	Cl	HCO_3
离子浓度,mg/L	31190	300	2300	350	100	10	53500	610

同样采用前述实验方法。图8-5-1所示为不同注入压力下所引发的气流速度与穿过两种盐水的气流的函数关系。可以发现,暴露在低固相甲酸盐钻井液中的岩心流速约比暴露在用微尺寸颗粒四氧化锰加重的甲酸钾钻井液中的岩心流速高6倍。

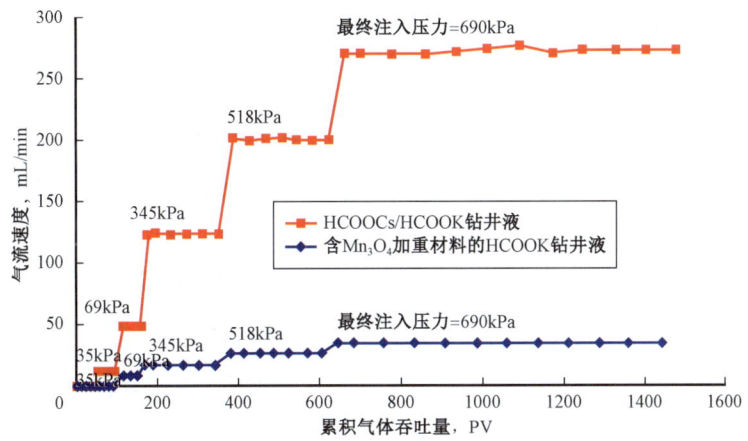

图8-5-1 不同注入压力下所引发的气流速度与穿过两种盐水的气流的函数关系

暴露于含有微锰加重材料钻井液的初始渗透率(28.7mD)比甲酸钾/甲酸铯钻井液的渗透率(20.9mD)高

表8-5-4中显示的是两种钻井液注入前后,岩心的渗透率相对变化。可以看出,暴露在用微尺寸颗粒加重的钻井液中的岩心渗透率下降了92.8%。相比之下,暴露在甲酸盐钻井液中的岩心渗透率下降了21.1%。

表8-5-4 Clashach砂岩柱暴露于钻井液前后的渗透率测试

测试钻井液	总的滤失体积 mL	在储层条件下相对有效气体渗透率 mD	在储层条件下在驱替实验后有效气体渗透率 mD	在60℃下驱替实验后的相对有效气体渗透率 mD
低固相HCOOCs/HCOOK钻井液	2.86 (1.118倍孔隙体积)	20.9	16.5 (渗透率变化值-21.1%)	15.5 (渗透率变化值-25.8%)
含Mn_3O_4加重材料的HCOOK钻井液	3.18 (1.182倍孔隙体积)	28.7	2.07 (渗透率变化值-92.8%)	1.96 (渗透率变化值-93.2%)

对两种钻井液所形成的滤饼进行对比发现,用微颗粒尺寸加重的钻井液所形成的滤饼的厚度约为3mm,牢固地黏附在岩心试样的孔眼表面上;而甲酸钾/甲酸铯钻井液所形成滤饼的厚度小于1mm。图8-5-2出示了滤饼的照片和两种岩心柱所钻孔眼表面的干燥扫描电镜图像。

(a)暴露于含微细加重材料钻井液岩心端面的黏附滤饼

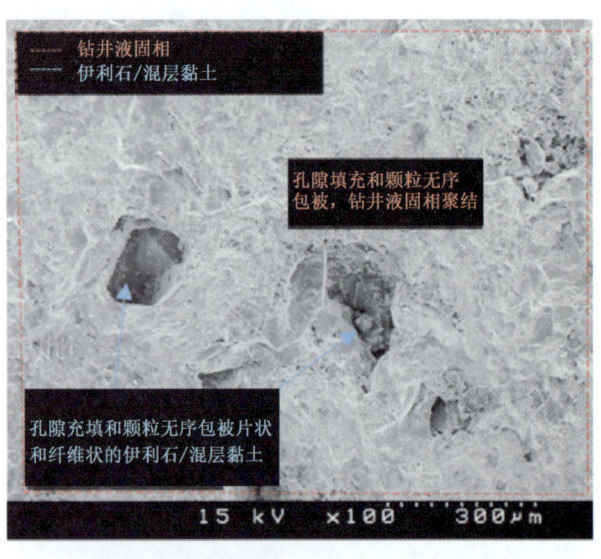

(b)用含微细加重材料钻井液测试后钻孔眼表面的干燥后SEM图像

(c)暴露标准甲酸盐钻井液岩心端面上的黏附滤饼

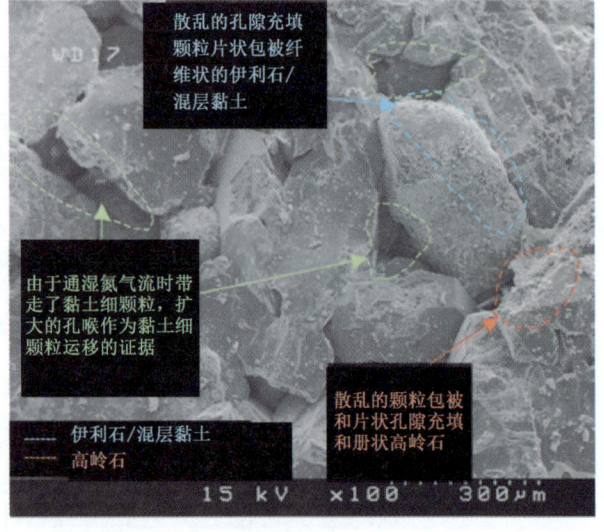

(d)用标准甲酸盐钻井液测试后钻孔眼表面的干燥后SEM图像

图8-5-2 滤饼照片和两种岩心柱所黏孔眼表面的干燥扫描电镜图像

孔隙内物质低温精馏分析(图8-5-3)表明,用微颗粒尺寸固相加重的甲酸盐钻井液注入的岩心柱,因微颗粒的微锰的运移而使整个岩心柱被堵塞。

根据这一研究成果,建议不要使用微颗粒尺寸的加重材料来加重甲酸盐钻井液,以免因堵塞地层孔隙空间和破坏碳酸钙滤饼的清除能力而造成储层伤害。实际上,甲酸盐盐水钻井液是通过盐水类型和盐水浓度来控制密度的,唯一需要的固相是用来形成滤饼的。

(a)孔喉暴露于钻井液之前

(b)暴露于用微锰加重的甲酸钾钻井液之后的一个岩心柱的孔喉

(c)暴露于标准甲酸钾/铯钻井液之后的一个岩心柱的孔喉

图 8-5-3 冷冻后孔喉 SEM 图像

第六节 甲酸盐盐水钻井液和完井液现场应用实例

自 1993 年以来,已使用甲酸盐盐水钻井和完井数百口。总结公开发表的现场实例说明,采用甲酸盐盐水钻井和完井后,油井产量等于或高于预测产量。

一、厄瓜多尔奥伦特气田(1977 年)

在亚马孙雨林带用甲酸钠作为打开油层钻井液钻了几口水平井。选择这种钻井液的原因是其环境保护特性。这口井直至完钻没有发生任何井眼复杂情况。用含有次氯酸锂的破饼剂在井眼中浸泡 3h 就清除了碳酸钙滤饼。只耗用了模拟设计时间的 30%,就完成了水平井段的钻进。对这口井进行了试油并以零表皮伤害投产,产能系数为 14,而产量为 2067m³/d,其生产效果超过了使用不同钻井液在同一地层所钻的邻井的效果。

二、荷兰海上的 NAM 气田(1997 年)

北海荷兰海域的致密气层的 Rotieegend 砂岩中完成了一口双水平分支井,井号为 K14 -

FB102[21,22],其水平生产井段使用甲酸钠钻井液打开油层并以裸眼方式完井。其钻井液配方是,以甲酸钠为基液,碳酸钙为桥堵剂,纯黄原胶生物聚合物作为流变性调节剂,并用改性淀粉作为滤失量控制剂。

这口井的最终生产能力约比预测的生产能力高40%,这是钻水平分支井眼和使用甲酸钠钻井液打开油层两种方法的结合作用。而接近于零的表皮效应说明,该井在完井过程中由残余钻井液引发的地层伤害很小。

三、埃克森美孚公司在德国的高压高温气田(1996—2000 年)

埃克森美孚公司在德国北部的15口以上高压油高温气井中使用了甲酸盐基储层钻井液和完井液。2000年,对这些钻井液和完井液的性能进行了评价。

用常规的水基聚合物钻井液遇到的复杂情况包括固相悬浮不充分、固相传输差、卡钻和缩径。埃克森美孚公司在换用甲酸盐钻井液后克服了多数复杂情况而且使建井成本得到了控制。

配制钻井液使用的是甲酸钠盐水、甲酸钾盐水或两种盐水的混合物。添加生物聚合物来控制黏度,选用颗粒碳酸钙(1% ~3%)作为桥堵剂。使用甲酸盐钻井液钻开产层,重点放在井眼清洁,把对地层的伤害降到最低程度和达到最优水马力上。最大钻井液密度为 1.55g/cm^3。大量的井主要是在储层段钻进和完井,没有发生任何井眼问题以及与钻井液相关的问题。没有发生压差卡钻,也没有形成钻屑床,在替入甲酸盐钻井液后扭矩和摩阻立即下降。

在整个工程中,钻井液总成本和维护费用大幅度降低。归功于甲酸盐打开油层钻井液的效益包括:

(1)泵压降低了25%;

(2)钻速增加了25%;

(3)下生产尾管的成功率为100%。

用过的钻井液通过普通的固控设备清除掉大量的桥堵剂和钻屑后,在完井阶段可以作为完井液使用。

油井投产后,比预期的产量高35%(或高于以前邻井的产量)。

四、加拿大西部(1999—2004 年)

在加拿大西部,5年间用低浓度的甲酸钾钻井液打了300多口井。据发现,低浓度的甲酸钾盐水具有稳定加拿大艾伯塔和英国哥伦比亚地区页岩的作用(黑色碳酸盐页岩、菲尔斯页岩、福特·辛普森页岩)。这种具有稳定页岩作用的钻井液通过大幅度降低事故处理时间,不仅提高了钻井效率和克服了卡钻,而且钻出的井眼规则并能提高油井产量[23-25]。

五、挪威国家石油公司,挪威海上的胡尔德拉油田(2001—2003 年)

胡尔德拉油田是一伴生气田,在该气田的钻井和完井期间,储层段遇到了高温和高压(150℃,67.5MPa)情况。储层的孔隙压力与地层破裂压力梯度间的差很小。胡尔拉德气田产出的气中含3%~4%的 CO_2 和 9~14mg/L 的 H_2S。穿过储层的井斜角45°~55°,而完井使用的是300μ的单金属编制的筛管。

在该气田钻第一口生产井时,使用的是油基钻井液,在下筛管时发生了严重的井涌,其主要原因是在通井时发生了重晶石沉降,导致钻井液的密度下降。因此,在后续钻井中,选择了甲酸铯打开油层钻井液。与油基钻井液相比,甲酸铯/甲酸钾盐水的主要效益是:没有发生沉降的可能性;当量循环密度较低,降低了筛管堵塞的风险;低固相,使用的固相能被酸溶解($CaCO_3$);低气体溶解度;对环境无害,而在截流期间会迅速达到热稳定。

在室内渗透率恢复值实验显示,钻井液注入地层后的渗透率将下降36%～70%,详见表8-6-1。进一步的实验表明,用稀释的有机酸处理以便清除滤饼,对岩心的渗透率恢复值是有益的(表8-6-2)。众所周知,在平衡条件下通过简单地酸浸,任何地层伤害都是可以清除的。

表8-6-1 Huldra岩心驱替实验结果

样品	钻井液	滤失量 mL	初期渗透率 mD	注入实验后渗透率 mD	渗透率变化度 %	清除滤饼后渗透率 mD	渗透率变化度 %	滤液量 mL
1A	甲酸盐现场钻井液	15.419	1416	881	-37.8	990	-30.8	0.19
2B	甲酸盐现场钻井液	11.719	2.88	0.982	-65.9	1.17	-59.4	0.083
6A	优选甲酸盐钻井液	10.564	1978	1272	-35.7	1675	-15.3	0.30
3B	优选甲酸盐钻井液	8.388	7.47	2.27	-69.6	3.64	-51.3	0.17

表8-6-2 Huldra岩心注入驱替实验后稀释酸洗结果

样品	钻井液	滤失量 mL	初期渗透率 mD	注入实验后渗透率 mD	渗透率变化度 %	清除滤饼后渗透率 mD	渗透率变化度 %	滤液量 mL
7A	甲酸盐现场钻井液	18.247	2198	2341	6.51	2406	9.46	痕迹
6B	甲酸盐现场钻井液	12.355	3.47	3.56	2.59	3.81	9.74	0.05
8A	优选甲酸盐钻井液	12.484	1988	1982	-0.3	2027	1.96	Trace
4B	优选甲酸盐钻井液	10.003	10.9	10.7	-1.83	11.2	2.75	0.05

据国家石油公司报道,在胡尔拉德伴生气田用甲酸盐盐水钻井和完井6口,每口井的产量评价产能都相当可观,产能指数约为$190 \times 10^4 ft^3/(d \cdot psi)$。这些井没有明显的地层伤害的迹象,而且不需要进行酸化增产处理。这说明岩心注入试验的结果有误导性。

据挪威石油理事会预测,胡拉尔德气田的可采天然气储量为$16.6 \times 10^{12} m^3$和$5 \times 10^6 m^3$的伴生油。挪威石油理事会网站的生产记录指出,在第7个生产年头结束时,胡尔拉德气田的6口井采出了77%的可采天然气储量和87%的可采伴生油储量。目前的累计产量已接近开始时预测的可采储量。

六、壳牌公司英国海上布里根泰恩油田(2000—2001年)

在2000年10月到2000年3月间,壳牌公司在北海海域的布里根泰恩油田打了3口井并使用膨胀防砂筛管技术进行了完井[26]。由于要进行下膨胀防砂筛管作业,壳牌公司要求钻井液体系具有下列功能：

(1) 提供规则井眼；

(2) 在钻井、下膨胀防砂筛管/扩管期间维持井眼稳定；

(3) 有助于良好的井眼清洁；

(4) 通过井壁上的良好的滤饼，具有良好的滤失控制性能；

(5) 维持静态井控；

(6) 在下入和扩张膨胀防砂筛管时能降低摩擦力；

(7) 在扩管期间，穿过膨胀防砂筛管的液流不会堵塞防砂网；

(8) 不会伤坏地层、防砂网和环境。

选用的甲酸盐钻井液采用了专门设计的颗粒尺寸分布的碳酸钙颗粒，这种颗粒尺寸不会堵塞 230μm 的防砂网。这种体系的试验结果表明，其渗透率恢复值为 70%~90%，相比较而言，低毒油基钻井液的渗透率恢复值为 15%~55%，比计划提前 32 天完钻，3 口井初产量比估计产量要高 20%。

七、OMV 公司在巴基斯坦的米阿诺和蕯瓦恩陆上油田（2001 年）

OMV 公司发表了两篇关于研究和成功使用甲酸盐盐水作为位于巴基斯坦辛德地区的米阿诺和蕯瓦恩高温气田的储层钻井液和完井液的论文[27,28]。

在 Miano-9 井的 6in 井段，采用低固相甲酸钾盐水作为打开油层钻井液和完井液，现场应用表明，该口井的试油产量与预测产量相同，这口井表皮伤害的为零。

在 Sawan-6 号井和 Sawan-11 号井的 6in 井段，使用同样的低固相甲酸钾盐水配方作为打开油层钻井液和完井液的。这种钻井液在稳定温度、无事故钻进以及降低地层伤害方面都取得了杰出的效果。实践表明，甲酸钾盐水钻井液一种无固相的高温稳定体系，这种钻井液体系导致了无事故钻进、降低了对井壁表皮的伤害并且提高了油井产能。

八、Norsk Hydro 公司在挪威海上的威苏恩德油田（2002 年）

威苏恩德油田是挪威海上的水下油田，其地质情况复杂，渗透率为 300~3000mD[29]。油井的钻井和完井采用长水平井段，用一口井钻达多个目标。通过在最大应力的斜井段进行定方位射孔达到了防砂的目的。

这些井的钻井时间长，导致地层长时间暴露在过平衡的钻井液中，在井壁周围产生了较深的钻井液滤液侵入带。在密度为 $1.65g/cm^3$ 的氯化钙/溴化钙压井液中，这些井的产量比根据储层特性预测的产量要低得多。进一步的室内试验研究表明，射孔弹产生的锌碎屑与氯化钙/溴化钙盐水之间的反应会引起压井材料丧失滤失控制特性，从而导致地层伤害。为了控制滤失量，用含有碳酸钾颗粒的甲酸钾盐水替出了氯化钙/溴化钙盐水。

在动态欠平衡条件下，打了 5 口生产井并用新型射孔系统进行了射孔。以前所打的井的产能指数为 $60~90m^3/(d·0.1MPa)$，而新井的产能指数为 $300~900m^3/(d·0.1MPa)$。其结论是，换用了新型射孔系统，动态欠平衡和新型钻井液的综合作用，使油井的产能增加了 3~6 倍。

九、BP 公司在英国海域的德文尼克油田(2001 年)

BP 公司选择密度为 1.68g/cm³ 的甲酸钾/甲酸铯钻井液在德文尼克油田的开发井中钻水平井段[30]。德文尼克油田储层的低渗透砂岩体是一种很硬的砂岩,对钻井和完井来说,被认为是一个很棘手问题。为达到足够高的产能,需要钻很长的水平井段,而且要钻穿不同的储层段。因其地层伤害小、当量循环密度低以及具有提高机械钻速和易于井控的特性,选用甲酸盐水钻井液。

德文尼克油田储层岩心试样(<0.1mD)的岩心渗透率恢复试验指出,与油基钻井液相比,甲酸钾/甲酸铯盐水所造成的地层伤害最小。另外,水马力模拟表明,与油基钻井液相比,甲酸盐盐水可降低当量循环密度约 2.1MPa。在孔隙压力与地层破裂压力之间可以得到一个较宽的安全窗口,同时其当量循环密度的降低,可以明显地降低岩石强度,从而提高机械钻速。

十、阿美石油公司在萨特阿拉伯的 Pre – Khuff 油田(2004 年)

在萨特阿拉伯的 Pre – Khuff 油田的 3962.4~5181.6m 的 Pre – Khuff 层钻水平井段,存在大量棘手的问题,这些问题包括硬砂岩和研磨性砂岩、121~177℃ 的井底高温[31,32]。页岩和砂岩隔层层序的存在需要用密度为 1.43~1.63g/cm³ 的钻井液来稳定页岩,而仅仅需要 1.05~1.3g/cm³ 的密度来平衡储层压力。阿美石油公司在钻 457~1524m(水平井段穿过 Pre – Khuff 层时,面临的棘手问题有:

(1)避免伤害地层和堵塞较长的膨胀筛管;
(2)在钻井液的过平衡压力达 5.6~11.0MPa 的条件下,避免卡钻;
(3)在较高的井底静温下,要长期维持钻井液的基本特性;
(4)在 5⅞in 较长的水平井段中维持低的循环压力降,以避免在井口采用过高的泵压和有利于使用高转数涡轮钻具;
(5)为了降低扭矩和摩阻,要使用润滑性好的钻井液;
(6)把钻井液对钻柱和油管的腐蚀控制到最低程度。

阿美石油公司选择甲酸盐盐水作为钻井液和完井液,是对付这些棘手问题的最好方法。文献资料显示,Tinat – 3 井和 Hawiyah – 201 井得到了优良的流量测试结果,到目前为止在各油田是最佳的测试结果。表 8 – 6 – 3 和表 8 – 6 – 4 出示了流量和井口压力数据,是 2005 年阿美石油公司在中东石油展览会上介绍的数据。

表 8 – 6 – 3 Hawiyah – 201 井与邻井的产气流量比较

参数	HWYH 直井	HWYH – 201 水平井
产气速率,10⁴m³/d	8.49	77.9(1.496m³/d 凝析气)
井口压力,MPa	8.3	35.8

表 8 – 6 – 4 Tinat – 3 井与相邻直井的产气速率比较

	Tinat 直井(裸眼)	Tinat – 3 水平井
产气速率,10⁴m³/d	45.3(755.25m³/d 凝析气)	77.9(干)
井口压力,MPa	9.6	35.2

第七节　用甲酸盐钻井和完井液的现场生产数据分析

使用甲酸盐盐水作为储层钻井液和完井液,其效果的评价标准是在油井达到它的经济极限前,油公司生产出烃类是否达到预期的可采储量。为了回答这个问题,则需要从油田开发中寻找符合下列标准的数据:

(1)所有井的储层井段都使用甲酸盐盐水钻井液钻进和完成;

(2)从开发计划开始,油田的生产期要长到能产出预测的烃类储量;

(3)油公司或当地的石油开发权威机构应该提供可获得油田的油和气生产数据的通道。

两个油气田符合这些标准:Tune 和 Huldra 油气田是位于北海的两个高压高温气/伴生油油气田。这两个油气田于 2001—2002 年开发,钻了 10 口大角度斜井,在钻井和完井过程中使用的是甲酸钾/甲酸铯盐水,并以裸眼方式完井。自投产后,这两个油气田的气井始终保持高产。挪威石油董事会于 2009 年 11 月发表的情况说明书中公布了这些油气田到 2009 年 8 月末的累计产量数字(图 8-7-1 和图 8-7-2)。图中出示了在两个油气田全力生产的情况下,仅仅 7 年后已产出了约 90%预测可采天然气储量和 95%的预测可采伴生油的储量。非常值得一提的是,这两个油田以及后来的 Kvitebjørn 油田,自从用甲酸盐盐水建井后,没有一口井需要进行任何形式的作业和修井。

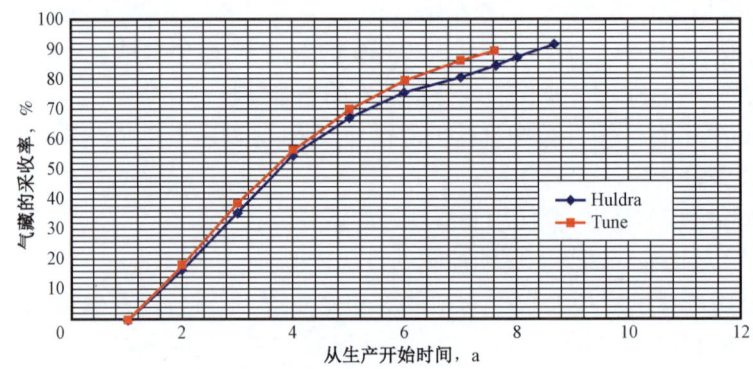

图 8-7-1　用甲酸盐盐水钻井和完井的两口高温高压井的气采收率

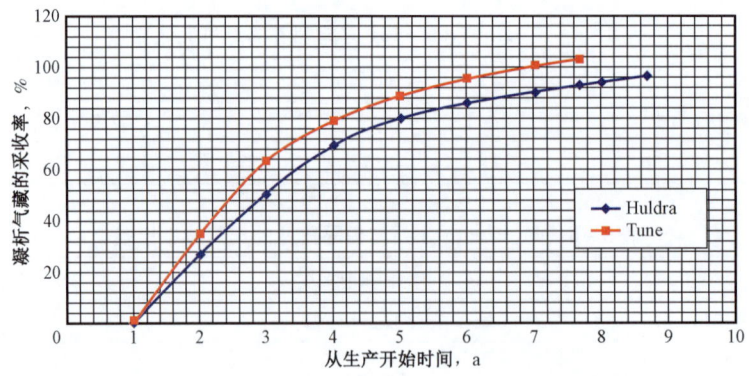

图 8-7-2　用甲酸盐水钻井和完井的两口高温高压井的凝析气采收率

图 8-7-3 所示为 5 个北海地区的近乎同样大小的高压高温气/伴生油田天然气储量的产出与时间的关系对比[33,34]。可以看出,两个使用甲酸盐盐水钻井和以裸眼方式完井的高压高温油气田产出的天然气储量(Tune 和 Huldra 油气田)快于和高于用油基钻井液钻井和完成的老油气田。

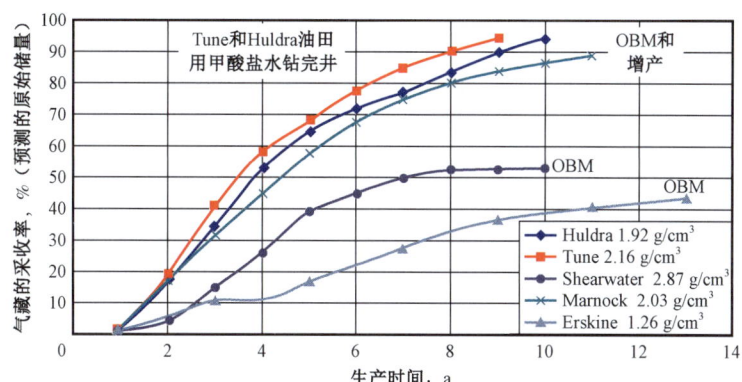

图 8-7-3　北海 HTHP 气田/凝析气田约有相同规模的气藏采收率对比

参 考 文 献

［1］ Downs J D. Formate Brines:Novel Drilling and Completion Fluids for Demanding Environments[R]. SPE 25177,1993.
［2］ Howard S K. Formate Brines for Drilling and Completion:State of the Art[R]. SPE 30498,1995.
［3］ Howard S,Downs J D. Formate Fluids Optimize Production Rates[R]. AADE paper # AADE-05-NTCE-05,2005.
［4］ Downs J D,Howard S K,Carnegie A. Improving Hydrocarbon Production Rates Through the Use of Formate Fluids - A Review[R]. SPE 97694,2005.
［5］ Sundermann R,Bungert D. Potassium-Formate-Based Fluid Solves High Temperature Drill-In Problem[J]. Journal of Petroleum Technology,1042 November 1996.
［6］ Bungert D,Maikranz S,Sundermann R,et al. The Evolution and Application of Formate Brines in High-Temperature/High-Pressure Operations[R]. IADC/SPE 59191,2000.
［7］ Simpson A,Al-Reda S,Foreman D,et al. Application and Recycling of Sodium and Potassium Formate Brine Drilling Fluids for Ghawar Field HT Gas Wells[R]. OTC 19801,2009.
［8］ Simpson A,Al-Reda S,Foreman D,et al. Application and Recycling of Sodium and Potassium Formate Brine Drilling Fluids for Ghawar Field HT Gas Wells[R]. OTC 19801,2009.
［9］ Bennion D B,Thomas F B. Underbalanced Drilling of Horizontal Wells:Does it Really Eliminate Formation Damage[R]. SPE 27352,1994.
［10］ Francis P A,Eigner M R P,Patey I T M,et al. Visualisation of Drilling-Induced Formation Damage Mechanisms using Reservoir Conditions Core Flood Testing[R]. SPE 30088,1995.
［11］ Berg P C,Pedersen E S,Lauritsen Å,et al. Drilling Completion and Open Hole Formation Evaluation of High-Angle Wells in High-Density Formate Brine:The Kvitebjørn Experience 2004-2006[R]. SPE 105733,2007.
［12］ Ramses G. M-I Performance Report,Oriente,Ecuador:Flo-Pro[R]. MI-40607,1997.
［13］ Byrne M. Formate Brines:A Comprehensive Evaluation of Their Formation Damage Control Properties Under Realistic Reservoir Conditions[R]. SPE 73766,2002.
［14］ Cikes M,Vranjesevic B,Tomic M,et al. A Successful Treatment of Formation Damage Caused by High-Density

Brine[J]. SPE Production Engineering,1990:175 – 179.

[15] Biggs K D,Allison D,Ford W G F. Acid Treatments Remove Zinc Sulfide Scale Restriction[J]. Oil and Gas Journal,1992(17).

[16] Nowack B,Stone A T. Competitive Adsorption of Phosphate and Phosphonate onto Goethite[J]. Water Research,2006(40):2201 – 2209.

[17] Goldberg S,Sposito G. A Chemical Model of Phosphate Adsorption by Soils:I. Reference Oxide Minerals[J]. Soil Sci. Soc. Am. J. ,1984(48):772 – 778.

[18] Downs J D. Exposure to Phosphate – based Completion Brine under HPHT Laboratory Conditions Causes Significant Gas Permeability Reduction in Sandstone Cores[R]. IPTC 14285,2012.

[19] "Reservoir Conditions Coreflood Tests and Geological Analyses Performed using Clashach Sandstone for Cabot Specialty Fluids[R]. Report # 2011 – 149I Corex Aberdeen UK,2012.

[20] Ramses G. :"M – I Performance Report Oriente Ecuador:Flo – Pro" MI – 40607 September 1997.

[21] Hands N,Kowbel K,Maikranz S,et al. Drill – in Fluid Reduces Formation Damage Increases Production Rates [J]. Oil & Gas Journal,1998. 96(28):65.

[22] Hands N,Francis P,Whittle A,et al. Optimizing Inflow Performance of a Long Multi – Lateral Offshore Well in Low Permeability Gas Bearing Sandstone:K14 – FB 102 Case Study[R]. SPE 50394,1998.

[23] Hallman J H,Mackey R,Swartz K. Enhanced Shale Stabilization With Very Low Concentration Potassium Formate/Polymer Additives[R]. SPE 73731,2002.

[24] Mackey R,Hallman J. Low Concentration Formate Fluids Improve Drilling in Water – Based Muds in Difficult Shale Environments in Western Canada[R]. IV SEFLU(Seminarion de Fluidos de Perforacion y Terminacion de Pozos)Isla de Margarita Venezuela,2001.

[25] Hallman J,Bellinger C. Potassium Formate Improves Shale Stability and Productivity in Underbalanced Drilling Operations[C]. CADE/CAODC Drilling Conference,2003.

[26] Weekse A,Grant S,Urselmann R. Expandable Sand Screen:Three New World Records in the Brigantine Field [R]. SPE 74549 IADC / SPE Drilling Conference,2002.

[27] Oswald R J,Knox D A,Monem M R. Taking Non – damaging Fluids to New Extremes:Formate – based Drilling Fluids for High – temperature Reservoirs in Pakistan[R]. SPE 98391,2006.

[28] Ali Qureshi M A,Preining P. Pushing the Limits:Improving the Drilling Performance of High Temperature Gas Wells in the Thar Desert in Sindh Pakistan[R]. SPE 115319,2008.

[29] Stenhaug M,Erichsen L,Doornboch F H C. A Step in Perforating Technology Improves Productivity of Horizontal Wells in the North Sea[R]. SPE 84910,2003.

[30] Rommetveit R,Fjelde K K,Aas B,et al. HPHT Well Control: An Integrated Approach[R]. OTC 15322,2003.

[31] Simpson M A,Alreeda S H,Al – Khamees S A,et al. Overbalanced Pre – Khuff Drilling of Horizontal Reservoir Sections with Potassium Formate Brines[R]. SPE 92407,2005.

[32] Alreeda S H. Overbalanced Pre – Khuff Drilling of Horizontal Reservoir Sections with Potassium Formate Brines [R]. SPE 92407,2005.

[33] Downs J D. A Review of the Impact of the use of Formate Brines on the Economics of Deep Gas Field Development Projects[R]. SPE 130376,2010.

[34] Downs J D. Life Without Barite:Ten Years of Drilling Deep HPHT Gas Wells with Cesium Formate Brine[R]. SPE/IADC 145562,2011.

第九章　甲酸盐盐水对有关材料性能的影响

高密度的甲酸盐盐水作为完井液、修井液和压井液已在石油工业的市场上出现数十年了。研究甲酸盐盐水对合成橡胶、玻璃材料、钻井液罐及管线的影响,对螺纹脂和管汇阀门密封剂的影响等是十分重要的,它关系到安全、环保、健康等问题,下面将分别叙述研究的结果。

第一节　甲酸盐盐水对合成橡胶材料性能的影响

现场使用甲酸盐盐水时,要与井下工具和地面机械设备所使用的合成橡胶相接触。如果钻井液与合成橡胶不相容,可能导致井下工具与地面设备泄漏和严重损坏。

由于在现场中要维持甲酸盐盐水的碱性 pH 值,要添加缓冲剂。而部分合成橡胶(例如丁腈橡胶和氟橡胶)存在偏二氟乙烯,在高温情况下碱性的甲酸盐盐水与其发生反应,容易破坏橡胶的性能。

丁腈橡胶和氟橡胶与甲酸盐盐水接触时会硬化,失去刚性。因而在温度高于 120℃ 的情况下,不能在甲酸盐盐水中长时间使用丁腈橡胶。但氢化丁腈橡胶具有较高的抗化学和抗高温能力,在多数高温条件下能取得令人满意的施工效果。

为了提高合成橡胶的抗碱性能力,杜邦公司研制出抗碱氟橡胶(Viton® ETP),在这种橡胶中用烯烃代替了偏二氟乙烯。Viton® ETP 在甲酸盐盐水中具有良好的性能。然而,如果合成橡胶中添加了硅粉,在高温下仍能与某些甲酸盐盐水反应。

当普通的合成橡胶暴露在甲酸盐盐水中时,一定要遵守制造商的产品说明书中的有关规定。

一、甲酸盐盐水中合成橡胶使用指南

表 9-1-1 给出了合成橡胶在甲酸盐盐水中性能的常规指南。该指南是根据甲酸盐与合成橡胶在有限的试验条件下进行的为数不多的相容性试验基础上编制出来的。本节会详细阐述编制该指南的基础试验情况。

表 9-1-1　在甲酸盐盐水中合成橡胶性能的快速指南

合成橡胶类型	试验条件		与甲酸盐盐水的相容性	备注
	温度,℃	时间,d		
氟乙丙橡胶(Aflas®)(TFE/P)	204	7	相容	
	175	56		
碳氟橡胶(Kalrez® Chemraz®)	191	7	相容	
三元乙丙橡胶	120	56	相容	高温下脆化
丁腈橡胶	120	56	有条件相容	性能取决于 pH 值和温度

续表

合成橡胶类型	试验条件		与甲酸盐盐水的相容性	备注
	温度,℃	时间,d		
氢化丁腈橡胶	175	56	相容	
	191	7	相容	
氟橡胶(Viton®)	120	56	有条件相容	性能取决于pH值、温度和暴露时间
抗碱氟橡胶(Viton® ETP)	163	21	相容	在高温条件下可能与微硅粉填充的材料不相容
	170	8		
	177	28		
	200	7		
氢化丁腈橡胶 PEEK®	180	7	相容	
Grafoil®	170	8	相容	

注:(1)本表的编制中使用了下列可以接受的指南:① 体积(或硬度)的变化小于15%;② 抗张强度(或延展性)的变化小于35%。

(2)合成橡胶类型与整个弹性材料组有关。

(3)虽然这种橡胶的结构,物理性质以及化学性质曲线有很大差异,但美国材料试验学会的D140还是用FEPM表示。

根据室内试验很难判断使用效果。室内试验通常是把"O"形圈或合成橡胶片浸泡在钻井液中来进行试验的。在现场条件下钻井液可能仅仅与少部分密封件接触。

氟乙丙橡胶(Aflast®)、碳氟橡胶(Kalrez®/Chemeraz®)、抗碱氟橡胶、碳氟橡胶、氢化丁腈橡胶和PEEK®在高温条件下,能在甲酸盐盐水中使用,是良好的密封材料。对任何专用合成橡胶在任何一组条件下的性能有疑虑时,推荐在专用钻井液条件下进行试验。

多年来,甲酸铯盐水在高温高压建井作业中应用,从未因暴露在甲酸盐盐水或甲酸铯/甲酸钾混合盐水中而引起合成橡胶件损坏。

二、甲酸盐盐水与合成橡胶相容性试验

数家公司对暴露在甲酸盐盐水或甲酸盐混合盐水中的普通油田用合成橡胶进行了广泛的研究。除此之外,还根据油公司对专用合成橡胶和工具的要求进行了某些试验。

应该注意的是,抗张强度和受拉伸长损坏是主要的损坏特性,特别是在多数数据分布点上(±20%)。因此,任何试验后的数据,如果其数据集中点高达±20%,试验数据很可能是受到了干扰。

1. 韦斯特伯特国际技术中心的试验

韦斯特伯特国际技术中心测试了常用合成橡胶与甲酸铯盐水的相容性。试验在哈斯特合金的高压釜中进行,试验期为7天,试验时采用了3组温度和压力:

(1)191℃,常压;

(2)177℃和34MPa;

(3)200℃和103MPa。

甲酸铯盐水采用缓冲剂将pH值维持为10。

除碱氟橡胶(GT-926-08和Baker-9009)外,大多数合成橡胶得到了令人满意的效果,测试是在高于推荐的pH值极限下进行的。测试结果出示于表9-1-2。

表 9-1-2 合成橡胶暴露在甲酸铯盐水中 7 天后的试验结果

合成橡胶类型	试样	温度 ℃	时间 d	体积	重量	硬度	抗张强度	延展性	结论
Aflas®	GT-799-08①	191	7	-7.4	-0.4	0.0	21.3	-16.6	好
	GT-790-10	191	7	-2.3	0.9	-4.2	28.2	-21.5	好
	PARCO-2902	191	7	1.2	0.3	-5.1	-7.0	1.9	好
	Baker-7116	191	7	0.2	0.1	1.2	-2.2	-3.0	好
Viton®	GT-926-08	191	7	12.4	1.3	—	—	—	脆变
	Baker-9009	191	7	5.9	0.6	—	—	—	脆变
Chemraz®	GT-5220062	191	7	-5.7	0.2	0.0	7.2	17.4	好
	GT-5100130	191	7	-1.7	1.7	0.0	2.7	12.4	好
Kalrez®	PARCO-3018	191	7	0.4	0.3	0.0	-18.7	-24.0	好
	PARCO-1050②	191	7	—	0.3	—	—	—	好
氢化丁腈橡胶	Baker-2013	191	7	3.1	3.8	11.1	-7.7	-32.3	好
Viton®	Baker-9009	191	7	5.9	0.6	—	—	—	脆变
丁腈橡胶	Baker-4177	191	7	-5.1	-2.3	7.1	-21.8	-45.9	好
抗碱氟橡胶	Baker #1	149	7	1.1	无	-2.0	-34.0	-23.0	好
	Baker #1	200	7	1.7	无	-1.0	-63.0	-45.0	—
	Baker #2	149	7	0.8	无	-2.0	-10.0	-17.0	好
	Baker #2	200	7	1.5	无	-4.0	-19.0	-27.0	—
	Baker #3	149	7	3.9	无	0.0	-17.0	2.0	好
	Baker #3	200	7	6.6	无	-10.0	59.0	23.0	—
	Baker #4	149	7	5.0	无	-2.0	-2.0	-40.0	好
	Baker #4	200	7	8.6	无	-2.0	-34.0	-41.0	—

① GT 代表 Greene,Tweed & Co 公司。
② 用切片代替"O"形圈。

2. 壳牌公司的试验报道

壳牌公司报道了合成橡胶与甲酸钾盐水和甲酸铯盐水的相容性试验结果[1]。壳牌公司的试验是由英国的机械工程研究所和总部设在得克萨斯州达拉斯的哈里伯顿能源服务公司所做的。合成橡胶在高浓度的甲酸钾盐水中暴露 7 天和 8 周,以及在高浓度的甲酸铯盐水中暴露 7 天,甲酸铯盐水 pH 值为 12.6(未加缓冲剂,大于现场应用的 pH 值),甲酸钾试验是在 pH 值为 10.5 的条件下进行的(未加缓冲剂)。部分试验是在高于合成橡胶件制造商推荐的温度下做的。表 9-1-3 出示了在正确温度下所做试验的试验结果。根据这些试验结果,得到的结论是,在合成橡胶的 pH 值极限范围内,氯橡胶与甲酸盐盐水不相容。其他橡胶的试验结果是令人满意的。

表9-1-3 壳牌公司进行的合成橡胶试验

合成橡胶类型	试样	盐水类型	温度℃	试样在试验后的变化,%					
				厚度		重量		硬度①	
				7d	8周	7d	8周	7d	8周
Aflas® (FCM/FEPM)	Aflas® 790	KFo	120	-1.2	0.2	0	0.7	1.1	0
			175	0.4	0.3	1.2	2.5	-1.1	-2.1
	Aflas® 7182B	KFo	120	-1.1	0.1	0	-0.6	0	1.1
			175	-0.5	-0.7	6.3	-0.1	1.1	1.1
氯丁(二烯)橡胶	Neoprene 7065	KFo	120	0.1	1.2	0	0.8	0	1.1
三元乙丙橡胶	EPDM 7204	KFo	120	-2.1	0.1	0	-0.1	-10.6	-1.2
			175	-0.4	-0.5	0.3	0.1	5.7	+6.9(脆化)
	EPDM 5778-90	KFo	120	-1.8	0	0	1	10.7	0
丁腈橡胶②	Nitrile 4058-90	KFo	120	-2.1	0.3	0	2.3	4.5	10.5
氢化丁腈橡胶②	HNBR 2269	KFo	120	-2.2	0.3	0	1.4	-1.1	1.1
	Carboxyl. HNBR 2311-90	KFo	120	-1.4	0.3	0	3.7	11.5	4.4
			175	-1.3	-7.2	15.5	11.6	0	6.5
	Carboxyl. NBR 2067-90	KFo	120	-2.2	0.4	0	2.2	0	3.5
氟橡胶('Viton®')③	Fluorel 71481	KFo	120	2.7	-0.1	0	0.7	0	1.1
			175	0.2	-6.2	-26.8	-12	-1.6	+2.6(弱化)
	Viton® TC 1220-11	KFo	120	2.3	0.8	0	0	-2.1	1.1
			175	1	-2.9	-0.3	-7	-1.6	+2.1(弱化)
	Viton® TC 1220-12	KFo	120	-0.2	0.8	0	2.7	-3.1	3.3
			175	4	29	15.9	28.7	-1.1(脆化)	-13.7
	Viton® 9062-95	KFo	120	0.2	0.3	0	2.5	-2.1	+2.2(脆化)
			175	0.6	1.7	-1.4	-20.9	0$^w)$	+1.1(弱化)
PEEK®	PEEK®/glass filled	CsFo	180	1.0(变横截面积的变化)		-0.3		6.2④	

① 由于合成橡胶的形状,使硬度测量十分困难,而试验结果只能作为一种趋势的结果而不能作为准确的硬度测量值。
② 氢化丁腈橡胶和丁腈橡胶不能在$CaBr_2$和$ZnBr_2$中使用,其原因是它们容易发生交联而硬化。这种交联在单价的甲酸盐盐水中似乎是不会发生的。
③ 氟橡胶(碳氟化合物)经常在碱性溶液中被破坏(pH>10),其原因是在高浓度的甲酸盐盐水中性能变差(pH=10.5)。
④ 形成严重的结晶沉淀。

3. 贝克石油工具公司的试验

贝克石油工具公司对 9 种不同的合成橡胶与 5 种不同的钻井液的相容性进行了试验。试验用的合成橡胶包括丁腈橡胶、氢化丁腈橡胶,还包括硫化碳氟橡胶(Viton® E60C)、氟乙丙橡胶(Aflast®)、碳氟橡胶(Kalrez®)和 Viton® Extreme ETP 的 4 种不同橡胶的复合物。合成橡胶在 150℃和 200℃两种不同温度下暴露 7 天,部分丁腈橡胶只在 150℃温度下进行试验。高温试验是在 103MPa 压力下进行的,低温试验是在 34MPa 压力下进行的。膨胀试验的试样在 4h 和 24h 后从试验腔中取出,以找出钻井液对合成橡胶的短期影响。试验结果见表 9-1-4。由表中试验结果可以看出,碳氟橡胶(Kalrez®)的机械强度发生了巨大的变化。这与合成橡胶的其他试验结果是不一致的。但与丁腈橡胶在 150℃下的试验结果是一样的。另外,FKM 氟橡胶(Viton®)的试验超出了供应商推荐的 pH 值范围。因此橡胶特性在 150℃下发生了相当大的变化。

表 9-1-4 贝克石油工具公司做的合成橡胶暴露在缓冲甲酸盐盐水中 7 天后的试验结果

合成橡胶类型	温度℃	抗张强度 %	延展性 %	25%模数 %	50%模数 %	硬度变化 %	体积膨胀 %	膨胀 4h 后的硬度,%	膨胀 24h 后的硬度,%
丁腈橡胶	150	-7	-57	132	121	3	-5	-0.9	-1.4
氢化丁腈橡胶	150	-5	-8	-10	-11	1	1.0	0.0	0.1
	200	夹持器破裂						0.0	-7
氟橡胶(Viton®)	150	-51	-53	-22	-10	4	6.2	-0.3	0.2
	200	夹持器破裂						4.4	3.9
氟乙丙橡胶(Aflas®)	150	9	-1	-42	-13	-1	3.4	-0.2	0.4
	200	-10	-22	112	53	4	3.8	3.8	2.7
碳氟橡胶(Kalrez®)	150	-66	-57	-2	8	-0	2.0	0.0	0.0
	200	-64	-15	-95	-81	-6	6.9	1.0	2.8
氟橡胶 1	150	-34	-23	-46	-9	-2	1.1	0.7	0.5
	200	-63	-45	-43	-20	-1	1.7	-1	0.4
氟橡胶 2	150	-10	-17	-15	5	-2	0.8	0.2	0.3
	200	-19	-27	-48	17	-4	1.5	1	-4.8
氟橡胶 3	150	-17	2	-24	-7	0	3.9	-0.1	1.1
	200	59	23	-28	5	-10	6.6	5.8	7.3
氟橡胶 4	150	-2	-40	6	38	-2	5.0	1.0	0.9
	200	-34	-41	-15	-9	-2	8.6	4.7	3.0

4. 英国机械工程研究所对 Viton® ETP 和 Grafoil® 的试验

英国机械工程研究所对 Viton® Extreme90(Viton® ETP)和 Grafoil® 的试样在 170℃温度下暴露 8 天后在甲酸铯/甲酸钾混合盐水中测性能。

1)Viton® Extreme 90

从 Viton® Extreme 90 模压橡胶片上切出 20 块张力试样。5 块试样为一组共分 2 组,为测量橡胶试样的初始质量和体积,在空气和水中对2组试样一起进行称重。有规律地测量在整个暴露期间橡胶试样的质量和体积变化情况。在暴露结束时,用一组5块试样在室温和6℃下进行试验。所有试样在时效和未时效期间特性的差别是很小的,认为甲酸盐对橡胶机械特性的影响是可以忽略的。质量与体积随时间变化的函数关系见表9-1-5,这些都是在密封橡胶件可以接受的限度范围内。张力测量结果出示于表9-1-6,暴露在甲酸盐盐水中橡胶件的各项特性只有很小的变化。总之,Viton® Extreme 可以暴露在甲酸盐盐水中使用,并且没有迹象表明在甲酸盐盐水中长期浸泡会对其产生巨大影响。

表9-1-5 英国机械研究所做的合成橡胶质量增加和体积膨胀测量值试验结果

时间 h	质量变化,%		体积变化,%	
	室温	6℃	室温	6℃
Viton® Extreme 90				
4.75	0.17	0.14	0.11	0.05
6.75	0.31	0.23	0.11	0.87
9.75	0.29	0.26	0.27	0.30
13.75	0.12	0.20	-0.21	0.40
Grafoil®(试样未展开)				
4.75	6.16		3.08	
6.75	7.09		3.16	
9.75	6.11		4.54	
13.75	5.84		3.16	
Grafoil®(试样展开)				
4.75	30.56		4.17	
6.75	32.52		6.73	
9.75	32.30		9.36	
13.75	33.72		9.58	

表9-1-6 英国机械研究所做的未老化和老化的Viton® Extreme 90 橡胶抗张强度试验结果

序号	厚度 mm	宽度 mm	面积 mm²	测量长度 mm	50%时的模数 MPa	破裂时的延展性 %	抗张强度 MPa
在室温条件下未老化							
2	2.16	3.93	8.4888	22.67	10.89	98.26	20.44
2	2.16	3.96	8.5536	21.57	10.35	105.94	20.12
3	2.17	3.96	8.5932	21.99	9.63	84.7	16.4
在6℃温度下未老化							
1	2.16	3.94	8.5104	19.67	16.61	101.58	27.28
2	2.07	3.95	8.1765	19.95	16.51	74.6	22.69
3	2.16	3.98	8.5968	21.24	16.47	83.71	24.15

续表

序号	厚度 mm	宽度 mm	面积 mm²	测量长度 mm	50%时的模数 MPa	破裂时的延展性 %	抗张强度 MPa
在室温下进行的盐水老化试验							
1	2.14	3.93	8.4102	20.89	9.9	114.94	20.93
2	2.18	3.96	8.6328	22.08	8.82	121.76	20.22
3	2.16	3.97	8.5752	21.24	10.68	102.72	20.17
在6℃温度下进行的盐水老化试验							
1	2.16	3.97	8.5752	20.71	15.85	92.44	24.93
2	2.17	3.99	8.6583	20.82	15.99	89.75	24.95
3	2.17	3.93	8.5281	21.29	16.53	86.28	24.84

2）Grafoil®

为了取得4个等尺寸的试样，把2个Grafoil®橡胶圆柱水平切成4段。为了确定试样的初始质量和体积，对试样在空气中和水中进行了称重。每块试样切一半用来进行暴露试验。在暴露期间，采用常规步骤测量试样质量和体积的变化。在暴露试验结束时，对所有4块试样在室温下以1mm/min的速率进行压缩。在刚性模数为5%和10%情况下，测量最大载荷、在最大载荷下的拉伸长度和压缩强度。在暴露试验期间，一个试样没有弯曲，而其他试样则弯曲了。没弯曲和弯曲试样的试验结果出示于表9-1-7。虽然未弯曲试样和弯曲试样在质量增加和体积膨胀方面有较大差异，但弯曲和未弯曲试样在老化和未老化时的差异却非常小，所以认为甲酸盐盐水不会使材料发生严重降解。

表9-1-7　英国机械研究所做的Grafoil®试样抗压缩试验数据

条件	外径 mm	内径 mm	试样高度 mm	5%时的模数 MPa	10%时的模数 MPa	最大载荷 %	在屈服状态下的延展性 %	抗压缩强度 MPa
未弯曲								
未老化	17.15	6.5	6.15	1.04	3.01	1,018	20.61	5.16
老化	17.15	6.5	6.54	1.26	3.06	859	20.91	4.35
弯曲								
未老化	17.15	6.5	7.36	2.32	6.13	1,500	16.26	7.6
老化	17.15	6.5	6.52	1.16	5.14	1,444	13.92	7.31

5. 哈里伯顿能源服务公司的试验

哈里伯顿能源服务公司研究了完井盐水对合成橡胶的影响[2]。这项研究包括碳氟橡胶（Viton®）、碳氟橡胶TEP/P和碳氟橡胶ETP 3种合成橡胶与密度为1.86g/cm³，pH值为9的预缓冲甲酸铯和甲酸钾混合盐水的相容性。所有3种合成橡胶都可承受高达204℃的高温，试验是在163℃和193℃下进行的。合成橡胶暴露在甲酸盐盐水中3个星期，而在浸泡了24h、48h、1星期、2星期和3星期后进行测试。测试内容包括硬度、厚度和美国材料试验协会D412

张力特性。研究结论是,碳氟橡胶(Viton®)与碱性的甲酸盐盐水是不相容的,其原因是盐水的 pH 值受到限制。碳氟橡胶 TEP/P 和碳氟橡胶 ETP 的性能是复杂的,主要取决于试验温度。据发现,在各种条件下,其硬度的变化低于 1.1%。目前还不知道 ETP 合成橡胶是否填充了硅粉。试验结果出示于表 9-1-8。

表 9-1-8 哈里伯顿公司的合成橡胶试验结果

合成橡胶种类	温度 ℃	测试后变化量,%				
		抗拉强度		破裂时的延展性		50%时的模量	
		1 周	3 周	1 周	3 周	1 周	3 周
氟橡胶	163	+7	+7	-11	-4	+18	+6
	193	-50	—	-67	—	+1	—
氟乙丙橡胶	163	-2	~0	-9	-12	+4	+19
	193	-18	—	+16		-18	—

6. 杜邦公司的试验

杜邦公司最新的研究包括高效氟橡胶与甲酸铯和甲酸钾盐水以及部分高温高压钻井液的相容性[2]。测试的合成橡胶有 Viton® A-HV(A40-06),Viton® GF-S(A40-04),Viton® ETP-S(A40-01)和含硅的 Viton® ETP-S(A40-02)。钻井液放置在密封的帕尔容器中,试验时把试样在高温 150℃和 177℃和自生压力下,在钻井液中浸泡 4 个星期,容器在开启前可以对其冷却。试验结果出示于表 9-1-9。试验结果表明,标准的碳氟橡胶(Viton®)A-HV 暴露在甲酸盐盐水中后,因其与碱性钻井液不相容而变脆,这与预期的结果是一致的。过氧化物处理的高含氟的碳氟橡胶 Viton® GF-S 因模数损失最大,而使张力和伸张度受到严重影响,这种橡胶还在高温下变脆。也正如所预期的那样,过氧化硫化的化学物质具有更好的抗酸性,因此它不能改善与碱性钻井液的相容性。抗碱碳氟橡胶(Viton® ETP-S)试样在低温下效果良好,而添加了碳黑的橡胶试样在高温下也具有良好的抗碱效果,但应该注意的一点是,如果合成橡胶中添加了硅粉,在高温下会发生部分不相容的情况。

表 9-1-9 杜邦公司对暴露在甲酸铯/甲酸钾盐水中的氟橡胶的试验结果

合成橡胶类型		温度 ℃	肖氏硬度 A 度	物理性质变化,%			
				50 模数	抗张强度	延展性	体积
氟橡胶-S	A40-01	150	0	11	11	8	0
		177	0	11	20	24	-1
氟橡胶-S w/微硅粉	A40-02	150	1	26	4	-7	0
		177	1	29	-30	-58	0
Grafoil®	A40-04	150	-7	-6	-53	-44	-10
		177	-10	-100	-92	-83	-21
氟乙丙、氢化丁腈和氟橡胶	A40-0	150	-8	-100	-78	-82	-10
		177	-20	-100	-85	-92	-14

7. 奈福透平公司的氢化丁腈橡胶

用奈福透平公司生产的两种替代氢化丁腈橡胶(HN662-1 和 HN662-2)试样在温度为 152℃的情况下暴露在预缓冲的甲酸铯盐水中 3 天和 7 天。试验是由韦斯特伯特国际技术中心做的,测量了缓冲橡胶在质量、体积硬度和外形方面出现的变化。其结论是两种橡胶试样在试验条件下与甲酸铯盐水是相容的(表 9-1-10),而且在外形上确实没发生任何变化。

表 9-1-10 奈福透平公司对氢化丁腈橡胶的试验结果

试样	试验时间	试验后试样的变化,%			出现的情况
		质量	体积	硬度	
HN1662-1	3d	-0.1	-0.4	无变化	无变化
	1周	+0.6	-1.4	无变化	无变化
HN1662-2	3d	0.0	-1.0	无变化	无变化
	1周	+0.1	-1.0	无变化	无变化

8. 油管油井系统公司的合成橡胶 Aflas®

将油管油井系统公司生产的 Aflas® 橡胶试样暴露在温度为 204℃的预缓冲甲酸铯盐水中 7 天,以测试其与甲酸铯盐水的相容性,试验是在韦斯特伯特国际技术中心做的。表 9-1-11 出示了测得的试样在体积、质量和硬度上的变化。所测的合成橡胶特性没有发生巨大变化或形状上的变化,其结论是这种合成橡胶与甲酸盐盐水是相容的。

表 9-1-11 油管油井系统公司对 Aflas® 橡胶试样的试验结果

试样	试验后试样变化,%					
	质量	体积	硬度	抗张强度	延展性	外观
Aflas® 1	+0.2	-3.4	0	-12.3	-8.8	无变化
Aflas® 2	+1.0	-0.5	0	-4.8	-0.4	无变化
Aflas® 3	+1.4	-2.2	0	+5.6	+3.2	无变化

9. 合成橡胶 Polymyte, Molythane 和谢非尔公司的丁腈橡胶

对 2 种合成橡胶(Polymyte 和 Molythane)和 5 种谢非尔公司的丁腈橡胶进行了与甲酸盐盐水的相容性试验。这些合成橡胶是谢非尔-瓦科公司的防喷器组的零件。在 93℃温度下,合成橡胶暴露在密度为 1.92g/cm³ 的预缓冲甲酸铯盐水中 48h 和 7 天,其体积、质量、硬度和形状的变化见表 9-1-12。所有的参与试验的合成橡胶在试验条件下都与甲酸盐盐水相容。

表 9-1-12 谢非尔公司对 2 种合成橡胶和 5 种丁腈橡胶的试验结果

橡胶类型	时间 d	性质变化,%						出现的情况
		质量	体积	硬度	抗张强度	延展性	200%时的模数	
合成橡胶 (Polymyte 4651)	2	+0.1	-0.3	0	+0.8	-7.8	-0.2	无变化
	7	+0.1	0	0	-1.0	-10.3	+6.5	无变化

续表

橡胶类型	时间 d	性质变化,%						出现的情况
		质量	体积	硬度	抗张强度	延展性	200%时的模数	
合成橡胶（Molythane 4615）	2	+0.2	0	0	+1.5	-28.4*	+2.2	无变化
	7	+0.4	0	0	-30.8	-24.9	+2.7	无变化
丁腈橡胶11282	2	-1.0	-0.8	0	-3.6	-14.2	+14.3	无变化
	7	-1.5	-1.4	0	-5.0	-19.5	+12.3	无变化
丁腈橡胶1778	2	+0.2	-0.9	0	+17.6	-1.6	+23.2	无变化
	7	+0.3	-1.3	+1.1	+12.8	-5.3	+16.9	无变化
丁腈橡胶11285	2	-1.4	-1.8	+2.4	+5.1	-15.3	+28.0	无变化
	7	-2.0	-2.5	+1.2	+1.1	-21.5	+25.4	无变化
丁腈橡胶1622	2	-0.8	-0.5	+1.6	+3.6	-18.5	+34.4	无变化
	7	-1.1	-2.2	+2.0	+1.2	-26.2	+34.5	无变化
丁腈橡胶1356	2	-0.7	-0.9	0	+4.0	-19.6	+28.8	无变化
	7	-0.7	-1.2	+1.3	+6.1	-19.6	+26.9	无变化

10. 喀麦隆公司的丁腈橡胶 CAMLASTM 和 DUROCATM

用甲酸铯盐水对喀麦隆公司生产的合成橡胶进行了相容性试验。在100℃和121℃温度下,把合成橡胶暴露在密度为1.7g/cm³的预缓冲甲酸铯(pH值为10)盐水中7天。

所评价的喀麦隆公司的合成橡胶材料,是用于制造闸板封隔器/顶部密封、VBR 封隔器、环空封隔器/环形油管悬挂器的材料;而 CAMLASTM 和 DUROCATM 是用于制造抗高温和抗硫化氢闸板封隔器/顶部密封、全封闭防喷器芯子和刀形封隔器的材料。

喀麦隆公司的丁腈橡胶、CAMLASTM 和 DUROCATM 合成橡胶的相容性试验结果表明,在7天的暴露期间甲酸盐对其不利影响很小。

11. 英国机械研究所为北海高温高压井所做的试验

为了帮助在北海的高温高压井选择合适的合成橡胶,英国机械研究所承担了试验。把5种合成橡胶暴露在密度为1.73g/cm³、温度为185℃的预缓冲的甲酸铯/甲酸钾盐水中9天。试验用的合成橡胶为氟橡胶射孔枪的密封件(V858-95)、一对 PEEK®（开口）垫圈以及 Aflas® 和丁腈橡胶制造的短切片,试验结果见表9-1-13,从表中数据可以得出,Viton® 不适用于高温高压井。丁腈橡胶试样的试验结果超出了制造商推荐的120℃极限温度,在第一个试验周期仍然保持了其柔软性(37h 后仍然具有柔性),但随着时间的推移而硬化。PEEK® 和 Aflas® 试样的性能都很好。Viton® ETP 试样的性能也很好,但有一个试样发现了裂口,可能是清洁时造成的断裂。

表9-1-13 英国机械研究所对合成橡胶试样的试验结果

试样	暴露时间,d	体积变化,%	质量变化,%	备注
PEEK®、开口环	9	0.10		没发现变化
Viton® "O"形环	2.2	-1.09		刚性;表面开裂;剥落成碎片

续表

试样	暴露时间,d	体积变化,%	质量变化,%	备注
Viton® Orings（4种不同直径的试样）	1.5	约0.55		刚性;表面开裂
NBR"O"形环 横截面直径6.5mm	8.3	-0.10	-3.6	硬;刚性大;体积有变化
Aflas® "O"形环 横截面直径6.5mm	8.3	0.39	0.4	无变化;保持柔性;未发现损坏
Viton® ETP"O"形环 横截面直径6.5mm	6.8	-0.10	0.3	无变化;保持柔性;未发现损坏
	2.1	0.03		有一处发现了裂口（可能是清洁时造成的）,未发现其他损坏

12. 韦斯特伯特国际技术中心对硫化碳氟橡胶和氟乙丙橡胶的试验

在200℃下对3种合成橡胶密封件（CDI904-90FEPM, CDI908LSFKM 和 CDI928FKM）在预缓冲甲酸铯盐水（添加5%的氯化钾）中进行了48h的浸泡试验[3]，试验结果见表9-1-14。由表中可以看出，没有一个试样发生严重的膨胀和增重，所有3个CDI904-90FEPM试样的性能良好，而CDI908LSFKM试样出现了严重的膨胀和破裂。

表9-1-14 韦斯特伯特国际技术中心对合成橡胶试样测试结果

试样	质量变化,%	体积变化,%	硬度变化,%	外观变化
CDI 90490 氟乙丙橡胶	+0.3	0	-1.2	无变化
	+0.3	0	-1.2	
	+0.3	+0.2	-1.2	
CDI 908 LS 氟橡胶	+2.4	+3.9	+5.7	产生气孔,破裂和脆化
	+2.6	+3.2	+5.7	
	+3.1	+4.1	+5.7	
CDI 928 氟橡胶	+2.5	+0.2	+1.1	无变化,弯曲时脆化

第二节　甲酸盐盐水对其他材料性能的影响

一、甲酸盐对玻璃的影响

甲酸盐与硼硅酸玻璃制品接触时能溶解这种玻璃，释放出一种化学物质，这种化学物质能影响室内试验中对甲酸盐腐蚀、地层伤害和结晶温度的测量结果。为避免产生这种人为的错误，甲酸盐盐水不能与试验室的玻璃设备接触。

由于甲酸盐不能与玻璃制品接触，所以在现场使用中，凡是有机会接触甲酸盐的设备、装置、容器等都不能有玻璃制品。

二、甲酸盐盐水对钻井液罐管线的金属材料影响

国际海洋涂层公司对高密度甲酸盐盐水与某些钻井液罐管线产品的相容性进行了试验。试验采用了高浓度的甲酸钾盐水、高浓度的甲酸铯盐水和 50∶50(质量比)的甲酸钾和甲酸铯的混合物。对下列 4 种产品和管路设计进行了试验:

(1) 误差为 $2\times125\mu m$ 的 704 连接管线;

(2) 误差为 $3\times90\mu m$ 的 904 连接管线;

(3) 误差为 $1\times300\mu m$ 的 925 连接管线;

(4) 误差为 $3\times100\mu m$ 的 994 连接管线(在大气中存放)。

上述试验采用了无空气喷淋和在 23℃下存放,而试验样品在盐水中浸泡 84 天,接着通风 1 天,并将其浸泡在海水中 15 天,试验是在 23℃下进行的。

在上述试验中没发现样品有损坏,根据试验结果,连接管线 704,904,925 和 994 适合用来输送甲酸盐盐水。

考夫莱克斯珀—斯泰那海洋公司对甲酸铯盐水与考夫隆公司的钻井液罐管线的金属材料系列进行了接触试验,结果表明,除供应商规定的限制条件外,甲酸盐盐水对考夫隆公司的钻井液罐管线的金属材料没有影响,可以不受限制地使用。

三、甲酸盐水对螺纹脂的影响

用密度为 $1.92g/cm^3$ 的甲酸铯盐水进行相容性试验。试验用的螺纹脂油见表 9-2-1。

表 9-2-1　甲酸铯盐水与螺纹脂的相容性

制造商	产品	特点
百斯特奥立夫	2010 NM	低温级,无金属
	2000	含铜,是 API 改性产品的替代品
石油研究中心	Lube – Seal	API 改性螺纹脂(密度 $1.85g/cm^3$)
	Eco – Seal OCR – 325 – AG	生物降解的,无金属油,无烃类和聚四氟乙烯(密度 $1.18g/cm^3$)

本试验中,根据美国石油学会对套管、油管和石油管材螺纹脂的推荐做法 API 5A3,使用了两种改进的试验方法:

(1) 试验方法 A(施力/附着试验);

(2) 试验方法 B(甲酸盐沥滤试验)。

根据试验结果,可以得出以下结论:

(1) 当甲酸盐盐水与螺纹脂接触后,甲酸盐盐水没有出现任何明显的变化;

(2) 从螺纹脂中没有沥滤出大量的化学物质;

(3) 试验方法 A 的试验结果指出,甲酸盐处理剂对螺纹脂的耐刷能力没有太大的影响。

四、甲酸盐盐水对管汇阀门密封剂的影响

为了测试硅密封剂与甲酸盐盐水的相容性,进行了一种简单的试验。测试的密封剂是 VALLANCE – 优质全方位密封剂,这种密封剂通常在使用甲酸盐盐水前用来密封非焊接的钻井液池阀门。试验包括密封两种相互接触的金属表面并使其与甲酸盐接触 3 个星期。在试验期间没有发现硅密封剂被穿透和变质。

五、甲酸盐盐水对海底电缆的影响

道达尔挪威公司对甲酸铯/甲酸钾混合盐水与 Metrol 海底电缆的相容性进行了试验。其原因是,在中途测试期间,往隔水管中灌甲酸铯/甲酸钾盐水,必须验证甲酸盐盐水与电缆的相容性。试验时使用了 Hydrobond(Hytrel – sheathed)和 TEC 两种电缆系统以验证电缆与甲酸盐盐水的相容性。

试验是参照 JN1171 – 018B 试验持续进行的,试验使用了两种电缆:一种是 Hydrobond Yellow(Hytrel)电缆,额定温度不明;另一种是完全封装的 TEC 电缆,额定温度为 150℃。试验时,两种电缆系统在 110℃ 温度下在甲酸盐盐水中暴露 2~5 天,并在室温下暴露 8 天。试验结果如下。

1. Hydrobond Yellow(Hytrel)电缆

过去制造商曾忠告,对暴露在甲酸盐盐水中 5 天的 Hytrel 电缆及连接器的试验温度 (110℃)太高。在甲酸铯/甲酸钾盐水中暴露 2~5 天后的试验结果证实了这一观点,48h 内成型聚氨酯/连接器接口即失效,在室温下暴露 8 天后未失效。

Hydrobond 公司没有明确给出 Hytrel 电缆的极限温度,所以任何用户在甲酸盐盐水中使用 Hytrel 电缆时都应该进行试验,以便维护电缆在预测作业温度下的完整性。

2. 完全封装的 TEC 电缆

该电缆的额定温度为 150℃,由聚丙烯封装的 Incoloy 825 控制线组成。完全封装的 TEC 电缆在 110℃ 温度下试验时间为 2~5 天,在室温下试验时间为 8 天。完全封装的 TEC 电缆在 3 次试验中没有出现失效和破裂的迹象,TEC 控制线中也没有发现 Incoloy 825 出现明显的降解。

六、甲酸盐盐水对海底井控液的影响

甲酸盐盐水对海底井控液的影响试验是用配比为 10∶90,25∶75,50∶50,75∶25 和 90∶10 的甲酸铯盐水在室温下对 OceanicHW704R 海底井控液进行了 7 个月的测试。没有发现它与甲酸铯起反应,也就是说甲酸盐对海底井控液没有影响。

参 考 文 献

[1] Howard S K, Houben R J H, Oort E, et al. Report # SIEP 96 – 5091 Formate Drilling and Completion Fluids – Technical Manual[R]. Shell International Exploration and Production, 1996.

[2] Fuller Robert E. Fluoroelastomers made with Advanced Polymer Architecture for Oil and Gas Applications[C]. Publication presented at the Oilfield Engineering with Polymers Conference, 2006.

[3] Choi H J, Toups S. Compatibility Test of Three Elastomeric Seals in Cesium Formate[R]. FA0016 Westport Technology Center International.

第十章 甲酸盐完井液的应用

近年来,甲酸盐完井液已在国内外广泛应用。本章论述了甲酸盐的生产工艺与质量要求,甲酸盐完井液配方、配制、储存、运输、现场使用、回收及再生等。

第一节 甲酸盐的生产工艺与质量要求

一、甲酸钠生产工艺

甲酸钠生产工艺包括新戊二醇副产法、季戊四醇副产法、三羟甲基丙烷与合成法。目前,合成法是最广泛最专业的生产工艺。该方法生产的甲酸钠优点是:由于不含有其他醇类,生产甲酸钠质量高。该工艺产品纯度在97%以上,色度比较好。合成法是采用烧碱和一氧化碳作原料,通过加温加压进行反应制得,反应不需催化剂的参与。该生产过程使用焦炭为原料,经过造气、净化、脱碳、脱硫、压缩、合成和浓缩等工艺,最后生成甲酸钠溶液或者固体甲酸钠产品。下面介绍一下合成法的生产工艺。

1. 造气

将焦炭用电动葫芦提升至造气炉上部,从造气炉炉口加焦炭至炉内,焦炭在炉内与风机送进的空气不充分燃烧,产生CO_2,CO,O_2和N_2以及部分硫化物等混合气体,该混合物称为煤气。造气炉中发生的化学反应式如下:

$$2C + O_2 = 2CO \quad \Delta H < 0$$

$$2CO + O_2 = 2CO_2 \quad \Delta H < 0$$

$$C + O_2 = CO_2 \quad \Delta H < 0$$

$$CO_2 + C = 2CO \quad \Delta H > 0$$

反应特点:前3个反应均为不可逆放热反应,焓$\Delta H<0$;最后一个反应为可逆吸热反应,$\Delta H>0$。以上反应生成的CO_2和CO为气化产物,O_2和N_2由空气带入,硫化物由焦炭带入。气体混合物中CO为有用成分,N_2可进行回收作为化工生产中的惰性保护气,而其余气体为杂质气体,须在以后工序中予以清除。

2. 净化(脱碳、脱硫)

从造气炉来的混合气体进入旋风除尘器除去混合气体夹带的大部分固体煤灰小颗粒,后进入洗气塔,洗气塔以水为洗涤液,进一步除去混合气体中的固体颗粒,再进入碱洗塔,以氢氧化钠溶液为循环吸收液,脱除混合气体中的部分二氧化碳气体,再经旋液分离器分离出来气体夹带的水分进入静电除尘器,通过静电除去剩余的固体微细小颗粒,再次净化混合气体。

净化工序主要反应方程式:

$$CO_2 + 2NaOH = Na_2CO_3 + H_2O$$

$$CO_2 + NaOH = NaHCO_3$$

$$H_2S + 2NaOH = Na_2S + 2H_2O$$

3. 压缩

净化后的混合气体进入压缩机进行3段压缩,提压至2.0~2.2MPa,经油水分离器进入混合器,与从预热器来的碱液混合,在一定温度和压力下,碱液与大部分二氧化碳气体反应,基本除去了二氧化碳,取得工艺所需纯净的一氧化碳气体。

压缩工序主要反应方程式:

$$CO_2 + 2NaOH = Na_2CO_3 + H_2O$$

$$CO_2 + NaOH = NaHCO_3$$

4. 合成

从脱硫工序来的一氧化碳气体和氮气加热至140~150℃进入合成反应器,在合成反应器中,一氧化碳与氢氧化钠反应生成甲酸钠溶液,甲酸钠溶液和氮气等混合物经泄压后经入旋液分离器进行气液分离,甲酸钠溶液用泵打入储罐待用,水蒸气排入大气。

合成工序主要反应方程式:

$$CO + NaOH = HCOONa$$

$$CO_2 + 2NaOH = Na_2CO_3 + H_2O$$

5. 蒸发分离

储罐内的甲酸钠溶液用泵输送到蒸发器,用油炉来的导热油加热,蒸发掉大部分水分,形成含量为70%~80%的甲酸钠过饱和溶液,后用泵输送到离心机,离心机甩干得到水分3%左右的甲酸钠。

6. 包装

离心后的甲酸钠溶液用热风吹到热风干燥器干燥,取得合格的甲酸钠产品,进行包装。

二、甲酸钾生产工艺

甲酸钾生产在我国已有几十年的历史。传统的生产工艺是甲酸与氢氧化钾反应,生产甲酸钾。而甲酸是甲酸钠与硫酸反应,生产出甲酸,同时副产硫酸钠。这种生产甲酸钾的工艺落后,白白消耗大量的硫酸,能耗高,成本高。

目前,国内主要采用的是CO法生产甲酸钾,其工艺过程与甲酸钠基本相同,在此不做详细介绍。焦炭由炭场过筛去除粉末,送至吊炭斗给煤气发生炉加炭产生煤气(一氧化碳),达到28%~33%浓度的CO进入净化水洗,气体含尘净化到大约10mg/m³以下,进入压缩机,压缩到2.3MPa左右进入高压水洗(或变压吸附),脱除二氧化碳及大部分硫化物;净化脱碳之后的CO与压缩氢氧化钾溶液预热后,进入混合预热器预热至大于165℃进入合成管道反应,生成半成品合成液(甲酸钾溶液)并由大罐储存备蒸发用。煤气与液体氢氧化钾合成甲酸钾溶液进入双效蒸发,得熔融甲酸钾经制片机制片即得甲酸钾产品。以 CO 和氢氧化钾为原料,反应生成甲酸钾,没有副产物。

三、甲酸铯生产工艺

甲酸铯是采用铯榴石矿石(图 10-1-1)通过采集,然后采用各重力选矿、浮选和研磨成 200 目铯榴石矿粉,加工成甲酸铯盐水,再通过一个蒸发过程、缓冲和收集来提纯的。1993 年,卡博特公司在加拿大 Bernic 湖购买了含有铯元素的 tantalum 铯榴石矿,1996 年建立铯提炼工厂,开采以及加工处理铯榴石,1998 年开始生产甲酸铯盐水(图 10-1-2、图 10-1-3)。

图 10-1-1　铯榴石

图 10-1-2　甲酸铯盐水

图 10-1-3　卡博特公司甲酸铯盐水生产厂

四、甲酸盐的质量要求

国内钻(完)井液用甲酸盐目前还没有国家标准和行业标准。笔者通过收集部分生产厂家甲酸盐标准,编制完井液用甲酸钠/甲酸钾质量要求和试验方法及甲酸盐完井液腐蚀性能评价方法,为油田完井作业甲酸盐完井液选用甲酸盐提供参考。详见附录 A、附录 B 和附录 C。

1. 完井液用甲酸钠质量要求

完井液用甲酸钠质量要求(推荐)见表 10-1-1。

第十章 甲酸盐完井液的应用

表 10-1-1 完井液用甲酸钠质量要求

序号	项目	要求
1	外观	白色结晶颗粒
2	水分,%	≤0.6
3	甲酸钠含量,%	≥98.0
4	氢氧化钠含量,%	≤0.20
5	碳酸钠含量,%	≤0.20
6	氯化钠含量,%	≤0.15
7	硫化钠含量,%	≤0.07
8	饱和盐水密度(20℃),g/cm^3	≥1.32
9	pH 值(饱和溶液)	9~12
10	Fe,mg/L	≤30
11	碳钢平均腐蚀速率,mm/a	≤0.05
12	不锈钢/镍基合金点腐蚀速率,mm/a	≤0.05

2. 完井液用甲酸钾质量要求

完井液用甲酸钾质量要求(推荐)见表 10-1-2。

表 10-1-2 完井液用甲酸钾质量要求

序号	项目	指标
1	外观	白色片状或者颗粒
2	水分(H_2O),%	≤0.6
3	甲酸钾含量,%	≥96.0
4	氢氧化钾(KOH)含量,%	≤0.2
5	碳酸钾(K_2CO_3)含量,%	≤0.2
6	氯化钾(KCl)含量,%	≤0.2
7	硫化钾含量,%	≤0.12
8	饱和盐水密度(20℃),g/cm^3	≥1.58
9	pH 值(饱和溶液)	9~12
10	Fe,mg/L	≤45
11	碳钢平均腐蚀速率,mm/a	≤0.05
12	不锈钢/镍基合金点腐蚀速率,mm/a	≤0.05

3. 完井液用甲酸铯质量要求

完井液用甲酸铯质量要求见表 10-1-3。

表 10-1-3　完井液用甲酸铯质量要求

序号	项目	指标
1	外观	液体
2	甲酸铯含量，%	≥87
3	密度，g/cm^3	≥2.20
4	pH值(用10:1水稀释后测定)	9~10
5	结晶温度，℃	5
6	SO_4^{2-} 含量，mg/L	≤150
7	Cl^- 含量，mg/L	≤500
8	$Ca^{2+}+Mg^{2+}$ 含量，mg/L	≤100
9	碳钢平均腐蚀速率，mm/a	≤0.05
10	不锈钢/镍基合金点腐蚀速率，mm/a	≤0.05

第二节　甲酸盐完井液

完井液包括射孔液、压井液、隔离液、环空保护液等。

一、甲酸盐射孔液与压井液

射孔完成的油气井,采用射孔为油气流建立若干沟通油气层和井筒的流动通道,因此射孔完井工艺对油气井产能的高低有很大影响。射孔液是射孔作业过程中使用的井筒工作液,有时它也用作为射孔作业结束后生产测试、下泵等作业压井液。对射孔液的基本要求是:保证与油气层岩石和流体相配伍,防止射孔作业或射孔后的后继作业过程中,对油气层造成伤害;同时,应满足射孔及后继作业的要求,即应具有一定的密度,具备压井的条件。此外还应具有适当的流变性以满足循环清洗炮眼的需要。大部分油气田,射孔液与压井液采用一种完井液,但有些油气层,射孔液与压井液采用不同类型的完井液。

根据不同类型油气层对射孔液与压井液的要求,甲酸盐射孔液与压井液按其中固相含量将其分为无固相完井液、无黏土相完井液和有固相完井液等类型。

1. 甲酸盐射孔液和压井液技术要求

甲酸盐射孔液和压井液应满足以下技术要求:

(1)密度可调节。为在套管枪射孔时有效地控制井喷,射孔液的密度依据油气层孔隙压力确定。

(2)对油气层伤害程度低。

(3)腐蚀性小。要求射孔液对套管的腐蚀性小,同时也要避免产生不溶物,防止不溶物进入射孔孔道,对产层造成伤害。

(4)高温下性能稳定。应具有良好的热稳定性,以防止其在高温下失稳而产生沉淀伤害产层,要求高温下15天不发生沉淀。

(5)流变性和滤失量。对于部分气层要求射孔液与压井液有一定的悬浮能力和较低的流变性,以减少对地层的伤害。

(6)防漏。对于部分在钻井过程发生过漏失的油气层,要求射孔液、压井液具有一定的防漏堵漏功能。

(7)无黏土相。对部分油气层要求射孔液、压井液为无黏土相,以防止堵塞孔道。

2. 甲酸盐完井液室内实验配制程序与性能测定方法

1)甲酸铯钻(完)井液室内实验配制程序

甲酸铯钻(完)井液室内实验配制程序:

(1)按确定的配方,称量各种处理剂。

(2)每次配制量为 $4 \times 350 mL$ 或 $8 \times 350 mL$。混合时,应使用高剪切搅拌器。盐水(甲酸钾和甲酸铯)在 1500r/min 转速混合搅拌 10min 后,将搅拌转速提高至 6000r/min,依次缓慢地加入各种添加剂,每间隔 5min 加一种处理剂,在 45min 内加完,碳酸钙须在最后 3min 内添加。

(3)混合时温度不得超过 66℃;若混合时温度超过 45℃,应用水浴冷却。

(4)尽量避免在热滚之前加入消泡剂,若绝对必要,使用 1~2 滴即可。

(5)热滚实验。

① 每种测试样品滚两个样品,每个样品 350mL;

② 试样装入老化罐后,需充气加压至 1.38MPa,泄压,重新充气加压至 1.38MPa;

③ 预先将烘箱加热至热滚所需温度。热滚后,使样品冷却,将钻(完)井液缓慢倒入容器搅拌 10min,使其混合均匀。若有必要,加入少量消泡剂。

2)甲酸盐钻(完)井液性能测试方法

甲酸盐完井液性能测试按照 GB/T 29170—2012《石油天然气工业 钻井液实验室测试》进行。

3. 无固相甲酸盐射孔液与压井液

无固相甲酸盐射孔液、压井液以甲酸盐溶液为基液,加入一定量的缓冲剂。缓冲剂采用碳酸钾和碳酸氢钾,其加量根据所钻储层油、气、水组分,依据油公司设计对射孔液和压井液的 pH 值要求而确定。

考虑技术及经济原因,对于不同密度的射孔液与压井液可选用不同品种甲酸盐:

(1)射孔液和压井液密度低于 $1.34g/cm^3$ 时,可选用甲酸钠溶液;

(2)射孔液和压井液密度为 $1.34 \sim 1.58g/cm^3$ 时,可选用甲酸钠与甲酸钾混合溶液;

(3)射孔液和压井液密度为 $1.58 \sim 2.1g/cm^3$ 时,可选用甲酸钾与甲酸铯混合溶液;

(4)射孔液和压井液密度为 $2.1g/cm^3 \sim 2.3g/cm^3$ 时,可选甲酸铯溶液。

4. 无黏土相甲酸盐射孔液与压井液

部分油气田完井作业中,对射孔液与压井液流变性能、滤失性能、封堵性能等有一定要求,为了减少对油气层的伤害,不允许加入膨润土。为了满足以上性能要求,通常在不同密度无固相甲酸盐盐水中加入增黏剂、降滤失剂、缓冲剂、封堵剂等类型处理剂。各种处理剂组分、功用、与甲酸盐的配伍性已在第五章中进行了论述。本节只研讨适用于不同温度、不同密度甲酸盐射孔液与压井液配方与性能。

1)国外无黏土相甲酸盐完井液配方与性能

(1)抗150 ℃ SFX-1甲酸钠完井液。

国外最早是壳牌公司采用甲酸钠盐水为基液(350mL)、0.5g生物聚合物为增黏剂、2g低黏聚阴离子纤维素和1g超低黏聚阴离子纤维素Antisol为降滤失剂、Na_2CO_3为缓冲剂、20g细目$CaCO_3$配制成抗150 ℃ SFX-1甲酸钠完井液,其热滚150 ℃后性能见表10-2-1。

表10-2-1 SFX-1甲酸钠完井液性能

热滚时间 h	测试温度 ℃	旋转黏度计读数						静切力(10s/10min) Pa/Pa	高温高压滤失量 mL
		Φ_{600}	Φ_{300}	Φ_{200}	Φ_{100}	Φ_6	Φ_3		
0	25	87	55	41	27	5	5	6/8	21
	50	50	33	26	18	4	4	5/7	
16	25	77	48	35	23	7	5	7/8	20
	50	45	29	23	16	5	4	5/7	
72	25	64	39	30	20	6	4	4/6	24
	50	39	25	19	13	4	3	3/4	

(2)抗高温PFX-1甲酸钾完井液。

壳牌公司采用密度为$1.60g/cm^3$的甲酸钾盐水为基液,配制成抗高温PFX-1无黏土相甲酸钾完井液,其配方为:密度$1.60g/cm^3$甲酸钾盐水为基液(350mL),加入0.5g生物聚合物、2g低黏聚阴离子纤维素、1g超低黏聚阴离子纤维素Antisol、20g $CaCO_3$、0.5g $KHCO_3$或K_2CO_3和甲酸(调节pH值至10)。其热滚175 ℃后性能见表10-2-2。

表10-2-2 PFX-1甲酸钾完井液性能

热滚时间 h	测试温度 ℃	旋转黏度计读数						静切力(10s/10min) Pa/Pa	滤失量 mL	高温高压滤失量 mL	pH值
		Φ_{600}	Φ_{300}	Φ_{200}	Φ_{100}	Φ_6	Φ_3				
0	25	103	62	47	30	7	5	5/7	2.3	34	9.9
	50	62	39	30	20	4	3	3/4			
16	25	107	64	48	30	7	5	5/6	1.9	38	10.1
	50	65	41	31	20	4	3	3/4			
72	25	121	71	53	33	4	4	5/6	1.1	27	10.1
	50	63	39	30	19	3	3	3/4			

(3)早期高密度抗高温甲酸铯/甲酸钾完井液。

国外高密度抗高温甲酸铯/甲酸钾完井液早期典型配方:$0.749m^3/m^3$甲酸铯($2.2g/cm^3$)+$0.173m^3/m^3$甲酸钾($1.57g/cm^3$)+$54.5kg/m^3$ BDF-265+$11.4kg/m^3$丙烯酰胺共聚物+$11.4kg/m^3$改性淀粉+$14.3kg/m^3$ K_2CO_3(粉剂)缓冲剂+$14.3kg/m^3$ Baracarb5+$7.1kg/m^3$ Baracarb25+$21.4kg/m^3$ Baracarb50。其性能见表10-2-3。

表 10-2-3　国外早期高密度抗高温甲酸铯/甲酸钾完井液性能

钻井液性能	设计	早期典型配方	改正配方
密度(50℃), g/cm³	2.015	2.00~2.03	2.015~2.03
pH 值	9~11	9.5~10.8	10.4~10.7
塑性黏度, mPa·s	<20	11~25	13~22
动切力, Pa	<15	1.9~9.0	1.4~3.8
Φ_{100}	<15	9~18	9~14
静切力(10s), Pa	<5	1.0~4.3	0.5~3.3
高温高压滤失量(150℃), mL	<20	11~30	5.8~16.0
膨润土含量, kg/m³	<43	1.4~14.3	14~18

为了进一步降低滤失量,采用超低黏聚阴离子纤维素取代一部分改性淀粉作为降滤失剂,其配方:0.749m³/m³ 甲酸铯(2.2g/cm³) + 0.173m³/m³ 甲酸钾 1.57g/cm³ + 54.5kg/m³ BDF-265 + 1.43kg/m³ 丙烯酰胺共聚物 + 5.7kg/m³ 改性淀粉 + (8.5~11.4) kg/m³ Antisol + 14.3kg/m³ K₂CO₃(粉剂)缓冲剂 + 14.3kg/m³ Baracarb5 + 7.1kg/m³ Baracarb25 + 21.4kg/m³ Baracarb50。该完井液性能见表 10-2-3。从表中数据可以看出,完井液滤失量已降至设计要求。

抗 260℃高温甲酸铯/甲酸钾完井液配方见表 10-2-4。

表 10-2-4　国外抗 260℃高温甲酸铯/甲酸钾完井液配方

成分	功用	浓度
甲酸盐	密度、润滑、提高聚合物热稳定性、杀菌	0.157m³/m³
合成聚合物	提黏、降滤失	14.25~42.75kg/m³
海泡石	降滤失	14.25~11.8kg/m³
石墨包覆的碳酸钙	改善滤饼	28.5~57kg/m³
KCO₃/KHCO₃	缓冲、酸性气体腐蚀	5.7~11.8kg/m³

(4) Kvitebjørn 气田使用的甲酸铯/甲酸钾完井液。

采用密度为 2.20g/cm³ 的甲酸铯盐水与密度为 1.57g/cm³ 的甲酸钾盐水相混合,配制密度为 2.015g/cm³ 完井液体系。用微纤维纤维素(BDF-265)产品提高完井液的黏度,用丙烯酰胺共聚物、改性淀粉及超低黏聚阴离子纤维素(PAC)降低滤失量,使用 3 种规格的碳酸钙作为桥堵剂,其粒径 d_{50} 分别为 5μm、25μm 和 50μm。用碳酸钾作 pH 值调节剂。完井液配方:0.749m³/m³ 甲酸铯(2.2g/cm³) + 0.173m³/m³ 甲酸钾(1.57g/cm³) + 54.5kg/m³ BDF-265 + 1.43kg/m³ 合成聚合物 + 5.7kg/m³ 改性淀粉 + (8.5~11.4) kg/m³ Antisol + 14.3kg/m³ K₂CO₃ + 14.3kg/m³ CaCO₃(d_{50} = 5μm) + 7.1kg/m³ Baracarb25 + 21.4kg/m³ CaCO₃Baracarb50,其性能见表 10-2-5。

表 10-2-5　Kvitebjørn 气田使用的甲酸铯/甲酸钾完井液性能

测试项目	性能
密度(50℃),g/cm³	2.015
pH 值	9~11
塑性黏度,mPa·s	<20
动切力,Pa	<15
Φ_{100}	<7.5
静切力(10s),Pa	<5
高温高压滤失量(150℃),mL	<20
膨润土含量,kg/m³	<43

（5）卡博特公司推荐的甲酸铯/甲酸钾完井液。

卡博特公司推荐的甲酸铯/甲酸钾完井液配方及性能分别见表 10-2-6 和表 10-2-7。北京石大胡杨石油科技发展有限公司对该公司所提供的不同密度的甲酸铯/甲酸钾完井液配方进行了复核实验，实验配方见表 10-2-8，完井液性能见表 10-2-9。

表 10-2-6　卡博特公司推荐的甲酸铯/甲酸钾完井液配方

配浆材料	处理剂密度,g/cm³	加量,g/350mL		
		2.0g/cm³	2.05g/cm³	2.3g/cm³
甲酸铯	2.2	544.9	586.3	754.5
甲酸钾	1.57	125.4	59.39	
H₂O	1		15.23	
BDF-265	1.52	10.0	10.0	
合成聚合物	1.44	7.5	7.5	7.5
ExStar HT	1.2	3.0	3.0	1.5
Antisol	1.6	2.0	4.0	4.0
MgO	1.94	2.0	2.0	2.0
KHCO₃	2.17	2.0		
K₂CO₃	2.43	3.0		5.0
Baracarb5	2.71		5.0	5.0
Baracarb25	2.71	5.0	5.0	5.0
Baracarb50	2.1	5.0	5.0	5.0
Duotec NS	1.5		0.13	
石墨	2.23		10.0	10.0

表 10-2-7 卡博特公司推荐的不同密度甲酸铯/甲酸钾完井液在不同温度下热滚 48h 后的性能

测试项目		1.75g/cm³ 完井液	2.0g/cm³ 完井液	2.05g/cm³ 完井液	2.3g/cm³ 完井液
热滚温度,℃		175	204	190	200
塑性黏度,mPa·s		41	29	40	50
动切力,Pa		12	4	4.5	3.5
静切力 Pa	10s	2.5	2.5	1	1
	10min	3.5	2.5	1	1.5
高温高压滤失量,mL		10.6	11.0	18.8	11.4
pH 值		8.88	9.97	10.19	10.08

表 10-2-8 卡博特公司推荐的不同密度甲酸盐完井液复核实验的配方

处理剂名称	处理剂密度 g/cm³	加量,g/350mL		
		1.74g/cm³	1.79g/cm³	2.01g/cm³
甲酸铯	2.2	288.0	325.2	530.5
甲酸钾	1.57	243.68	255.3	102.6
H_2O	1	41.39	37.1	17.43
K_2CO_3	2.43	3	3	3
$KHCO_3$	2.17	2	2	2
BDF-265	1.52	10	10	10
Dristemp	1.44	7.5	7.5	7.5
ExStar HT	1.2	3	3	3
AntisolFL10	1.6	2	2	2
MgO	1.94	2	2	2
$CaCO_3$ 25	2.71	10	10	10
$CaCO_3$ 50	2.71	10	10	10

表 10-2-9 复核实验得出的卡博特公司推荐的不同密度甲酸盐完井液的性能

完井液性能		热滚 180℃			热滚 180℃			热滚 200℃		
		0h	16h	48h	0h	16h	48h	0h	16h	48h
密度,g/cm³		1.75	1.75	1.75	1.8	1.8	1.8	2.0	2.0	2.0
流变性	测试温度,℃	50	50	50	50	50	50	50	50	50
	Φ_{600}	48	133	101	39	149	98	51	136	110
	Φ_{300}	28	77	62	25	91	67	32	85	65
	Φ_{200}	23	56	42	18	66	40	24	60	48
	Φ_{100}	15	33	24	12	40	23	15	36	27
	Φ_6	5	4	3	3	6	3	3	4	3
	Φ_3	4	3	2	2	4	2	2.0	3	1

续表

完井液性能			热滚180℃			热滚180℃			热滚200℃		
			0h	16h	48h	0h	16h	48h	0h	16h	48h
流变性	静切力 Pa	10s	3.5	1.5	1.75	1	1.5	2	2.25	1.5	0.5
		10min	4.5	3.5	1.5	2.5		1.5	2.5	2.5	0.5
	塑性黏度,mPa·s		20	56	39	14	58	31	19	51	45
	动切力,Pa		4	10.5	11.5	5.5	16.5	18	6.5	17	10
滤失量,mL				14.0 (180℃,3.5MPa)	17.0 (180℃,3.5MPa)		15.0 (180℃,3.5MPa)	15.6 (180℃,3.5MPa)		15.0 (200℃,3.5MPa)	47.0 (200℃,3.5MPa)

2)国内研发无黏土相甲酸铯/钾射孔液与压井液

中国某油田与北京石大胡杨石油科技发展有限公司共同开发高密度抗高温甲酸铯/甲酸钾射孔液与压井液。为了降低成本,所研发的无黏土相甲酸铯/甲酸钾射孔液与压井液,采用PAC-LV、PAC-ELV、改性淀粉DFD-140、HS-600、SO-1、XC、$KHCO_3$、K_2CO_3、细目碳酸钙等替代部分国外处理剂,为了进一步提高无黏土相甲酸铯/甲酸钾射孔液与压井液中处理剂的热稳定性,采用MgO为抗氧剂。各种处理剂特性及与甲酸盐配伍性能详见第五章。

(1)抗150℃无黏土相甲酸铯/甲酸钾射孔液与压井液。

① 配方与性能。采用国产处理剂研制的抗150℃不同密度无黏土相甲酸铯/甲酸钾射孔液与压井液配方见表10-2-10,性能见表10-2-11。从表中数据可以看出,随甲酸铯/甲酸钾射孔液与压井液密度的增高,增加了PAC-LV加量,减少DFD-140加量,该液体具有良好的性能。

表10-2-10 抗150℃不同密度甲酸铯/甲酸钾完井液配方

样品名称	不同密度完井液配方中处理剂加量,g/350mL				
	配方1(1.8g/cm³)	配方2(1.9g/cm³)	配方3(2.0g/cm³)	配方4(2.2g/cm³)	配方5(2.0g/cm³)
甲酸铯	329.8	434	530.5	764.4	530.5
甲酸钾	214.3	154.93	102.6		102.6
H_2O	36.4	26.32	17.43		17.43
K_2CO_3	3	3	3	3	3
$KHCO_3$	2	2	2	2	2
MgO	2	2	2	2	2
PAC-LV	2.7	2.7	4.1	4.8	
AntisolFL-10					7
DFD-140	10.9	10.9	8.5	8.5	
ExStar HT					3
500目 $CaCO_3$	10	10	10	10	
800目 $CaCO_3$	10	10	10	10	
Baracarb25					10
Baracarb50					10

表 10-2-11 抗 150℃甲酸铯/甲酸钾完井液性能

配方	热滚温度 ℃	密度 g/cm³	静切力(10s/10min) Pa/Pa	表观黏度 mPa·s	塑性黏度 mPa·s	动切力 Pa	动塑比	高温高压滤失量 mL
配方 1	150	1.8	1/1.5	53	46	7	0.152	11.8
配方 2	150	1.9	1/1.5	56	49	7	0.143	10.4
配方 3	150	2.0	1/1.5	51	45	6	0.133	8.8
配方 4	150	2.2	0.25/1	47.5	43	4.5	0.105	8.4
配方 5	150	2.04	2.75/3	56.25	45.5	10.75	0.236	11

② 热稳定性。对密度为 1.8g/cm³,2.0g/cm³ 和 2.2g/cm³ 的甲酸铯/甲酸钾完井液进行热稳定性实验。试验方法:将不同密度甲酸铯/甲酸钾完井液分别在 150℃热滚 16h 和 48h 后测性能,再将热滚 48h 后的完井液又在 150℃静置 7 天后测定性能,试验结果见表 10-2-12,不同老化时间对完井液性能影响如图 10-2-1 所示。试验数据表明,采用国内完井液处理剂配制抗 150℃不同密度甲酸铯/甲酸钾完井液在 150℃热滚 48h 后,流变参数下降,但仍保持较低高温高压滤失量,但继续在 150℃静置 7 天后高温高压滤失量增大。采用国外产品配制的密度为 2.0g/cm³ 的甲酸铯/甲酸钾完井液,在 150℃条件下,热滚 16h 和 48h,热滚 48h 后的完井液测定其性能,表观黏度、塑性黏度和动切力比热滚前增加,随着老化时间的增加呈下降趋势,但下降幅度不大,仍保持良好的流变性能与低的高温高压滤失量。在 150℃下静止 7 天后,流变参数稍降,高温高压滤失量为 14.2mL,该液具有良好的热稳定性。上述实验表明国产处理剂的长期热稳定性有待进一步提高。

表 10-2-12 不同密度无黏土相甲酸铯/甲酸钾完井液在 150℃下热稳定性试验结果

配方	条件	密度 g/cm³	表观黏度 mPa·s	塑性黏度 mPa·s	动切力 Pa	动塑比	静切力 (10s/10min) Pa/Pa	高温高压滤失量 mL
配方 1	150℃×16h	1.82	53	46	7	0.152	1/1.5	11.8
	150℃×48h	1.82	42	39	3	0.076	1/1.5	24.4
	热滚 48h 后又在 150℃静置 168h	1.79	45	42	3	0.071	0.5/0.5	40
配方 3	150℃×16h	2.01	51	45	6	0.133	1/1.5	8.8
	150℃×48h	2.02	31	29	2	0.069	0.25/0.25	23.2
	热滚 48h 后又在 150℃静置 168h	2.01	34	32	2	0.063	0.5/1	54
配方 4	150℃×16h	2.21	47.5	43	4.5	0.105	0.25/1	8.4
	150℃×48h	2.22	28.5	27	1.5	0.055	0.25/0.25	20.8
	热滚 48h 后又在 150℃静置 168h	2.21	27	26	1	0.038	0.5/0.5	64

续表

配方	条件	密度 g/cm³	表观黏度 mPa·s	塑性黏度 mPa·s	动切力 Pa	动塑比	静切力（10s/10min）Pa/Pa	高温高压滤失量 mL
配方5	150℃×16h	2.04	56.25	45.5	10.75	0.236	2.75/3	11
	150℃×48h	2.04	47.5	39	8.5	0.218	2.5/2.5	10.8
	热滚48h后又在150℃静置168h	2.03	43.5	37	6.5	0.176	2/2.5	14.2

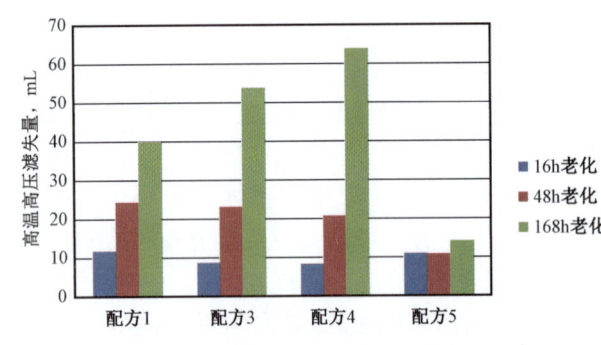

图 10-2-1　不同老化时间对高温高压滤失量的影响

(2) 抗180℃无黏土相甲酸铯/甲酸钾射孔液与压井液。

① 性能。抗180℃不同密度无黏土相甲酸铯/甲酸钾射孔液与压井液配方见表10-2-13，热滚16h及48h后的性能见表10-2-14。采用国内处理剂 PAC-LV、DFD-140 和 Hs-600，配合国外处理剂 BDF-265，通过调整处理剂加量与比例，在180℃下热滚16h后，该液体无分层现象，各项性能都较好，但在180℃下老化48h后，液体黏度下降，切力下降为负值；同时高温高压滤失量亦大幅度的增加，特别是密度为 1.80g/cm³、2.20g/cm³、2.30g/cm³ 的射孔液与压井液，高温高压滤失量均在48mL以上，并出现分层现象。因此必须对其配方进行调整，以适应现场的需要。

表 10-2-13　抗180℃不同密度无黏土相甲酸铯/甲酸钾射孔液与压井液配方

样品名称	不同密度完井液配方中处理剂加量，g/350mL			
	配方1(1.8g/cm³)	配方2(2.0g/cm³)	配方3(2.2g/cm³)	配方4(2.3g/cm³)
甲酸铯	325.3	530.6	735	735+固体137
甲酸钾	218.3	102.6		
水	35	17.4		
K_2CO_3	3	3	3	3
$KHCO_3$	2	2	2	2
BDF-265	5	5	5	5.43
HS-600	5.5	7.5	7.5	8.14
DFD-140	4.5	4.5	4.5	4.88
AntisolFL-10	2	2	2.5	2.71
MgO	2	2.1	2.1	2.17
QS-Ⅱ细目钙	10	10	10	10.85
ZC-4细目钙	10	10	10	10.85

表 10-2-14　不同密度无黏土相甲酸铯/甲酸钾射孔液与压井液在180℃下热滚不同时间后的性能

配方	条件	密度 g/cm³	表观黏度 mPa·s	塑性黏度 mPa·s	动切力 Pa	动塑比	静切力（10s/10min）Pa/Pa	高温高压滤失量 mL	pH 值
配方1	180℃×16h	1.8	63.5	53	10.5	0.198	0.75/1.5	16	11
	180℃×48h	1.8	28.5	29	-0.5	-0.17	0/0.25	60	
配方2	180℃×16h	2.0	53.5	47	6.5	0.138	0.25/0.5	13.4	11
	180℃×48h	2.0	42.5	40	2.5	0.063	0.25/0.5	31	
配方3	180℃×16h	2.2	54	47	7.0	0.149	0.25/0.5	16	11
	180℃×48h	2.2	41	38	3	0.079	0.25/0.25	48	
配方4	180℃×16h	2.3	52.5	50	2.5	0.05	0.25/0.25	24	11
	180℃×48h	2.3	40.5	38	2.5	0.066	0.25/0.5	82	

用 PAC-LV 代替 AntisolFL-10，用 ExstarHT 替代 DFD-140 对配方进行了调整，在 1.8g/cm³、2.0g/cm³ 和 2.3g/cm³ 完井液配方中进行考察，试验配方见表 10-2-15。热滚 48h 后实验结果见表 10-2-16。采用 ExstarHT 后，48h 热滚后高温高压滤失量保持在 20mL 左右，流变性能也能满足使用要求。

表 10-2-15　抗180℃不同密度无黏土相甲酸铯/甲酸钾射孔液与压井液调整后配方

样品名称	不同密度射孔液和压井液配方中处理剂加量，g/350mL			
	配方1(1.8g/cm³)	配方2(2.0g/cm³)	配方3(2.3g/cm³)	配方4(2.0g/cm³)
甲酸铯	325.3	530.6	735+固体137	530.6
甲酸钾	218.3	102.6		102.6
水	35	17.4		17.4
K₂CO₃	3	3	3	3
KHCO₃	2	2	2	2
PAC-LV	2.5	2.0	2.71	
Dristemp				7.5
BDF-265	10	10	10	10
Exstar HT	4.5	4.5	4.5	3
HS-600	7.5	7.5	8.14	
AntisolFL10				2
MgO	2	2.1	2.17	2
QS-Ⅱ细目钙	10	10	10.85	
ZC-4细目钙	10	10	10.85	
Baracarb25				10
Baracarb50				10

表 10-2-16　调整配方后不同密度无黏土相甲酸铯/甲酸钾射孔液与压井液在 180℃下热滚 48h 后性能

配方	条件	密度 g/cm³	表观黏度 mPa·s	塑性黏度 mPa·s	动切力 Pa	动塑比	静切力（10s/10min）Pa/Pa	高温高压滤失量 mL
配方 1	180℃×48h	1.8	56	49	7	0.143	0.75/1.75	16
配方 2	180℃×48h	2.0	48	43	5	0.116	0.25/1	20
配方 3	180℃×48h	2.2	55	41	14	0.341	0.5/1	21

② 热稳定性。

不同密度甲酸铯/甲酸钾完井液在 180℃下热稳定试验结果见 10-2-17。通过在 180℃下，不同老化时间的试验表明，处理剂长时间在高温条件下，性能是有变化的，采用国内处理剂与国外处理剂复配，适当调整处理剂加量与比例，经 180℃/48h 热滚后，完井液性能可以满足要求。但在 180℃下放置 7 天后，完井液性能变化很大，尤其是高温高压滤失量增加，黏度下降。全部采用国外处理剂配制的完井液在 180℃下放置 7 天后，高温高压滤失量保持在 16mL 以下，流变性能稳定。上述现象说明国内处理剂的热稳定性有待于提高。

表 10-2-17　不同密度无黏土相甲酸铯/甲酸钾射孔液与压井液在 180℃下热滚不同时间后性能

配方	条件	密度 g/cm³	表观黏度 mPa·s	塑性黏度 mPa·s	动切力 Pa	动塑比	静切力（10s/10min）Pa/Pa	高温高压滤失量 mL
配方 1	180℃×48h	1.8	56	49	7	0.143	0.75/1.75	16
配方 1	热滚 48h 后又在 180℃静置 168h	1.8	34	33	1		0.25/0.25	26
配方 2	180℃×48h	2.0	48	43	5	0.116	0.25/1	20
配方 2	热滚 48h 后又在 180℃静置 168h	2.0	30	29	1		0.25/0.25	33
配方 3	180℃×48h	2.2	55	41	14	0.341	0.5/1	21
配方 3	热滚 48h 后又在 180℃静置 168h	2.2	34	32	2	0.0625	0.25/0.25	40
配方 4	180℃×16h	2.0	80.5	60	20.5	0.338	2/3.5	13.4
配方 4	180℃×48h	2.0	65	47	18	0.383		14
配方 4	热滚 48h 后又在 180℃静置 168h	2.0	60	46	14	0.304		15.6

(3) 抗 200℃无黏土相甲酸铯/甲酸钾射孔液与压井液。

① 性能。不同密度抗 200℃的无黏土相甲酸铯/甲酸钾射孔液与压井液的配方见表 10-2-18，性能见表 10-2-19。从表中数据可以看出采用国外处理剂配制的无黏土相甲酸铯/甲酸钾射孔液与压井液具有良好的流变性能、低的滤失量、良好的热稳定性。而采用国内处理剂 Hs-600，配合国外处理剂 AntisolFL-10、Dristemp，通过调整处理剂加量与比例，亦获得良好的性能。

表 10-2-18 抗200℃不同密度无黏土相甲酸铯/甲酸钾射孔液与压井液配方

样品名称	不同密度射孔液和压井液配方中处理剂加量,g/350mL				
	配方1(1.8g/cm³)	配方2(2.0g/cm³)	配方3(2.2g/cm³)	配方4(2.3g/cm³)	配方5(2.0g/cm³)
甲酸铯	325.3	530.6	735	735+固体137	530.6
甲酸钾	218.3	102.6			102.6
水	37	17.4			17.4
碳酸钾	3	3	3	3	3
碳酸氢钾	2	2	2	2	2
HS-600	10	8	10		
BDF-265					10
AntisolFL-10	6	6	14	6	2
Dristemp				8	7.5
MgO	2	2	2	2	2
石墨				10	
ExStar HT					3
Baracarb5				5	
Baracarb25	10	10	10	5	10
Baracarb50	10	10	10	5	10

表 10-2-19 抗200℃无黏土相甲酸铯/甲酸钾射孔液与压井液性能

配方	热滚温度 ℃	密度 g/cm³	静切力 (10s/10min) Pa/Pa	表观黏度 mPa·s	塑性黏度 mPa·s	动切力 Pa	动塑比	高温高压滤失量 mL
配方1	200	1.80	1/1.5	57.5	42	15.5	0.369	13
配方2	200	2.01	0.5/1	42.5	37	5.5	0.149	19
配方3	200	2.20	1/1.5	95	60	35	0.583	18
配方4	200	2.30	0.5/1	55	40	15	0.375	14
配方5	200	2.0	3/5	54.5	44	10.5	0.239	10.8

② 热稳定性。在200℃下,将密度为2.0g/cm³和密度为2.3g/cm³无黏土相甲酸铯/甲酸钾射孔液与压井液热滚16h和48h,热滚48h后静置7天测试性能,实验结果见表10-2-20。从表10-2-20可以看出,在200℃条件下,经过16h,48h和168h老化后,表观黏度和塑性黏度随着老化时间的增加呈下降趋势,下降幅度不大,仍保持良好的流变性能。随着老化时间增加,无黏土相甲酸铯/甲酸钾射孔液与压井液的高温高压滤失量增大,超过48h后高温高压滤失量增加幅度较小,说明该射孔液与压井液性能比较稳定。

表 10-2-20　抗200℃不同密度无黏土相甲酸铯/甲酸钾射孔液与压井液抗温稳定性试验

配方	条件	密度 g/cm³	表观黏度 mPa·s	塑性黏度 mPa·s	动切力 Pa	动塑比	静切力（10s/10min）Pa/Pa	高温高压滤失量 mL
配方5	200℃×16h	2.01	54.5	44	10.5	0.239	0.5/1	10.8
	200℃×48h	2.0	50	32	18	0.56	1/1	14
	热滚48h后又在200℃静置168h	2.01	42	35	7	0.2	1/0.5	15
配方4	200℃×16h	2.3	55	40	15	0.375	0.5/1	14
	200℃×48h	2.29	44.5	39	5.5	0.14	0.5/0.5	21
	热滚48h后又在200℃静置168h	2.29	35	30	5	0.167	0.5/0.5	14

5. 微锰加重高密度甲酸钾射孔液与压井液

由于甲酸铯的成本昂贵，为了控制成本，在密度为1.50g/cm³甲酸钾射孔液、压井液基础上，采用微锰作为加重剂，提高甲酸钾射孔液与压井液密度。

微锰是通过氧吹熔融锰金属产生的，其颗粒非常细（直径大约0.7μm），形状几乎是完美的球形。微锰本身具有非常低的表面电荷，其在流体间的相互作用非常小。即使发生沉淀，也是软沉积，通过剪切或机械作用，很容易破坏。

1）抗150℃微锰甲酸钾射孔液与压井液

不同密度抗150℃射孔液与压井液配方见表10-2-21，其性能见表10-2-22。实验证明，在1.5g/cm³与1.8g/cm³射孔液与压井液中，国内处理剂 PAC-LV 和 DFD-140 被用作降滤失剂，通过调整各种处理剂加量与比例，该射孔液与压井液具有良好的性能。由于加重剂加量越多，射孔液与压井液的黏度与初/终切均随微锰增加而增大，所以在高密度2.0g/cm³完井液配方中降低了XC的含量，同时使用了Dristemp来控制滤失量。密度2.2g/cm³完井液配方用国外处理剂 HT starch 与国内产品 PAC-ELV 做降滤失剂，该完井液性能良好。

表 10-2-21　抗150℃微锰甲酸钾射孔液与压井液配方[①]

样品名称	不同密度射孔液与压井液配方处理剂加量，g						
	1.5g/cm³	1.5g/cm³	1.8g/cm³	1.8g/cm³	2.0g/cm³	2.0g/cm³	2.2g/cm³
碳酸钾	1	1	1	1	1	2.5	1
碳酸氢钾	0.7	0.7	0.7	0.7	0.7	1.5	0.7
HT starch						1.8	
XC	0.5	0.4	0.5	0.4	0.1		0.15
PAC-LV	0.8	0.7	0.8	0.7	0.5		
PAC-ELV						1.5	1.5
Dristemp					0.2		
DFD-140	3.2		3.2		3.2		
抗高温淀粉		1.5		1.5			1.0

续表

样品名称	不同密度射孔液与压井液配方处理剂加量,g						
	1.5g/cm³	1.5g/cm³	1.8g/cm³	1.8g/cm³	2.0g/cm³	2.0g/cm³	2.2g/cm³
Aqualseal							1.5
MgO	0.6	0.6	0.6	0.6	0.6		0.6
500目 CaCO₃	3	3	3	3	3	3	2
800目 CaCO₃	3	3	3	3	3	3	2
微锰			170	170	304.5	300	458.5

① 以密度为1.5g/cm³甲酸钾盐水100mL为基液。

表10-2-22 抗150℃微锰甲酸钾射孔液与压井液性能

热滚温度 ℃	密度 g/cm³	静切力(10s/10min) Pa/Pa	表观黏度 mPa·s	塑性黏度 mPa·s	动切力 Pa	动塑比	高温高压滤失量 mL	pH值
150	1.51	3/3.5	42	29	13	0.448	9.6	9
150	1.51	1.5/1.5	38.5	27	11.5	0.426	10.4	9
150	1.8	1.5/5	39	26	13	0.5	14	9
150	1.8	3/2.5	39	30	9	0.30	10.5	9
150	2.0	2.5/5.5	41.5	36	5.5	0.153	16	7.5
150	2.0	1.5/7	56	45	11	0.244	9	9
150	2.2	3.5/18	47.5	41	6.5	0.158	16	7.5

2)抗170℃微锰甲酸钾射孔液与压井液

不同密度抗170℃微锰甲酸钾射孔液与压井液配方见表10-2-23,其性能见表10-2-24。淀粉类降滤失剂在170℃高温下降滤失效果变差,故增加抗高温降滤失剂SO-1来降低射孔液与压井液的高温高压滤失量,该剂对射孔液与压井液高温增稠不严重。此外,由于射孔液与压井液的黏度、初/终切力均随加重剂加量增加而增大,因此在高密度射孔液与压井液中,采用了PAC-ELV代替PAC-LV来控制滤失量。高密度配方亦使用国外处理剂HT starch和Dristemp做降滤失剂。通过配方优选,开发出不同密度抗170℃微锰甲酸钾射孔液、完井液,该液体具有良好性能。

表10-2-23 抗170℃微锰甲酸钾射孔液与压井液配方

样品名称	不同密度射孔液与压井液配方中处理剂加量,g				
	1.5g/cm³	1.8g/cm³	2.0g/cm³	2.0g/cm³	2.2g/cm³
基液:密度1.5g/cm³甲酸钾盐水	100mL	100mL	100mL	525g	525g
碳酸钾	1	1	1	2.5	2.5
碳酸氢钾	0.7	0.7	0.7	1.5	1.5
HT starch				7	3.5
XC	0.2	0.6	0.3		
PAC-LV	0.8				
PAC-ELV		0.6	0.6	3.5	3.5
DFD-140	3	3			
Dristemp					3.5

续表

样品名称	不同密度射孔液与压井液配方中处理剂加量,g				
	1.5g/cm³	1.8g/cm³	2.0g/cm³	2.0g/cm³	2.2g/cm³
抗高温淀粉			1.5		
SO-1	1.4	2	2		
Aqualseal		2			
封堵剂 H2			4	14	14
分散剂 ESM D2				9	9
消泡剂 Defoamer				1	1
MgO	0.6	0.6	0.6		
500目 CaCO₃	3	3			
800目 CaCO₃		3	3		
微锰		170	304.5	310	480

表10-2-24 抗170℃微锰甲酸钾射孔液、压井液性能

热滚温度/时间 ℃/h	密度 g/cm³	静切力(10s/10min) Pa/Pa	表观黏度 mPa·s	塑性黏度 mPa·s	动切力 Pa	动塑比	高温高压滤失量 mL
170/16	1.5	1.5/2.5	52.5	42	10.5	0.25	10
170/16	1.8	6/15.5	66	55	11	0.200	13
170/16	2.0	6/30	87.5	75	12.5	0.166	8
170/16	2.0	1.5/4.5	58.5	48	10.5	0.219	10.5
170/16	2.2	1/11	65	54	11	0.204	22

6. 使用注意事项

甲酸盐完井液使用注意事项：

（1）甲酸盐完井液在顶替时，两种工作流之间必须打入300~500m与其相配伍的高黏度隔离液，隔离液的用量、密度和黏度需满足隔离效果、防止破坏顶替液性能及造成套管变形等复杂情况。

（2）低密度甲酸盐完井液替出密度大于1.8g/cm³的钻井液或环空保护液，替出密度大于1.8g/cm³的射孔液或压井液时，建议在隔离液前采用中密度被顶替工作液。

（3）在钻开油气层或固井过程中发生过井漏的井，在试油过程中所采用的射孔液或压井液中需加封堵剂，防止在顶替甲酸盐射孔液与压井液时发生漏失。

二、甲酸盐环空保护液

甲酸盐环空保护液是一种充填在封隔器以上套管和油管环形空间内,具有支撑和保护套管及封隔器的工作液,也叫封隔液。

1. 性能要求

甲酸盐环空保护液性能要求：

（1）密度可调节；

（2）对油气层伤害程度低；

（3）腐蚀性小；

(4) 高温下性能稳定,不分解;

(5) 不含固相;

(6) 能自动调整环空保护液 pH 值,防止硫化氢和二氧化碳等酸性气体侵入而引起环空保护液 pH 值下降而引发井下管柱、封隔器等损坏。

甲酸盐套管保护液性能设计要求见表 10-2-25。

表 10-2-25　甲酸盐套管保护液性能设计要求

密度 ρ g/cm³	pH 值	加重剂	腐蚀性能要求,mm/a	
			套管(TP140 钢)	油管(13Cr 钢)
$1.00 \leq \rho \leq 1.30$	9~12	甲酸钠	≤0.050	≤0.025
$1.30 < \rho \leq 1.58$	9~12	甲酸钾	≤0.050	≤0.025
$1.58 < \rho \leq 2.3$	9~12	甲酸钾+甲酸铯	≤0.050	≤0.025

2. 配方

甲酸盐环空保护液主要由水、缓冲剂、甲酸盐等组成,配置成不同密度的清洁盐水。依据油气田储层特性及井下作业需求确定的环空保护液密度,选用不同种类甲酸盐,其原则与无固相甲酸盐射孔液与压井液相同。此外,还必须加入缓冲剂碳酸钾和碳酸氢钾,保持环空保护液 pH 值为 9~12,推荐添加量为 1.7%~3.4% 的碳酸钾或碳酸钾与碳酸氢钾的混合物。

缓冲剂的主要目的除了提供碱性 pH 值以及防止因酸性气体或地层气体侵入盐水时造成 pH 值波动外,其另一种重要作用是在钢材表面上形成高质量的碳酸盐保护膜,因此,在甲酸盐盐水中添加缓冲剂来降低甲酸盐盐水腐蚀性是非常必要的。

环空保护液必须具有很好的防腐性能,因此要求使用质量高、纯度高的甲酸盐,其质量必须达到本书推荐的质量指标,严格控制硫、氯等元素含量。

由于高密度甲酸盐具有良好的热稳定与防腐特性,故不需加入热稳定剂、缓蚀剂等。但对于低密度的环空保护液,需依据环空保护液密度高低,加入一定数量的缓蚀剂、除硫剂、除氧剂、热稳定剂等。

三、甲酸铯完井液应用案例

1. 甲酸铯盐水用作储层钻(完)井液

2001—2002 年,挪威国家石油公司在北海 Huldra 油田高温高压井的 6 个储层段使用密度为 1.85~1.94g/cm³ 甲酸铯/甲酸钾盐水进行了钻井和完井。Huldra 井是凝析气藏,在钻井与完井过程中,储层压力和温度分别为 67.5MPa 和 149℃。孔隙压力之间的破裂压力梯度的差值较小。含 3%~4% CO_2 和 10~14mg/L 的 H_2S。钻储层的井斜角为 45°~57°。使用甲酸铯/甲酸钾盐水钻井和完井简化了从储层钻井液到完井液的转换。HULDRA 油田 6 井口使用甲酸铯/甲酸钾盐水钻井和完井后,平均生产力指数达到 371m³/(d·MPa)。

2007 年以来,在 Kvitebjørn 油田,使用甲酸铯/甲酸钾盐水和控制压力钻井(MPD)技术,对 5 个储层段成功进行了钻井和完井作业。Kvitebjørn 是高温高压天然气/凝析气田,所钻储层井深约 4000m,温度为 155℃,压力为 81MPa。在引入 MPD 钻井技术之前,在 Kvitebjørn 油田已有 7 口井使用甲酸铯/甲酸钾盐水完井。过去使用常规钻探时,遭遇 14~17MPa 的压力耗竭,导致大量钻井液漏失,钻探在达到目的深度之前暂停。决定使用 MPD 技术钻探剩余 5 口井,选择甲酸铯/甲酸钾钻井液作为改善破裂压力梯度最佳解决方案。该体系密度为 1.79～1.83g/cm³,含有粒度级配的碳酸钙和石墨,所有井在 MPD 模式下钻探成功,使用 1.91～2.12g/cm³ 甲酸铯/甲酸钾完井液顺利进行了过平衡完井作业。

2. 甲酸铯盐水用作射孔液

在北海由 BP 公司经营的 Rhum 油田,包含 3 口水下开发井。该油田温度 149℃,压力 86MPa。属于贫气藏,流体在井口形成高压(地面压力大于 69MPa)。预计硫化氢浓度为 10～20mg/L,CO_2 含量为 4%～8%。BP 公司使用密度为 2.19g/cm³ 的甲酸铯盐水进行高温高压井射孔作业,获得了良好的 HSE 性能和低的表皮系数。

Rhum 油田 3/29a – 6(SF – 1)第一次完井使用甲酸盐盐水压裂进行动态欠平衡射孔作业。射孔与封隔作业,包括封隔器设备的溢流测试,在 6.3 天内完成(射孔作业中与生产无关的时间(NPT)为 0%),计划时间为 6.85 天。射孔枪长 148m,爆破后从顶部到套管仅需要 4.2bbl 盐水,射孔完成后没有发现天然气损失或侵入。

Rhum 油田下一个完井项目 3/29a – 4(AF – 1)也采用动态欠平衡射孔技术。这是原来评价井的二次完井。射孔和封隔作业,包括封隔器溢流测试,在 6.6 天完成(射孔作业中与生产无关的时间(NPT)为 0%)。射孔完成后未发现天然气损失或侵入。

对 Rhum 3/29a – 5 井在甲酸铯盐水中进行了电缆(e – line)平衡射孔。油井投入生产时,井的清洁非常顺利快速。

从 2005 年末启动生产,Rhum 油田每年生产天然气近 20×10⁸m³,至 2009 年 6 月,产量达到估计可采天然气储量 230×10⁸m³ 的 30%。总凝析油产量为 238462m³。

3. 甲酸铯盐水在匈牙利用作压井液

在对匈牙利的盆地中心天然气聚集进行评价时,TXM 使用密度为 2.145g/cm³ 的甲酸铯盐水作为 MAKO – 6 井的井控液。评价的内容包括高温高压井的不同压裂层位。Mako – 6 井总井深 5000m,井底温度为 235℃,压力超过 96MPa。MAKO – 6 井于 2006 年 7 月完钻,井筒内用密度为 1.33g/cm³ 的氯化钙盐水作悬浮液暂时搁置。

该井储层压力超过 103MPa,目标深度的井底静温达 235℃。测井分析显示,许多层段都有天然气存在,2007 年春季开始进行进一步的裂缝分析。作为该分析工作的一部分,在巴塞尔砾岩区 5326～5328m 层段进行射孔。随后的裂缝分析验证了测井结果,但之后发现了硫化氢气体,TXM 使用卡博特特种流体公司的甲酸铯盐水开始进行压井操作。

总共使用密度为 2.147g/cm³ 的甲酸铯盐水 57m³,甲酸铯盐水从 φ139.7mm 套管进入到达底部射孔区,以降低井内压力,从而顺利地使封隔器和测试套管强行下到井中。甲酸铯盐水底部深度为 5300m,温度高达 225℃。选择高密度甲酸铯盐水是因为其他低密度盐水需要较大的地面压力,对强行下钻设备磨损较突出,增加操作风险。

甲酸铯盐水在井中放置 39 天,用封隔液逆循环顶替盐水开展试井工作。试井结束后,又使用了甲酸铯盐水压井并搁置了 34 天。

顶替操作时周期性对盐水采样,尽管长时间暴露在水热条件下,进一步的实验室分析结果表明,流体的性质和组成都没有发生重大变化。

4. 在北海用作压井液

A 井是北海中世界最大的高温高压油田开发项目中的一口井。该油田总共施工了约 8 年。在该油田总共有 7 口井使用了密度为 2.18g/cm³ 的甲酸铯盐水作为压井液和修井液。初始储层压力约为 115MPa，最高井底静温为 190~205℃。在储层中钻 ϕ216mm 井眼时使用的是合成基油基钻井液，在下油管前用 7in 尾管完井。尾管和油管都是用 25Cr 钢制造的。由于部分井下设备的制造存在问题，所有的 7 口井都停产并进行修井。其中有 2 口井已经射孔。

在各个施工期间所有的 7 口井都采用密度为 2.18g/cm³ 甲酸铯盐水压井。A 井是最后一口井，在两年的停工期间，甲酸铯盐水作为压井液停留在已下套管的井眼中。

泵入井内的甲酸铯盐水都采用标准含量的碳酸盐和碳酸氢盐预缓冲过，没有为了提高热稳定性而大量增加缓冲剂。

24 个月后，当盐水从 A 井中泵出时（首先用连续管从 25Cr 钢制造的油管中泵出，之后从环空中泵出）时，从各个深度采集了试样并对试样进行了分析。环空中钻井液的试样分析表明钻井液发生了与油管内钻井液类似的化学变化。

由于在压井期间没有任何 CO_2 侵入的记录，所以盐水中碳酸盐和碳酸氢盐的增加可以作为甲酸盐的分解的指标。碳酸氢盐是甲酸盐通过脱羧机理分解后的产物而碳酸盐是通过脱水分解的产物。

从 A 井 5000m 深的 25Cr 钢油管中采集的甲酸盐盐水试样中含碳酸盐和碳酸氢盐的含量比下井前的原始溶液高 0.83mol/L。也就是从井底采集的试样中有 8% 的甲酸盐盐水发生了分解。核磁共振分析发现，甲酸铯的浓度越接近井底就越低。因甲酸盐分解而造成的甲酸盐浓度降低，相应的是有 4% 的甲酸盐发生了分解。伍兹·霍尔海洋研究所的试验结果认为，A 井中的甲酸盐盐水已经达到了分解平衡，因而到压井期结束时其化学组分不会发生进一步的变化。

5. 甲酸铯盐水用作修井液

在英国北海，TOTAL 公司所有的 Elgin 和 Franklin 油田初始储层压力约为 115MPa，最高井底静温为 190~205℃。在储层中钻 ϕ216mm 井眼时使用的是合成油基钻井液，在下油管前用 7in 尾管完井。尾管和油管都是用 25Cr 钢制造的。在 1999 年下半年准备将 Elgin 的油井投产时，发现 ϕ273.05mm 的套管吊卡在采油过程中使用了不正确的热处理程序。所有的 7 口井都停产并进行修井。其中有 2 口井已经射孔。对该油井采取补救的修井计划：回收油层套管、更换套管吊卡以及重下油层套管。

7 口 Elgin 井中有 2 口（G1 和 G3）已经射孔，在进行补救性作业之前，使用高密度修井液强制性进行压井。TOTAL 公司首先对运转中井采用油基钻井液作为修井液，但重晶石沉降问题表明，在考虑到安全方面时，需要采用高密度非固相盐水的修井液。由于甲酸铯盐水在 HSE 评定方面表现优异，对使用在井身结构的套管、油管以及封隔器的金属没有腐蚀性。最后，TOTAL 公司在 Elgin/Franklin 油田的修井过程中，选择了密度为 2.18g/cm³ 的甲酸铯作为压井液和修井液。

在运行和安装封隔器之前，Elgin 油田的 G1 井和 G3 井使用密度为 2.18g/cm³ 的甲酸铯盐水洗井。当时用油管悬挂器顺利下了油管，油井使用抑制钻进用水来洗井。在 G1 井，发现有故障的封隔器漏失，使得地层水化物产生。该井再次使用甲酸铯盐水压井，通过在环空中循环热甲酸铯盐水使得水化物堵塞消失。

Elgin 余下的井(G1—G8)需要返工,由于没有射孔且使用抑制钻井液暂停作业。涉及返工的井只需要替换密度为 2.19g/cm³ 的甲酸铯盐水、回收完井管柱、更换油管悬挂器、重下完井管柱以及替换适合油井的抑制钻进用水。

在 7 口近海高温高压井中使用套管悬挂器进行主要补救性作业时,甲酸铯盐水提供了静水压力的井控安全保障。随后 9 年中,在 Elgin 油田、Franklin 油田和 Glenelg 油田进行了一系列的修井和暂停井作业。在这些使用甲酸铯的油田中,TOTAL 公司在北海的完井和修井盐水方面建立了新的健康、安全和环境标准。

四、甲酸铯/甲酸钾完井液在高温高压井的应用效果

1. 提高油井产量

1)提高产能

使用甲酸铯/甲酸钾盐水进行完井作业,可提高油井的生产能力。过去 200 多口高温高压井中使用甲酸铯/甲酸钾盐水进行作业,在其所交付的井中,其产能几乎均高于预期产量。其中,巴西有一口井使用甲酸铯盐水作为完井液创下了产气量为 $1970 \times 10^4 m^3/d$ 的国家记录。

2)实现快速采油提高采收率

甲酸盐通过改进储层与井的连通性和确定储层,能够帮助我们尽快采出可采储量。位于北海的两口高温高压气田/凝析气田长期的生产数据可以证明其有良好的连通性。在 2001—2002 年期间,在 Tune 和 Huldra 油田的 10 口大斜度定向井的裸眼井段中使用甲酸钾/甲酸铯钻井液进行钻井和完井。2001 年 11 月开始开采的 Tune 油田的可采储量据挪威石油管理局(NPD)预计,为 $15.9 \times 10^8 m^3$ 的天然气和 $490 \times 10^4 m^3$ 的凝析气。2002 年 11 月投产的 Huldra 油田的预计可采储量为 $18.0 \times 10^8 m^3$ 天然气和 $320 \times 10^4 m^3$ 的凝析气。这些油田中的气井通常都是高产井。比如,2003 年 6 月,Tune 油田报告其天然气产量为 $1240 \times 10^4 m^3/d$,仅 4 口气井的凝析气产量为 $3657 m^3/d$。NPD 的情况说明书在 2009 年 11 月发表,给出了这些油田截至 2009 年 8 月的累计生产数据。这些数据显示,这两个油田的累计天然气开采量接近预测天然气可采储量的 90%,凝析气的累计产量在 7 年满负荷生产后,超过预测可采储量的 95%。这些油田或者随后的 Kvitebjørn 油田中没有一口井,需要进行任何形式的修井作业,因为它们最初是使用甲酸盐钻井液来建井的。

快速生产意味着可以早期采出可采储量。图 10-2-2 和图 10-2-3 为北海赫尔德拉油田和滕内油田烃类的快速采油情况。仅在 8 年时间,这些油田已采出的烃类已超过估计可采储量的 90%。

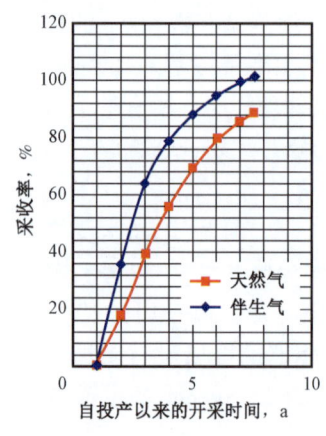

图 10-2-2 滕内油田采出的烃类情况

2. 缩短了钻完井周期

使用高密度甲酸铯/甲酸钾盐水完井,大大缩短完井周期,如图 10-2-3 所示。

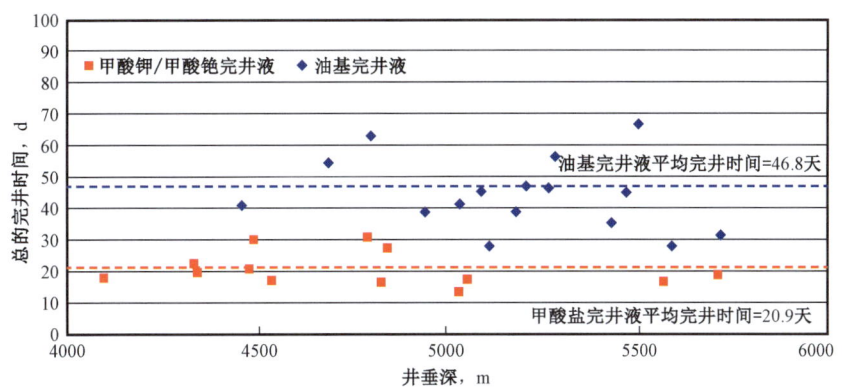

图 10－2－3　北海高温高压水平井完井时间

3．提高井控效果

1）保持良好的水力学性能

含有固相的完井液比甲酸铯/甲酸钾盐水的黏度要高，因而对水力效率有影响，尤其在高密度完井液中更是如此。较低黏度的甲酸铯盐水可最大限度地减少循环压力损失，由于甲酸铯盐水的当量循环密度较常规完井液低很多，因而大大降低了井控风险。此外，使用甲酸铯/甲酸钾盐水还避免了重晶的石沉降，维持了完井液性能的稳定。

2）井涌控制

甲酸铯盐水用于高温高压井时不存在井涌问题，因此花在监控油井上的时间也大大减少。

石油或天然气在甲酸铯/甲酸钾盐水中的溶解度非常小，可以很容易地探测储层流体的入侵情况。从而即时的采取措施应付井涌等复杂情况的发生，有效地实现安全控制。相比之下，在油基完井液中油气可无限混合或溶解，极大地增加了井涌探测的难度。在适当过平衡状态下，估计在水平段长达 1000m 的油井中，地层天然气能以 $0.143m^3/h$ 的速度扩散到静态油基完井液中，因为无法确定井涌是否存在或井涌的规模如何，导致井控问题的发生。

4．对环境的影响小

使用甲酸铯/甲酸钾完井液能最大限度地降低油井对环境的影响，体现在以下几个方面：

（1）在同一口油井的数个油层重复使用，并减少对不同完井液、隔离液和清洁化学品的需求。

（2）回收甲酸盐盐水将其用于下一口井，可以节省盐水的整体使用量，不仅节约成本而且有利于环境保护。

（3）通过避免使用固体加重剂和最大限度地减少化学添加剂来减少整体浪费和毒性。

（4）在不使用其他化学品或产生热辐射的热处理设备的情况下，可轻松和有效的循环使用。

第三节　甲酸盐水配制、储存、运输及回收与再生

有效的钻(完)井液管理必须尽可能地降低成本、减少井控事故、减轻对环境的污染和对地层的伤害。

为了使甲酸盐完井液的经济效益最大化,需要对其回收再利用,尤其是达到环保要求的优质完井液更需要回收与利用,这样可节约完井成本,为油公司带来更大的经济效益。甲酸盐钻(完)井液的回收再利用率比较高,这对甲酸盐钻(完)井液体系的应用起到很大促进作用,使其得到广泛的推广。

建井作业中,为了达到下列目的,有效的完井液管理基本要求:

(1)降低成本;
(2)减少井控事故;
(3)减轻对环境的污染;
(4)减轻地层伤害;
(5)对管材不发生腐蚀等。

尤为重要的是,降低完井液的损耗和污染,使用过程中始终要求精打细算。为了把损耗控制到最低程度,首先要找出在完井过程中发生损耗的环节,然后了解为什么发生损耗和发生了何种类型的损耗。甲酸盐损耗可为5种类型:

(1)运输——盐水损耗发生在陆上盐水生产车间与井场之间,或井场与陆上盐水生产车间之间;
(2)井口输送——盐水损耗发生在井场,但并不是直接和间接发生在井眼作业中;
(3)井眼作业——盐水损耗直接发生在采用盐水进行的井眼作业中或发生在与井眼作业有关的作业中;
(4)地下——盐水漏失到地层中,或滞留在封隔器或封隔塞以下的井眼中;
(5)其他——不能准确地确定盐水损耗属于上述任何类型,处理时要逐一地进行分析。

一、配制

配制阶段由现场检查、责任和任务组成。

1. 现场检查

向装置供应高密度盐水的基本方法是,在现场的钻井液和完井液工程师以及现场工作人员的协助下,由在控制完井液损耗方面有经验的工程师进行彻底检查井场的完井液输送和储存系统以及输送和储存方法。

检查的目的是找出整个钻(完)井液体系可能产生损耗和交叉污染的区域,推荐相应改进措施以便克服这些问题。必须对所有钻(完)井液输送和储存系统的布局、排放和操作方法进行评价,包括:

(1)运载工具,现场输送系统和方法;
(2)储存、混合以及井场内输送系统和输送方法;
(3)各种阀门的完整性——吸入罐和输送管线的阀门以及平衡阀和事故排放阀的完

整性；

(4) 要有充足的储罐来储存或隔离堵漏剂、界面处理剂和已污染的钻完井液；

(5) 诸如便携式液体回收装置等有关的钻(完)井液处理设备要适用和就位；

(6) 可能要使用移动式储存罐以增加储存能力和操作的灵活性；

(7) 各种阀门、传感器、管线计量表和流量表或测量系统的类型和情况；

(8) 确定甲酸盐盐水的总污染物的含量；

(9) 从体系中排出包括雨水在内的污染物。

测量报告应该找出钻(完)井液储罐和往井眼内替盐水管线的适宜型号，包括回收罐、清洁盐水罐、净化罐以及堵漏剂储存罐和已污染界面处理剂储罐的结构。推荐，无论含有高密度甲酸盐盐水的储存池设在哪里，如果池内含有其他流体，最少要采用两个阀门把它们隔开。

推荐用示意图表示地面系统(最好采用电子示意图)，以便监测所有的输送器、罐内溶液面高度以及罐和管线的结构。应该突出显示并可以不断地修改。

应该对在井场内使用独立和精密的输送系统进行可行性研究。这种输送系统由轻便的、带有抗扭曲挠性管的橇装泵等组成，这种系统应该限制使用大口径(而且可能已经污染了的)井场管线在井场输送和处理钻(完)井液，而且该系统应该较容易排放，以此来降低盐水在井口产生损耗的可能性。

如果现场没有这些设备，应该考虑使用带色标的管线和阀门。对于在钻(完)井液室和钻台上利用水管进行分配和控制要进行评价。因为这可能是高密度盐水最大的污染源。如果可行，要使用密闭的储存罐。

2. 责任和任务

应该把责任和任务阐述清楚，明确联系方式以及制定控制方法。

二、供应

1. 产品准备

供应商应按要求准备所要求的体积和密度的液体或者固体产品。目前，国内生产甲酸钠与甲酸钾技术成熟的厂家很多，且主要供应的为固体产品。而甲酸铯主要是来自卡博特公司或者其代理商。

在生产出符合要求的固体产品，或者配制出正确体积或组分的盐水并把盐水交付给最终用户或其指定的代理商之前，盐水的所有权以及所伴随的损耗风险都属于供应公司。代理商可以是供应运载工具公司、钻井液公司/盐水公司或特定的完井液配制机构。风险减少的经过是清楚的，按照书面协议所列的盐水体积和密度或组分交货。

产品质量要严格把关，一家独立的代理商将利用供应公司的质量管理或质量控制方法或供应公司代理商的质量管理和质量控制方法进行化学分析、密度和体积测量。

盐水的总体积有3种测量方法，即盐水罐体积测定仪、安装永久性的流量表、通过罐车车辆衡或地称测量交付盐水的净重。经验表明，最后一种方法是最精确的。盐水的体积随温度的变化而改变，但是如果知道了交付盐水的质量，那么利用盐水的密度测量值(15.6℃)就可以计算出盐水在标准参照温度下的体积。无论使用哪种方法或是哪种方法的结合，交货体积和技术规范必须全部形成文件。

2. 产品交付

对于液体的产品代理商或者承包商,要保证所有的罐、阀门、管线和软管具有良好的适用性,并按照承包商的质量管理/质量控制方法进行清洁。必须适宜地对罐进行校准并且安装十分精确的体积测量仪,储存和处理时,推荐使用安装了独立管线的专用甲酸盐盐水罐。在取样时,建议同时在罐的顶部和底部取样。

陆地钻井和完井主要使用标准罐和中间散装罐两种不同的盐水运输方法。无论使用哪种运输容器,把盐水运输到井场的储存罐中都要使用输送泵和软管。

3. 井场为接收盐水所做的最后准备

井场的盐水罐必须是清洁和干燥的,要清洁输送软管(推荐使用专用软管),检查管汇、接头和防回流阀(如果安装了)并使其排列得当。如果使用钻(完)井液池储存和输送盐水,那么要把它清洁到可以储存盐水的标准,并且用高压水枪从上往下冲洗,特别要注意清洗那些钻(完)井液可能残存的格栅、横梁、角落和缝隙。清洁完后要在密闭条件下泵入冲洗水对所有的阀门进行测漏。

最后,采用甲酸盐盐水前,所有与钻(完)井液池相连接的水管都应该封死或卸掉,以防止意外的水污染和水稀释事故。

三、现场储存和井口输送

大量的盐水损耗发生在井场储存和井口输送期间。良好的管理和详细的设计也可以大幅度降低该领域的损耗。

1. 钻井液与完井液池、储存罐和输送工具

井口附近所有在用和备用的盐水的处理和输送工具以及储存罐都有可能产生损耗。同样,对降低运输损耗来说,运输次数少意味着损耗低。

作业设计的目标是减少从储存罐、储存池、在用储存池以及处理区和诸如过滤装置等设备里盐水转移的次数,或者把设备之间的盐水转移次数控制为最低。

在预完井作业期间(清井等)仅仅把盐水输入油井或从油井输出。

要把盐水储存池或盐水储存罐设计成不需要中间设施而能把盐水替入或替出油井的储存设施。

使用钻井装置的管线系统时,要避免使用中间罐转移盐水,如果可行,应换用一组专用软管或与橇装泵相连接的高压旋转接头。由于损耗主要来自储存池或储存罐中的不可泵送体积(死体积)或盐水残留在管线或软管中,使用排放软管在钻机的管线上开辟旁道。当然,当不可能在钻机系统建立旁道时,除了后述的方法外,也可以利用主管线把盐水替入油井。在用盐水池应以最短管线通到钻台。

钻台上应该设有适宜的盐水回收设备,从储存池和各盐水处理区回收死体积和溢出的盐水。完全启动辅助回收设备和移动式储存罐一起来装载回收的盐水,可进一步降低来自这方面的损耗。

2. 用散装罐加盐水溶液

使用甲酸盐盐水作业时是不存在危险的,而用传统方法从散装罐倒出盐水,因散装罐的质量太大,会造成安全风险以及溢出和溅洒的风险。应该使用文丘里管和隔膜泵把散装罐中的

盐水抽进混合系统。

对用散装罐加盐水溶液来说,最安全和最有效的方法是经由散装化学剂漏斗的文丘里作用把盐水溶液从散装管中吸出或采用类似的倾倒装置从甲酸铯盐水专用运输罐中倒出并进行混合。吸出时应使用装配了止回阀的、抗化学腐蚀的、抗爆裂的和抗弯曲的软管。

3. 管线和压力测试

避免采用固定管线而采用挠性软管或可弯曲管把盐水输送到需要盐水的地方,以便可以随后回收这些盐水。

如果井口设备必须进行压力测试,而压力测试又不能用水来做,那么要进行作业优先设计,以便考虑怎样完成任务而又可避免盐水损耗的风险,惯用的方法是用盐水充满要测试的管线和设备。最好的办法是避免选择水和盐水作为压力测试介质,其原因是水会对测试介质造成一定的微量稀释。在充满甲酸铯/甲酸钾盐水的井中,如果防喷器组需要维护或维修,应使用空气隔膜泵抽空井眼中的流体。在软管的两端应安装球阀以防止在拆软管时发生喷溅。

4. 漏失和振动筛

所有的正常循环,例如调整和均化盐水密度,应该打开振动筛旁通并关闭阀门。如果需要要用盐水冲洗岩屑,振动筛上的损耗似乎是最常见的。然而,在零排放条件下,这样的损耗应该尽量减少,因为这些盐水是不能从冲洗的岩屑中采用机械方法回收的。

5. 过滤

盐水被污染后,通常需要进行过滤。对轻微污染的钻(完)井液来说,可使用筒式过滤器。然而,对于较严重的污染来说,可能必须使用压力过滤设备,并且要采用适宜的方法来回收管线中的盐水。

6. 降低井场输送损耗

降低井场输送损耗的关键方法可以归纳为:(1)建立零排放条件;(2)使用指定的隔离罐;(3)把在井口转移盐水的次数控制为最低;(4)避免使用钻机的原管线;(5)努力使用辅助回收设备。

四、盐水的回收

当完井作业结束时,要把盐水回收到存储罐。多数从井场的储罐中泵出的甲酸盐盐水将以散装的形式回收,要尽可能把不同密度的盐水分别送回。必须对所有回送的甲酸盐盐水取样,以便与输送到井场储存罐中的未使用的甲酸盐水试样进行对比。

五、盐水的再生

可以把盐水再生定义为除掉以及中和污染物,努力使盐水恢复到原先的技术规范。这些污染物包括颗粒物质、沉淀物、溶解离子以及诸如水或油等液体。对于不同的污染物选择不同的处理方法。

1. 过滤除掉不溶性物质和沉淀物

不溶性物质或沉淀物包括钻(完)井液的固相、沉淀物、铁锈产物、聚合物、结垢和管材螺纹油等。

通常使用的两种过滤方法是硅藻土过滤方法(DE)和过滤筒装置。通常,认为前者更经济有效,因为它在已知污染物含量的情况下,过滤速度较快而成本却较低。然而,在其他条件相同的情况下,硅藻土过滤方法的盐水损耗却高于过滤筒装置。对于价格较低的盐水来说,使用硅藻土过滤方法是经济实用的,而对于价格较高的甲酸铯盐水来说情况却恰恰相反。在低的过滤速度(时间)和高成本的过滤介质(过滤筒装置)下所产生的成本要高于降低盐水损耗所节约的成本。

即便是多数现代化的硅藻土过滤装置中装备了鼓风下排系统,但是在使用硅藻土过滤装置过滤期间还是要损耗相当于总体积20%～30%的盐水体积,包括管道产生的附加损耗。因盐水吸附在硅藻土上或残留在过滤期间所形成的滤饼的缝隙中,从而造成了盐水的损耗。就过滤消耗来看,连续过滤可能比较便宜,既可以在硅藻土过滤装置过滤后采用2μm过滤桶装置过滤,也可以在10μm过滤桶装置过滤后采用2μm的过滤桶过滤,但连续过滤可能导致较高的间接损耗。

使用过滤桶过滤装置可以大幅度降低盐水的体积损耗。由甲酸铯盐水再生的经验表明,对于污染严重的盐水必须使用硅藻土过滤设备。通过良好的准备和严格的防损耗方法,使用这种设备可能使被固相(体积比为12.7%)严重污染的甲酸铯/甲酸钾盐水的液相回收率达到95%。

除以上选择过滤方法对过滤效率有一定的影响外,下面几个因素也会影响过滤效率:

(1)盐水的清洁度。盐水的清洁度标准影响了过滤期间的体积损耗。盐水的清洁度有两种标准——一种是定性的,另一种是定量的。前者规定了过滤后留在盐水中固相的最大粒径,即盐水穿过2μm的过滤桶中过滤介质后在理论上将不含粒径大于2μm的固相。而定量标准规定了最大固相含量,即最大固相含量大于10000mg/L或0.1%的体积百分比。

(2)盐水的物理特性。盐水的物理特性对过滤效率的某些影响是十分直接的。很明显,当盐水的密度和黏度增加时,盐水悬浮固相的能力也在增加,结果使固相清除变得更加困难。穿过过滤系统的流量下降而滤出的污垢增加。盐水损耗较高的原因是出现了大量盐水吸附在被清除固相上的倾向。利用聚合物增黏剂使盐水增加的黏度在过滤前必须使用破黏剂使其还原。

在低温(冬季)条件下应该注意的是,盐水中的微粒提高了盐水的结晶温度。任何固相盐的沉淀都影响过滤介质的寿命,并降低盐水的密度以及增加盐水的损耗。

(3)固相的物理特性。要清除固相的下列作用是需要考虑的:固相在盐水中的数量;粒度中值分布、形状和表面特性;颗粒的黏附性;颗粒的压缩性;颗粒上静电荷的强度和极性与过滤介质有关系。

这些因素决定了在过滤过程中滤饼的形成速度和滤饼的渗透率,这些因素依次影响了过滤效率,同时影响了固相的清除和过滤介质的寿命。如果固相含量很高,用清洁盐水稀释对提高过滤效率可能是有利的。

(4)流动密度。用来衡量过滤效率一种实用的方法是流动密度,流动密度的定义如下:

$$流动密度 = 3.9 \times 10^{-3} \frac{流量(L/min) \times 黏度(mPa \cdot s)}{表面积(cm^2)}$$

降低流动密度来提高过滤效率,是通过降低流量,增加表面积(过滤介质)或降低黏度达到的。

过滤使盐水体积减小主要受下列因素的影响:被清除不溶性物质的数量;被清除不溶性物质的表面积;盐水的黏度;把固有损耗和间接损耗控制到最低程度的过滤效率。

虽然头两项通过提高过滤效率来控制损耗可能是不明显的,但后两项被一致公认是可以控制损耗的。

2. 化学法清除溶解离子和聚合物

在再生过程中典型的做法是,在过滤前为了使溶解离子沉淀,要对盐水进行化学处理并使用解聚合技术对盐水进行降黏。用于常规盐水的技术可能不适用于甲酸盐盐水,例如像过氧化氢这样的氧化剂,用这样的氧化剂来解聚合时,它与甲酸盐盐水不相容。

壳牌公司最早制定了基本清除策略,并在甲酸钾盐水和钻井液中应用取得了不同程度的成功,包括提高 pH 值使聚合物和二价离子沉淀(作为他们的氢氧化物)。使用经验表明,这些技术对多数二价离子是有效的(钙除外)。诸如钙和硫酸盐等其他污染物可通过附加处理来清除。这种方法是在逐次清除的基础上应用的。表 10-3-1 是清除普通污染物的小结。

表 10-3-1　普通污染物的处理

污染物	处理方法
金属阳离子及聚合物	使用氢氧化物提高 pH 值
硫酸盐	加入甲酸钡
硫化物	Ironite sponger
钙离子	加入碳酸钾
氯化物	可使用银盐去除

实际上,最常用和最经济的方法是使用未污染的盐水去稀释要处理的盐水,使其污染物的含量达到或低于可以接收的水平。再调整 pH 值使钻(完)井液中的固体颗粒、聚合物及其他污染物形成沉淀,然后再过滤分离。向钻(完)井液中加入甲酸以降低 pH 值,并部分地溶解钻(完)井液中的钙质滤饼成分。碳酸钙是甲酸盐钻(完)井液中的一种常见组分,但如果钻(完)井液中不存在钙盐则必须添加少量,因为溶解的钙离子对聚合物的絮凝沉淀可起到一定的辅助作用。

3. 蒸发除水

常规的再生方法既可以接受水的存在以及简单地根据含水量来降低盐水的价值,也可以添加丁盐和高密度盐水去中和水对甲酸盐盐水密度的影响。另外一种可行的方法是,使用蒸发装置蒸发过量的水和恢复盐水的密度。这种方法通常在被水污染的甲酸铯/甲酸钾盐水的再生中使用。特别是来自诸如钻进用水等含氯量低的水污染时,这种再生方法要比常规方法更经济适用。如果污染物是海水,蒸发不能清除诸如氯离子等溶解离子,但是可以改变溶解离子的浓度,这可能是不理想的。

4. 用机械分离方法除油

在盐水再生范围内,油污染是导致盐水产生大量损耗的典型结果。因为油的存在大幅度降低了常规过滤的效率。

通常把油污染的甲酸盐盐水静置一段时间,以便使其上升到盐水的顶部(斯托克定律)。

然后把下部的盐水泵出并过滤,而上部的盐水废弃。通常下部的盐水仍然含有一些油,特别是盐水含有具有乳化作用的胶体颗粒时。其结果是,即便是过滤,盐水的除油效果也不好,而且需要频繁地更换过滤介质并且导致较高百分比的盐水损耗。

国外一家专业过滤公司最近的评价结果指出,在盐水中含有低浓度的烃类时,应用吸附方法是最经济有效的。使用含有烃类吸附剂的过滤桶对甲酸盐盐水进行过滤吸附。在装置内的过程都与过滤相似,但不是用物理作用干扰固相颗粒的流动,而是烃类的液滴被圈闭在孔隙介质中,当烃类液滴与吸附材料碰撞时,与吸附材料发生了化学键接而不能再运动。该系统清除了溶解和未溶解的油而对水或盐水没有吸附作用。这一方法可以在作业的温度条件下进行,而过滤速度随过滤桶数量的改变而变化。这种方法的过滤效率很好,一次过滤清除量达90%~95%,使油在水中的体积含量低于1%。油含量较高,需要重复过滤一次,采用多次处理以便把含油量降低到可以接受的水平。

吸附过程是烃类分子以化学键的方式与吸附介质内的受体晶格相连接的。推荐的过滤介质是经过纤维处理并用促进烃类分子被吸附的化学剂包被的纤维素。过滤桶内形成的吸附材料促进了处理和应用价值改变。目前市场上已有适用于过滤桶的各种类型的过滤软管。

5. 再生期间的损耗

在过滤期间主要损耗是物理损耗,必须把损耗降到最低。技术上可行的过滤方法只能是一次完成,而不是清除完悬浮固相后再一次添加沉淀剂和其他再生剂。

过滤桶装置具有最低的介质损耗并能降低间接损耗,但是仅仅对轻度污染的盐水有效——固相的体积分数低于1.5%。

在挪威波什格伦首次进行了对甲酸盐钻井完井液的整体回收再利用实验。回收的甲酸钾在Gullfaks的C-25井和C-18井应用取得较好的效果。

参 考 文 献

[1] 谭靖辉. 甲酸钠生产工艺探讨[J]. 中小企业科技,2007(7):190-191.

[2] 向兴金,等. 完井液技术手册[M]. 北京:石油工业出版社,2002.

[3] Downs J D, Howard S K, Carnegie A. Improving Hydrocarbon Production Rates Through the Use of Formate Fluids - A Review[R]. SPE 97694,2005:5-6.

[4] Ramsey Mark S, Texas Drilling Associates, et al. Cesium Formate - The Beneficial Effects of Low Viscosity and High Initial Fluid Loss on Drilling Rate - A Comparative Experiment[R]. SPE 36398,1996:9-11.

[5] Downs J D, SPE, Cabot Specialty Fluids Ltd. A Review of the Impact of the Use of Formate Brines on the Economics of Deep Gas Field Development Projects[R]. SPE 130376,2010:24-26.

附录 A 甲酸钠质量检测方法

一、外观

自然光下,肉眼观察为白色粉末或白色细颗粒。

二、水分

用已知质量的称量瓶称取 5g±0.5g 样品试样(称准至 0.0001g),在 105℃±3℃ 的恒温干燥箱中干燥 3h 后,取出置于干燥器中,冷却 30min,取出称其质量(称准至 0.0001g)。按式(A-1)计算水分含量:

$$W = \frac{(m_1 - m_2)}{m} \times 100\% \qquad (A-1)$$

式中 m_1——称量瓶和样品加热前的质量,g;

m_2——称量瓶和样品加热后的质量,g;

m——样品的质量,g。

取平行测定结果的算术平均值为测定结果,其数字符合 GB/T 8170—2008《数值修约规则与极限数值的表示和判定》的规定,两次平行测定结果的绝对差值不大于 0.05%。

三、甲酸钠含量测定

1. 试剂和溶液

(1) 碘化钾(KI):分析纯;

(2) 硫代硫酸钠($Na_2S_2O_3$)标准滴定溶液:0.1mol/L,按 GB/T 601—2002《化学试剂 标准滴定溶液的配制》进行配制;

(3) 高锰酸钾标准滴定溶液($KMnO_4$):0.1mol/L,按 GB/T 601—2002《化学试剂 标准滴定溶液的配制》进行配制;

(4) 淀粉指示剂:0.5%,按 GB/T 603—2002《化学试剂 试验方法中所用制剂及制品的制备》进行配制;

(5) 硫酸(H_2SO_4)溶液:1+8 溶液($V_{H_2SO_4} : V_{H_2O} = 1:8$);

(6) 蒸馏水(或去离子水):不低于 GB/T 6682—2008《分析实验室用水规格和试验方法》中的三级水。

2. 仪器和设备

(1) 滴定管:50mL;

(2) 恒温水浴:100℃;

(3) 容量瓶:100mL;

(4) 碘量瓶:250mL;

(5) 移液管:10mL。

3. 测试步骤

(1)称取1g±0.1g(精确至0.0001g)甲酸钠试样,定容至100mL容量瓶,得A液。

(2)用移液管移取A液10mL,放入盛有50mL的0.1mol/L $KMnO_4$ 标准溶液的250mL碘量瓶中,加塞,在100℃恒温水浴保温30min,取出迅速冷却至室温。加10mL 1+8硫酸溶液和2.0g碘化钾试剂,暗处避光放置5min,用硫代硫酸钠(0.1mol/L)标准溶液滴定至淡黄色,加1mL淀粉指示剂,继续滴定至蓝色消失为终点,所消耗硫代硫酸钠体积记为 V_1,同时做空白实验。甲酸钠含量按式(A-2)计算:

$$甲酸钠含量 = \frac{C(V_0 - V_1) \times 34/1000}{m \times 10/100} \times 100\% \quad (A-2)$$

式中 V_0——空白实验消耗硫代硫酸钠的体积准确数值,mL;

V_1——滴定试样消耗硫代硫酸钠的体积准确数值,mL;

C——硫代硫酸钠标准溶液的准确数值,mol/L;

34——上述反应中,1/2HCOONa 的摩尔质量,g/mol;

m——试样的质量,g。

取平行测定结果的算术平均值为测定结果,其数值符合GB/T 8170—2008的规定,两次平行测定结果的绝对差值不大于0.05%。

四、氢氧化钠含量测定

1. 试剂和溶液

(1)盐酸(HCl)标准滴定溶液:0.05mol/L,按GB/T 601—2002配制;

(2)酚酞指示剂:10g/L,按GB/T 603—2002配制;

(3)氯化钡($BaCl_2$)溶液:10%。

2. 仪器和设备

(1)滴定管:50mL;

(2)锥形瓶:250mL;

(3)容量瓶:1000mL。

3. 测定方法

称取100g±0.1g(精确至0.0001g)甲酸钠试样,定容至1000mL容量瓶,得B液。移取50mL B液于锥形瓶,加10mL 10% $BaCl_2$ 溶液,加2滴酚酞,用0.05mol/L盐酸滴至无色(此体积记为 V_1)。氢氧化钠含量按式(A-3)计算:

$$氢氧化钠含量 = \frac{V_1 \times C \times 40/1000}{m \times 50/1000} \times 100\% \quad (A-3)$$

式中 V_1——所用盐酸标准溶液体积,mL;

C——盐酸标准溶液浓度,mol/L;

40——上述反应中,NaOH的摩尔质量,g/mol;

m——试样的质量,g。

取平行测定结果的算术平均值为测定结果,其数值符合 GB/T 8170—2008 的规定,两次平行测定结果的绝对差值不大于 0.05%。

五、碳酸钠含量测定

1. 试剂和溶液

(1)盐酸(HCl)标准滴定溶液:0.05mol/L,按 GB/T 601—2002 配制;

(2)酚酞指示剂:10g/L,按 GB/T 603—2002 配制。

2. 仪器和设备

(1)滴定管:50mL;

(2)锥形瓶:250mL。

3. 测定方法

移取 50mL B 液于锥形瓶中,加 2 滴酚酞,用 0.05mol/L 盐酸滴至无色(此体积记为 V_2)。碳酸钠含量按式(A-4)计算:

$$碳酸钠含量 = \frac{C(V_2 - V_1) \times 53/1000}{m \times 50/1000} \times 100\% \quad (A-4)$$

式中 V_1——测定氢氧化钠含量所消耗盐酸标准溶液体积,mL;

V_2——本实验所用盐酸标准溶液体积,mL;

C——盐酸标准溶液浓度,mol/L;

53——上述反应中,$1/2Na_2CO_3$ 的摩尔质量,g/mol;

m——试样的质量,g。

取平行测定结果的算术平均值为测定结果,其数值符合 GB/T 8170—2008 的规定,两次平行测定结果的绝对差值不大于 0.05%。

六、氯化钠含量测定

1. 试剂和溶液

(1)硝酸银(AgNO₃)标准滴定溶液:0.1mol/L,按 GB/T 601—2002 配制;

(2)酚酞指示剂:按 GB/T 603—2002 配制;

(3)乙酸(CH₃COOH)溶液:30%;

(4)铬酸钾(K₂CrO₄)溶液:5%。

2. 仪器和设备

(1)滴定管:50mL;

(2)锥形瓶:250mL。

3. 测试方法

移取 100mL B 液于锥形瓶,加 1 滴酚酞,加 30% 乙酸变无色,再过量两滴,加 6 滴铬酸钾,用硝酸银滴至砖红色。氯化钠含量按式(A-5)计算:

$$氯化钠含量 = \frac{C \times V \times 58.6/1000}{m \times 100/1000} \times 100\% \quad (A-5)$$

式中　V——所用硝酸银标准溶液体积，mL；

　　　C——硝酸银标准溶液浓度，mol/L；

　　　58.6——上述反应中，NaCl 的摩尔质量，g/mol；

　　　m——试样的质量，g。

取平行测定结果的算术平均值为测定结果，其数值符合 GB/T 8170—2008 的规定，两次平行测定结果的绝对差值不大于 0.05%。

七、硫化钠含量测定

1. 试剂和溶液

(1) 盐酸(HCl)：1+1；

(2) 淀粉指示剂：0.5%，按 GB/T 603—2002 配制；

(3) 硫代硫酸钠($Na_2S_2O_3$)标准滴定溶液：0.1mol/L，按 GB/T 601—2002 配制；

(4) 蒸馏水(或去离子水)：不低于 GB/T 6682—2008 中的三级水。

2. 仪器和设备

(1) 滴定管：50mL；

(2) 碘量瓶：250mL。

3. 测试方法

称取 20g 甲酸钠于碘量瓶中，加入 50mL 蒸馏水充分溶解，依次加入碘标液 10mL 和 5mL 1+1盐酸，加塞混匀，在黑暗处放 5min，用 0.1mol/L 硫代硫酸钠标准溶液滴定，至淡黄色时加 1mL 0.5% 淀粉，继续滴至深蓝色消失为终点。硫化钠含量按式(A-6)计算：

$$硫化钠含量 = \frac{(C_1V_1 - C_2V_2) \times 39/1000}{m} \times 100\% \quad (A-6)$$

式中　C_1——碘标准溶液浓度，mol/L；

　　　V_1——碘标准溶液消耗体积，mL；

　　　C_2——硫代硫酸钠标准溶液浓度，mol/L；

　　　V_2——滴定消耗硫代硫酸钠体积，mL；

　　　m——试样的质量，g。

取平行测定结果的算术平均值为测定结果，其数值符合 GB/T 8170—2008 的规定，两次平行测定结果的绝对差值不大于 0.05%。

八、铁含量的测定

1. 试剂和溶液

(1) 盐酸羟胺溶液：10%；

(2) 邻菲罗啉溶液：0.2%；

(3) 乙酸—乙酸钠缓冲溶液(pH 值约为 3)：按 GB/T 603—2002 配制；

(4) 蒸馏水(或去离子水)：不低于 GB/T 6682—2008 中的三级水。

2. 仪器和设备

（1）比色管：50mL；

（2）容量瓶：500mL。

3. 测试方法

标准比浊液的制备，称量4.317g硫酸铁铵$NH_4Fe(SO_4)_2 \cdot 12H_2O$，溶于水，加1+6硫酸溶液25mL，移入500mL容量瓶中，稀释至刻度，摇匀。即为1mL溶液含Fe 1mg的溶液。用移液管移取含规定量的Fe标准溶液于50mL比色管中，稀释与试验溶液相同体积，与同体积试验溶液同时同样处理。

称取适量样品，溶于25mL水中，加2mL 10%盐酸羟胺溶液，摇匀，放置5min。加入2mL乙酸—乙酸钠缓冲溶液（pH值约为3）及2mL 0.2%邻菲罗啉溶液，摇匀。

将试验溶液比色管和标准比浊溶液比色管同置于黑色背景上，在自然光下，自上向下观察，其浊度不得深于标准比浊溶液。

九、饱和密度

量取350mL水，加入355g甲酸钠，水溶液恒温20℃，在搅拌下溶解，至有少量不再溶解为止，静止，上层清液即为饱和溶液，静止无气泡，将上层清液移取至量筒，用密度计测。

十、pH值

按九饱和密度的方法配置的饱和溶液，在20℃条件下用酸度计进行测定。

参 考 文 献

[1] GB/T 191—2008 包装储运图示标志[S].
[2] GB/T 601—2002 试剂 滴定分析（容量分析）用标准溶液的配制[S].
[3] GB/T 603—2002 化学试剂 实验方法中所用制剂及制品的制备[S].
[4] GB/T 6678—2003 化学产品采样总则[S].
[5] GB/T 6679—2003 固体化工产品采样通则[S].
[6] GB/T 6682—2008 分析实验室用水规格和试验方法[S].
[7] GB/T 6683—2008 化工产品中水分含量的测定 卡尔·费休法（通用方法）[S].
[8] HG/T 3696.2—2011 无机化工产品 化学分析用标准溶液、制剂及制品的制备 第2部分：杂质标准溶液的制备[S].
[9] GB/T 8170—2008 数值修约规则与极限数值的表示和判定[S].

附录B 甲酸钾质量检测方法

一、外观

自然光下,肉眼观察为白色片状或白色颗粒。

二、水分

用已知质量的称量瓶称取5g±0.5g样品试样(称准至0.0001g),在105℃±3℃的恒温干燥箱中干燥3h后,取出置于干燥器中,冷却30min,取出称其质量(称准至0.0001g)。按式(B-1)计算水分含量:

$$W = \frac{(m_1 - m_2)}{m} \times 100\% \quad (B-1)$$

式中 m_1——称量瓶和样品加热前的质量,g;
　　　m_2——称量瓶和样品加热后的质量,g;
　　　m——样品的质量,g。

取平行测定结果的算术平均值为测定结果,其数字符合GB/T 8170—2008的规定,两次平行测定结果的绝对差值不大于0.05%。

三、甲酸钾含量

1. 试剂和溶液

(1)碘化钾(KI):分析纯;
(2)硫代硫酸钠($Na_2S_2O_3$)标准滴定溶液:0.1mol/L,按GB/T 601—2002配制;
(3)高锰酸钾($KMnO_4$)标准滴定溶液:0.1mol/L,按GB/T 601—2002配制;
(4)淀粉指示剂:0.5%,按GB/T 603-2002配制;
(5)硫酸(H_2SO_4)溶液:1+8溶液($V_{H_2SO_4} : V_{H_2O} = 1:8$);
(6)蒸馏水(或去离子水):不低于GB/T 6682—2008中的三级水。

2. 仪器和设备

(1)滴定管:50mL;
(2)恒温水浴:100℃;
(3)容量瓶:100mL;
(4)碘量瓶:250mL;
(5)移液管:10mL。

3. 测试步骤

称取1g±0.1g(精确至0.0001g)甲酸钾试样,定容至100mL容量瓶,得A液。用移液管移取A液10mL,放入盛有50mL的0.1mol/L $KMnO_4$标准溶液的250mL碘量瓶中,加塞,在100℃恒温水浴恒温15min,取出迅速冷却至室温。加10mL 1+8硫酸溶液和2.0g碘化钾试剂,暗处避光放置5min,用硫代硫酸钠(0.1mol/L)标准溶液滴定至淡黄色,加1mL淀粉指示

剂,继续滴定至蓝色消失为终点,所消耗硫代硫酸钠体积记为 V_1,同时做空白实验。甲酸钾含量按式(B-2)计算:

$$甲酸钾含量 = \frac{C(V_0 - V_1) \times 42.06/1000}{m \times 10/100} \times 100\% \quad (B-2)$$

式中　V_0——空白实验消耗硫代硫酸钠的体积准确数值,mL;
　　　V_1——滴定试样消耗硫代硫酸钠的体积准确数值,mL;
　　　C——硫代硫酸钠标准溶液的准确数值,mol/L;
　　　42.06——上述反应中,1/2HCOOK 的摩尔质量,g/mol;
　　　m——试样的质量,g。

取平行测定结果的算术平均值为测定结果,其数值符合 GB/T 8170—2008 的规定,两次平行测定结果的绝对差值不大于 0.05%。

四、氢氧化钾含量的测定

1. 试剂和溶液
(1)盐酸(HCl)标准滴定溶液:0.05mol/L,按 GB/T 601—2002 配制;
(2)酚酞指示剂:10g/L,按 GB/T 603—2002 配制;
(3)氯化钡($BaCl_2$)溶液:10%。

2. 仪器和设备
(1)滴定管:50mL;
(2)锥形瓶:250mL;
(3)容量瓶:1000mL。

3. 测定方法

称取 100g±0.1g(精确至 0.0001g)试样,定容至 1000mL 容量瓶,得 B 液。移取 50mL B 液于锥形瓶,加 10mL 10% $BaCL_2$ 溶液,加 2 滴酚酞,用 0.05mol/L 盐酸滴至无色(此体积记为 V_1)。氢氧化钾含量按式(B-3)计算:

$$氢氧化钾含量 = \frac{V_1 \times C \times 56.1/1000}{m \times 50/1000} \times 100\% \quad (B-3)$$

式中　V_1——所用盐酸标准溶液体积,mL;
　　　C——盐酸标准溶液浓度,mol/L;
　　　56.1——上述反应中 KOH 的摩尔质量,g/mol;
　　　m——试样的质量,g。

取平行测定结果的算术平均值为测定结果,其数值符合 GB/T 8170—2008 的规定,两次平行测定结果的绝对差值不大于 0.05%。

五、碳酸钾含量测定

1. 试剂和溶液
(1)盐酸(HCl)标准滴定溶液:0.05mol/L,按 GB/T 601—2002 配制;

(2)酚酞指示剂:10g/L,按 GB/T 603—2002 配制;

2. 仪器和设备

(1)滴定管:50mL;

(2)锥形瓶:250mL。

3. 测定方法

移取 50mL B 液于锥形瓶中,加 2 滴酚酞,用 0.05mol/L 盐酸滴至无色(此体积记为 V_2)。碳酸钾含量按式(B-4)计算:

$$碳酸钾含量 = \frac{C(V_2 - V_1) \times 69/1000}{m \times 50/1000} \times 100\% \qquad (B-4)$$

式中　V_1——4.4.3 中所用盐酸标准溶液体积,mL;

V_2——本实验所用盐酸标准溶液体积,mL;

C——盐酸标准溶液浓度,mol/L;

69——上述反应中,$1/2K_2CO_3$ 的摩尔质量,g/mol;

m——试样的质量,g。

取平行测定结果的算术平均值为测定结果,其数值符合 GB/T 8170—2008 的规定,两次平行测定结果的绝对差值不大于 0.05%。

六、氯化钾含量测定

1. 试剂和溶液

(1)硝酸银($AgNO_3$)标准滴定溶液:0.1mol/L,按 GB/T 601—2002 配制;

(2)酚酞指示剂:按 GB/T 603—2002 配制;

(3)乙酸(CH_3COOH)溶液:30%;

(4)铬酸钾(K_2CrO_4)溶液:5%。

2. 仪器和设备

(1)滴定管:50mL;

(2)锥形瓶:250mL。

3. 测试方法

移取 100mL B 液于锥形瓶,加 1 滴酚酞,加 30% 乙酸变无色,再过量两滴,加 6 滴铬酸钾,用硝酸银滴至砖红色。氯化钾含量按式(B-5)计算:

$$氯化钾含量 = \frac{C \times V \times 74.55/1000}{m \times 100/1000} \times 100\% \qquad (B-5)$$

式中　V——所用硝酸银标准溶液体积,mL;

C——硝酸银标准溶液浓度,mol/L;

74.55——上述反应中 KCl 的摩尔质量,g/mol;

m——试样的质量,g。

七、硫含量测定

1. 试剂和溶液

(1) 盐酸(HCl):1+1;
(2) 淀粉指示剂:0.5%,按 GB/T 603—2002 配制;
(3) 硫代硫酸钠($Na_2S_2O_3$)标准滴定溶液:0.1mol/L,按 GB/T 601—2002 配制;
(4) 蒸馏水(或去离子水):不低于 GB/T 6682—2008 中的三级水。

2. 仪器和设备

(1) 滴定管:50mL;
(2) 碘量瓶:250mL。

3. 测试方法

称取 20g 甲酸钾于碘量瓶中,加入 50mL 蒸馏水充分溶解,依次加入碘标液 10mL 和 5mL 1+1 盐酸,加塞混匀,在黑暗处放 5min,用 0.1mol/L 硫代硫酸钠标准溶液滴定,至淡黄色时加 1mL 0.5% 淀粉,继续滴至深蓝色消失为终点。硫化钾含量按式(B-6)计算:

$$硫化钾含量 = \frac{(C_1V_1 - C_2V_2) \times 55.15/1000}{m} \times 100\% \quad (B-6)$$

式中 C_1——碘标准溶液浓度,mol/L;
V_1——碘标准溶液消耗体积,mL;
C_2——硫代硫酸钠标准溶液浓度,mol/L;
V_2——滴定消耗硫代硫酸钠体积,mL;
m——试样的质量,g。

取平行测定结果的算术平均值为测定结果,其数值符合 GB/T 8170—2008 的规定,两次平行测定结果的绝对差值不大于 0.05%。

八、铁含量的测定

1. 试剂和溶液

(1) 盐酸羟胺溶液:10%;
(2) 邻菲罗啉溶液:0.2%;
(3) 乙酸—乙酸钠缓冲溶液(pH 值约为3):按 GB/T 603—2002 配制;
(4) 蒸馏水(或去离子水):不低于 GB/T 6682—2008 中的三级水。

2. 仪器和设备

(1) 比色管:50mL;
(2) 容量瓶:500mL。

3. 测试方法

标准比浊液的制备,称量 4.317g 硫酸铁铵 $NH_4Fe(SO_4)_2 \cdot 12H_2O$,溶于水,加 1+6 硫酸溶液 25mL,移入 500mL 容量瓶中,稀释至刻度,摇匀。即为 1mL 溶液含 Fe 1mg 的溶液。用移液管移取含规定量的 Fe 标准溶液于 50mL 比色管中,稀释与试验溶液相同体积,与同体积试验溶液同时同样处理。

称取适量样品,溶于 25mL 水中,加 2mL10% 盐酸羟胺溶液,摇匀,放置 5min。加入 2mL 乙酸—乙酸钠缓冲溶液(pH 值约为 3)及 2mL 0.2% 邻菲罗啉溶液,摇匀。

将试验溶液比色管和标准比浊溶液比色管同置于黑色背景上,在自然光下,自上向下观察,其浊度不得深于标准比浊溶液。

九、饱和密度

量取 200mL 水,加入 720g 甲酸钾,水溶液恒温 20℃,在搅拌下溶解,至有少量不再溶解为止,静止,上层清液即为饱和溶液,静止无气泡,将上层清液移取至量筒,用密度计测定。

十、pH 值

按 4.9 饱和密度的方法配置的饱和溶液,在 20℃条件下用酸度计进行测定。

参 考 文 献

[1] GB/T 191—2008 包装储运图示标志[S].
[2] GB/T 601—2002 试剂 滴定分析(容量分析)用标准溶液的配制[S].
[3] GB/T 603—2002 化学试剂 实验方法中所用制剂及制品的制备[S].
[4] GB/T 6678—2003 化工产品采样总则[S].
[5] GB/T 6679—2003 固体化工产品采样通则[S].
[6] GB/T 6682—2008 分析实验室用水规格和试验方法[S].
[7] GB/T 6683—2008 化工产品中水分含量的测定 卡尔·费休法(通用方法)[S].
[8] GB/T 8170—2008 数值修约规则与极限数值的表示和判定[S].
[9] HG/T 3696.2—2011 无机化工产品 化学分析用标准溶液、制剂及制品的制备 第 2 部分:杂质标准溶液的制备[S].

附录C 甲酸盐完井液腐蚀性能评价方法

一、失重腐蚀

1. 仪器和设备

主要仪器和设备:
(1)高温高压釜。控温精度为±1℃,釜体材质为哈氏合金,釜体容积为3.0~5.0L,温度范围为0~250℃。
(2)电子天平。精度为0.1mg。
(3)游标卡尺。精度为0.02mm。
(4)电吹风机。冷风。
(5)金相显微镜。放大倍数为5~10倍、10~30倍和50~500倍,带微调旋钮(1分度=0.001mm)。

2. 试剂和材料

(1)石油醚:沸程为60~90℃;
(2)丙酮:分析纯;
(3)无水乙醇:分析纯;
(4)六亚甲基四胺:分析纯;
(5)盐酸:密度为1.19g/mL浓盐酸;
(6)试片:油管(13Gr)、套管(TP140);
(7)腐蚀介质:甲酸盐完井液。

3. 试验程序(高温高压静态法)

1)方法提要

把预先处理好的试片浸入试样中,在规定条件下进行高温高压静态腐蚀实验后,测定试片浸泡前后的质量,用试片失重计算出平均腐蚀速率。同时测出最深的点蚀深度,计算点蚀速率。

2)试验条件

试验应满足以下条件:
(1)试验温度为0~250℃;
(2)试验周期应按现场实际应用的油套管材质确定,碳钢材质试验周期为30天,不锈钢材质试验周期为60天;
(3)试验介质为待测试样。试验介质的用量为每1cm²试片表面积不少于30mL;
(4)试验的压力为10.0MPa;
(5)甲酸盐完井液密度根据用户单位要求而定。

3)试验步骤

(1)试片加工。试片应符合SY/T 5405—1996《酸化用缓蚀剂性能试验方法及评价指标》

中第3.3条规定。试片为长方体,外形尺寸为50mm×10mm×3mm,试片的6个工作面边缘(包括φ6mm内孔)应当加工或打平至±1.6μm精细度或更好,试样制成后,在10~30倍的放大倍数下对试样进行检查,以确保不存在表面缺陷、瑕疵。也可以先后采用200#,400#,800#和1200#金相砂纸进行逐级打磨,除去加工刀痕及毛刺,表面粗糙度为±1.6μm。

(2)试片编号。金属挂片根据需要,统一编号推荐用电加工方式或其他不涉及冷加工的方式。

(3)试片清洗。用软布(或软质纸)擦去钢片表面的油污,放入石油醚或丙酮(沸程为60~90℃)中清洗5~10min,再放入清洁的无水乙醇中浸泡约5~10min。

(4)试片干燥。从无水乙醇中取出的试样应立即用两层滤纸吸干,吹风机冷风吹干后进行称量W_0,试片质量精确到0.1mg。

(5)试片浸泡。将待测试片挂在高温高压釜支架上,试片不允许与釜体内壁接触,各试片之间的间距应在3.0cm以上,每组试片做3个平行样;然后按照每组试片表面积计算所需要的甲酸盐完井液用量,将甲酸盐完井液沿釜体内壁缓缓倒入高温高压釜体内,试片上端距液面应保持3cm以上距离。试验过程应先用高纯氮气(高纯氮气:99.99%)除去氧气,用高纯氮气加入1.5~2MPa低压,然后升温至目标温度后再增压至目标压力。

(6)取出试片。试验结束后,先将静态高温高压釜温度降至50℃以下,然后缓慢降低釜内残存的气体压力至0MPa,将已达到试验周期的试片取出,观察、记录表面腐蚀状态及腐蚀产物黏附情况,记录后,立即用清水冲洗掉试验介质,并用滤纸擦干,在空气至放置时间不得超过30min,再进行下一步酸洗工作。

(7)试片酸洗。将取出的试片放入酸清洗液中浸泡5~10min,同时用镊子夹少量脱脂棉轻拭试片表面以除去试片上的腐蚀产物沉积物,酸清洗液的配制见附录A。从清洗液中取出试片,用自来水冲去表面残酸,然后再放入5%~10%的氢氧化钠碱水溶液中10~30min,中和多余的酸,然后再用自来水冲试片表面多余的残碱,最后放入无水乙醇中浸泡约5min,清洗脱水两次。取出试片放在滤纸上,用冷风吹干,然后用滤纸将试片包好,贮于干燥器中,放置1h后称量,精确到0.1mg。

(8)观察记录。观察并记录清洗过的试片表面的腐蚀状况,若试片表面有点蚀,先目测或低倍放大镜确定其蚀坑的大小和分布,再用金相显微镜(50~500倍)进行更细致观察,测量并记录最大点蚀坑深度(点蚀坑深度测量方法参见GB/T 18590—2001中4.2.4项)。

4)试验结果的表示和计算

(1)数据处理。

测量、计算的数值需要对其小数点后的保留数字进行舍弃修约时,按GB/T 8170的有关规定执行。

(2)腐蚀速率计算。

① 均匀腐蚀速率计算公式。

$$V_a = C \times \frac{W_0 - W}{\rho A t} \quad (C-1)$$

式中　V_a——年腐蚀速率，mm/a；
　　　C——按一年365天计算的换算因子，其值为8.76×10^4；
　　　W_0——金属试片腐蚀前的重量，g；
　　　W——金属试片腐蚀后的重量，g；
　　　ρ——金属材料的密度，g/cm³；
　　　A——金属试片的表面积，cm²；
　　　t——腐蚀试验时间，h。

注：如果挂片酸洗，需要以空白试验酸洗校正，即刨除空白试酸洗前后样质量差才为挂片腐蚀质量差。

② 点腐蚀速率计算公式。

参照GB/T 18590—2001，综合运用点蚀测深仪、金相显微镜进行点蚀深度的测量。

利用三维光学显微镜或激光共聚焦显微镜记录试片表面的三维图像。

点腐蚀计算公式：

$$r_t = 8.76\times10^3 \times \frac{h_t}{t} \quad\quad (C-2)$$

式中　r_t——为点腐蚀速率，mm/a；
　　　h_t——为实验后试片表面最深点蚀深度，mm；
　　　t——为试验时间，h。

4. 精密度

取3个平行试片平行测定结果的相对偏差不应超过±10%（若大于10%则需要重新做一遍），平行测定结果的算术平均值作为测定结果。

绝对偏差：是测定值与平均值之差。

相对偏差：是绝对偏差与平均值之比，用%表示。

二、应力腐蚀

1. 定义

应力腐蚀：由腐蚀环境和静态拉应力的同时作用而引起的金属浸腐，常导致裂纹的形成，引起金属结构承载性能明显下降。（注：由损伤引起的局部溶解和由氢引起的那些现象应该区分，这两种类型的现象可以叠加但不能与直接起因于故意充氢而发生的现象相混淆。）

临界应力：对应力腐蚀而言，在特定的试验条件下，高于此应力，应力腐蚀裂纹

试验的起始：施加应力或试样暴露到试验环境的时刻，不论两者的施加顺序，以后者为准。

裂纹起导时间：从试验起始到用某种手段检查到一条裂纹的时间。

破坏时间：试验起始到破坏所消耗的时间，破坏的判据是裂纹的首先出现或试样整体分离或某个商定的中间条件。

慢应变速率试验：通常以$10^{-1}\sim10^{-7}s^{-1}$的应变速率进行试样的可拉伸或弯曲的试验，其应变既可连续也可以阶梯式增加，但不是周期性的。

平均裂纹扩展速率：应力腐蚀产生的最大裂纹深度和试验时间之商。

取向：相对于金属材质（用于制备试样）的某种特定方向（即板材的轧制方向）给试样施加

拉伸应力的方向。

屈服强度:是金属材料发生屈服现象时的屈服极限,亦即抵抗微量塑性变形的应力。对于无明显屈服的金属材料,规定以产生0.2%残余变形的应力值为其屈服极限,称为条件屈服极限或屈服强度。大于此极限的外力作用,将会使零件永久失效,无法恢复。如低碳钢的屈服极限为207MPa,当大于此极限的外力作用之下,零件将会产生永久变形,小于这个的,零件还会恢复原来的样子。

抗拉强度:是金属试样拉断前承受的最大标称拉应力。是金属由均匀塑性变形向局部集中塑性变形过渡的临界值,也是金属在静拉伸条件下的最大承载能力。对于塑性材料,它表征材料最大均匀塑性变形的抗力,拉伸试样在承受最大拉应力之前,变形是均匀一致的,但超出之后,金属开始出现缩颈现象,即产生集中变形;对于没有(或很小)均匀塑性变形的脆性材料,它反映了材料的断裂抗力。

2. 仪器和设备

(1)高温高压釜:控温精度为±1℃,釜体材质为哈氏合金,釜体容积为3.0~5.0L,温度范围为0~250℃;

(2)Cortest 应力环:精度为0.1MPa;

(3)电子天平:精度为0.1mg;

(4)游标卡尺:精度为0.02mm;

(5)电吹风机:冷风;

(6)金相显微镜:放大倍数为5~10倍、10~30倍和50~500倍,带微调旋钮(1分度=0.001mm);

(7)挠度计:精度为0.0025mm。

3. 四点弯曲应力腐蚀开裂试验程序

1)方法提要

采用恒应变法,在具有矩形截面的试片上加上恒定应力,并将受力试片浸泡在甲酸盐完井液中,受力试片裂纹出现所需的时间或裂纹不再出现的最高应力值(临界应力),均可用作在所加应力水平下试片在该环境中的应力腐蚀开裂抗力的量度。

在名义上恒应变条件下试片加载的方法:两点加载、三点加载和四点加载试样为弯梁试片加载的三种基本类型,双梁试样、全支撑试样和杠杆加载试片可看作四点加载的特殊情况。四点加载可在内支点间的试样凸形表面部分产生均匀的纵向张应力,从内支点起到外支点止,应力线性地降至为零,四点加载试片使材料均匀受力有较大的区域,一般优于两点加载或三点加载试样。

2)试验条件

(1)试验温度:0~250℃;

(2)试验周期应按现场实际应用的油套管材质确定,碳钢材质试验周期为30天,不锈钢材质试验周期为60天;

(3)试验介质为待测试样。试验介质的用量为每1cm²试片表面积不少于30mL;

(4)试验的压力为10.0MPa;

(5)甲酸盐完井液密度根据用户单位要求而定。

3)试验步骤

(1)试片加工。

尺寸:四点加载试样一般为宽15～50mm和长110～250mm的平直条带,试片厚度(一般厚度为1.5～2.0mm)通常由材料的力学性能和所用产品形状决定,为适合特殊需要可改变试样尺寸,但应保持近似的尺寸比。

表面处理:

① 条状、丝状或棒状试片以及取自带材、板材及轧制型材的平直试片通常要求保留原始表面进行试验,因为原始表面的结构与金属表层下的结构有所不同。

② 在比较不同合金时,如果希望排除原始表面条件变化的影响,则试片应磨削或机加工抛光到深度至少为0.25mm,表面粗糙度不低于0.80μm,通常不需完全除去任何外部再结晶层就足以消除原始表面的缺陷。应研究浸蚀金相截面中的材料结构,以决定表面磨削或机加工的最大深度,在不同阶段交替使用机加工及研磨相对表面的办法,可逐步去掉所要求的金属量,这种办法可减小由于机加工产生的残余应力不均而引起的翘曲。所有边棱也应以相似的磨削或机加工去掉原先剪切时留下的冷加工层材料。

(2)试片编号。

试片需要打上永久的识别标记或数字,为了避免影响试验结果,需注意标记在试片上的位置,尽可能地远离试验区域即应处在弯梁试片的两端,在距离端头13mm区域压印或振动刻字。

(3)试片清洗。

依照本标准试验程序中试片清洗步骤执行。

(4)试片干燥。

依照本标准试验程序中试片干燥步骤执行。

(5)试片装载。

将试片安装在如图C-1的四点弯曲夹具上,按照GB/T 15970.2—2000《弯梁试样的制备和应用》第5.4.1.4部分要求:根据加载80%～90%的屈服强度(在应力腐蚀开裂试验中,屈服强度:0.2%金属材质塑性变形的应力)和各种材料不同的弹性模量值,确定钢材弯曲挠度来控制载荷大小。

试片通过瓷管隔绝夹置于专门为四点弯曲法定制的哈氏合金夹具上,将夹具夹置在水平台上,用螺母夹紧。然后通过拧紧加载与试样表面屏板上端的螺栓达到给试样加载上指定载荷的目的。载荷大小的控制通过接触试片中部千分表的指数变化来控制,即通过试样中部挠度的变化量控制加载载荷的大小,根据加载使之挠度达到上述计算值,每个实验条件下装载3个平行样。

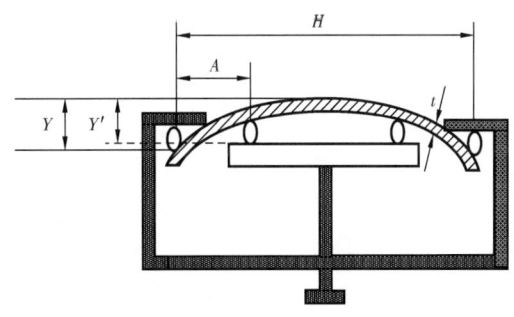

图C-1 四点弯曲应力腐蚀加载示意图

两外支点间试片凸形表面部分的最大张应力以及外支点之间最大挠度公式为：

$$\delta = \frac{12EtY}{3H^2 - 4A^2} \qquad (C-3)$$

式中　δ——最大张应力，Pa；
　　　E——钢材材质弹性模量，Pa；
　　　t——试片厚度，m；
　　　Y——外支点间的最大挠度，m；
　　　Y'——内支点间的挠度，m；
　　　H——外支点间的距离，m；
　　　A——内支点之间的距离，m。

通常选择尺寸使 $A = H/4$。

通过式(C-3)可得到外支点间的最大扰度：

$$Y = \frac{3\delta H^2 - 4\delta A^2}{12Et} \qquad (C-4)$$

两内支点间试片凸形表面部分的张应力为：

$$\delta = \frac{4EtY'}{H^2} \qquad (C-5)$$

式中　δ——内支点间的张应力，Pa；
　　　Y'——内支点间的挠度，m。

注：式(C-5)是式(C-3)中，当 $A = 0$ 时的特殊情形。

(6)试片浸泡。

安装好的试片放入高温高压釜中进行试验，依照本标准试验程序中试片浸泡步骤执行。

(7)取出试片。

试验结束后，先将静态高温高压釜温度降至50℃以下，然后缓慢降低釜内残存的气体压力至0MPa，将已达到试验周期的四点弯曲应力试片装置取出，再缓缓卸掉试片上所加载的载荷应力至0MPa，观察、记录表面腐蚀状态及腐蚀产物黏附情况，记录后，立即用清水冲洗掉试验介质，并用滤纸擦干，用无水乙醇除水、丙酮除油后烘干待用，进行下一步测试工作。

(8)结果评定。

① 因为一般不可能连续观察试片，所以在预定的时间间隔检查裂纹的出现，该时间间隔视试验条件和可能应力腐蚀寿命的经验来选择，通常随试验进行而逐渐增长。

② 利用5~10倍的放大镜通过目测来确定裂纹的出现。如果试片只包含一个或几个裂纹，则弯曲形状可因扭曲而发生改变，这种情况有助于把裂纹试片鉴别出来。如果生成大量腐蚀产物，则可能掩盖裂纹，因此必须取出试片，在较大倍数下进行金相检测，以便确定是否发生裂纹。

③ 恒载荷条件下进行试验时裂纹扩展快，所以开裂时间可作为试样的断裂时间。

(9)试验报告。

试验报告应包括下列内容:
(1)试验材料的完整描述,包括材料成分和结构条件、产品类型、试样切取的截面厚度;
(2)试样的取向、类型、尺寸及其表面加工;
(3)加载步骤;
(4)试验环境和暴露时间;
(5)检测裂纹所用的方法;
(6)检测和观察的时间,裂纹萌生的时间;
(7)试样上裂纹的位置。

4)精密度

每组试验取 3 个平行试片对比测定结果,推荐将没有外加应力的试片与受力试样一起暴露在同一条件下,经历相同的时间以比较所得结果,证实外加应力的影响。

4. 圆棒拉伸应力腐蚀开裂试验程序

1)方法提要

考虑到圆棒拉伸应力腐蚀和四点弯曲应力腐蚀试验方法的加载应力方式不同,因此开展本试验,但是圆棒拉伸应力环腐蚀设备不具备高温、高压的试验条件,所以在低温低压下开展本试验,所获得的试验结果仅作为参考。

圆棒拉伸试验可评价在单轴拉伸加载下的金属抗拉应力腐蚀开裂能力,此方法通常用断裂时间来确定应力腐蚀开裂敏感性,当在不同的应力下对多组试样进行试验,可以获得应力腐蚀开裂临界应力。

2)试验条件

(1)试验温度:0~100℃;
(2)试验周期应按现场实际应用的油套管材质确定,碳钢材质试验周期为30天,不锈钢材质试验周期为60天;
(3)试验介质为待测试样,试验介质的用量为每$1cm^2$试片表面积不少于30mL;
(4)试验的压力为 0.7~1.0MPa;
(5)甲酸盐完井液密度根据用户单位要求而定。

3)试验步骤

(1)圆棒加工。

圆棒拉伸法应力腐蚀开裂金属圆棒加工尺寸大小见表 C-1 和图 C-2。

表 C-1 圆棒拉伸法应力腐蚀开裂试样尺寸

尺寸	标准圆棒外径,mm
d	6.35 ± 0.05
D	11.05 ± 0.05
G	25.4 ± 0.02
L	101 ± 0.5
R	15

注:表面粗糙度不低于 0.80μm。

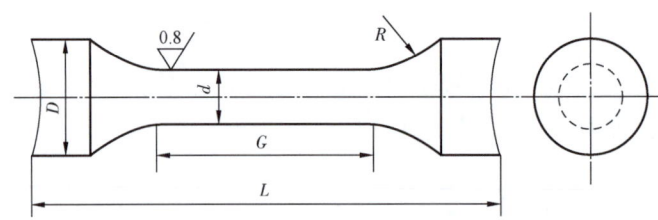

图 C-2 圆棒拉伸法应力腐蚀开裂试样图

（2）圆棒编号。
依照本标准试验程序中试片编号步骤执行。
（3）圆棒清洗。
依照本标准试验程序中试片清洗步骤执行。
（4）圆棒干燥。
依照本标准试验程序中试片干燥步骤执行。
（5）圆棒装载。

将金属圆棒安装在如图 C-3 的应力环上，根据金属棒材质的抗拉强度要求加载应力，应力加载达到要求值（根据加载 80%~90% 的金属材质抗拉强度来计算所加载的拉应力大小）。其中金属圆棒上所加的载荷应在应力环的载荷范围内，因此需要选择相应的试验环，施加的载荷使环产生变形程度应超过 0.6% 环直径，即变形程度不小于 0.51mm，如果小于 0.51mm 或施加的载荷使环产生变形程度小于环直径的 0.6%，应校准变形、校准载荷和指定试验载荷。

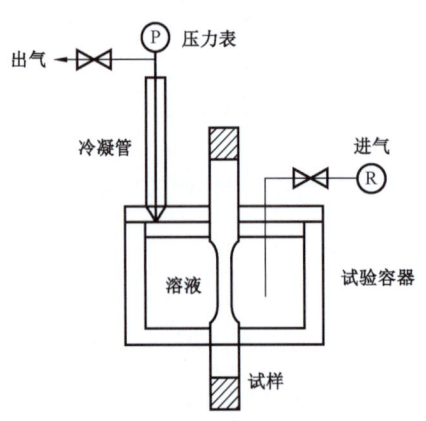
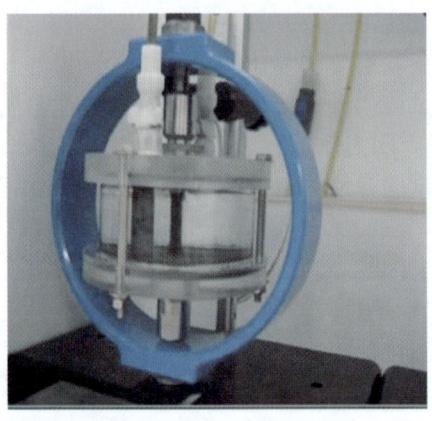

图 C-3 圆棒拉伸法应力环示意图及实物照片

金属圆棒拉伸所加载的载荷由式（C-6）确定：

$$P = \frac{F}{S} \qquad (C-6)$$

式中　P——载荷，Pa；
　　　F——施加的应力，N；
　　　S——金属圆棒实际工作段圆柱形截面积，m^2。

(6)圆棒浸泡。

按图C-3显示应力环仪器,将进气口螺栓阀门打开,将甲酸盐完井液缓缓倒入试验容器腔室内约腔室体积3/4处,然后拧紧进气口螺栓阀门,再通入高纯氮气(氮气纯度99.99%)除去甲酸盐完井液及腔室内的氧气,除氧时间4~5h。

温度最终控制在90~100℃,采用高纯氮气将腔室内压力增加至0.7~1.0MPa,最后记录开始试验时间、温度、压力以及所加载荷应力。

(7)取出圆棒。

试验结束后,先将应力环腔室内温度降至50℃以下,然后缓慢降低腔室内残存的气体压力至0MPa,再缓缓卸掉金属圆棒上所加载的拉应力至0MPa,将已达到试验周期的试片取出,观察、记录表面腐蚀状态及腐蚀产物黏附情况,记录后,立即用清水冲洗掉试验介质,并用滤纸擦干,用无水乙醇除水、丙酮除油后烘干待用,进行下一步测试工作。

(8)结果评定。

依照本标准四点弯曲应力腐蚀开裂试验程序中结果评定步骤执行。

(9)试验报告。

依照本标准应力腐蚀中试验报告步骤执行。

4)精密度

依照本标准应力腐蚀中精密度执行。

三、酸洗清洗液的配制及使用

1. 基本要求

(1)应能全部除去试片上的腐蚀产物沉积物。原则上是既能迅速、顺利地去除试片上的沉积物。又能基本上不侵蚀金属基体。

(2)表C-2为去除腐蚀产物所用酸洗清洗液的配制及使用方法,要根据试片材质来选择特定方法清洗。清洗试片时要求去除腐蚀产物的表面与液面保持垂直,这样可使清洗过程中在水平面上释放的任何气体极少保留下来,从而使清洗过程变得均匀一致。

表C-2 酸洗清洗液的配制及使用方法

试片种类	碳钢(SY/T 5273—2000)	不锈钢(GB/T 16545—1996 C.7.1)
清洗液	100mL 盐酸(HCl,$\rho=1.19$g/mL)5~10g 六亚甲基四胺(分析纯)加蒸馏水配制成1000mL溶液	100mL 硝酸(HNO_3,密度1.42g/mL),加蒸馏水配制成1000mL溶液
温度,℃	20~25	60
时间,min	5~10	20
备注	某些情况下,需要延长时间	

(3)处理前必须进行空白试验,空白试片本身被腐蚀的质量损失应小于1.0mg。

2. 空白试验

(1)取三片材质、状态和尺寸均与腐蚀试验相同的试片,按与被腐蚀试验的试片完全相同的程序(表面处理、清洗和称量等)处理后,在未受腐蚀的状态下,用同种酸洗清洗液进行相同时间化学清洗。

(2)将清洗后的试片洗净、干燥、称量,计算出三片试片的平均质量损失。

四、高温高压静态腐蚀仪操作规程

1. 高温高压静态腐蚀仪器简介

本标准中使用的高温高压静态腐蚀仪由湖北创联石油科技有限公司生产,其型号为 CGF-Ⅱ,通过失重法测量腐蚀速率,CGF-Ⅱ高温高压静态腐蚀仪技术参数如下:

(1)工作压力:0~30MPa;
(2)工作温度:0~250℃;
(3)挂片数量:3 片/次;
(4)釜体体积:3L。

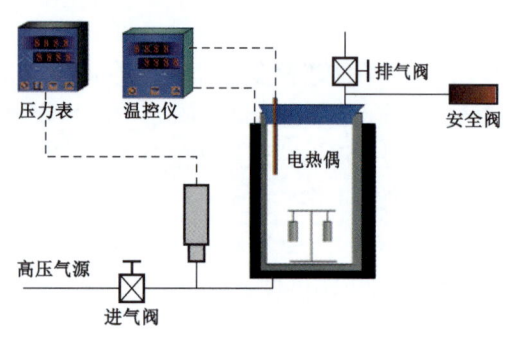

图 C-4 CGF-Ⅱ高温高压静态腐蚀仪(流程图)

2. 操作规程

(1)根据实验条件,采用蒸馏水与甲酸钠、钾或甲酸铯配置相应的完井液,将甲酸盐完井液沿釜内壁缓缓倒入高温高压反应釜,溶液体积和试样表面积的比值不应低于 $30mL/cm^2$。

(2)试片的放置应当保证试片与高压釜内壁至少有 1.3cm 的间隙,各试片之间的间距至少有 3.0cm 的间隙,每组试片做 3 个平行样。应采用绝缘材料防止不同试样间电偶电流的产生,试样架与绝缘材料应对试验溶液具有耐蚀性,且不会对溶液造成污染。

(3)试片装好后,连同高温高压釜盖子一起放入装有腐蚀介质(甲酸盐完井液)的附体中,试片上端距液面应保持 3cm 以上距离,然后上好螺栓、用扭力扳手拧紧。

(4)腐蚀环境中若不需要脱氧,试验介质在挂片安装前后加入均可。如果要求脱氧处理,则在挂片安装后密封高压釜系统,用惰性气体置换釜内空气以及高压釜系统溶液中的氧气,采用惰性气体(高纯氮气,纯度 99.99%)进行除氧,釜体与溶液除氧时间为 4~5h。

(5)除氧完成后,升高压力检验系统是否泄露,用最大试验压力的 1.5 倍的惰性气体(高纯氮气,纯度 99.99%)检验系统密封情况。

(6)调整系统压力,一般通过高纯氮气加入 1.5~2.0MPa 低压,启动加热系统到预定试验温度。加热时,试验溶液会膨胀,因此试验溶液体积应小于容器体积的 75%。在温度超过 225℃时,试验溶液体积应更小些,根据经验以及实际情况加入溶液。待系统温度到达预定试验值,再通过氮气瓶加至需要试验的目标压力,计时开始。

(7)在完成试验时,应先冷却高压釜系统温度到任何液相的沸点下,且低于任何潜在易燃化学物质的燃点时,再进行放气泄压。放气过程应以受控的方式进行,若系统中含有类似 H_2S 的有毒介质,处理过 Q/SY-TGRC 35—2012 程应满足有关安全法规要求。

参考文献

[1] NACE RP 0775—1999　Preparation, Installation, Analysis, and Interpretation of Corrosion Coupons in Oilfield Operations[S].

[2] GB/T 18590—2001 金属和合金的腐蚀 点蚀评定方法[S].
[3] SY/T 5405—1996 酸化用缓蚀剂性能试验方法及评价指标[S].
[4] Q/SY TZ 0063—2012 有机盐完井液腐蚀性能评价方法[S].
[5] JB/T 7901—2001 金属材料实验室均匀腐蚀全浸试验方法[S].
[6] Q/SY‑TGRC 35—2012 石油管材高温高压腐蚀试验推荐做法[S].
[7] GB/T 15970.2—2000 金属和合金的腐蚀 应力腐蚀试验 第2部分:弯梁试样的制备和应用[S].
[8] GB/T 4157—2006 金属在硫化氢环境中抗特殊形式环境开裂实验室试验[S].

附录 D 单位换算表

1 mile = 1.609 km

1 ft = 30.48 cm

1 in = 25.4 mm

1 acre = 4047 m^2

1 ft^2 = 0.093 m^2

1 in^2 = 6.45 cm^2

1 Btu = 1055.06 J

1 lb = 453.59 g

1 bbl = 0.16 m^3

1 atm = 101.33 kPa

1 pai = 6.89 kPa

1 bar = 10^5 Pa

1 hp = 745.7 W

$℃ = \dfrac{5}{9}(℉ - 32)$